中国科学院科学出版基金资助项目

力学丛书·典藏版 13

塑性弯曲理论及其应用

余同希　章亮炽　著

科学出版社

1992

（京）新登字092号

内 容 簡 介

本书是从力学角度系统地阐述塑性弯曲理论及其应用的一本专著，书中的大部分内容都是作者近十年来在国内外取得的研究成果，其中一些成果具有世界一流水平．本书具有联系实际及理论与试验结合的特色，对此，英国皇家学会院士 W.Johnson 评价说，作者“或许是自从塑性力学诞生以来对此课题比其他人作出了更有用的研究的人．”（力学未来15年国际学术讨论会论文集，Vol.1，科学出版社，1989，11页）

本书共分十一章，除基本理论外，其重点在于分析工程实际中十分重要的板条和板在弯曲模具中成形的机理，回弹的计算和皱曲的规律．

本书可供力学、机械、航空航天等有关专业的研究人员、教师、研究生和工程技术人员阅读、参考．

图书在版编目 (CIP) 数据

塑性弯曲理论及其应用 / 余同希，章亮炽著．— 北京：科学出版社，1992.5 (2016.1 重印)

(力学丛书)

ISBN 978-7-03-002690-3

I. ①塑… II. ①余… ②章… III. ①塑性屈曲 IV. ① O344.7

中国版本图书馆 CIP 数据核字 (2016) 第 018734 号

力学丛书

塑性弯曲理论及其应用

余同希　章亮炽　著

责任编辑　杨　岭

科学出版社出版

北京东黄城根北街16号

邮政编码：100707

北京京华虎彩印刷有限公司印刷

新华书店北京发行所发行　各地新华书店经售

*

1992年第一版　开本：850×1168 1/32

2016年印刷　印张：13 7/8　插页：2

字数：361 000

定价：118.00元

《力学丛书》编委会

目　　录

主 要 符 号 表

A　面积

a　圆板的半径；环板的外半径

a_1, a_2　矩形板的半边长

B　宽度

B_0　薄梁的侧向弯曲刚度

b　梁的宽度；环板的内半径；局部横向载荷的作用半径；柱冲头的半径

C_0　薄梁的扭转刚度

c　阻尼系数

$\underset{\sim}{c}$　阻尼矩阵

D　板的抗弯刚度

d　距离

E　材料的杨氏模量

E_0　板的屈曲模量

E_p　材料的线性强化模量

E_s　材料的割线模量

E_t　材料的切线模量

$E(q)$　完全的第二类椭圆积分

$E(q,\phi)$　不完全的第二类椭圆积分

e_{ij}　应变偏张量

F　外力

$\underset{\sim}{F}$　刚度方程的外力向量

$F(q,\phi)$　不完全的第一类椭圆积分

G　材料的剪切模量

h　梁的高度；板的厚度

I	截面的惯性矩
κ	曲面的总 Gauss 曲率
$K(q)$	完全的第一类椭圆积分
k	梁的曲率函数;弹簧刚度系数
L	长度
L_p	塑性区长度
l_p	塑性区的相对长度，L_P/L
M	弯矩
M_e	最大弹性弯矩
M_p	梁的塑性极限弯矩
M_0	板的塑性极限弯矩
M_r, M_θ	板内的径向弯矩和周向弯矩
$M_{r\theta}$	板内的扭矩
$\underline{M}$	质量矩阵
m	无量纲弯矩
m_{ii}	质量矩阵 $\underline{M}$ 的对角元素
m_r, m_θ	板内的无量纲径向弯矩和周向弯矩
$m_{r\theta}$	板内的无量纲扭矩
N	梁内的轴力
N_e	极限轴力
$N_r, N_\theta, N_{r\theta}$	板内的膜力
n	无量纲轴力;板的皱曲波数
$n_r, n_\theta, n_{r\theta}$	板内的无量纲膜力
P	外力合力;冲压力
P^*	最大冲压力
$\underline{P}$	刚度方程的内力向量
P_{cr}	临界屈曲载荷
p	分布外力;液压力
p_f	由液压力引起的摩擦力
q	横向分布载荷

R　曲率半径;模具半径

R_D　凹模半径

R_p　冲模半径

$\underset{\sim}{R}$　DRM 算法中的不平衡力向量

r　矢径;径向坐标

r_i　内半径

r_m　平均半径;板中面半径

r_n　中性层半径

r_0　无伸长层半径

r_y　外半径

S　剪力;板面积

s　弧长

T　拉力

t　时间;板厚;壁厚

U　应变能

u,v,w　位移分量

W　功

W_p　塑性功

w　挠度

x,y,z　直角坐标

$\underset{\sim}{x}$　广义位移向量

$\dot{\underset{\sim}{x}},\ddot{\underset{\sim}{x}}$　广义速度向量和广义加速度向量

Y　材料的屈服应力

z　梁或板的厚度方向

α　无量纲参数 a^2/Rh

β　挠性杆的柔度系数 MeL/EI

γ　剪应变

Δ　位移

Δ_a　伴随位移

δ　挠度

ε 应变

$\bar{\varepsilon}$ 等效应变

ε_{ij} 应变张量

ε_r，ε_θ 极坐标下的应变分量

ζ 截面形状因子

η 回弹比 κ^F/κ

θ 倾角;幅角;周向坐标

κ 曲率

$\underset{\sim}{\kappa}$ 曲率向量

κ_e 最大弹性曲率

κ^F 最终曲率

κ_D 模具曲率

κ_r,κ_θ 板的径向曲率和周向曲率

$\tilde{\kappa}$ 相对曲率

κ_1,κ_2 主曲率

κ_1^D,κ_2^D 模具的主曲率

λ 长度比

μ 线性强化因子 E_p/E; 摩擦系数

μ_f 摩擦系数

ν Poisson 比

ρ 曲率半径;无量纲径向坐标;无量纲参数 YR/Eh

σ 应力

$\bar{\sigma}$ 等效应力

σ_{ij} 应力张量

σ_r,σ_θ 极坐标下的应力分量

τ 剪应力

ϕ 无量纲曲率 κ/κ_e; 塑性加载函数

ω 模具的曲率比 κ_1^D/κ_2^D

上标

D 模具

F　　最终状态(回弹后)

下标

cr　　临界状态

D　　模具;凹模

e　　弹性

f　　最终状态

m　　平均值

n　　法向

p　　塑性

r　　径向

t　　切向

x,y,z　直角坐标方向

θ　　周向

0　　初始状态

绪　　论

本书是从力学角度系统地阐述塑性弯曲理论及其应用的一本专著，书中的大部分内容是作者本人近十年来的研究成果。

对塑性弯曲的研究有着广泛的工程背景和应用前景。在现代工业生产中，板条、型材和板的弹塑性弯曲和冲压成形工艺被广泛地应用于制造压力容器、汽车、船舶、飞行器的外壳等大型金属结构以及各种形状的日常用品。尽管板料弯曲和冲压成形的工艺过程是多种多样的（其中最常见的一些过程见图 0-1），但为了提高产品质量和生产效率，都需要力学工作者回答下述问题（参见 [0.1—0.4]）：

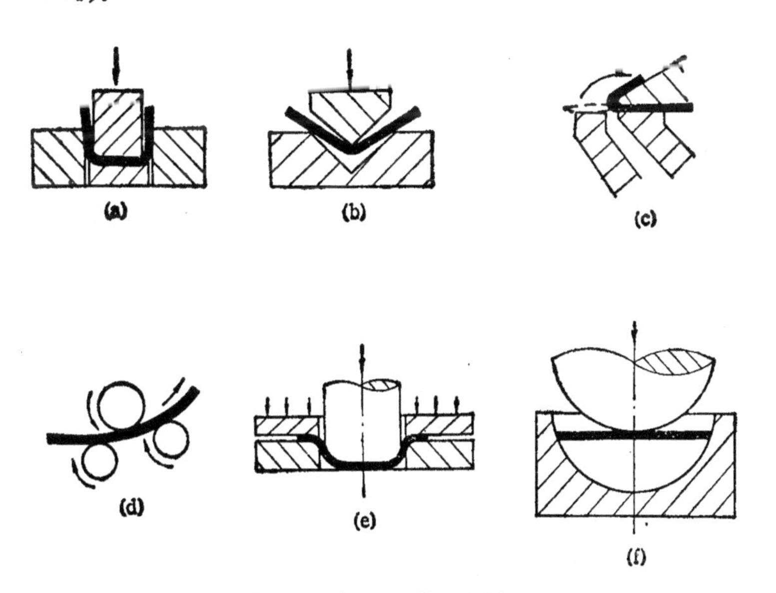

图 0-1　典型的板料成形过程：
(a)U 形弯曲；(b)V 形弯曲；(c) 角弯曲；(d) 滚弯；(e) 轴对称深拉延；(f) 半球形模冲压。

- 如何评估材料的可弯曲性；
- 如何计算成形所需要的力，以作为选择压力机和设计模具的依据；
- 如何预报弯曲或冲压后的回弹，以提高产品的尺寸精度；
- 如何确定成形后工件内的残余应力；
- 如何预报和控制工件在成形中的皱曲；
- 如何防止在成形过程中产生裂纹和缺陷；
- 如何根据产品外形和工艺过程选取最优的坯料形状及尺寸；等等.

要回答这些问题，就要求发展一套完善的塑性弯曲理论来加以指导.

众所周知，塑性理论已被成功地应用于解决挤压、拉拔、锻造、轧制等“块料”成形的问题，其中最强有力的力学工具就是滑移线场方法和上限法(例如参见[0.5—0.7])，但它们都是基于理想刚塑性材料模型的，而且前者仅适用于平面应变问题，不能简单地套用到板料成形问题中来. 从力学角度来看，板在弯曲和冲压成形中的变形具有以下特征：

- 弹性变形和回弹通常与塑性变形同量阶，因而通常必须加以考虑和计算，刚塑性理想化一般不再适用；
- 与块料成形中通常出现大应变不同，板料成形常常是一个小应变、大变形的问题，因而需要跟踪工件几何形状变化的历史来分析；
- 当板承受双向弯曲或冲压时，只要挠度达到板厚的量阶，板就不再处于纯粹的弯曲状态，必须计及中面应变和膜力的效应；
- 在板的成形过程中还常会伴有拉伸失稳(局部变薄)和压缩失稳(皱曲)的现象.

上述这些特征决定了板的塑性弯曲和冲压在力学上是一个相当复杂的问题：既有材料非线性又有几何非线性，既要计及弹性变形又要计及塑性变形，既要计及弯曲力又要计及膜力，而且还可能出现失稳和分叉.

对塑性弯曲理论的深入研究，不仅在理论上丰富和发展了现有的塑性力学理论(例如本书第三章介绍的塑性线理论)，而且还直接涉及了当代塑性理论中的某些前沿问题（例如本书第十章和附录中论及的塑性屈曲佯谬). 所以,即使单从塑性力学学科的发展来看，塑性弯曲理论中也还有许多值得深入探讨的东西.

塑性弯曲理论的应用也远不止于板料成形，在许多工程领域里都经常遇到塑性弯曲问题.

例如,在结构工程中,尽管通常设计者要求构件在弹性范围内工作，但对于要求尽量减轻自重的结构或一次性使用的结构（如航空航天结构)和在复杂环境下工作的结构(如海洋平台和核电站结构),结构内部分构件进入塑性状态常常是难以避免的或故意设计的，其中主要形式之一便是构件的塑性弯曲. 在塑性力学中正是从梁的弹塑性弯曲的分析入手，建立了梁和刚架的极限分析理论,对这些结构的极限承载能力给出了估计(例如参见[0.8,0.9]). 有些结构，还可能突然受到爆炸、撞击等强动载荷. 这时结构要经历运动、塑性变形以至破坏（如图 0-2 是受冲击载荷作用的门形框架的实验结果);而在这种结构塑性动力响应的过程中，塑性弯曲又是最主要和最基本的变形形式(例如参见[0.10—0.12]).

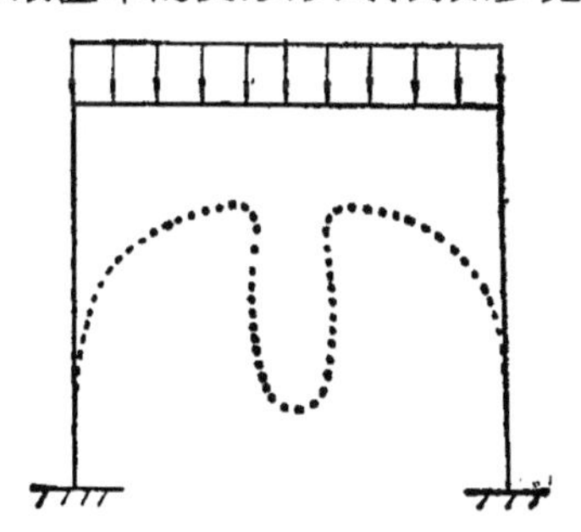

图 0-2 门形框架受到冲击载荷作用后的塑性大变形. ——初始构形;……最终构形.

又如,在交通、航天等工程中,为了减少车辆、船舶碰撞事故的损失,或为了使运动的结构物有控制地减速(如飞行器的软着陆),

有时需要设置一些特殊的结构元件作为能量吸收装置，利用它们的塑性变形来耗散碰撞的动能，其中，波纹板、蜂窝结构以及受横向载荷的圆环和圆管(图 0-3) 等都是以塑性弯曲为其主要能量耗散机制的(参见 [0.13—0.15]). 在本书的 §11.2 中可以看到塑性弯曲理论在这方面应用的一个例子.

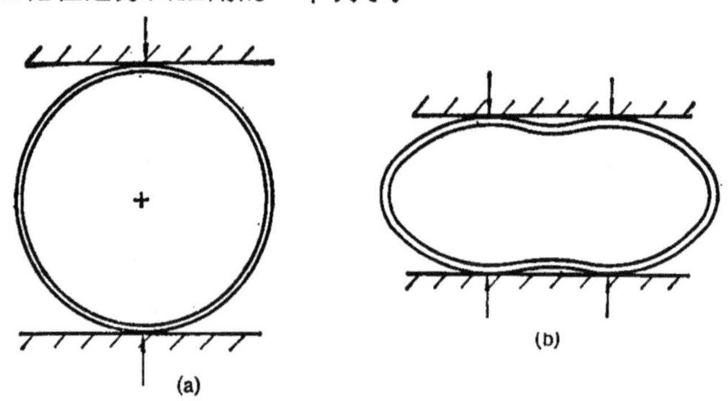

图 0-3 在一对刚性平板间受压的圆环.
(a) 初始构形; (b) 变形后的形状.

上面我们说明了，不但板料成形，而且许多工程领域中的构件设计与研究，都同塑性弯曲理论有着密切的关系. 当然，本书不可能也并不打算涉及成形工艺和构件设计的细节，而将着重阐述塑性弯曲的力学原理和机制，并给出有关问题的分析计算方法.

本书的第一作者(余同希)自 1980 年以来，先后在英国剑桥大学工程系和中国北京大学力学系对塑性弯曲理论进行了系统的研究，在完善和发展塑性弯曲的工程理论、提出塑性线 (Plastica) 理论以及对回弹和皱曲的机理研究方面发表了数十篇论文. 本书的第二作者(章亮炽)从 1985 年开始这方面的研究，在板的弹塑性大变形和皱曲方面，特别是在发展相关的数值计算方法方面，做了一系列的工作. 鉴于塑性弯曲的理论和实用意义，也鉴于世界上至今还没有关于塑性弯曲的专著(参见[0.1])，作者以自己的研究成果为主整理成本书，希望对力学工作者和工程技术人员系统了解这一领域有所助益. 本书前四章及七、八两章由余同希撰写，第十一章由两人合写，其余各章及附录由章亮炽撰写. 全部书稿由余同希统一定稿。限于作者的学识，疏漏以至错误之处一定还不少，敬请专家和读者们不吝指正。

参 考 文 献

[0.1] W. Johnson, 对今后10年工程力学中一些应着重研究项目的个人看法，力学未来15年国际学术讨论会文集，科学出版社，1989，5—16页.

[0.2] 余同希，工程塑性力学的研究领域和若干动向，力学与实践，10(3)，1988，9—12页.

[0.3] 余同希、章亮炽，塑性弯曲成形的研究进展，应用科学学报，6(3)，1988，197—202页.

[0.4] 梁炳文、胡世光，板料成形塑性理论，机械工业出版社，1987.

[0.5] W. Johnson and P. B. Mellor, Engineering Plasticity, Van Nostrand Reinhold Co., London, 1973.

[0.6] 王仁、熊祝华、黄文彬，塑性力学基础，科学出版社，1982.

[0.7] T.Z. Blazynski (Ed.), Plasticity and Modern Metal-Forming Technology, Elsevier Applied Science Publishers, 1989.

[0.8] P.G. 霍奇，结构的塑性分析，蒋泳秋、熊祝华译，科学出版社，1966.

[0.9] 余同希，塑性力学，高等教育出版社，1989.

[0.10] 杨桂通、熊祝华，塑性动力学，清华大学出版社，1984.

[0.11] N. Jones, Structural Impact, Cambridge University Press, 1989.

[0.12] 余同希，结构的塑性动力响应，爆炸与冲击，(一)，10(1)，1990，85—96页；(二)，10(2)，1990，183—192页.

[0.13] W. Johnson and S. R. Reid, Metallic energy dissipating systems, *Appl. Mech. Rev.*, 31, 1978, pp. 277—288.

[0.14] 余同希，利用金属塑性变形原理的碰撞能量吸收装置，力学进展，16 (1)，1986，28—39页.

[0.15] 余同希，利用金属塑性变形原理的能量吸收装置，塑性力学进展（王仁、黄克智、朱兆祥主编），第14章，中国铁道出版社，1988.

第一章　梁的弹塑性弯曲的工程理论

§1.1　早期的弯曲理论

由于在庙宇、房屋、桥梁等各种结构物中的广泛应用，梁的弯曲早就受到人们的关注．历史上第一个系统研究梁的弯曲的是著名学者 Galileo(1564—1642)． 在 1638 年出版的名著《两种新的科学》(Two New Sciences)[1.1]中，他用简单拉伸的方法来研究材料的强度，并把使杆件拉断的力称为“断裂时的绝对抗力”． 得出了一根杆子的绝对抗力后，他便进而研究同一根杆子用作悬臂梁而在自由端加载时使之断裂的力(参见图 1-1)．

图 1-1　Galileo 所研究的悬臂梁弯曲问题．

Galileo 认为，杆件断裂必定发生在悬臂梁根部的下缘 B 处，并且假定发生断裂时"抗力"是均匀地分布在断面 AB 上的(图 1-2(b))。当梁截面为矩形时，按他的这一假定求得梁根部破坏时的弯矩为

$$M_s = \frac{1}{2} Sh, \tag{1-1}$$

其中 h 为梁的高度，S 是 Galileo 定义的"绝对抗力"。根据我们现在的知识，当材料为理想塑性且屈服应力为 Y 时，$S = Ybh$，其中 b 为梁的宽度。因此，(1-1)式所给出的 M_s 是我们现在按塑性理论求得的弹性极限弯矩 $M_e = \frac{1}{6} Ybh^2$ (见§1.3)的三倍。

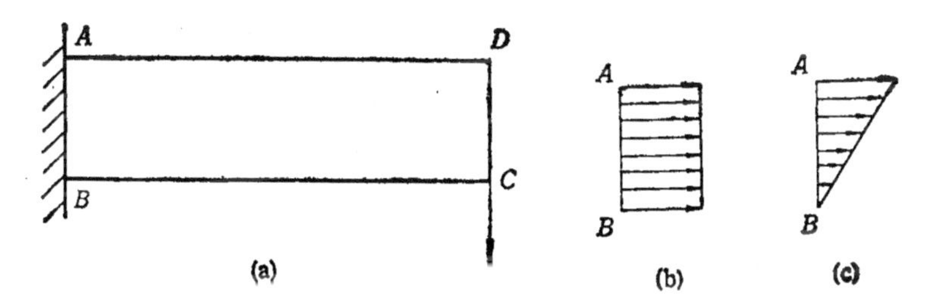

图 1-2 悬臂梁受力简图. (a) 梁的受力; (b) Galileo 假设的应力分布; (c) Mariotte 假设的应力分布.

在 Galileo 之后不久，法国科学家 Mariotte(1620—1684) 利用木杆和玻璃杆做实验，发现 Galileo 理论得出的断裂载荷值过大。若仍采用图 1-2(a) 的简图，Mariotte 假定在断裂时梁绕 B 点旋转，因而梁内各纵向纤维所受的力与该纤维到 B 的距离成正比，也就是说，应力沿梁高的分布如图 1-2 (c) 所示，这相当于假定中性轴位于梁的下缘 BC 线上。于是，这些力的合力为 $S/2$，对 B 点的力矩为

$$M_s = \frac{1}{2} S \cdot \frac{2}{3} h = \frac{1}{3} Sh. \tag{1-2}$$

可见，Mariotte 求得的破坏弯矩是 M_e 值的二倍。Mariotte 本人后来认识到，梁的下半部的纤维实际上处于压缩状态，只有上半

部的纤维才处于拉伸状态；但他错误地认为破坏弯矩的大小是与中性轴的位置无关的，因而仍然坚持(1-2)式的结论．

其后，Euler(1707—1783) 和 Bernoulli 等人在研究梁的挠度的计算方法时，沿用了 Mariotte 关于中性轴位置的假定，并设弯曲与曲率成正比．他们并没有探讨材料的物理性能，但在数学推导中他们明确地采用了梁的横截面在弯曲后仍保持为平面的变形假定．这个假定被后人称为 Euler-Bernoulli 假定，或平截面假定，它在梁弯曲的工程理论中起着基石的作用．

在 18 世纪，Coulomb (1736—1806) 对弯曲理论作出了重要贡献．他研究矩形截面悬臂梁受端部集中力的问题时，断定截面上半部纤维受拉而下半部纤维受压；同时他正确地应用静力学中的三个平衡方程来分析梁的内力，对于内力在梁截面上的分布也有清楚的概念． Coulomb 计算悬臂梁极限载荷的方程为

$$\frac{1}{6} Sh = Pl, \tag{1-3}$$

这与现在的塑性理论给出的 $M_e = \frac{1}{6} Ybh^2$ 是完全一致的．

在 Coulomb 工作的基础上，Navier(1785—1838) 把对弯曲的研究拓广到具有对称平面的等截面直梁．他应用三个静力学平衡方程，断定中性轴通过截面的形心，并正确地建立了弯矩与曲率的关系式．

当时，梁的弯曲理论已被确认是建立在平截面假定和纵向纤维间无挤压的假定之上了．第一个验证这些基本假定的精确性的人是 Saint-Venant(1797—1886)．他说明，只有当梁承受纯弯曲时这两个假定才能严格成立；对于在横向载荷作用下的梁的弯曲的一般情形，横截面可能会发生翘曲．

Saint-Venant 对弯曲理论的另一重要贡献是他讨论了当材料不服从 Hooke 定律时的梁的弯曲，即非线性弹性材料的梁的弯曲[1,2]．当采用平截面假定，同时假设材料的应力与应变间满足某种幂函数关系 $\sigma = A[1-(1-a\varepsilon)^m]$ 时，Saint-Venant 发现

内力矩可按 $M = \frac{1}{6}\alpha\sigma_{max}bh^2$ 求得，其中 σ_{max} 为截面上的最大应力，α 为一因数，视应力-应变关系中的幂指数 m 的大小而定。当 $m=1$ 时 $\alpha=1$；当 m 增大时 α 也增大；当 m 很大时 α 趋近于 3/2。

Saint-Venant 还研究了材料拉压性质不同时的梁的弯曲问题，这对于计算铸铁梁很有意义。对铸铁的材料实验表明，它受压时基本符合 Hooke 定律，受拉时 σ-ε 关系可取为 $m=6$ 的幂函数。这样算出的 $M_s \simeq \frac{1}{3}\sigma_{max}bh^2 = \frac{1}{3}Sh$，恰与 Mariotte 的理论相符。而当 $m=\infty$，则得出 $M_s = \frac{1}{2}Sh$ 的 Galileo 理论。从这里我们可以理解到，Mariotte 的理论，甚至 Galileo 的理论，在当时同某些梁的破坏实验数据大体符合，是由于他们用以实验的梁的材料实际上是拉压各向异性的，并具有某种非线性的应力-应变关系的材料。

§1.2 工程理论的建立和发展

Saint-Venant 关于非线性弹性材料的梁的弯曲的研究，可以认为是塑性弯曲理论的奠基石。因为塑性材料在加载阶段的行为同非线性弹性材料并没有差别，所以 Saint-Venant 的这一研究可直接用于梁的弹塑性弯曲在加载阶段的分析。

19 世纪末到 20 世纪初，塑性理论开始萌芽。作为它的一部分，弹塑性弯曲的理论也开始建立。1930 年，法国的 Ludwik[1.3] 参照梁的弹性弯曲的工程理论（即现今材料力学中的梁的弯曲理论）来研究梁的弹塑性弯曲。此后一批德国学者在这方面也作出了贡献（见[1.4—1.6]）。在这些研究中，他们假定材料是均匀各向同性的，并沿用了弹性弯曲工程理论的两条基本假定，即

(1) Euler-Bernoulli 平截面假定。细说起来，它包含三层意

思：a）变形前垂直于梁轴的横截平面在弯曲后仍为平面；b）横截面在弯曲后仍垂直于（弯曲后的）梁轴；c）横截面的形状和大小在弯曲后不变；

(ii) 单向应力假定．这就是说，假定在弯曲过程中梁的纵向纤维之间无挤压，因而不存在纤维之间的横向应力，梁内每根纤维都处于单向拉伸或单向压缩的应力状态．

采用这些假定建立起来的塑性弯曲理论简单明了，适合于工程应用．在 40 年代，由于在新兴的飞机制造工业中大量应用薄板的塑性弯曲成形工艺，极大地刺激了塑性弯曲的理论研究和实验研究、这个时期的文献(如 [1.7—1.13]) 大都与航空科学及飞机制造工业有关．这些文献讨论了各种不同材料的板、板条、型材的塑性弯曲和压力加工工艺，并提供了许多图表和半经验公式以便实际应用．但所有这些研究都沿用 Saint-Venant 和 Ludwik 采用的基本假定．在这个基础上建立的理论被称为塑性弯曲的初等理论 (Elementary theory of plastic bending)，也叫塑性弯曲的工程理论 (Engineering theory of plastic bending)．Nadai[1.14] 和 Phillips[1.15] 的专著收集和概括了到 50 年代为止的塑性弯曲工程理论的主要结果．

§1.3 一般等截面直梁的纯弯曲及回弹

让我们首先考虑梁的弯曲中最简单而又最基本的问题——等截面直梁(长柱体)承受纯弯曲的问题．设梁具有一个纵向对称平面，且在这个平面内受到一对弯矩M的作用，如图 1-3 所示．由于采用平截面假定，两个横截面 A_1B_1 和 A_2B_2 在弯矩作用下作相对旋转但仍皆垂直于梁的对称平面．于是凸面 B_1B_2 的纵向纤维受拉伸而凹面的纵向纤维受压缩．在垂直于对称平面的某一平面 N_1N_2 上纤维保持长度不变，则可称之为中性平面 (neutral surface)，它将梁内受拉纤维与受压纤维分开．中性平面与一个横截面的交线称为这个截面的中性轴 (neutral axis)，显然它是垂直于这个横

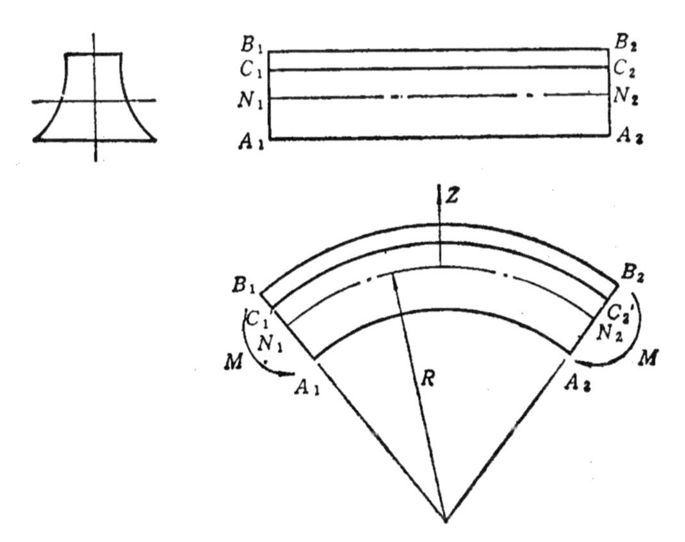

图 1-3 等截面直梁的纯弯曲.

截面的对称轴的。

按照工程理论的两条基本假定，与中性轴 N_1N_2 相距为 z 处的纤维 C_1C_2 在梁弯曲后的长度 $C_1'C_2'$ 可由下式计算出来：

$$\frac{C_1'C_2'}{C_1C_2}=\frac{C_1'C_2'}{N_1N_2}=\frac{R+z}{R}=1+\frac{z}{R}, \tag{1-4}$$

其中 R 是中性轴 N_1N_2 弯曲后的曲率半径，恒取为正值，而 z 从中性轴算起，指向凸面为正。由(1-4)式得出 C_1C_2 纤维经历的工程应变为

$$\varepsilon=\frac{C_1'C_2'-C_1C_2}{C_1C_2}=\frac{z}{R}=z\kappa, \tag{1-5}$$

其中 $\kappa=1/R$ 是中性轴弯曲后的曲率，且恒有 $\kappa\geqslant 0$。

(1-5)式表明，应变沿梁高度方向呈线性分布，即如图 1-4(b) 所示。注意，到现在为止，我们只用到前述两条基本假定；因此，只要这些基本假定成立，应变呈线性分布这一结论对任何本构关系的材料都适用。

现再假设在梁发生弯曲时梁的任一纵向纤维内应力与应变之间的关系同简单拉压时完全一样，而材料在简单拉伸和压缩时的

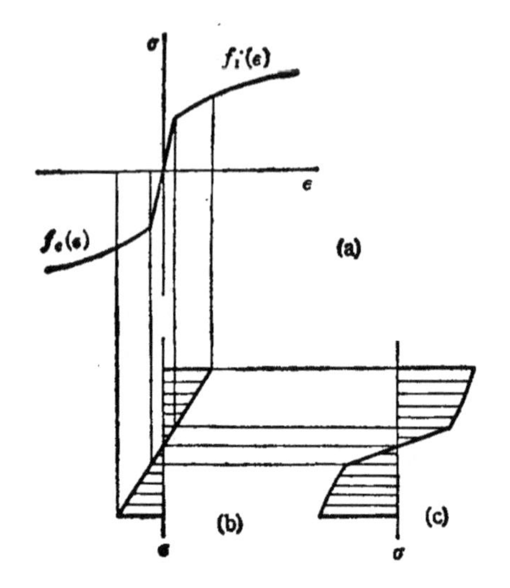

图 1-4 (a) 纵向纤维受简单拉伸时的应力-应变曲线；(b)沿梁高度方向的应变分布；(c)沿梁高度方向的应力分布.

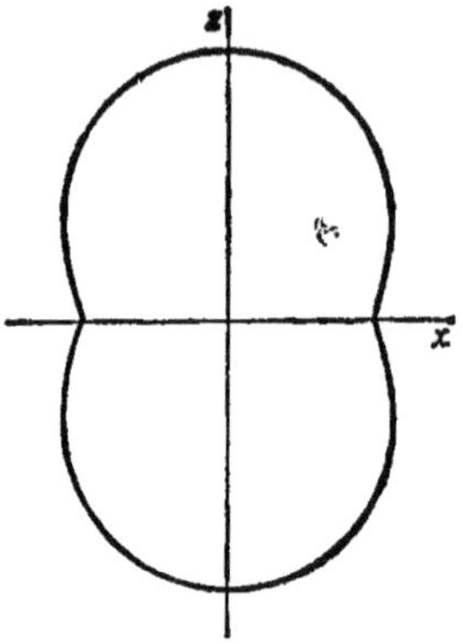

图 1-5 具有两根对称轴的梁截面.

σ-ε 曲线由图 1-4 (a) 给出，即

$$\sigma=\begin{cases}f_t(\varepsilon), & 若\ \varepsilon\geqslant 0,\\ f_c(\varepsilon), & 若\ \varepsilon\leqslant 0,\end{cases}\tag{1-6}$$

且设在弯曲过程中没有纵向纤维发生卸载，则纤维 C_1C_2 的应力为

$$\sigma=\begin{cases}f_t(z\kappa), & 若\ z\geqslant 0,\\ f_c(z\kappa), & 若\ z\leqslant 0.\end{cases}\tag{1-7}$$

沿梁高度方向的应力分布如图 1-4(c) 所示. 中性轴 $z=0$ 处，纤维不伸长，应变为零，应力也为零. 从(1-7)式还易看出，沿梁高的应力分布曲线与材料简单拉压时的 σ-ε 曲线的某一段几何相似.

根据梁仅承受纯弯曲的载荷条件，(1-7)式给出的应力分布应满足以下两个方程：

$$\begin{cases}\displaystyle\iint_A \sigma dA=0,\\ \displaystyle\iint_A \sigma z dA=M,\end{cases}\tag{1-8}$$

其中A为梁的横截面，M为外加弯矩。记距中性轴 N_1N_2 为 z 处的横截面宽度为 $B(z)$，则(1-8)式可改写为

$$\begin{cases}\int_{z_1}^{z_2}\sigma B(z)dz=0,\\ \int_{z_1}^{z_2}\sigma B(z)zdz=M,\end{cases}\tag{1-9}$$

其中 $z_1(<0)$ 和 $z_2(>0)$ 分别表示距中性轴最远的受压纤维和受拉纤维到中性轴的距离。显然有

$$-z_1+z_2=h,\tag{1-10}$$

其中 h 为梁的高度。

利用(1-7)式和(1-10)式，(1-9)式的第一式成为

$$\int_{z_2-h}^{0}f_c(z\kappa)B(z)dz+\int_{0}^{z_2}f_t(z\kappa)B(z)dz=0.\tag{1-11}$$

对于每一给定的 κ 值，方程(1-11)可用以确定 z_2，亦即可确定中性轴的位置。

当梁的横截面并非上下对称，及当材料的拉压 σ-ε 曲线不相同时，z_2 一般要随 κ 而变化。这时方程(1-11)确定了一个函数 $z_2=\psi(\kappa)$。这表明，随着梁的曲率的增加，中性轴在梁内的位置将发生移动。由于它始终与横截面的对称轴相垂直，所以这是一种平移。

中性轴的平移，会在它移到之处附近引起局部卸载，而(1-7)式只是加载情形下的弹塑性应力-应变关系而不包括卸载情形，这就给上述推理的可靠性带来了疑问。幸好在材料的弹性范围内加载与卸载规律是相同的，因此，只要中性轴移动时并未进入曾发生塑性变形的区域，或者说，只要瞬时中性轴所在的纤维在先前的弯曲过程中只有弹性应变(对于一般应用的截面都是如此)，上述推演仍可认为是正确的。

利用(1-7)式和(1-10)式，(1-9)式的第二式也可表示为

$$\int_{z_2-h}^{0}f_c(z\kappa)B(z)zdz+\int_{0}^{z_2}f_t(z\kappa)B(z)zdz=M.\tag{1-12}$$

一旦 $z_2=\psi(\kappa)$ 由方程(1-11)确定，方程(1-12)就给出了M与 κ

之间的对应关系，即弯矩-曲率关系 $M=\Phi(\kappa)$。

从上面的分析可知，由(1-11)确定的函数 $z_2=\psi(\kappa)$ 和(1-12) 确定的函数 $M=\Phi(\kappa)$ 都既依赖于截面的几何形状又依赖于材料的拉压性能曲线。

如果梁截面具有两根对称轴(图 1-5)，且材料的拉压 σ-ε 曲线形状相同，都为 $\sigma=f(\varepsilon)$，则由于上下对称性，截面的中性轴必固定在水平对称轴上，$-z_1=z_2=h/2$，进而方程(1-11)成为恒等式，同时方程(1-12)简化为

$$2\int_0^{h/2} f(z\kappa)B(z)z\,dz=M. \tag{1-13}$$

这个方程可用以确定 $M=\Phi(\kappa)$，或其反函数 $\kappa=\Phi^{-1}(M)$。

为简洁起见，下面我们从(1-13)式出发进行一些讨论；事实上，对更一般的情形，也可以从(1-11)和(1-12)式出发作类似的讨论。

(i) 当弯曲处于弹性范围内时，$\sigma=f(\varepsilon)=E\varepsilon=Ez\kappa$，代入(1-13)式得

$$2E\kappa\int_0^{h/2} B(z)z^2dz=M,$$

此即熟知的弹性范围内的弯矩-曲率关系

$$EI\kappa=M, \tag{1-14}$$

其中 $I=2\int_0^{h/2} B(z)z^2dz$ 是截面的惯性矩。

(ii)当梁的最外层的纤维发生屈服时，$E\cdot\frac{h}{2}\cdot\kappa=Y$，其中 Y 为材料单向拉压时的初始屈服应力，由此确定的曲率叫最大弹性曲率，

$$\kappa_e=2Y/Eh. \tag{1-15}$$

代入(1-14)式，得到相应的弯矩，叫最大弹性弯矩，

$$M_e=EI\kappa_e=2YI/h=4Y\int_0^{h/2} B(z)z^2dz/h. \tag{1-16}$$

(iii)如果对于某一种材料，应变 ε 充分大时，应力 σ 趋向于某

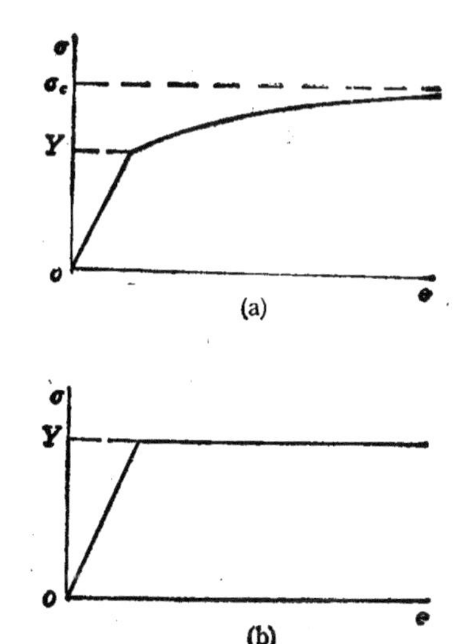

图 1-6 (a) $e\to\infty$ 时 $\sigma\to\sigma_c$ 的材料；(b) 理想弹塑性材料.

一常值 σ_c（图 1-6(a)），则从(1-13)式可知，当曲率 κ 充分大时，弯矩M将也趋向于一个常值，即

$$M\to M_p=2\sigma_c\int_0^{h/2}B(z)zdz. \tag{1-17}$$

M_p 叫做**塑性极限弯矩**，它表示这种材料的梁所能承受的最大弯矩值. 比值

$$\zeta=M_p/M_e \tag{1-18}$$

取决于截面形状(即函数 $B(z)$）及材料特性（即比值 σ_c/Y).

(iv)当材料为理想弹塑性(图 1-6(b))时，$\sigma_c=Y$，于是

$$\zeta=h\int_0^{h/2}B(z)zdz\bigg/2\int_0^{h/2}B(z)z^2dz \tag{1-19}$$

仅取决于截面形状，这时称 ζ 为**截面形状系数**.

(v)当对一梁施加弯矩M然后卸除时，若卸载不引起反向屈服，则卸载过程相当于对梁施加一个$-M$弯矩所引起的弹性效应，因而梁的最终曲率为

$$\kappa^F=\begin{cases}0, & 若\ 0\leqslant M\leqslant M_e;\\ \Phi^{-1}(M)-\dfrac{M}{EI}, & 若\ M_e\leqslant M<M_p.\end{cases} \tag{1-20}$$

梁的曲率在卸载过程中减小，这种现象称为回弹（springback）。回弹后与回弹前的曲率之比，称为回弹比（springback ratio），即

$$\eta=\frac{\kappa^F}{\kappa}=\begin{cases}0, & 若\ 0\leqslant M\leqslant M_e;\\ 1-\dfrac{M}{EI\Phi^{-1}(M)}, & 若\ M_e\leqslant M<M_p.\end{cases}\tag{1-21}$$

§1.4 矩形截面梁的纯弯曲和回弹

现考虑理想弹塑性材料的矩形截面梁，其应力-应变关系为

$$\sigma=f(\varepsilon)=\begin{cases}E\varepsilon, & 当\ |\varepsilon|\leqslant\varepsilon_s;\\ Y\cdot\mathrm{sign}\varepsilon, & 当\ |\varepsilon|\geqslant\varepsilon_s,\end{cases}\tag{1-22}$$

其中 $\varepsilon_s=Y/E$ 是材料发生初始拉伸屈服时的应变值。

由(1-15)式至(1-19)式可知，对矩形截面梁有

$$\kappa_e=2Y/Eh=2\varepsilon_s/h,\tag{1-23}$$

$$M_e=\frac{1}{6}Ybh^2,\tag{1-24}$$

$$M_p=\frac{1}{4}Ybh^2,\tag{1-25}$$

及

$$\zeta=1.5.\tag{1-26}$$

当对梁施加弯矩 $M(M_e\leqslant M<M_p)$时，距中性轴 $z_s=\varepsilon_s/\kappa$ 处的纤维达到初始屈服，这时方程(1-13)给出

$$\begin{aligned}M&=2\int_0^{z_s}E\kappa bz^2dz+2\int_{z_s}^{h/2}Ybzdz\\&=\frac{2}{3}Eb\varepsilon_s^3/\kappa^2+Yb\left[\left(\frac{h}{2}\right)^2-\left(\frac{\varepsilon_s}{\kappa}\right)^2\right]\\&=\frac{1}{4}Ybh^2-\frac{Y^3b}{3E^2\kappa^2}.\end{aligned}\tag{1-27}$$

比较(1-27)式与(1-24)式得

$$\frac{M}{M_e}=\frac{3}{2}-\frac{1}{2}\left(\frac{\kappa_e}{\kappa}\right)^2,\ 当\ M_e\leqslant M<M_p.\tag{1-28}$$

引入无量纲弯矩和无量纲曲率

$$m = M/M_e, \quad \phi = \kappa/\kappa_e, \tag{1-29}$$

则可写出无量纲形式的弯矩-曲率关系

$$m = \begin{cases} \phi, & \text{当 } \phi \leqslant 1; \\ \dfrac{3}{2} - \dfrac{1}{2\phi^2}, & \text{当 } \phi \geqslant 1. \end{cases} \tag{1-30}$$

也可以写成其反函数的形式

$$\phi = \begin{cases} m, & \text{当 } 0 \leqslant m \leqslant 1; \\ \dfrac{1}{\sqrt{3-2m}}, & \text{当 } 1 \leqslant m < \dfrac{3}{2}. \end{cases} \tag{1-31}$$

当 $M \to M_p$，即 $m \to M_p/M_e = \zeta = 3/2$ 时，$\phi \to \infty$。这表明，当外加弯矩趋向于梁的塑性极限弯矩M_p时，理想弹塑性矩形截面梁的曲率可以无限增长.(1-30)和(1-31)式所给出的弯矩-曲率函数关系如图 1-7 所示。

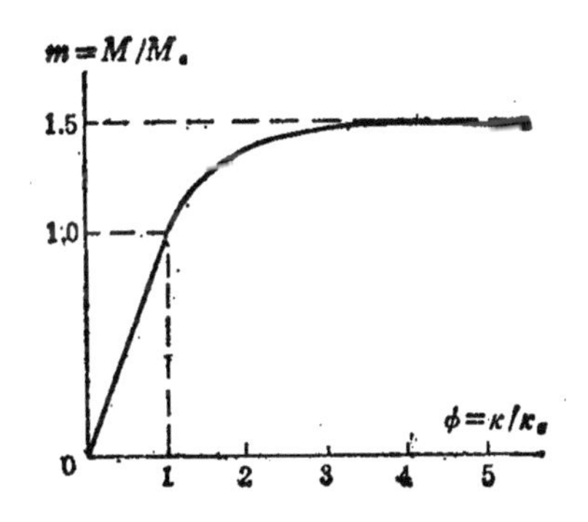

图 1-7　矩形截面梁的弯矩-曲率关系.

矩形截面梁承受弹塑性弯曲后经过卸载和回弹，其最终的无量纲曲率及回弹比可依照(1-20)及(1-21)式求出为

$$\phi^F = \begin{cases} 0, & \text{若 } 0 \leqslant m \leqslant 1; \\ \dfrac{1}{\sqrt{3-2m}} - m, & \text{若 } 1 \leqslant m < \dfrac{3}{2}, \end{cases} \tag{1-32}$$

及

$$\eta = \frac{\kappa^F}{\kappa} = \frac{\phi^F}{\phi} = \begin{cases} 0, & 若\ 0 \leqslant m \leqslant 1; \\ 1 - m\sqrt{3-2m}, & 若\ 1 \leqslant m < \dfrac{3}{2}. \end{cases}$$

(1-33)

(1-33)式给出的是用无量纲弯矩 m 表示的回弹比．将(1-30)式代入(1-33)式，就能得到用曲率 ϕ 表示的回弹比公式：

$$\eta = \frac{\phi^F}{\phi} = \begin{cases} 0, & 若\ 0 \leqslant \phi \leqslant 1; \\ \left(1 + \dfrac{1}{2\phi}\right)\left(1 - \dfrac{1}{\phi}\right)^2, & 若\ 1 \leqslant \phi. \end{cases} \tag{1-34}$$

注意到 $1/2\phi = \kappa_e/2\kappa = YR/Eh$，其中 $R = 1/\kappa$ 为梁弯曲时的

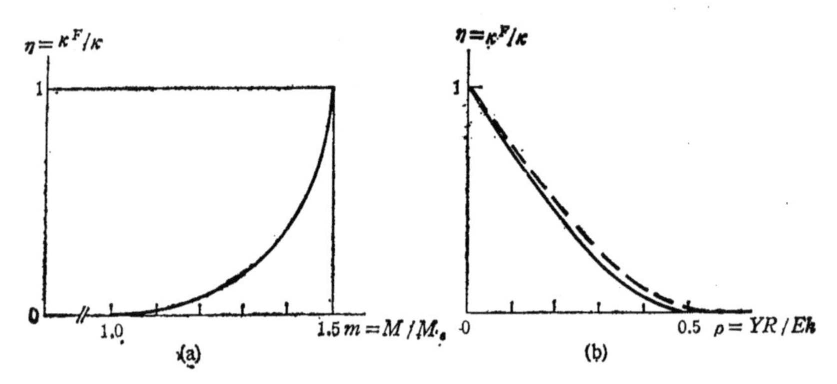

图 1-8 矩形截面梁的回弹比 $\eta = \kappa^F/\kappa$ (a) 随无量纲弯矩的变化以及 (b) 与参数 $\rho = YR/Eh$ 的关系．

曲率半径，(1-34)式还可以再改写为

$$\eta = \frac{\kappa^F}{\kappa} = \frac{R}{R^F} = \left(1 + \frac{YR}{Eh}\right)\left(1 - 2\frac{YR}{Eh}\right)^2$$

或
$$\eta = 1 - 3\left(\frac{YR}{Eh}\right) + 4\left(\frac{YR}{Eh}\right)^3, \quad \frac{YR}{Eh} \leqslant \frac{1}{2}. \tag{1-35}$$

此式是由 Gardiner[1-16] 在 1957 年最先得到的，称为 Gardiner 公式．由这个公式可以很方便地从回弹前的曲率半径 R 求出回弹后的(即最终的)曲率半径 $R^F = 1/\kappa^F$．

从(1-35)式看出，回弹比 η 仅取决于无量纲参数组合

$$\rho = \frac{YR}{Eh} = \frac{1}{2\phi}. \tag{1-36}$$

这时回弹比可表示为

$$\eta = \begin{cases} 0, & \text{若 } \rho \geqslant 1/2; \\ 1 - 3\rho + 4\rho^3, & \text{若 } \rho \leqslant 1/2. \end{cases} \tag{1-37}$$

图 1-8 (a) 和 (b) 给出了 η-m 和 η-ρ 的函数关系.

上述对弯曲和回弹的分析是对梁(宽度 b 与厚度 h 同量阶)或即平面应力情形进行的.对于 b 比 h 大得多的宽板,其单向纯弯曲近似满足平面应变条件.这时,其弹性范围内的弯矩-曲率关系为

$$M = \frac{EI}{(1-\nu^2)}\kappa = E'I\kappa, \tag{1-38}$$

其中 ν 为 Poisson 比,$E' = E/(1-\nu^2)$.这一关系式对于回弹计算也适用.因此,只要用 E' 代替 E,前述梁的纯弯曲和回弹的公式都可应用于板的单向纯弯曲和回弹.例如,对于板

$$\kappa_e' = 2Y/E'h = 2Y(1-\nu^2)/Eh = \kappa_e(1-\nu^2),$$

$$\phi' = \kappa/\kappa_e' = \phi/(1-\nu^2),$$

$$\eta = \left(1 + \frac{1}{2\phi'}\right)\left(1 - \frac{1}{\phi'}\right)^2, \quad \phi' \geqslant 1,$$

$$\rho' = \frac{1}{2\phi'} = \frac{YR(1-\nu^2)}{Eh} = \rho(1-\nu^2),$$

$$\eta = 1 - 3\rho' + 4\rho'^3, \qquad \rho' \leqslant 1/2.$$

当 $\nu = 0.3$ 时,对于板的回弹比计算曲线在图 1-8 (b) 中以虚线表出.

§1.5 对称截面梁的纯弯曲和残余应力

在§1.3 中已经讨论过了具有两根对称轴的梁截面.当假定材料为理想弹塑性,即应力应变关系符合(1-22)式时,有关的公式都可得到进一步的简化.

对于一给定的截面形状,我们主要感兴趣的是:i) 最大弹性弯矩 M_e,塑性极限弯矩 M_p 和截面形状系数 $\zeta = M_p/M_e$; ii)

M-κ 关系，即确定函数 $M=\Phi(\kappa)$，或其反函数 $\kappa=\Phi^{-1}(M)$。

M_e, M_p 和 ζ 由以下公式确定：

$$M_e = 4Y\int_0^{h/2} B(z)z^2dz/h,$$

$$M_p = 2Y\int_0^{h/2} B(z)zdz,$$

$$\zeta = h\int_0^{h/2} B(z)zdz \Big/ 2\int_0^{h/2} B(z)z^2dz.$$

设在弯矩M作用下，弹塑性区域的交界线在 $z=\pm c$，则$c/R=Y/E$，其中R为中性轴的曲率半径。从而 $c=Y/E\kappa$，其中 $\kappa=1/R$ 为中性轴的曲率。这时有

$$\begin{aligned} M &= 2\int_0^c \frac{Y}{c}B(z)z^2dz + 2\int_c^{h/2} YB(z)zdz \\ &= 2E\kappa\int_0^{Y/E\kappa} B(z)z^2dz + 2Y\int_{Y/E\kappa}^{h/2} B(z)zdz, \qquad (1\text{-}39) \end{aligned}$$

此式即为 $M=\Phi(\kappa)$。也可按无量纲弯矩 $m=M/M_e$ 和无量纲曲率 $\phi=\kappa/\kappa_e$ 改写为

$$m = \left\{\phi\int_0^{h/2\phi} B(z)z^2dz + \frac{h}{2}\int_{h/2\phi}^{h/2} B(z)zdz\right\} \Big/ \int_0^{h/2} B(z)z^2dz,$$

或即

$$\begin{aligned} m = &\left\{\phi\int_0^{1/\phi} B\left(\frac{h}{2}\xi\right)\xi^2d\xi \right.\\ &\left. + \int_{1/\phi}^1 B\left(\frac{h}{2}\xi\right)\xi d\xi\right\} \Big/ \int_0^1 B\left(\frac{h}{2}\xi\right)\xi^2d\xi. \qquad (1\text{-}40) \end{aligned}$$

当 $B\left(\frac{h}{2}\xi\right)=b$ 时，(1-40)式就给出矩形截面梁的弯矩-曲率关系(1-30)式。

对于一些典型的具有两根对称轴的梁截面，表 1-1 列出了有关的公式。

对于仅具有一根对称轴的截面，计算要稍稍复杂些。下面以三角形截面为例，来说明 M_e, M_p 和 ζ 的求法。考虑图 1-9 所示的等腰三角形截面，其底宽为 b，高为 h。设弯矩作用在梁的对称

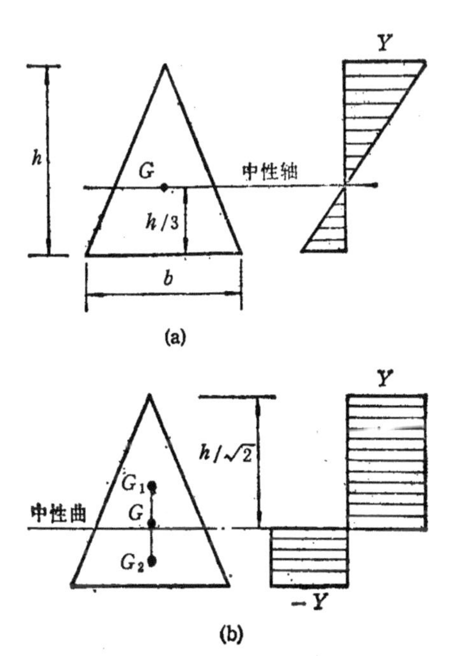

图 1-9 等腰三角形截面梁的纯弯曲：（a）弹性弯曲的中性轴和应力分布；（b）完全塑性弯曲的中性轴和应力分布.

截面内，则在弯曲的弹性阶段，其中性轴平行于底边并通过截面的形心。根据图 1-9(a) 的应力分布作简单的积分可得

$$M_e = \frac{1}{24} Ybh^2. \tag{1-41}$$

对于完全塑性弯曲状态，从图 1-9(b) 所示的应力分布可知，为使截面上应力的合力为零，中性轴必须将截面分为面积相等的两部分. 因而，中性轴距截面上端的距离应为 $h/\sqrt{2}$. 设 G_1, G_2 分别为中性轴分割出的两块面积的形心，而 G 为原截面的形心，则 G 必为G_1G_2 连线的中点。设原截面的面积为 A，则

$$M_p = Y \cdot \frac{1}{2} A \cdot \overline{G_1G_2} = YA \cdot \overline{GG_1}$$

$$= YA\left(\frac{2}{3}h - \frac{2}{3} \cdot \frac{h}{\sqrt{2}}\right) = \frac{1}{6}(2 - \sqrt{2})Ybh^2. \tag{1-42}$$

表 1-1

截面形状	$\zeta \equiv M_p/M_e$	弹塑性弯曲时 $m \equiv \dfrac{M}{M_e}$ 与 $\phi \equiv \dfrac{\kappa}{\kappa_e}$ 间的关系
工(虚腹板)	1	$m = 1$
工	$\frac{15}{14} \simeq 1.071$	$m = \frac{15}{14} - \frac{1}{14\phi^2}$
□	$\frac{9}{8} \simeq 1.125$	$m = \frac{9}{8} - \frac{1}{8\phi^2}$
○	$\frac{4}{\pi} \simeq 1.273$	$m = \frac{2}{\pi}\left[\phi \arcsin\frac{1}{\phi} + \sqrt{1 - \frac{1}{\phi^2}}\right]$
▨	$\frac{3}{2} = 1.50$	$m = \frac{3}{2} - \frac{1}{2\phi^2}$
◍	$\frac{16}{3\pi} \simeq 1.698$	$m = \frac{2}{\pi}\left[\phi \arcsin\frac{1}{\phi} + \frac{1}{3}\left(5 - \frac{2}{\phi^2}\right)\sqrt{1 - \frac{1}{\phi^2}}\right]$
◈	2	$m = 2 - \frac{2}{\phi^2} + \frac{1}{\phi^3}$

比较(1-41)和(1-42)可得三角形截面的截面形状系数为

$$\zeta = 4(2 - \sqrt{2}) \simeq 2.343. \tag{1-43}$$

从上述讨论可知，对于具有一根对称轴的截面的梁的对称弯曲，有下列一般性质:

(i)在弯曲的弹性阶段，中性轴垂直于截面的对称轴并通过截面的形心，由此可求出 M_e。

(ii)对于完全塑性弯曲状态，中性轴垂直于截面的对称轴并将截面面积等分，然后可按下式求得 M_p:

$$M_p = YAr, \tag{1-44}$$

其中 Y 为材料的屈服应力，A 为截面的面积，

$$r = \frac{1}{2}\overline{G_1G_2} = \overline{GG_1} = \overline{GG_2},$$

G, G_1, G_2 分别是原截面的形心和中性轴分割得到的两块面积的形心。

对于梁在经历弹塑性弯曲之后卸载引起的效应，§1.3 和 §1.4 中已从回弹(即曲率变化)的角度作了一些讨论，这里我们再对残余应力的分布作一些讨论。

首先值得注意的是梁的最外层纤维是否会在卸载过程中发生反向屈服的问题。仍设材料为理想弹塑性的，则当梁承受弯矩 $M(M_e \leqslant |M| \leqslant M_p)$ 所产生的弹塑性弯曲时，在远离中性轴的部分区域内会有

$$\sigma = \pm Y,$$

其+号和−号分别在拉伸区和压缩区取到。如 §1.3 末尾所述，卸载过程相当于对梁施加一个 $-M$ 弯矩引起的弹性效应，于是对于梁的最外层纤维要叠加一个应力

$$\sigma' = \mp \frac{|M|}{M_e} Y.$$

因而，梁的最外层纤维的最终应力为

$$\sigma^F = \sigma + \sigma' = \mp \left(\frac{|M|}{M_e} - 1 \right) Y. \qquad (1-45)$$

只有当 $|\sigma^F| \leqslant Y$ 时才不发生反向屈服，这就要求

$$\frac{|M|}{M_e} \leqslant 2. \qquad (1-46)$$

由于 $M_e \leqslant |M| \leqslant M_p$，从(1-46)式不难看出，对于 $\zeta = M_p/M_e \leqslant 2$ 的截面，在卸载过程中梁内任何纤维都不会发生反向屈服。这时 κ^F 可按(1-20)式计算，同时残余应力分布也可按M引起的弹塑性弯曲应力分布简单地叠加$-M$引起的弹性应力分布来求出。

例如，对高为 h 的矩形截面梁，图 1-10 给出了沿高度方向的残余应力分布 .

对于截面形状系数 $\zeta = M_p/M_e > 2$ 的梁，当所施加的弯矩 $M > 2M_e$ 时，卸载将导致梁内某些纤维的反向屈服。由图 1-11

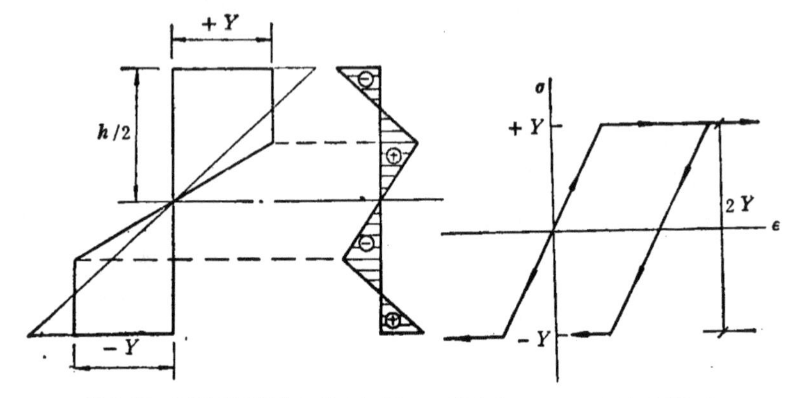

图 1-10 矩形截面梁在卸除弯矩后沿高度方向的残余应力分布.

图 1-11 理想弹塑性材料卸载时的反向屈服.

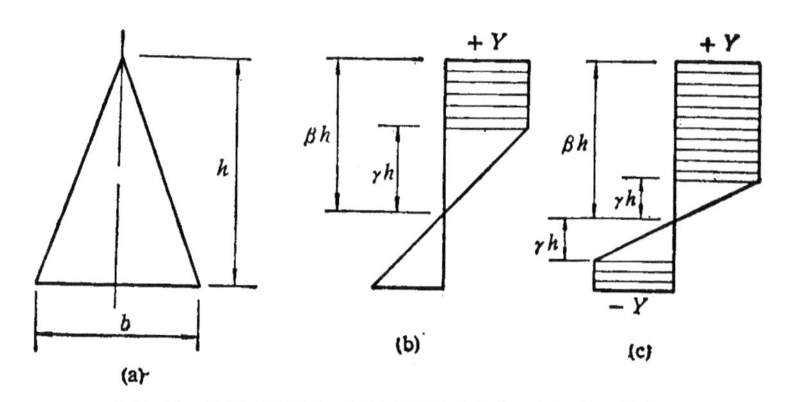

图 1-12 等腰三角形截面梁的弹塑性纯弯曲：(a) 截面尺寸；(b) 单侧塑性应力分布；(c) 双侧塑性应力分布.

可以看出，卸载过程中所造成的应力变化的绝对值对梁内任何纤维都不得超过 $2Y$. 因此，从大于 $2M_e$ 的弯矩 M 卸载时，不应简单地叠加 $-M$ 引起的纯弹性应力分布，而应叠加 $-M$ 引起的、假定材料是屈服应力为 $2Y$ 的理想弹塑性材料时的弹塑性应力分布. 这样可以保证残余应力的绝对值不超过 Y.

下面以等腰三角形截面梁为例来说明. 前面已求得对于这一截面 $\zeta = 4(2-\sqrt{2}) \simeq 2.343 > 2$. 当它承受弹塑性弯曲($M >$

M_e，即 $m = M/M_e > 1$）时，有如图 1-12 所示的两种可能的应力分布：单侧塑性应力分布(图 1-12(b))；双侧塑性应力分布(图 1-12 (c))． 假设梁承受M作用时，中性轴到截面顶点的距离为 $x = \beta h$，弹塑性边界处的纤维到中性轴的距离为 $c = \gamma h$，则当 $\beta + \gamma \geqslant 1$ 时梁内为单侧塑性应力分布，$\beta + \gamma \leqslant 1$ 时梁内为双侧塑性应力分布．由截面上合力为零的条件可以导出 β 与 γ 间要满足以下关系：

$$\begin{cases} 3\beta^2\gamma - 3\beta\gamma^2 + \gamma^3 = 2 - 3\beta + \beta^3, & \text{当 } \beta + \gamma \geqslant 1; \\ 6\beta^2 + 2\gamma^2 = 3, & \text{当 } \beta + \gamma \leqslant 1. \end{cases} \tag{1-47}$$

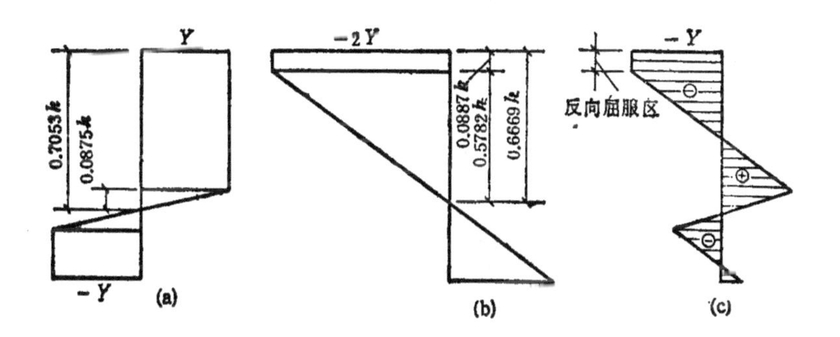

图 1-13　等腰三角形截面梁的弯曲应力分布和残余应力分布：(a) 加载至 $m = 2.3$时的弯曲应力分布；(b) $m = -2.3$ 所引起的卸载应力，基本上为弹性应力，但顶端有一反向屈服区；(c) 由 (a) 和 (b) 叠加得到的残余应力分布，注意顶端的反向屈服区．

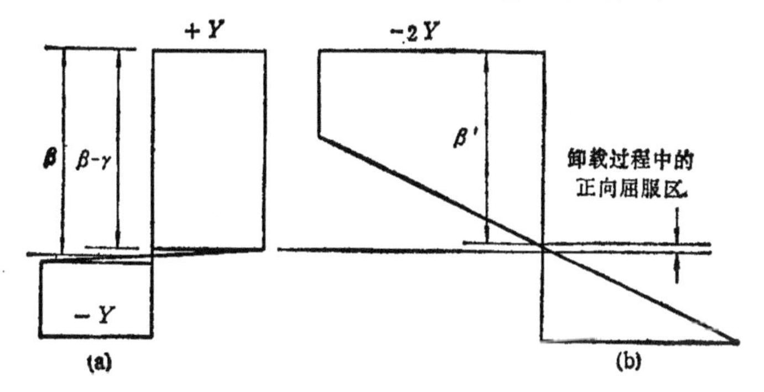

图 1-14　卸载过程中的正向屈服：(a) 弯曲应力分布；(b)卸载应力分布，注意中性轴附近的正向屈服区．

再由截面上应力的合力矩等于 M 可导出

$$m=\frac{M}{M_e}=\begin{cases}2\left[2\beta^3-2\beta\gamma^2+\gamma^3+\dfrac{1}{\gamma}(3+\beta)(1-\beta)^3\right], \\ \qquad\qquad\qquad\qquad\qquad\qquad\qquad 当\ \beta+\gamma\geqslant 1; \\ 4[\beta^3-2\beta\gamma^2+(2+\beta)(1-\beta)^2],当\ \beta+\gamma\leqslant 1.\end{cases}\tag{1-48}$$

特别地，(i) 最大弹性弯矩 M_e 作用的情形，有 $\beta=\gamma$，可解出 $\beta=\gamma=2/3$ 及 $m=1$；(ii) 单侧塑性过渡到双侧塑性的状态，有 $\beta+\gamma=1$，可解出 $\beta=\frac{1}{4}(1+\sqrt{3})=0.6830, \gamma=0.3170$ 及 $m=1.8038$；(iii) 塑性极限状态,有 $\gamma=0$，可解出 $\beta=1/\sqrt{2}=0.7071$ 及 $m=4(2-\sqrt{2})=2.343=\zeta$.

现设此等腰三角形截面梁被加载到 $m=2.3$，这时按照(1-47)和(1-48)中的第二式不难求得 $\beta=0.7053$ 和 $\gamma=0.0875$，这些参数就决定了弯曲时沿梁高的应力分布，如图 1-13(a) 所示. 当 m 由 2.3 卸至 0 时，如前所述，相当于在弯曲应力分布上叠加下述应力分布：假想一个屈服应力为 $2Y$ 的理想弹塑性材料制成的三角形截面梁，其上作用着 $-m=-2.3$ 所引起的应力分布. 不难看出，后面这个应力分布相当于在原先的梁(即屈服应力为 Y 的理想弹塑性材料的三角形截面梁)上作用着 $-m/2=-1.15$ 所产生的应力分布之二倍. 这时按照(1-47)和(1-48)中的第一式可以求得 $\beta'=0.6669$ 和 $\gamma'=0.5782$，这些参数决定的卸载引起的应力分布如图 1-13(b) 所示. 将弯曲应力分布（图 1-13(a)）同卸载引起的应力分布(图 1-13(b)) 相叠加，便得出卸载后梁内最终的残余应力分布(图1-13 (c)). 由此看到，反向屈服区是在三角形截面的顶点附近，其高度为 $\beta'-\gamma'=0.0887$，占总高度的 8.87%，而这个区域的面积不到总截面积的 0.8%. 这表明，尽管所施加的弯矩 $M=2.30M_e$ 已相当接近截面的塑性极限弯矩 $M_p=2.343M_e$，但反向屈服区相对于整个截面来说仍是微乎其微的.

当所施加的弯矩 M 非常接近 M_p 时，在卸载过程中，由于弯曲中性轴和卸载中性轴位置的差异，中性轴附近的纤维还有可能发生正向屈服。参看图 1-14，当 $\beta-\gamma>\beta'$ 时，在卸去弯矩时，如果按照前述应力分布叠加的做法(图 1-14 (b))，中性轴附近的纤维会发生同号应力的叠加，因而造成超过 Y 的残余应力，这对于理想弹塑性材料是不允许的。可见，这时应对卸除弯矩所造成的应力分布作更细致的修正，以保证梁内的残余应力处处都不超过 Y。对三角形截面梁的计算表明，当 $m>2.334$ (即 $M/M_p>99.6\%$)时，才会有 $\beta-\gamma>\beta'$。这说明，中性轴附近纤维在卸载过程中的正向屈服问题，在实际应用上是并不重要的。

§1.6 非对称截面梁的纯弯曲和回弹

如上所述，对于对称截面梁的纯弯曲和回弹已经作了大量的研究，即使对于形状十分复杂的截面，只要弯曲是对称的，也已有了理论分析的系统方法。然而，对于梁的非对称弹塑性弯曲的研究要少得多，而且很不完善。

首先引起注意的是矩形截面梁承受不在对称平面内的弯矩所产生的非对称弹塑性纯弯曲。Barrett[1·17] 和 Harrison[1·18] 先后采用不同的本构关系来处理这一问题，但他们都仅仅研究了梁的完全塑性状态，即非对称弯曲中的极限情形。

Brown[1·19] 进而讨论了任意形状截面梁的完全塑性弯曲状态。类似于本书 §1.5 中关于完全塑性弯曲状态的分析及 (1-44) 式，Brown 指出，在完全塑性弯曲状态下，中性轴等分截面积的性质及公式

$$M_p = YAr$$

对任意形状截面也都成立。这里 $r=\frac{1}{2}\overline{G_1G_2}=\overline{GG_1}=\overline{GG_2}$，$G$ 为原截面的形心，G_1 和 G_2 是被中性轴等分出来的两块面积的形心，见图 1-15 (a)。

对于一个给定的截面，沿不同方向作出面积等分线(就是完全

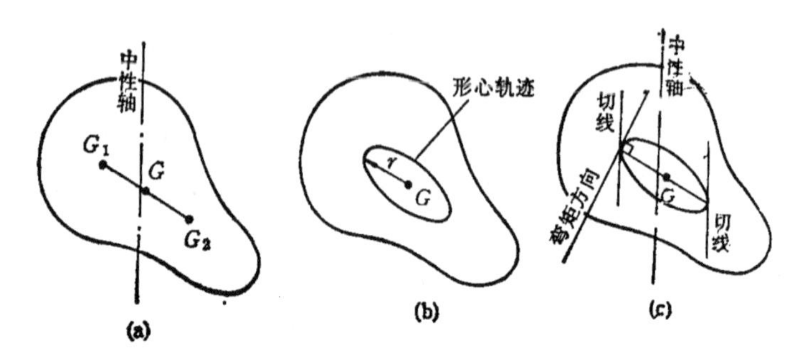

图 1-15 任意形状截面梁的完全塑性弯曲状态：(a) 形心和中性轴；(b) 形心轨迹；(c) 弯矩方向，中性轴方向与形心轨迹间的关系.

塑性状态的中性轴)，则 G_1 和 G_2 的位置随之改变，在截面内画出一条轨迹，可称为形心轨迹 (centroidal locus)，见图 1-15 (b). 显然，形心轨迹纯粹由截面图形的几何形状所决定，具有纯几何的性质。而一当形心轨迹被确定了，截面在任意方向受到弯曲时的塑性极限弯矩 M_p 值就可以这样求得：由形心 G 向弯矩 M_p 的作用方向线作垂线，它与形心轨迹的交点（即 G_1 或 G_2）到 G 的距离为 r，从 $M_p = YAr$ 便可求得 M_p 值。可见，任意方向的 M_p 值都可以"纯几何"地求出。

同时，Brown 还证明了，形心轨迹在向径为 r 的那一点处的切线方向，恰就是相应的弯曲中性轴的方向，见图 1-15 (c)。这样，形心轨迹实际上描述了任意截面梁承受任意方向的完全塑性弯曲的全部特征。

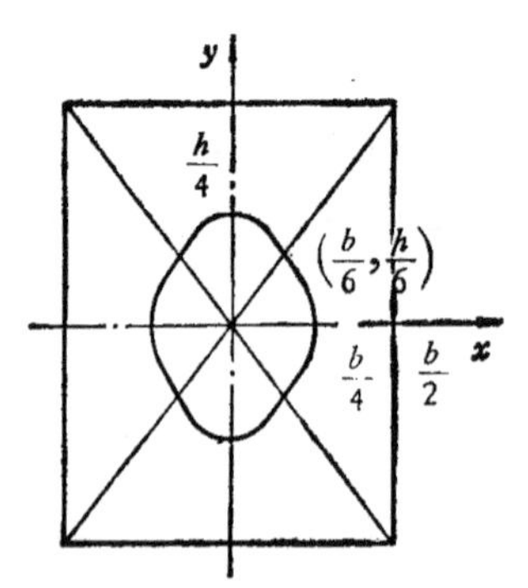

图1-16 矩形截面的形心轨迹.

例如，对于宽为 b、高为 h 的矩形截面，不难从纯几何的关系求出其形心轨迹如图 1-16 所示，它被截面的对角线分为四段曲线。上下两段曲线的方程是

$$\pm\frac{y}{h} = \frac{1}{4} - 3\left(\frac{x}{b}\right)^2;$$

根据对称性，左右两段曲线的方程是

$$\pm\frac{x}{b}=\frac{1}{4}-3\left(\frac{y}{b}\right)^2.$$

易证明这四段曲线在截面对角线处是光滑连接的，且连接点的坐标为 $x=b/6$，$y=h/6$，于是 $r=\frac{1}{6}\sqrt{b^2+h^2}$。当这个矩形截面梁所承受的弯距垂直于截面的对角线方向（注意是弯曲的向量方向垂直于截面的一条对角线，这时另一条对角线并不是弯曲的中性轴）时，其塑性极限弯矩等于

$$M_p=YAr=\frac{1}{6}Ybh\sqrt{b^2+h^2}. \tag{1-49}$$

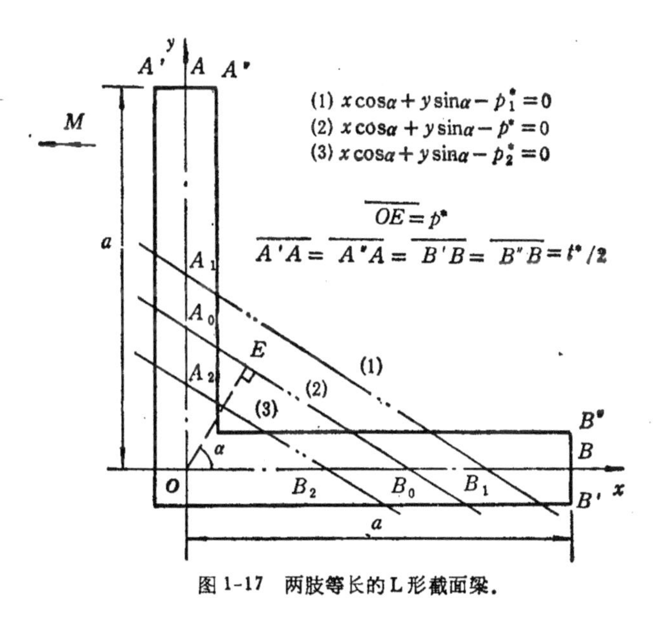

图 1-17　两肢等长的 L 形截面梁.

Brown 等人的上述研究虽然具有理论上的价值，但是没有涉及在实际中最关心的弹塑性弯曲问题，同时由于局限于塑性极限状态的讨论，也无法计及材料强化的效应。

最近，徐昱和余同希等[1,20]对一种典型的非对称弯曲——L 形截面梁的弹塑性纯弯曲和回弹的全过程作出了理论分析。他们仍假定材料是理想弹塑性的，但其分析方法不难推广到强化材料的

情形.

当L形截面梁承受平行于它的一肢的弯矩M所引起的弹塑性弯曲时，在图 1-17 所示的直角坐标系 xOy 中，设截面的中性轴方程为

$$x\cos\alpha + y\sin\alpha - p = 0, \tag{1-50}$$

其中 α 是中性轴与 y 轴的夹角，p 是从原点 O 到中性轴的距离.根据平截面假定，梁内各纤维的纵向应变为

$$\varepsilon = \kappa(p - x\cos\alpha - y\sin\alpha), \tag{1-51}$$

其中 κ 是中性轴沿纵向的曲率，恒取为正值，而应变 ε 可正可负.若令 d 表示弹塑性边界到中性轴的距离，则弹塑性边界线的方程为

$$\left.\begin{aligned} &x\cos\alpha + y\sin\alpha - p - d = 0 \\ \text{和}\quad &x\cos\alpha + y\sin\alpha - p + d = 0. \end{aligned}\right\} \tag{1-52}$$

由于材料是理想弹塑性的，从(1-51)式给出的应变可求出截面内的应力分布

$$\sigma = \begin{cases} E\kappa(p - x\cos\alpha - y\sin\alpha), & \text{弹性区;} \\ \pm Y, & \text{塑性区;} \end{cases} \tag{1-53}$$

且弹塑性边界线上的应力连续性条件给出

$$E\kappa d = Y. \tag{1-54}$$

截面的整体平衡条件可以写为

$$\iint_A \sigma dxdy = 0, \tag{1-55}$$

$$\iint_A \sigma xdxdy = 0, \tag{1-56}$$

和

$$\iint_A \sigma ydxdy = -M, \tag{1-57}$$

其中 A 代表整个L形截面.

(1-53) 至 (1-57)构成了L形截面梁弹塑性弯曲的基本方程组。实际上，它可以用于任意的非对称弯曲.

在文献 [1.20]中，首先研究了“理想L形截面梁”，它是这样一

种梁(参见图1-17)：将梁的横截面积凝缩于 OA 和 OB 两条线，于是，长为 dl 的微段，其面积为 tdl，其上应力为 σtdl，其中 t 是梁一肢的壁厚，σ 是微元所在点的应力. 于是(1-55)至(1-57)式中的面积分都变成了沿 OA,OB 两线的线积分乘以 t. 当 t/a,t/b 为小量时，可以期望"理想L形截面梁"可以作为真实L形截面梁的一个近似.

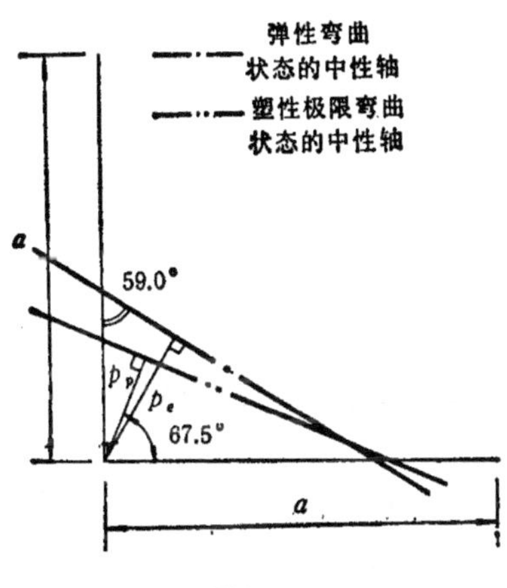

图 1-18 理想L形截面梁.

对于 $a=b$ 的"理想等边L形截面梁"，在弹性弯曲阶段，基本方程组给出

$$2pa-\frac{1}{2}a^2\cos\alpha-\frac{1}{2}a^2\sin\alpha=0, \tag{1-58}$$

$$p=\frac{2}{3}a\cdot\cos\alpha, \tag{1-59}$$

$$E\kappa\left(\frac{1}{2}pa^2-\frac{1}{3}a^3\sin\alpha\right)t=-M. \tag{1-60}$$

由(1-58)和(1-59)可以得到

$$\alpha_e=\tan^{-1}\left(\frac{5}{3}\right)\simeq 59.036^\circ, \tag{1-61}$$

$$p_e=\frac{2}{\sqrt{34}}a=0.3430a. \tag{1-62}$$

可见在弹性弯曲阶段中性轴的位置是固定的，式中的下标 e 代表弹性阶段。

比较 A,O,B 三点到中性轴 $3x+5y-2a=0$ 的距离可知，在这三点中 A 点首先进入塑性状态，这时中性轴绕 $\left(\frac{2}{3}a,0\right)$ 转动，且处于弹性极限状态（A 点恰好屈服）时梁的曲率和弯矩分别为

$$\kappa_e=\frac{\sqrt{34}}{3a}\cdot\frac{Y}{E} \tag{1-63}$$

和

$$M_e=\frac{2}{9}Ya^2t. \tag{1-64}$$

当 $M>M_e$ 时，L 形截面梁的弹塑性弯曲可以分成如下三个阶段，并分别求解：

PI 阶段，A 点处于塑性状态，而 O,B 点仍处于弹性状态；建立基本方程组并求解后可知这要求 $1\leqslant m\leqslant\frac{45}{32}=1.406$，其中 $m=M/M_e$ 为无量纲弯矩；

PII 阶段，A，O 点进入塑性状态，而 B 点仍处于弹性状态；这要求 $1.406=\frac{45}{32}\leqslant m\leqslant\frac{9}{2}(6\sqrt{3}-10)=1.765$；

PIII 阶段，A,O,B 三点均已进入塑性状态；这时从基本方程组可以解出

$$\alpha=\tan^{-1}\left(1\Big/\sqrt{-\frac{4}{9}m+1}\right), \tag{1-65}$$

$$p/a=\frac{\sin\alpha\cos\alpha}{\sin\alpha+\cos\alpha}, \tag{1-66}$$

$$d/a=\sqrt{3\left[\frac{1}{2}\cos^2\alpha-(p/a)^2\right]}, \tag{1-67}$$

及

$$\kappa = 3/\sqrt{34}d. \tag{1-68}$$

对于梁弯曲的塑性极限状态，令 $d=0$，从(1-65)至(1-68)式可以定出

$$\alpha_p = 67.5°, \tag{1-69}$$

$$p_p = 0.2706a, \tag{1-70}$$

$$\kappa_p \to \infty, \tag{1-71}$$

及

$$\zeta = M_p/M_e = 1.8640. \tag{1-72}$$

对比(1-61)和(1-69)式可知，从弹性弯曲状态到塑性极限弯曲状态，理想等边L形截面的中性轴旋转了大约8.5°。这揭示了非对称弹塑性弯曲的一个特点：在弯矩增加的过程中，截面的中性轴不但会发生平移，还会发生旋转。图1-18画出了理想等边L形截面梁的中性轴位置，图1-19则显示了中性轴倾角α随无量纲弯矩m的变化情况。

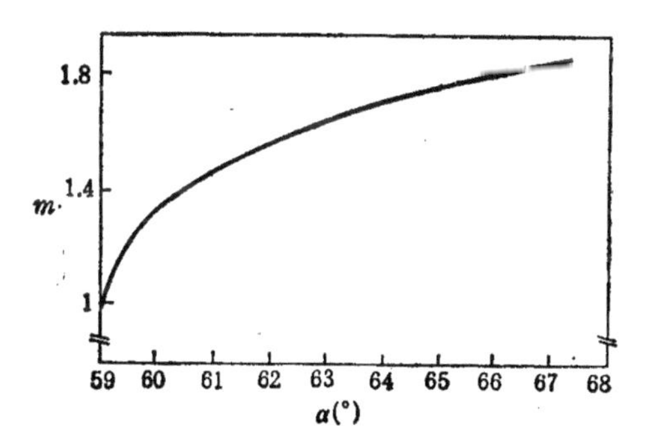

图1-19 理想L形截面梁中性轴倾角α(定义见图1-17)随无量纲弯矩m的变化.

在建立上述基本方程组时实际上假定了在弯矩单调增加的过程中梁内没有局部卸载。对从PI到PIII各阶段的计算表明，塑性区沿图1-17中的OA线和OB线的扩展都是单调的，这说明了对理想L形截面而言，并不会因为中性轴的平移和转动引起局部卸载。

在文献[1.20]中，还利用曲率向量的工具来研究L形截面梁

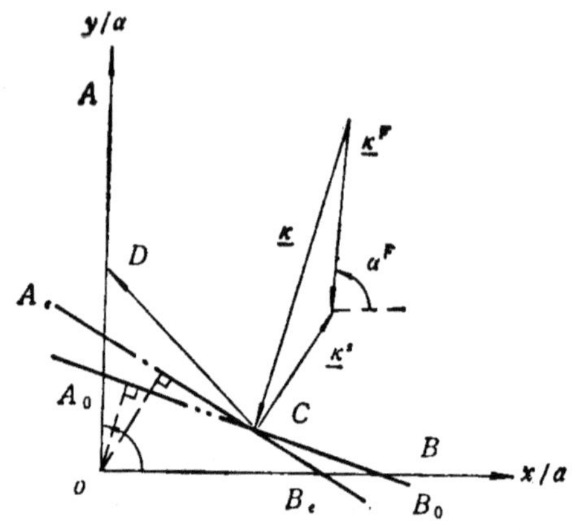

图 1-20 曲率的向量合成．$\underline{\kappa}$ 为弯曲时的曲率向量；$\underline{\kappa}^e$ 为回弹的曲率向量；$\underline{\kappa}^F$ 为残余的即最终的曲率向量．

弹塑性弯曲后的回弹．所谓曲率向量，是把曲率看成沿着平面曲线主法线方向的一个向量．在加载过程中，上述梁的曲率向量可以记为 $\underline{\kappa}$，它与弹塑性弯曲状态的中性轴 A_0B_0（见图 1-20）相垂直．在卸载过程中，如果不出现新的屈服，则可以假定回弹曲率向量$\underline{\kappa}^e$的方向与弹性弯曲中性轴 A_eB_e 相垂直．梁回弹后最终状态的残余曲率向量为

$$\underline{\kappa}^F = \underline{\kappa} - \underline{\kappa}^e, \tag{1-73}$$

其大小为

$$\kappa^F = \{[\kappa a - \cos(\alpha - \alpha_e)]^2 + \sin^2(\alpha - \alpha_e)\}^{1/2}/a, \tag{1-74}$$

而 $\underline{\kappa}^F$ 与 x 轴的夹角为

$$\alpha^F = \tan^{-1}\frac{\sin(\alpha - \alpha_e)}{\kappa a - \cos(\alpha - \alpha_e)}. \tag{1-75}$$

α^F 随 m 的变化如图 1-21 所示．应该说明的是，在上述回弹分析中忽略了 A_0A_e 和 B_0B_e 段（见图 1-20）上可能会出现的由局部加载所引起的新的屈服．

对于两肢具有一定壁厚 t 的真实等边 L 形截面梁，文献[1.20]也导出了弹塑性弯曲各阶段诸有关量的计算公式．计算表明（见表 1-2），对于 $t/a = 0.1$ 的情形，α 的最大误差不超过0.64°，

p 和 κ 的相对误差分别在 3% 和 10% 之内。这说明,“理想 L 形截面梁”能够良好地表征真实 L 形截面梁在弹塑性弯曲中的行为。

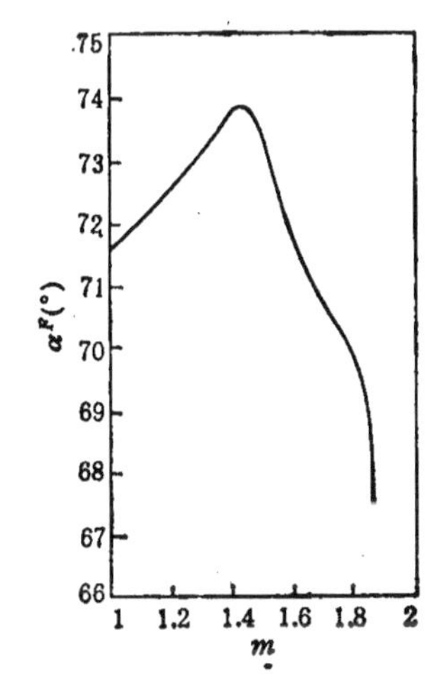

图 1-21　标志最终曲率向量方向的角 α^F 随 m 的变化.

从上述 L 形截面梁弹塑性弯曲的分析研究中,我们看到:

(i) 非对称弯曲不同于对称弯曲的最大特点在于,在弹塑性弯曲过程中,中性轴不但会平移,还会旋转,这一点不论对弯曲状态还是对回弹过程都有重要影响;

(ii) 对于工程实际中广为应用的薄壁截面梁的非对称弯曲,系用壁厚凝缩为零的“理想截面”模型能够较好地表征真实截面梁的行为,同时在数学上获得很大简化。

表 1-2 L 形截面梁的主要计算结果

阶段	m \ t/a	κ		$\alpha(°)$		κ^F		$\alpha^F(°)$	
		0.0	0.1	0.0	0.1	0.0	0.1	0.0	0.1
PI	1.000	1.108	1.081	59.128	59.403	0.008	0.018	72.043	63.300
	1.200	1.233	1.138	59.410	59.644	0.034	0.041	72.565	68.290
PII	1.635	2.374	2.269	62.924	62.816	0.751	0.698	71.412	70.701
	1.700	2.896	2.717	63.860	63.670	1.210	1.086	70.642	70.229
PIII	1.864	∞	—	67.500	—	∞	—	67.500	—
	1.882	—	∞	—	67.304	—	∞	—	67.334

§1.7　材料强化对弯曲和回弹的影响

为了研究材料强化对弹塑性纯弯曲及其后的回弹的影响,首先考虑材料为弹-线性强化的简化情形。这时,材料在简单拉压时

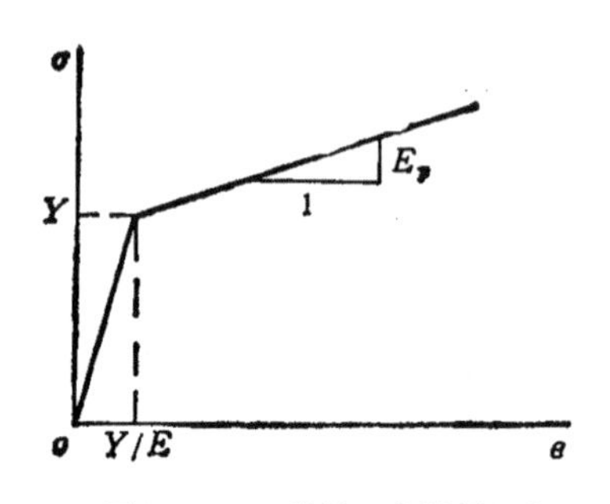

图 1-22　弹-线性强化材料的应力-应变关系.

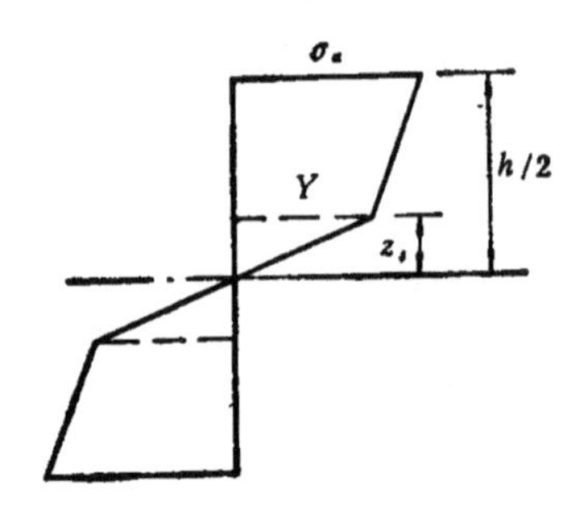

图 1-23　弹-线性强化材料的梁在纯弯曲下的应力分布.

的应力应变关系如图 1-22 所示，其中弹性段和线性强化段的斜率分别为 E 和 E_p，初始屈服应力为 Y.

当由这样一种弹-线性强化材料制成的矩形截面梁受到弹塑性纯弯曲时，在梁的横截面上沿梁的厚度方向的应力分布如图 1-23所示. 其中 z_s 是初始屈服纤维到中性轴的距离，σ_a 是最外层纤维的应力. 于是我们有

$$\sigma=\begin{cases} Y\cdot\dfrac{z}{z_s}, & \text{对于 } |z|\leqslant z_s, \\ Y+(\sigma_a-Y)\dfrac{z-z_s}{\dfrac{h}{2}-z_s}, & \text{对于 } z\geqslant z_s. \end{cases} \tag{1-76}$$

若此时梁中线的曲率半径为 R，则梁内各纤维的应变为

$$\varepsilon=z/R,$$

特别地，在 $z=z_s$ 处有

$$Y/E=z_s/R,$$

亦即曲率为

$$\kappa=1/R=Y/Ez_s. \tag{1-77}$$

在 $z=h/2$ 处，应变为

$$\varepsilon_a=\frac{h/2}{R}=Y/E\gamma,$$

其中 $\gamma = \frac{z_s}{h/2}$。

从图 1-22 可知

$$\sigma_a - Y = E_p\left(\varepsilon_a - \frac{Y}{E}\right) = E_p \cdot \frac{Y}{E}\left(\frac{1}{\gamma} - 1\right),$$

因而

$$\sigma_a = Y + \mu Y\left(\frac{1}{\gamma} - 1\right), \tag{1-78}$$

其中 $\mu = E_p/E$。将(1-78)代入(1-76)式得出梁内塑性区的应力分布为

$$\sigma = Y + \mu Y\left(\frac{z}{z_s} - 1\right), \quad 对于 \quad z \geqslant z_s。 \tag{1-79}$$

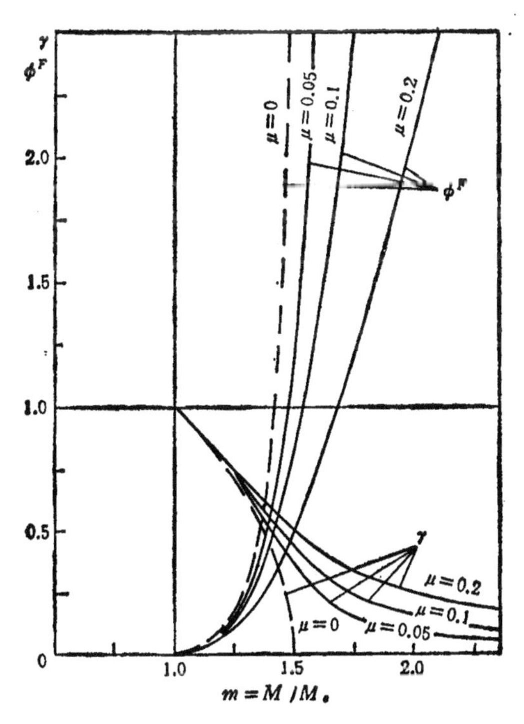

图 1-24 $\gamma = 1/\psi$ 和 $\psi^F = \kappa^F/\kappa_e$ 对无量纲弯矩 m 的依赖关系。
$\mu = E_p/E$ 是表征强化的系数。

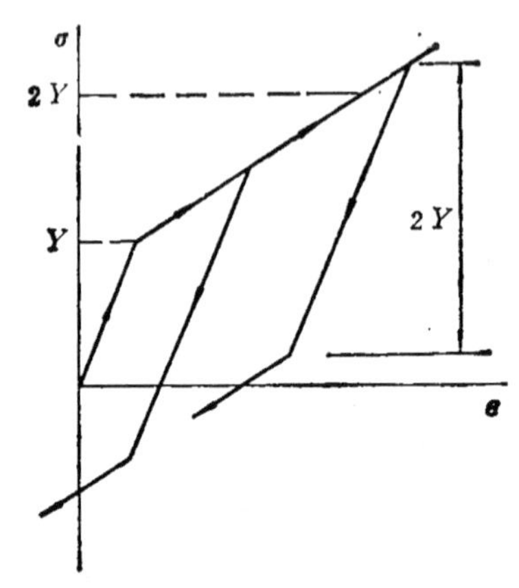

图 1-25 随动强化的弹-线性强化材料.

将图 1-23 的应力分布对中性轴取矩,可得

$$M=\frac{1}{3}Yb\left(\frac{h}{2}\right)^2\left\{3-\gamma^2+\frac{\mu}{\gamma}[2-3\gamma+\gamma^3]\right\},$$

或即

$$\gamma^2-\mu\left(\frac{2}{\gamma}-3+\gamma^2\right)=3-2m, \tag{1-80}$$

其中 $m=M/M_e=M\Big/\left(\frac{1}{6}Ybh^2\right)$ 是无量纲弯矩，M_e 是梁的最大弹性弯矩.

对于无强化的材料即理想弹塑性材料，$\mu=0$，方程(1-80)退化为 $\gamma^2=3-2m$，这同 §1.4 的结果相一致.

按 §1.4 中的(1-23)式,$M=M_e$ 时梁的曲率是 $\kappa_e=2Y/Eh$，将此式与(1-77)式比较可得到弹-线性强化梁的无量纲曲率为

$$\phi=\frac{\kappa}{\kappa_e}=\frac{h/2}{z_s}=\frac{1}{\gamma}, \tag{1-81}$$

进而回弹后的最终无量纲曲率为

$$\phi^F=\begin{cases}0, & 若\ 0\leqslant m\leqslant 1;\\ \dfrac{1}{\gamma}-m, & 若\ 1\leqslant m.\end{cases} \tag{1-82}$$

相应的回弹比为

$$\eta = \frac{\kappa^F}{\kappa} = \frac{\phi^F}{\phi} = \begin{cases} 0, & 若\ 0 \leqslant m \leqslant 1; \\ 1 - m\gamma, & 若\ 1 \leqslant m. \end{cases} \tag{1-83}$$

具体计算步骤是：i）根据材料性能取定 $\mu = E_p/E$ 值；ii）由方程（1-80），对每一给定的m可解出 γ；iii）代入（1-81），(1-82)和(1-83)式可分别算出 ϕ, ϕ^F 和 η。

图 1-24 给出了当 $\mu = 0, 0.05$，0.1 和 0.2 时，γ 和 ϕ^F 对m的依赖关系。

以弹-线性强化梁同理想弹塑性梁作对比，除了方程(1-80)所决定的γ不同于理想弹塑性情形的 $\gamma = \sqrt{3 - 2m}$ 外，最大的差别在于：理想弹塑性梁具有塑性极限弯矩 $M_p = \frac{1}{4}Ybh^2$，因而对m有限制 $m < \frac{3}{2}$；而对强化梁并不存在这一限制。

但是，如果考虑材料卸载时的 Baushinger 效应，我们可以知道上述回弹计算仅当卸载的 σ-ε 关系为线性时才成立。假定材料是随动强化的，则如图 1-25 所示，须要求弯曲时梁内最大应力不超过 $2Y$。在(1-78)式中令 $\sigma_a \leqslant 2Y$ 得

$$\mu\left(\frac{1}{\gamma} - 1\right) \leqslant 1,$$

于是

$$\gamma \geqslant \frac{\mu}{1 + \mu}. \tag{1-84}$$

将不等式(1-84)代入方程(1-80)，便要求

$$\begin{aligned} m &\leqslant \frac{1}{2}\left[5 - \mu - \frac{\mu^2(1 - \mu)}{(1 + \mu)^2}\right] \\ &\simeq \frac{1}{2}(5 - \mu - \mu^2 + 3\mu^3). \end{aligned} \tag{1-85}$$

当所施加的弯矩满足(1-85)时，在卸载过程中没有梁纤维发生反向屈服，因而(1-82)和(1-83)式可以应用。

以上分析是由余同希和 Johnson[1,21] 首先给出的。在该文献中，还讨论了材料为弹-幂次强化的情形。这时设应力-应变关系为

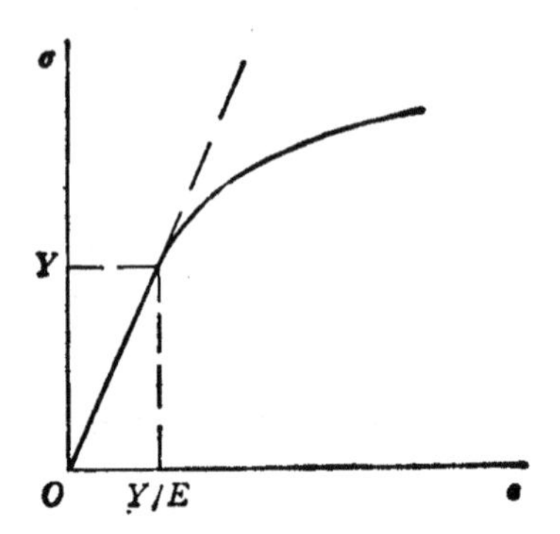

图 1-26 弹-幂次强化材料的应力-应变关系。

(图1-26)

$$\sigma=\begin{cases}E\varepsilon, & \text{对于 } \varepsilon\leqslant\dfrac{Y}{E};\\ E\varepsilon-H\left(\varepsilon-\dfrac{Y}{E}\right)^{n}, & \text{对于 } \varepsilon\geqslant\dfrac{Y}{E},\end{cases} \tag{1-86}$$

其中 $H>0$ 和 $n\geqslant 1$ 是材料常数。求导可得

$$\left.\frac{d\sigma}{d\varepsilon}\right|_{\varepsilon=\frac{Y}{E}+0}=E-Hn\left(\varepsilon-\frac{Y}{E}\right)^{n-1}$$

$$=\begin{cases}E, & \text{当 } n>1;\\ E-H=E_p, & \text{当 } n=1.\end{cases}$$

这表明,除线性强化 ($n=1$) 情形外,(1-86)给出的 σ-ε 曲线在屈服点处切线方向都是连续的。

应用前述线性强化梁的分析步骤,现在可以求得

$$m=\frac{1}{\gamma}-\frac{3H'}{Y}\cdot\frac{(1-\gamma)^{n+1}}{\gamma^{n}}\cdot\frac{(n+1+\gamma)}{(n+2)(n+1)}, \tag{1-87}$$

其中 $m=M/M_e$, $\gamma=z_s\Big/\left(\dfrac{h}{2}\right)$ 与前相同, $H'=H\left(\dfrac{Y}{E}\right)^{n}$。并可得到

$$\phi=\frac{1}{\gamma},$$

$$\phi^F = \begin{cases} 0, & \text{若 } 0 \leqslant m \leqslant 1; \\ \dfrac{1}{\gamma} - m, & \text{若 } 1 \leqslant m, \end{cases}$$

及

$$\eta = \begin{cases} 0, & \text{若 } 0 \leqslant m \leqslant 1; \\ 1 - m\gamma = \dfrac{3H'}{Y} \cdot \dfrac{(1-\gamma)^{n+1}}{\gamma^{n-1}} \\ \quad \cdot \dfrac{(n+1+\gamma)}{(n+2)(n+1)}, & \text{若 } 1 \leqslant m. \end{cases} \tag{1-88}$$

求解时，先对给定的材料常数由方程(1-87)决定 γ-m 关系，然后算出 ϕ, ϕ^F 和 η。

至此，无论材料是线性强化的还是非线性强化的，都可按照这一套公式和方法来计算梁在弹塑性纯弯曲时和回弹后的曲率。

§1.8 在横向载荷作用下梁的弹塑性弯曲

在梁的弹性弯曲理论中我们知道，如果梁承受的是纯弯曲，那么平截面假定是完全合理的，但如果梁是在横向载荷作用下发生弯曲，截面上的剪应力可能不再能忽略，并可能由之引起截面的翘曲。与此相类似，对于在横向载荷作用下的梁的弹塑性弯曲，也有必要检验剪力对弯曲造成的效应。

Onat 和 Shield[1.22]，Green[1.23]，Leth[1.24] 等人首先研究了深梁在横向载荷作用下剪力对塑性弯曲的影响。他们假定梁的宽度远较高度为大，因此可作为平面应变问题来处理。他们又假定材料是理想刚塑性的，因此实际上只须研究塑性极限弯曲状态。于是，如同在文献[1.22]中所作的那样，可以利用理想刚塑性平面应变问题的现成方法，特别是滑移线场方法，来研究剪力对弯曲的影响。

如果梁的宽度相比之下很小，问题就接近于平面应力问题。在这个条件下，Drucker[1.25] 具体研究了一个中点受集中载荷的矩形

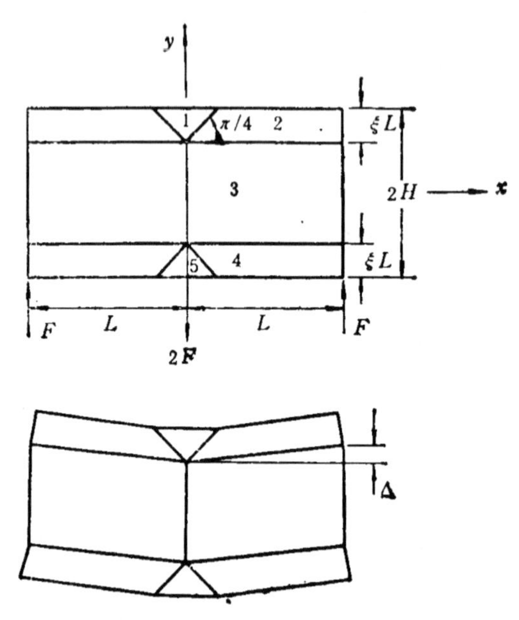

图 1-27 刚塑性梁承受三点弯曲时的一个机动场.

截面的简支梁．设梁的长度为 $2L$ 宽度为B，高度为 $2H$. Drucker 提出的速度模式如图 1-27 所示，其中区域 2 和 4 作刚性转动，区域 3 受纯剪切，区域 1 受简单压缩，区域 5 受简单拉伸．由此可以计算出所消耗的塑性内功率，再设载荷 $2F$ 作用于梁的中心，而不是作用于其底边或顶边的中点，则可计算出外功率．令内外功率相等，得到破坏载荷的一个上限

$$f^{+}=\frac{\xi^{2}+h-\xi}{h^{2}}, \tag{1-89}$$

其中 $f=F/F_0$，$F_0=2YBH^2/L$，$h=H/L$，ξ 为区域 2 和 4 的高度对 L 的比．选取适当的 ξ 值使(1-89)式给出的上限 f^+ 取极小，则得

$$f^{+}=\begin{cases}1, & \text{若 } h<\dfrac{1}{2},\ \xi=h; \\ \left(h-\dfrac{1}{4}\right)/h^{2}, & \text{若 } h>\dfrac{1}{2},\ \xi=\dfrac{1}{2}.\end{cases} \tag{1-90}$$

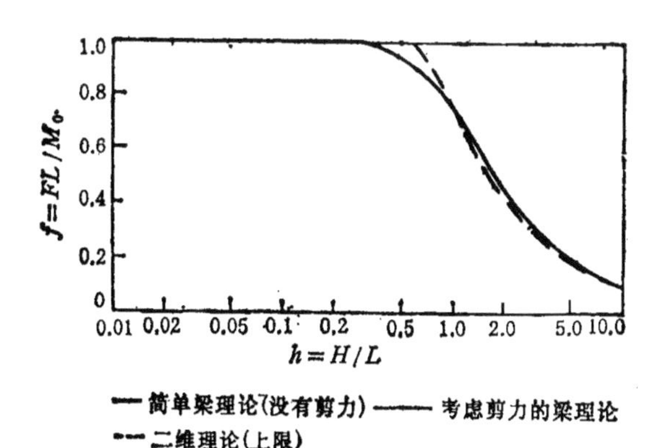

图 1-28 简支矩形截面梁在中点集中力作用下几种不同理论预报的最大载荷.

事实上,不考虑剪力时梁的破坏载荷正是 F_0, 即相当于 $f=1$ 的情形,图 1-28 比较了几种不同理论计算得到的简支矩形截面梁可承受的最大载荷,图中虚线代表二维理论所得到的上限,即(1-90)式所给出的结果. 可以看出,只有对 $L<2H$ 的短而深的梁, 剪力的影响才是显著的.

Hodge[1.26] 不把梁的弯曲看成是一个二维(平面)问题, 而是以合应力为基础, 研究在弯矩和剪力联合作用下截面达到塑性极限状态的条件. 按照极限分析的术语, 这种条件称为极限曲线(limit curve), 或交互作用曲线 (interaction curve). 在现在的情况下,弯矩和剪力分别由

$$M=\int_A \sigma y dA$$

和

$$S=\int_A \tau_y dA$$

来定义. Hodge 证明了,极限曲线是在 (M,S) 平面内以参量 ν 表示的一条曲线,方程如下:

$$\begin{cases} M=\nu Y\int_A \dfrac{y^2dA}{\sqrt{1+\nu^2y^2}}, \\ S=\dfrac{Y}{\alpha}\int_A \dfrac{dA}{\sqrt{1+\nu^2y^2}}, \end{cases} \tag{1-91}$$

其中 Y 为材料的屈服应力，$\alpha=2$ 或 $\alpha=\sqrt{3}$，分别相应于 Tresca 屈服条件或 Mises 屈服条件.

对于给定的截面形状，(1-91)式中的面积分可以完成，进而给出 M 和 S 的显式. 例如对腹板强度为零的理想工字梁（即夹层梁），(1-91)式可简化为 (m, s) 平面上的一个圆:

$$m^2+s^2=1, \tag{1-92}$$

其中 $m=M/M_p$ 和 $s=S/S_p$ 分别为无量纲初弯矩和剪力，M_p 和 S_p 分别为塑性极限弯矩和塑性极限剪力. 对矩形截面梁，极限曲线为

$$\begin{cases} m=\coth\omega-\omega\operatorname{csch}^2\omega, \\ s=\omega\operatorname{csch}\omega, \end{cases} \tag{1-93}$$

这是 (m,s) 平面上以 ω 为参量的一条曲线，见图 1-29. 由此看到：当截面上的剪力达到塑性极限剪力的一半，即 $s=1/2$ 时，有 $m\simeq 0.9$，即此时截面所能承受的弯矩只比塑性极限弯矩小10%. 这一数字表明，剪力对弯曲的效应一般并不重要. 按照 Hodge 这一理论计算出来的简支矩形截面梁的承载能力值 H/L 的变化表示为图 1-28 中的细实线.

以上的分析都说明了，除了非常短而深的梁以及象工字梁那样的剪应力可能甚关重要的梁而外，我们都可以略去剪力的影响，直接把纯弯曲情形（即无剪力的情形）所得到的弯矩-曲率关系 $M=\Phi(\kappa)$ 应用于在横向载荷作用下的弯曲（即有剪力的情形），但这时 M 和 κ 一般都要沿着梁的长度方向变化. 设梁长度方向的坐标为 x，则

$$M(x)=\Phi(\kappa(x)) \tag{1-94}$$

或

$$\kappa(x)=\Phi^{-1}(M(x)) \tag{1-95}$$

就是求解横向弹塑性弯曲时梁的变形的出发点.

设梁的中轴的挠曲线的方程为 $y=y(x)$，并设梁的挠度远小于梁的长度，则

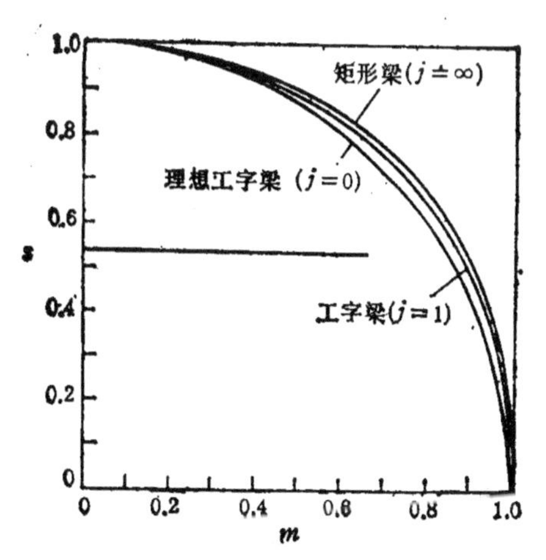

图 1-29　以无量纲弯矩m和无量纲剪力s表示出来的交互作用极限曲线.

$$\kappa(x)=\frac{y''(x)}{[1+(y'(x))^2]^{3/2}}\simeq y''(x). \qquad (1\text{-}96)$$

与(1-95)式的弯矩-曲率关系相联立，便有

$$y''(x)=\Phi^{-1}(M(x)). \qquad (1\text{-}97)$$

在适当的边条件下，将这个微分方程积分两次就可以得到$y=y(x)$.

为了求得卸载后的最终挠曲线$y^F=y^F(x)$，可利用κ^F与M的关系，即(1-20)式．于是

$$y^{F''}(x)\simeq\kappa^F(x)=\Phi^{-1}(M(x))-\frac{M(x)}{EI}. \qquad (1\text{-}98)$$

在适当的边条件下，将这个微分方程积分两次就可以得到$y^F=y^F(x)$.

§1.9　轴力的影响

上一节已经讨论了如何把梁承受弹塑性纯弯曲的结果推广到横向弯曲的情形．在实际问题中，由于梁上的外力和支反力有时并不垂直于梁的轴线，因此梁的截面上除作用有弯矩外，还可能作

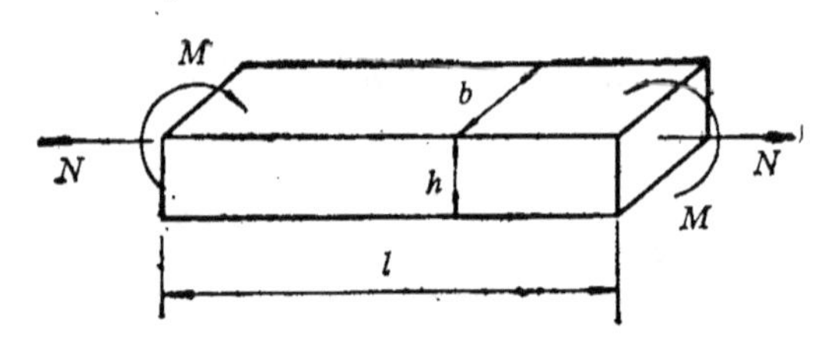

图 1-30 矩形截面直梁受一对弯矩M和一对轴力N的作用.

用有轴力. 本节就要讨论这种轴力对梁的弹塑性弯曲和回弹有什么样的影响.

让我们考虑图 1-30 所示的基本问题. 长、宽、高分别为 l,b,h 的矩形截面直梁,受到一对弯矩M和一对拉力N的作用. 当只考虑小变形时,可以忽略N在挠曲后的梁上造成的附加弯矩,于是M和N在梁内任一截面上均相同. 由于M和N都只引起沿梁的纵向的正应力,我们有理由期望平截面假定仍然成立.

W.F.Chen(陈惠发)在研究梁-柱的弹塑性屈曲时曾系统地讨论过承受轴向压力的梁-柱的弯矩-曲率关系, 见文献[1.27].由于着眼于屈曲问题,他的讨论中轴力比弯矩更为重要,且归结为本征值问题. 余同希和 W. Johnson[1.28] 则以板条的弯曲成形为背景,着重分析了轴力对弯曲和回弹曲率的影响. 在这一分析中, 假定材料为理想弹塑性的. 下面介绍这一分析的主要结果.

对于M和N的不同组合, 梁截面上的正应力分布可能出现三种不同的类型(图 1-31):

(i) 纯弹性应力分布,简称 E 型分布,此时梁内没有纤维达到屈服,如图 1-31(a);

(ii) 单侧塑性应力分布,简称 PI 型分布,此时梁的一侧有部份纤维达到屈服,如图 1-31 (b);

(iii) 双侧塑性应力分布,简称 PII 型分布, 此时梁的两侧各有部份纤维达到屈服,如图 1-31 (c).

若材料的屈服应力为 Y, 则矩形截面梁在弹性极限状态下的弯矩、轴力和曲率分别为

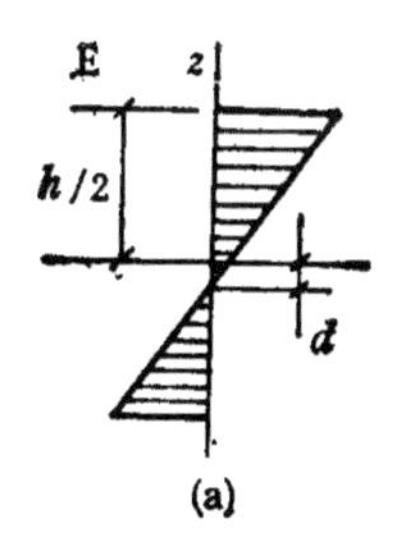

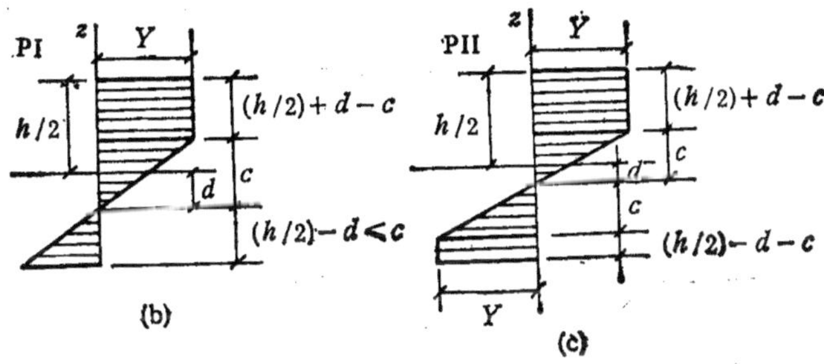

图 1-31 在M和N共同作用下梁截面上的正应力分布的三种类型:
(a) 纯弹性应力分布;(b) 单侧塑性应力分布;(c)双侧塑性应力分布.

$$M_e = \frac{1}{6} Ybh^2,\ N_e = Ybh,\ \kappa_e = 2Y/hE. \tag{1-99}$$

为以后公式的简洁,引入无量纲量

$$m = |M|/M_e,\ n = |N|/N_e,\ \phi = |\kappa|/\kappa_e \tag{1-100}$$

及

$$\gamma = c\Big/\left(\frac{h}{2}\right),\quad \delta = d\Big/\left(\frac{h}{2}\right), \tag{1-101}$$

其中 c 和 d 的意义见图 1-31. c 表示初始屈服纤维到中性轴的距离, d 表示中性轴到截面几何中线的距离. γ 和 δ 代表了应力分布的特征.

对于上述三种类型的应力分布，不难经过积分找出应力分布特征参数 γ,δ 同截面上的内力 m,n 之间的关系. 同时,每一类型应力分布的限定条件,即

$$\begin{cases}\gamma - \delta = 1 & \text{——E—PI 分布的转换,}\\ \gamma + \delta = 1 & \text{——PI—PII 分布的转换,}\\ \gamma = 0 & \text{——PII 分布的极限状态,}\end{cases}$$

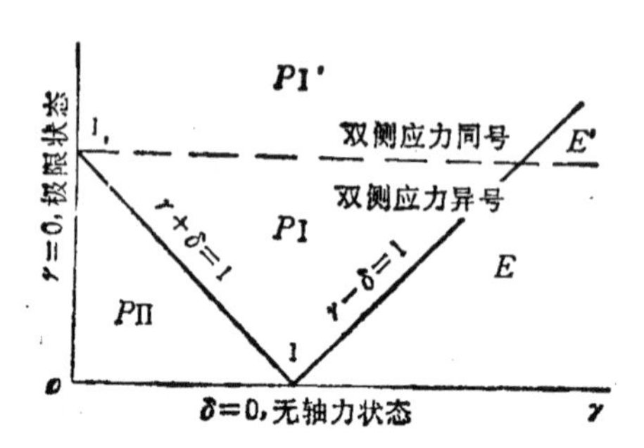

图 1-32 在 (γ,δ) 参数平面上各类应力分布的分区图.

也可以相应地用 m 和 n 表示出来。结果，我们可以把各种类型应力分布出现的条件在 (γ,δ) 平面上表示出来，如图 1-32；也可以把这些条件在 (n,m) 平面上表示出来，如图 1-33. 在图 1-33 上还画出了某些典型的应力分布. 图中的曲线④得自 $\delta=1$，它表征了从双侧应力异号到双侧应力同号的转换.

我们这里的 γ 的意义同§1.7 中的 γ 类似，因而仍可得出与(1-81)式相同的关系

$$\phi = 1/\gamma. \tag{1-102}$$

于是，既然 (γ,δ)-(n,m) 关系已如上面所述可以用应力剖面积分得到，那么无量纲曲率 ϕ 对 (n,m) 的依赖关系也就得到了. 详细推导参见[1.28]，这里仅列出结果:

$$\phi = \begin{cases} m, & \text{若 } 0 \leqslant m \leqslant 1-n; \\ 4(1-n)\Big/\left(3-\dfrac{m}{1-n}\right)^2, & \\ & \text{若 } 1-n \leqslant m \leqslant 1+n-2n^2; \\ 1/\sqrt{3(1-n^2)-2m}, & \\ & \text{若 } 1+n-2n^2 \leqslant m \leqslant \dfrac{3}{2}(1-n^2). \end{cases} \tag{1-103}$$

对于 b,h 和 Y 已知的梁，一当 M 和 N 给定，便可由(1-103)式方便

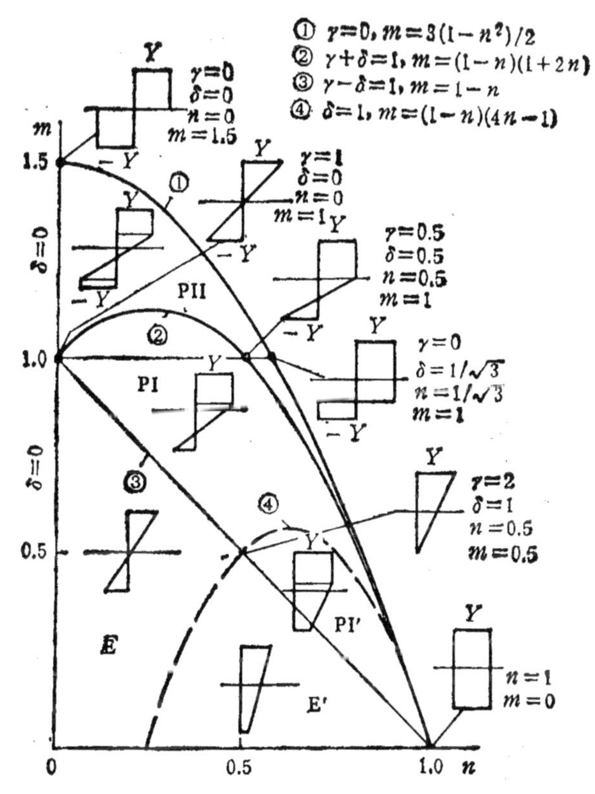

图 1-33 在 (n, m) 广义应力平面上各类应力分布的分区图.

地计算出相应的曲率.

为求回弹后的曲率，注意到矩形截面梁在弹塑性弯曲后卸载不会引起纤维的反向屈服(参见§1.5 中的讨论)，因此卸除M和N相当于叠加$-M$和$-N$引起的纯弹性效应. 但是，轴力的纯弹性效应将不改变曲率，因而回弹后的曲率可以象在§1.4 中那样来求出:

$$\phi^F = \phi - m, \tag{1-104}$$

其中 $\phi^F = \kappa^F/\kappa_e$ 是最终的、即回弹后的无量纲曲率. 同样，也可以考察回弹比

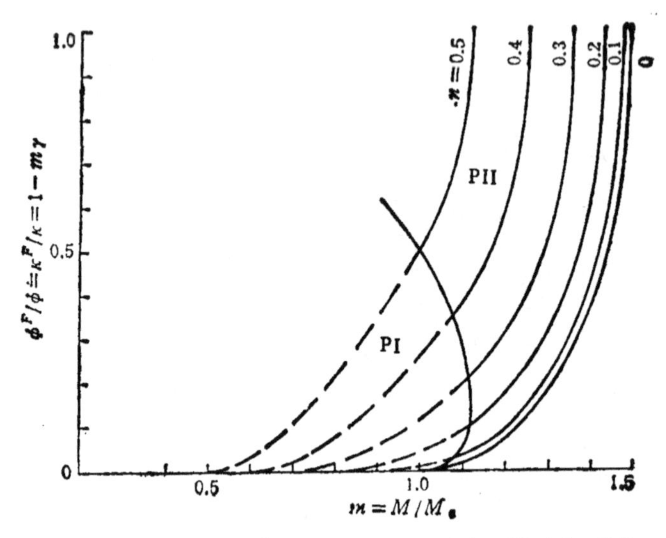

图 1-34　回弹比 $\eta = \kappa^F/\kappa$ 与弯矩 $m = M/M_e$ 间的关系．曲线中的虚线部份和实线部份分别按 PI 和 PII 应力分布得出．

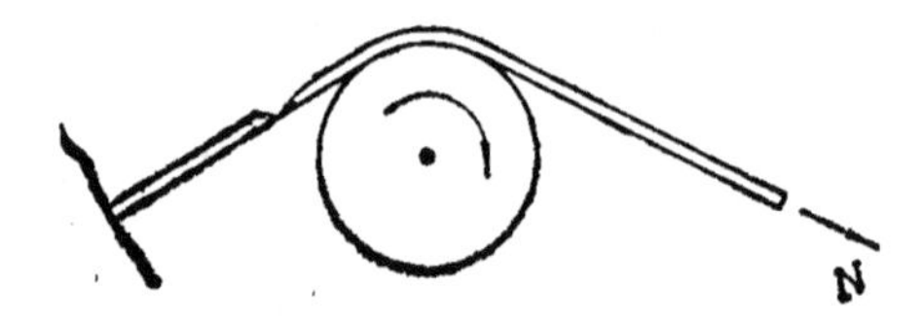

图 1-35　板条的拉弯(示意图)．

$$\eta = \frac{\kappa^F}{\kappa} = \frac{\phi^F}{\phi} = 1 - \frac{m}{\phi} = 1 - m\gamma. \tag{1-105}$$

将(1-103)式代入(1-105)式，便得到回弹比对(n, m)的依赖关系：

$$\eta = \frac{\kappa^F}{\kappa} = \begin{cases} 0, & \text{若 } 0 \leqslant m \leqslant 1 - n; \\ 1 - \dfrac{m\left(3 - \dfrac{m}{1-n}\right)^2}{4(1-n)}, & \text{若} 1 - n \leqslant m \leqslant 1 + n - 2n^2; \\ 1 - m\sqrt{3(1-n^2) - 2m}, & \text{若 } 1 + n - 2n^2 \leqslant m < \dfrac{3}{2}(1-n^2). \end{cases} \tag{1-106}$$

图 1-34 给出了根据此式算出的某些结果. 由于这个图是按无量纲量画出的，因而可用于理想弹塑性材料制成的任何矩形截面梁.

从 (1-106) 式或图 1-34 都容易看出，轴力的存在会使回弹量减小、回弹比 η 增大，因而使被弯曲的梁在卸载过程中能较好地保持受弯时的形状. 在板条和板的加工工艺中，常采用所谓"拉弯工艺"，即在对工件施加弯曲的同时施加一定的拉力，例如象图 1-35 所示意的那样. 实践证明，这种"拉弯"有助于减小回弹；而(1-106)式则使我们有可能定量地计算工件的最终曲率.

以上分析假定了 M 和 N 沿梁轴方向没有变化，因而所得的结果与梁长 l 无关. 现在让我们来考察一个弯矩随梁轴方向变化、同时又有轴力作用的例子. 如图 1-36(a) 所示，设长为 l 的矩形截面悬臂梁的端部受到一个倾斜的集中力 F 的作用，其方向与铅

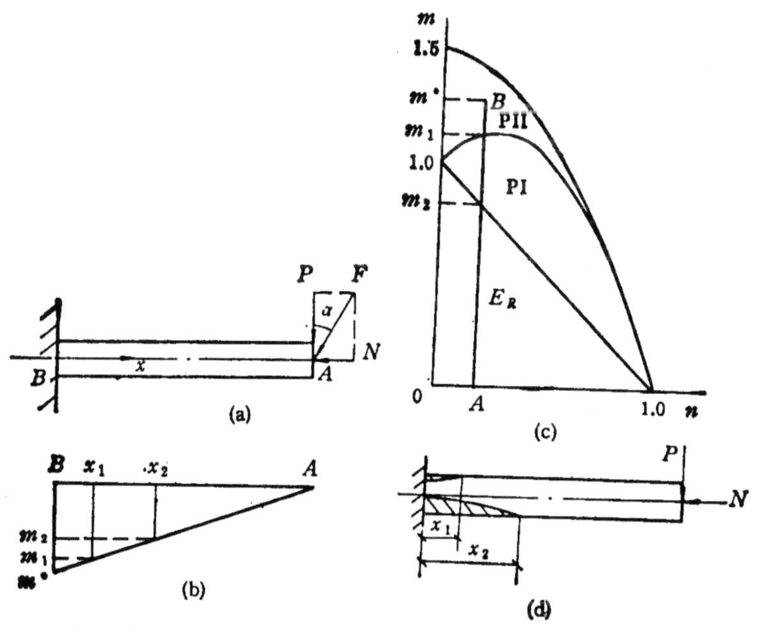

图 1-36 承受端部倾斜力作用的悬臂梁：(a) 坐标和外力；(b) 弯矩图；(c) 在 (n, m) 平面上的应力剖面；(d) 塑性区（划有阴影线的区域）在梁内的分布.

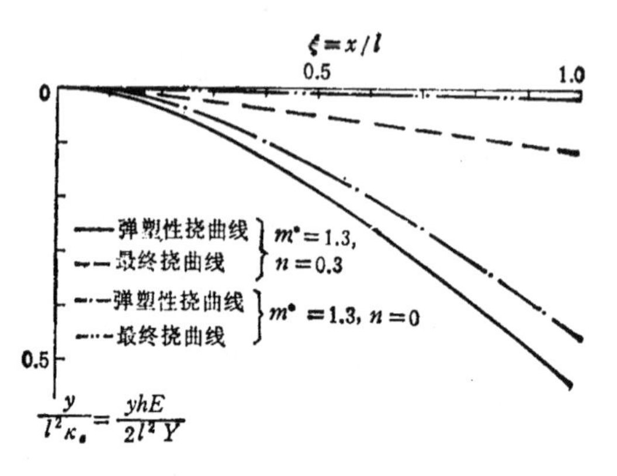

图 1-37　无轴力和有轴力情况下挠曲线的比较.

垂方向成 α 角，则它可以分解为两个力

$$P = F\cos\alpha,\ N = F\sin\alpha. \tag{1-107}$$

N 力在梁内产生轴力，且不沿梁轴变化；P 力则在梁内产生一个线性分布的弯矩，如图 1-36(b) 所示．最大弯矩发生在梁根部，其无量纲数值为 $m^* = Pl/M_e$.

假定 m^* 和 $n = N/N_e$ 一起使梁根部进入双侧塑性状态(PII)，则从 (n, m) 平面上的应力剖面图(图 1-36(c))可知

$$\begin{cases} m^*\left(1 - \dfrac{x_1}{l}\right) = m_1 = 1 + n - 2n^2, \\ m^*\left(1 - \dfrac{x_2}{l}\right) = m_2 = 1 - n. \end{cases} \tag{1-108}$$

由此算出的 x_1 和 x_2 给出了应力分布类型的转换点，即：$0 \leqslant x \leqslant x_1$，为双侧塑性 PII；$x_1 \leqslant x \leqslant x_2$，为单侧塑性 PI；$x_2 \leqslant x \leqslant l$，为弹性 E 型．梁内塑性区的分布如图 1-36(d) 中的阴影区所示．

于是，利用(1-103)式便可分三段给出梁内的曲率分布，仅须注意在现在的问题中 $m = m^*\left(1 - \dfrac{x}{l}\right)$．当梁的挠度远小于梁长 l 时，由梁内曲率 $\kappa(x) \simeq \dfrac{d^2y}{dx^2}$ 对 x 积分两次就可以得出梁的挠曲线 $y(x)$．有关数学推导可参考[1.28]．

从这样得到的弹塑性挠曲线 $y(x)$，减去由力 P 引起的纯弹性挠曲分布(这可以从任何材料力学书中查到)，可以得到卸载后的最终挠曲线 $y^F(x)$. 图 1-37 画出了 $m^* = 1.3$，无轴力($n = 0$)和有轴力 ($n = 0.3$) 情况下卸载前与卸载后的挠曲线形状。当 $m^* = 1.3$，$n = 0$ 时，梁端挠度的回弹比为 $y^F_{tip}/y_{tip} = 0.0365$；而当 $m^* = 1.3$，$n = 0.3$ 时，$y^F_{tip}/y_{tip} = 0.2050$. 这个数例显示轴力在保持梁弯曲时的塑性变形上可以起到重大作用.

文献[1.29]仿照[1.28]的分析方法，把对轴力影响的讨论推广到材料为弹-线性强化的情形。在强化因素使有关公式变得更为复杂的同时，轴力使回弹量减小这一结论并无变化.

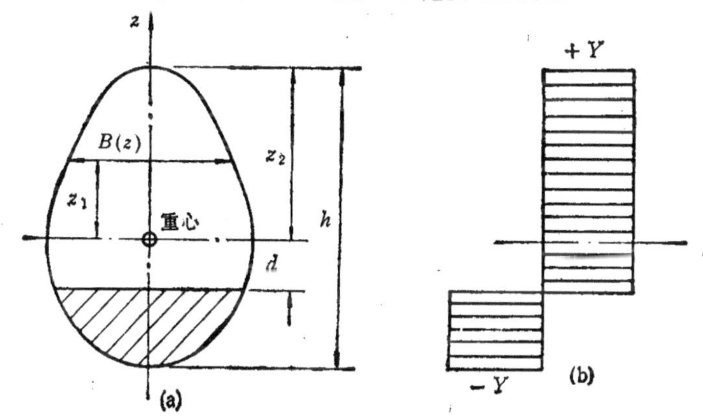

图 1-38 在弯矩和轴力共同作用下梁的极限状态：(a) 梁的截面；(b) 沿梁高度方向的应力分布.

本节以上讨论的是矩形截面梁中的轴力对弹塑性弯曲的影响. 显然，这一讨论不仅可以简单地推广到板的弯曲的情形，而且不难推广到其他形状截面的梁的弯曲的情形. 由于方法类似，这里不再赘述.

值得补充说明的是，在极限分析和极限设计中常常会遇到各种形状的截面在弯矩和轴力联合作用下达到极限状态的问题. 由于理想塑性材料制成的梁达到极限状态时，任一纤维所受的应力只能是 $+Y$ (拉)或 $-Y$ (压)，因此任意截面梁沿厚度方向的应力分布可以不失一般性地用图 1-38 表示出来. 设 z 为由截面重心

量起的沿厚度方向的坐标，$B(z)$ 为坐标为 z 处的截面宽度，$z=-d$ 为拉压应力的分界面，则

$$\left.\begin{aligned} N &= \int_A \sigma dA = Y\left\{-\int_{z_2-h}^{-d} B(z)dz + \int_{-d}^{z_2} B(z)dz\right\}, \\ M &= \int_A \sigma z dA = Y\left\{-\int_{z_2-h}^{-d} B(z)zdz + \int_{-d}^{z_2} B(z)zdz\right\} \end{aligned}\right\} \tag{1-109}$$

对给定的截面，$B(z)$ 和 z_2 均已知，上述积分给出的 N 和 M 均仅依赖于 d；从两个式子中消去 d 就得到某一函数关系 $\Psi(M,N)=0$。若再引入

$$m' = M/M_p, \quad n = N/N_p, \tag{1-110}$$

则可以得到在 (n,m') 平面内的弯矩与轴力的交互作用曲线。与前面的(1-100)式相比，可知 m' 与 $m = M/M_e$ 相差一个截面形状因子（参见(1-18)和(1-19)式）$\zeta = M_p/M_e$，且 $m' = m/\zeta$；但无量纲轴力 n 的定义则与前面的 $n = N/N_e$ 并无差别，因为对任意截面恒有 $N_p = N_e$。

前面得到的矩形截面的交互作用曲线 $m = \frac{3}{2}(1-n^2)$ 可以改写为

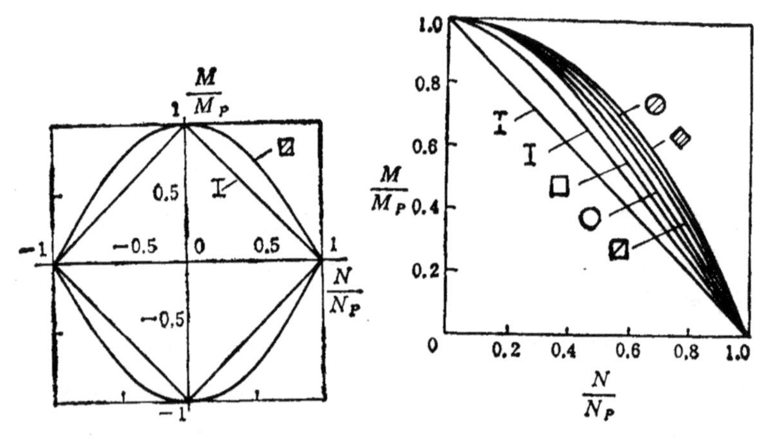

图 1-39 矩形截面梁和理想夹层截面梁的弯矩-轴力交互作用极限曲线

图 1-40 典型截面的弯矩-轴力交互作用极限曲线，仅画出第 I 象限，其余象限可以对称开拓得到。曲线的方程参见表1-3。

$$|m'| + n^2 = 1, \tag{1-111}$$

这在 (n, m') 平面上是由上、下两段抛物线组成的封闭凸曲线，见图 1-39。

对其他形状截面求出的弯矩-轴力交互作用曲线方程的示例列于表 1-3 中。在 (n, m') 平面的第 I 象限（即 $n \geqslant 0, m' \geqslant 0$）中，相应的曲线在图 1-40 中画出，以资比较。容易看出，所有这些交互作用曲线都界于矩形截面的交互作用曲线 $m' + n^2 = 1$ 和理想夹层截面的交互作用曲线 $m' + n = 1$ 之间。

表 1-3

截面形状	弯矩 $m' = \frac{M}{M_p}$ 与轴力 $n = \frac{N}{N_p}$ 的交互作用极限曲线
 理想夹层截面（工字形，虚线腹板）	$m' + n - 1 = 0$
 工字形截面	$m' + \frac{9}{5}n^2 - 1 = 0 \quad \left(0 \leqslant n \leqslant \frac{1}{3}\right)$ $\frac{5}{6}m' + n - 1 = 0 \quad \left(\frac{1}{3} \leqslant n \leqslant 1\right)$
空心方形截面	$m' + \frac{4}{3}n^2 - 1 = 0 \quad \left(0 \leqslant n \leqslant \frac{1}{2}\right)$ $\frac{3}{4}m' + n - 1 = 0 \quad \left(\frac{1}{2} \leqslant n \leqslant 1\right)$
 薄壁圆环截面	$m' - \cos\left(\frac{\pi}{2}n\right) = 0$
 实心矩形截面	$m' + n^2 - 1 = 0$
 实心圆截面	$\sin[m'^{1/3}(1 - m'^{2/3})^{1/2} - \arcsin(m'^{1/3})] + \cos\left(\frac{\pi}{2}n\right) = 0$
 实心菱形截面	$m' - (1 - n)(3 - 2\sqrt{1 - n}) = 0$

参 考 文 献

[1.1] Galileo, Two New Sciences 1638. English, translation by Henry Crew and Alfonso de Salvio, The MacMillan Company, New York, 1933.

[1.2] Saint-Venant, Notes to the third edition of Navier's "Résumé des Leçons……", Paris, 1864, p. 173.

[1.3] P. Ludwik, Technologische Studie überBlechbiegung, Technische Blätter, 1903, pp. 133—159.

[1.4] C.Bach and R. Baumann, Elastizität und Festigkeit, 9th ed., 1905, p. 259.

[1.5] E. Meyer, Physikalische Zeitschrift, 1907.

[1.6] H.Herbert, Mitteilungen über Forschungsarbeiten, *Verein Deutscher Ingenieure*, **89**, 1910, p. 39.

[1.7] F.R. Shanley, Elastic theory in sheet metal forming problems, *J. Aero. Sci.*, **9**, 1942, pp. 313—333.

[1.8] W. Schroeder, Mechanics of sheet metal bending, *Trans. ASME*, **65**, 1943, pp. 817—827.

[1.9] F.R. Cozzone, Bending strength in the plastic range, *J. Aero. Sci* , **10**, 1943, pp. 137—151.

[1.10] W.R. Osgood, Plastic bending, *J. Aero. Sci.*, **11**, 1944, pp. 213—266.

[1.11] T. K. Wang, Elastic and plastic bending of beams, *J.Aero. Sci.*, **14**, 1947, pp. 422—432.

[1.12] H.A. Williams, Pure bending in the plastic range, *J. Aero. Sci.*, **14**, 1947, pp. 457—469.

[1.13] A. Hrennikoff, Theory of inelastic bending with reference to limit design, *Trans. ASCE*, **113**, 1948, pp. 213—268.

[1.14] A. Nadai, Theory of Flow and Fractute of Solids, Vol. 1, McGraw-Hill, New York, 1950.

[1.15] A.Phillips, Introduction to Plasticity, Ronald, New York, 1956.

[1.16] F.J. Gardiner, The springback of metals, *Trans. ASME*, **79**, 1957. pp. 1—9.

[1.17] A.J.Barrett, Unsymmetrical bending and bending with axial loading of a beam of rectangular cross section into the plastic range, *J. Royal Aero. Soc.*, **57**, 1953, p. 503.

[1.18] H.B. Harrison, The plastic behaviour of mild steel beams of rectangular section bent about both principal axes, *Struct. Engr.*, **41**, 1963, p. 231.

[1.19] E.H. Brown, Plastic asymmetrical bending of beams, *Int. J. Mech. Sci.*, **9**, 1967, pp. 77—82.

[1.20] Y. Xu, L.C. Zhang and T.X. Yu, The elastic-plastic pure bending and springback of L-shaped beams, *Int. J. Mech. Sci.*, **29**, 1987, pp. 425—433.

[1.21] W. Johnson and T.X. Yu, On springback after the pure bending of beams and plates of elastic work-hardening material—III, *Int. J.Mech. Sci.*, **23**, 1981, pp. 687—696.
[1.22] E.T. Onat and R.T. Shield, The influence of shearing forces on the plastic bending of wide beams, Proc. 2rd U.S. Natl. Congr. Appl. Mech., Ann Arbor, 1954, ASME, N.Y., 1955. pp. 535—537.
[1.23] A.P. Green, A theory of the plastic yielding due to bending of cantilevers and fixed-ended beams, *J. Mech. Phys. Solids*, **3**, 1954, pp. 1—15, pp. 143—155.
[1.24] C.F.A.Leth, The effect of shear stresses on the carrying capacity of I beams, DAM Rept. A11—107, Brown University, Providence, 1954.
[1.25] D.C. Drucker, The effect of shear on the plastic bending of beams, *J. Appl. Mech.*, **23**, 1956, pp. 509—514.
[1.26] P.G.Hodge, Jr., Interaction curves for shear and bending of plastic beams, *J. Appl. Mech.*, **24**, 1957, pp. 453—456.
[1.27] W.F. Chen and T. Atsuta, Theory of Beam-Columns, McGraw-Hill, 1976.
[1.28] T.X. Yu and W. Johnson, Influence of axial force on the elastic-plastic bending and springback of a beam, *J. Mech. Working Tech.*, **6**, 1982, pp. 5—21.
[1.29] A. El-Domiaty and A.H. Shabaik, Bending of work-hardening metals under the influence of axial load, *J. Mech. Working Tech.*, **10**, 1984, pp. 57—66.

第二章　塑性弯曲的数学理论

§2.1　工程理论的存在问题

如第一章所述，本世纪以来建立和发展起来的塑性弯曲的工程理论，对解决实际问题起到了很大的作用．但是，由于这一理论对弯曲中的变形和应力采取了一系列简化假定，它也存在着一些缺陷和问题，这主要是：

1）工程理论假定梁的质心轴（几何中轴）、应力中性轴（应力为零的纤维）、无伸长轴（长度不变的纤维，unelongated axis）这三者是始终重合的；而实际上在弯曲过程中材料是不断向凸面运动的，上述三轴将并不重合．

2）工程理论假定梁的横截面的形状不因梁的弯曲而发生变化，这在很多情形会导致相当大的误差．例如薄板承受弯曲时，其板厚实际上要随弯曲曲率的增大而减小，而由于弯矩与板厚平方成正比，板厚的这种变化必然大大影响弯矩．又如对于薄壁圆管和其他薄壁截面梁的弯曲，截面的畸变往往也是不能忽略的因素．

3）工程理论作了单向应力假定，因而只计梁的纵向应力和应变，不计横向、侧向的应力和应变．实际上，对于宽度很小的窄梁，其弯曲接近于平面应力状态，但存在侧向应变并会导致反挠曲率(anticlastic curvature)；对于宽度比厚度大很多的宽板，其弯曲接近于平面应变状态，但当弯曲曲率较大时，其横向应力将是不可忽略的．当把横向、侧向的应力、应变引入时，材料的屈服条件也应有相应的改变．

4）工程理论采用平截面假定，因而必然忽略横截面上的剪应力．在梁上作用有横向载荷的情形，这也必然带来误差，因为剪应力不仅在平衡方程中出现，它要在屈服条件中出现，使问题大大复杂化.

如所周知，在1950年前后，塑性理论有一个很大的发展. 以Ильюшин[2.1], Соколовский[2.2], Hill[2.3], Prager 和 Hodge[2.4] 的著作为代表，数学上更严格、更系统化的塑性理论被建立起来了. 在塑性基本理论发展的同时，人们也注意到了塑性弯曲工程理论的不足，提出了种种较为准确的分析来检验它和代替它. 恰恰就在1950年前后，德国的 Wollter[2.5,2.6]，英国的 Hill[2.3]，美国的 Lubahn 和 Sachs[2.7] 几乎同时各自独立地研究了这一问题，这决不是偶然的.

§2.2 板的塑性弯曲机理（Wollter）

Wollter[2.5,2.6] 首先研究了板的塑性弯曲机理，其出发点是：

(i) 板的弯曲满足平面应变条件；

(ii) 塑性变形较大，因而弹性变形可忽略；

(iii) 材料在塑性变形过程中体积不变；

(iv) 假定在弯曲过程中板的厚度不变.

Wollter 设想把板分成10层，如图2-1所示. 在弯曲的初始阶段，以初始中面（标号5）为界，5层(0—5)受压缩，另5层(5—10)受拉伸. 由于在塑性变形过程中材料既不能产生也不能消失，因此伴随着板的曲率的增长，材料就必然要从板的内表面（凹的一面）向着外表面（凸的一面）作径向运动，这意味着材料将从受压的一侧移向受拉的一侧.

现在来考察邻近板中面而偏于内表面的一层材料（例如标号4的一层）. 一开始它受压缩；随着向外表面移动，其压缩应变率将减小，到弯曲过程中的某一时刻，这一层不再承受进一步的压缩，其塑性应变增量变为零，按照增量理论，应力也就为零，因此它这时就成为板的中性层；它继续向外表面移动，就会占据板厚之半、即板中面的位置；它再作进一步的径向移动时，它会受到拉伸，并逐渐恢复到它的初始长度，这时它就成为无伸长层.

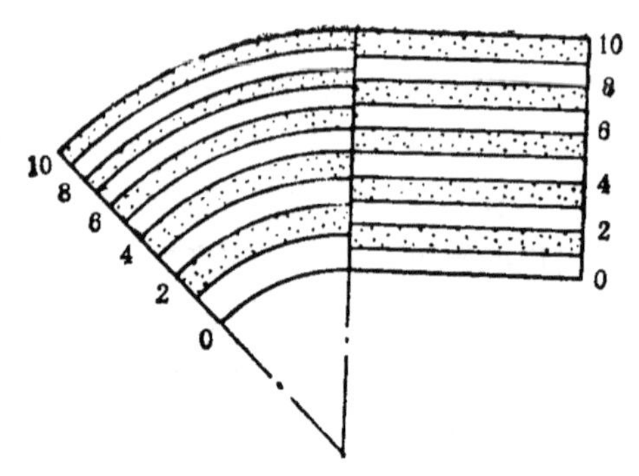

图 2-1　板内各层材料在弯曲过程中的径向运动.

因此，Wollter 论证了板在弯曲过程中，其中面层、中性层和无伸长层（相当于 §2.1 中对于梁论及的质心轴、中性轴和无伸长轴）一般不再重合. 从应变的历史来看，承受弯曲的板应被划分为三个不同的区域:

第 I 区，包括曲率半径大于初始中面层的各层，这一区域的材料在弯曲过程中始终仅仅承受拉伸.

第 II 区，包括曲率半径小于最终（指弯曲结束时的）中性层的各层，这一区域的材料在弯曲的全过程中始终仅仅承受压缩.

第 III 区，包括初始中面层与最终中性层之间的各层，这一区域的材料先受压后受拉，因此要经历塑性卸载及与之相关的材料的 Baushinger 效应.

以上分析表明，在弯曲过程中板的不同层可能经历互不相同的应变历史. 显然，Wollter 提出的这一弯曲图象完全不同于 Ludwik 工程理论的弯曲图象.

根据 Wollter 提出的机理，板内 10 层的应变 e 作为外表面应变 e_y 的函数曲线如图 2-2 所示. 由于忽略了板厚的变化，在应变量值的计算上有误差. 尽管如此，这一弯曲机理原则上是正确的.

§2.3 平面应变条件下板塑性弯曲的精确理论(Hill)

2.3.1 应力分布

在经典著作 [2.3]中，Hill 建立了平面应变条件下板的塑性弯曲的精确理论. 当板的宽度比厚度大得多(例如 10 倍以上)时，可认为能满足平面应变条件. 当此宽板承受纯弯曲时，板内一个微元变形成为图 2-3 所示的扇形. 由于问题的对称性，微元边界

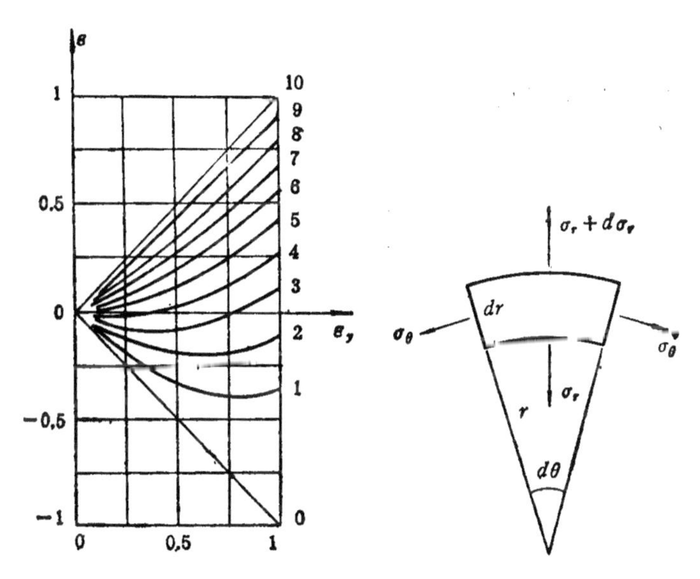

图 2-2 板内各层材料的应变 ε 随外表面应变 ε_y 的变化.

图 2-3 板承受纯弯曲时的一个微元.

上没有剪应力，且微元受到的应力仅依赖于该微元的径向位置(即曲率半径) r. 这里 σ_θ 和 σ_r 分别相当于梁弯曲时的纵向应力 σ_x 和横向应力 σ_y. 显然，σ_r 在工程理论中是被忽略的.

从微元平衡易建立平衡方程

$$r\frac{d\sigma_r}{dr}=\sigma_\theta-\sigma_r. \tag{2-1}$$

另一方面，在平面应变条件下的 Mises 屈服条件给出

$$\sigma_\theta - \sigma_r = \frac{2}{\sqrt{3}}\bar{\sigma}, \tag{2-2}$$

其中 $\bar{\sigma}$ 是材料的等效屈服应力，在拉伸时为正，在压缩时为负。从(2-1)和(2-2)式得出

$$r\frac{d\sigma_r}{dr} = \frac{2}{\sqrt{3}}\bar{\sigma}. \tag{2-3}$$

一般说来，在塑性变形中，材料的等效应力是等效应变的函数，即有 $\bar{\sigma} = \bar{\sigma}(\bar{\varepsilon})$。在本问题中，由于 $\bar{\varepsilon}$ 仅依赖于 r，故 $\bar{\sigma} = \bar{\sigma}(r)$。这样，积分方程(2—3)给出

$$\sigma_r = \int_{r_i}^{r} \frac{2}{\sqrt{3}} \cdot \frac{\bar{\sigma}(r)}{r} dr. \tag{2-4}$$

这里已用到 $\sigma_r|_{r=r_i} = 0$ 的边条件。

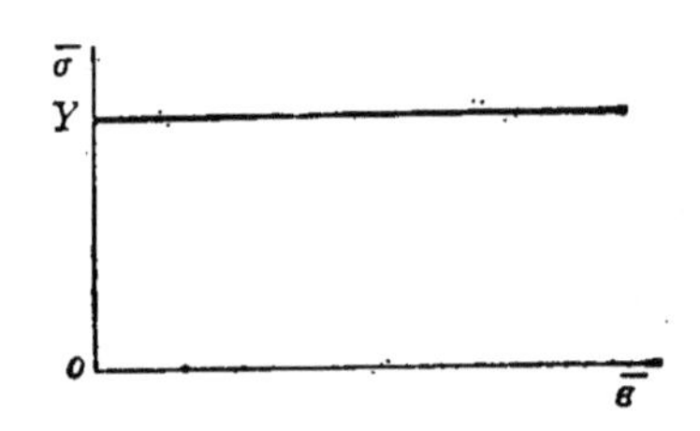

图 2-4 理想刚塑性材料的 $\bar{\sigma}$-$\bar{\varepsilon}$ 关系.

为了得出简单的解答，Hill 假设材料是理想刚塑性的，即既忽略弹性又忽略强化，其应力应变关系如图 2-4 所示。在弯曲时，全板都进入塑性状态，假定塑性应变增量为零的纤维(即中性层上的纤维)位于 $r = r_n$ 处，则从(2-3)式得出

$$r\frac{d\sigma_r}{dr} = \begin{cases} \dfrac{2}{\sqrt{3}}Y, & \text{对于 } r_n \leqslant r \leqslant r_y, \\ -\dfrac{2}{\sqrt{3}}Y, & \text{对于 } r_i \leqslant r \leqslant r_n, \end{cases} \tag{2-5}$$

其中Y为材料在简单拉伸时的屈服应力。利用 $\sigma_r|_{r=r_i} = \sigma_r|_{r=r_y} = 0$ 对方程(2-5)积分得出

$$\sigma_r = \begin{cases} \frac{2}{\sqrt{3}} Y \ln \frac{r}{r_y}, & 对于\ r_n \leqslant r \leqslant r_y, \\ -\frac{2}{\sqrt{3}} Y \ln \frac{r}{r_i}, & 对于\ r_i \leqslant r \leqslant r_n. \end{cases} \tag{2-6}$$

中性层的位置则可由在 $r = r_n$ 处 σ_r 的连续条件定出

$$\ln \frac{r_n}{r_y} = -\ln \frac{r_n}{r_i};$$

于是

$$r_n = \sqrt{r_i r_y}. \tag{2-7}$$

这说明中性层的曲率半径是内外表面曲率半径的几何平均值，它与 $r = \frac{r_i + r_y}{2}$ 的几何中面并不重合.

借助于屈服条件，从(2-6)式给出的 σ_r 可算出周向应力 σ_θ 为

$$\sigma_\theta = \begin{cases} \frac{2}{\sqrt{3}} Y \left(1 - \ln \frac{r}{r_y}\right), & 对于\ r_n \leqslant r \leqslant r_y, \\ -\frac{2}{\sqrt{3}} Y \left(1 + \ln \frac{r}{r_i}\right), & 对于\ r_i \leqslant r \leqslant r_n. \end{cases} \tag{2-8}$$

不难验证

$$\int_{r_i}^{r_y} \sigma_\theta dr = \int_{r_i}^{r_y} \frac{d}{dr}(r\sigma_r) dr = r\sigma_r \Big|_{r_i}^{r_y} = 0, \tag{2-9}$$

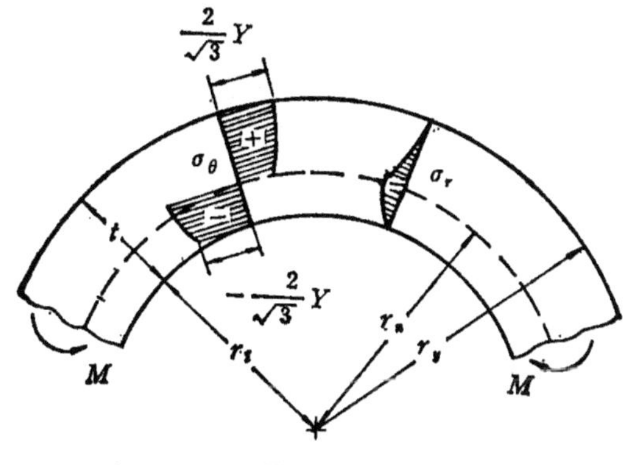

图 2-3 板条受纯弯曲时的应力分布.

即周向应力的合力为零，这是符合所给的边条件的。板内的应力分布如图 2-5 所示。

由(2-8)式也容易算出弯矩为

$$M=\int_{r_i}^{r_y}\sigma_\theta r\,dr=\frac{2}{\sqrt{3}}Y\cdot\frac{1}{4}(r_y-r_i)^2$$

$$=\frac{2}{\sqrt{3}}Y\cdot\frac{t^2}{4}=\frac{Yt^2}{2\sqrt{3}},\qquad(2\text{-}10)$$

其中 $t=r_y-r_i$为板弯曲后的厚度。

2.3.2 弯曲时的变形

下面求弯曲时的变形。设在弯曲过程中某一时刻，板的初始单位长度对应于弯曲角 α。 在增加一个小的变形，使 α 增加 $d\alpha$ 时，令单元体位移矢量的向内径向分量为 $ud\alpha$，周向分量为 $vd\alpha$。由于忽略了弹性变形，材料不可压条件为

$$\frac{\partial u}{\partial r}+\frac{u}{r}-\frac{1}{r}\frac{\partial v}{\partial\theta}=0.\qquad(2\text{-}11)$$

由于在纯弯曲条件下 $\frac{\partial^2 v}{\partial\theta^2}=0$，且平截面假定成立，于是从方程(2-11)可积出

$$u=\frac{1}{2\alpha}\left(r+\frac{r_n^2}{r}\right),\ \ v=\frac{r\theta}{\alpha},\qquad(2\text{-}12)$$

其中积分常数已由中性面上 $r=r_n$ 决定。相应的应变是

$$d\varepsilon_\theta=-d\varepsilon_r=\left(1-\frac{r_n^2}{r^2}\right)\frac{d\alpha}{2\alpha},\ \ d\gamma_{r\theta}=0.\qquad(2\text{-}13)$$

于是

$$d\varepsilon_\theta\begin{cases}>0, & \text{当 } r>r_n,\\ <0, & \text{当 } r<r_n,\end{cases}$$

这是同(2-8)式给出的应力分布相适应的。

从 (2-12) 式的速度场（u,v是以 α 为时间尺度表示的速度）看出，在 r 为常数处 u 不变，故薄板的每一层及表面都保持为圆柱面；又因 v 与 r 成正比，故径向截面保持为平面。

由(2-12)式还可以知道，内外半径的减小量分别是

$$-dr_i = \left(r_i + \frac{r_n^2}{r_i}\right)\frac{d\alpha}{2\alpha} = (r_i + r_y)\frac{d\alpha}{2\alpha},$$

$$-dr_y = \left(r_y + \frac{r_n^2}{r_y}\right)\frac{d\alpha}{2\alpha} = (r_y + r_i)\frac{d\alpha}{2\alpha}.$$

从而

$$dt = dr_y - dr_i = 0. \tag{2-14}$$

这就是说，在弯曲过程中板的厚度不变. 由 t 是常数，从(2-10)式知，在弯曲过程中弯矩M也保持为常数. 回顾§1.3 中的讨论，不难理解M保持为常数这一结论是来自采用了理想刚塑性的材料模型. 当考虑材料的弹性效应和强化效应时，在弯曲过程中就要求M逐渐增加.

如果薄板原来的长度为 L，则体积不变条件给出

$$Lt = \frac{1}{2}(r_y^2 - r_i^2)L\alpha,$$

因而

$$\alpha = \frac{2}{r_i + r_y}, \tag{2-15}$$

并可由此算出板内每单位宽度上作的功为

$$W = ML\alpha = \frac{Yt^2}{2\sqrt{3}} \cdot \frac{2L}{(r_i + r_y)}. \tag{2-16}$$

2.3.3 板内各层的移动

正如§2.2 中描述的，即使在弯曲过程中板厚不变化，板内各层离表面的距离却是变化的. 实际上，从(2-13)关于 $d\varepsilon_r$ 的表达式已看出，中性层以外的各层（$r > r_n$）受到径向压缩，中性层以内的各层（$r < r_n$）受到径向拉伸. 现在来考察板未弯曲时离板中面距离为 $\zeta t/2$ 的一层，这里$-1 \leqslant \zeta \leqslant 1$，取$\zeta$在凸的一侧为正. 让 r_ζ 表示弯曲过程中内半径为 r_i 时这一层的半径. 因为假设材料是不可压缩的，所以 $r = r_\zeta$ 的这一层仍然把截面分成与初始时一样的面积比，即

$$\frac{1+\zeta}{1-\zeta}=\frac{r_\zeta^2-r_i^2}{r_y^2-r_\zeta^2},$$

或

$$r_\zeta=\sqrt{\frac{1}{2}(r_i^2+r_y^2)+\frac{1}{2}(r_y^2-r_i^2)\zeta}. \tag{2-17}$$

于是，原来与板中面重合的那一层材料（$\zeta=0$）的最终半径是

$$r_0=\sqrt{\frac{r_i^2+r_y^2}{2}}, \tag{2-18}$$

显然，这层材料的最终位置是靠近外表面即凸表面的。

如果在(2-17)式中令 $r_\zeta=r_n$，就可以得知最终和中性面相重合的那一层的初始位置是由

$$\zeta_n=-\frac{r_y-r_i}{r_y+r_i}<0 \tag{2-19}$$

来决定的。因而，中性面初始时同板中面相重合，而在弯曲过程中移向内表面。由此得到与 §2.2 中相同的结论：

(i) $\zeta\geqslant 0$，或即 $r\geqslant\sqrt{\frac{r_i^2+r_y^2}{2}}$区域内的材料，在弯曲过程中始终受拉；

(ii) $\zeta\leqslant\zeta_n$，或即 $r\leqslant r_n=\sqrt{r_ir_y}$ 区域内的材料，在弯曲过程中始终受压。

(iii) $\zeta_n<\zeta<0$，或即$r_n<r<\sqrt{\frac{r_i^2+r_y^2}{2}}$区域内的材料，在弯曲过程中的某一时刻被中性面超越，因而先受压后受拉，会出现塑性卸载并可能受到 Baushinger 效应的影响。

在弯曲过程中，中性层移过的距离为

$$\frac{r_i+r_y}{2}-\sqrt{r_ir_y}=r_i+\frac{t}{2}-r_i\sqrt{1+\frac{t}{r_i}}\approx t^2/8r_i; \tag{2-20}$$

而上述区域（iii）的厚度则为

$$\sqrt{\frac{r_i^2+r_y^2}{2}}-\sqrt{r_i r_y}\approx t^2/4r_i. \tag{2-21}$$

在弯曲过程中的每一时刻，总有一层材料经历过等量的拉伸和压缩，其周向长度的总变化为零．由(2-15)式知，这一层的半径是

$$r=\frac{1}{\alpha}=\frac{1}{2}(r_i+r_y). \tag{2-22}$$

由此可见，总长未发生变化的层，在该时刻是同板中面相重合的．根据(2-17)式算出这一层的初始位置是

$$\zeta=-\frac{1}{2}\cdot\frac{r_y-r_i}{r_y+r_i}. \tag{2-23}$$

板在弯曲过程中几个有代表意义的层的位置关系见图 2-6．

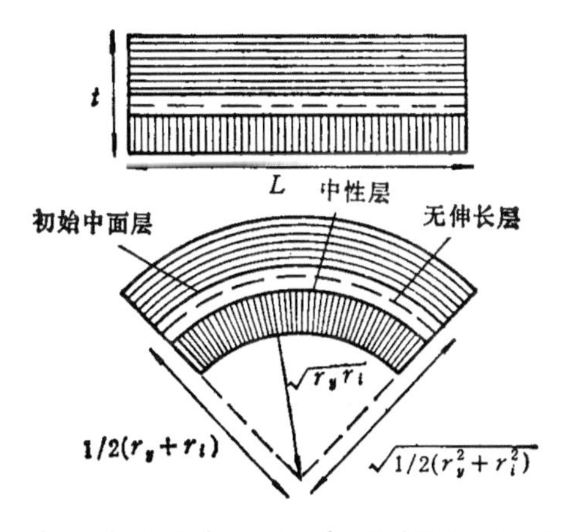

图 2-6　板承受纯弯曲时板内几个有代表意义的层的位置．

2.3.4 关于 Lubahn 和 Sachs 的工作

Lubahn 和 Sachs[2,7] 对板的塑性弯曲所作的分析同 Hill 的分析(见2.3.1—2.3.3节)几乎完全一样．但他们错误地忽略了在弯曲角 α 变动的过程中，中性层在板内的相对位置所发生的变化；其结果是，尽管他们仍然采用理想刚塑性材料模型，却作出了板厚在

弯曲过程中减小的错误结论.他们采用的变形机构如图 2-7 所示，容易看出他们把无伸长层同中性层混为一谈了. 正确的变形机构应如图 2-8 所示，由此看到当弯曲角 α 变动时在板上所考虑的区域内仅有一个点能够保持固定在空间中不动.

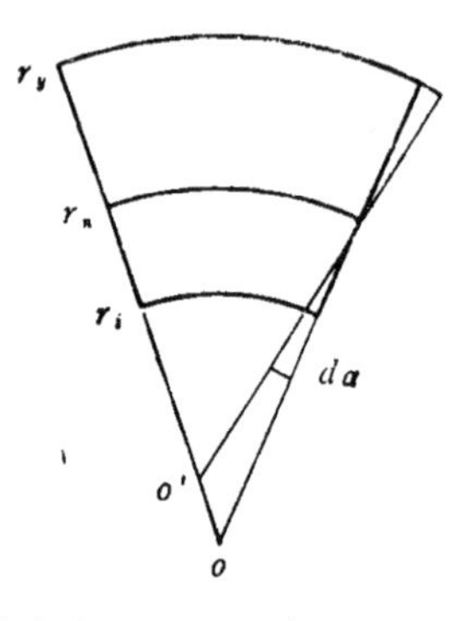

图 2-7 Lubahn 和 Sachs[2.7] 所采用的弯曲变形机构.

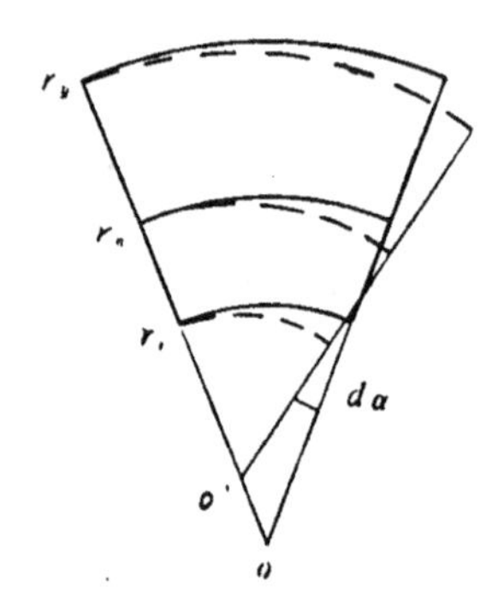

图 2-8 考虑中性层移动和伸长的正确的弯曲变形机构.

§ 2.4 考虑材料强化的板的弯曲理论

2.4.1 刚-线性强化材料的板的弯曲 (Proksa)

§2.3中介绍的 Hill 理论虽然只对理想刚塑性材料的板的弯曲作出了分析，但它具有一个重大优点，就是它提供了对弯曲机理作精确分析的门径，只要对材料的应力应变关系作一些修改，就可以更加接近由真实材料制成的板的弯曲行为.

首先这样做的是 Proksa[2.8,2.9]，他采用刚-线性强化材料模型，即

$$\bar{\sigma} = A + B\bar{\varepsilon}, \qquad (2-24)$$

其中 $\bar{\sigma}$ 和 $\bar{\varepsilon}$ 分别为等效应力和等效应变，A 和 B 为材料常数，A 是单向拉伸下的初始屈服应力，而 B 是强化模量. 这一应力-应变关系可表示为图 2-9.

Proksa 完全遵循 Hill 的分析方法和步骤，得出了应力分布、厚度变化和弯矩变化. 结果表明，当材料有强化时，板的厚度随弯

曲曲率的增长而减小．由于弯矩与 $\bar{\sigma}$ 成正比，同时又与 t^2 成正比，所以既受材料强化的影响，又受板厚减小的影响，其结果，弯矩在弯曲过程中起先增长，逐渐达到一个极大值，然后减小．

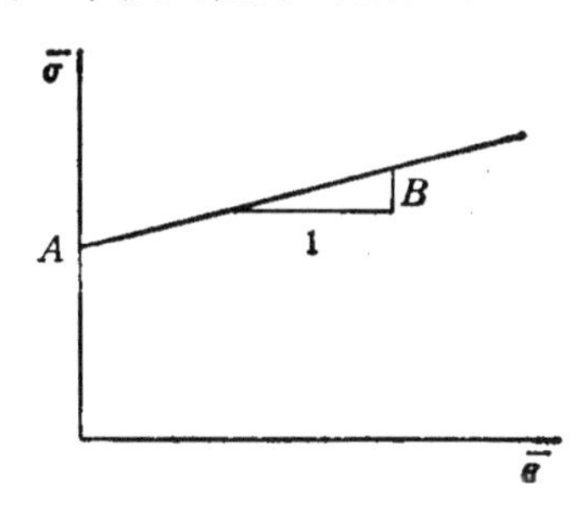

图 2-9 刚-线性强化材料的 $\bar{\sigma}$-$\bar{e}$ 关系．

但是，对于前面提到过的中性层与初始中面之间的那部份材料，Proksa 采用了过于简化的假定来描述它的应力反号过程，结果他在计算板厚变化时有相当大的误差．板厚减小得太快，而M正比于 t^2，所以他计算出来的弯矩也减小得太快．

Martin 和 Tsang[2.10] 采用了 Proksa 的分析来研究中间受载的简支梁的塑性弯曲．他们考察了平面应变情形和平面应力情形，并研究了支承处摩擦效应的影响． 他们的理论结果同用钢和钛合金作的实验符合良好．

2.4.2 非线性强化材料的板的弯曲

考虑到理想塑性和线性强化模型都不能很好描述材料的应力应变关系，从 60 年代起，不断有人引进各种非线性强化模型来分析板的塑性弯曲．

陈宜周[2.11]假定剪应力强度与剪应变强度之间存在幂函数关系（函数关系中的两个系数可由发生颈缩时的应力和应变值来确定），重复 Hill 的分析步骤，推导出了应力分布及弯矩和变形程度(表现为内外半径 r_i 和 r_y) 的关系．他的结果，同在理想塑性条件下的 Hill 解[2.3]有显著差别．他具体计算了 1mm 厚的 CT2 号钢板当 $r_i = 4$mm 时板内的应力分布，图 2-10 的(a) 和 (b)分别是按理想塑性材料和幂强化材料计算得出的应力分布，图中应力的单位是 kg/mm^2．值得注意的是，按照 Hill 的分析，应力分量 σ_θ 在中性层处是不连续的；而按照[2.11]的分析，σ_r 和 σ_θ 在

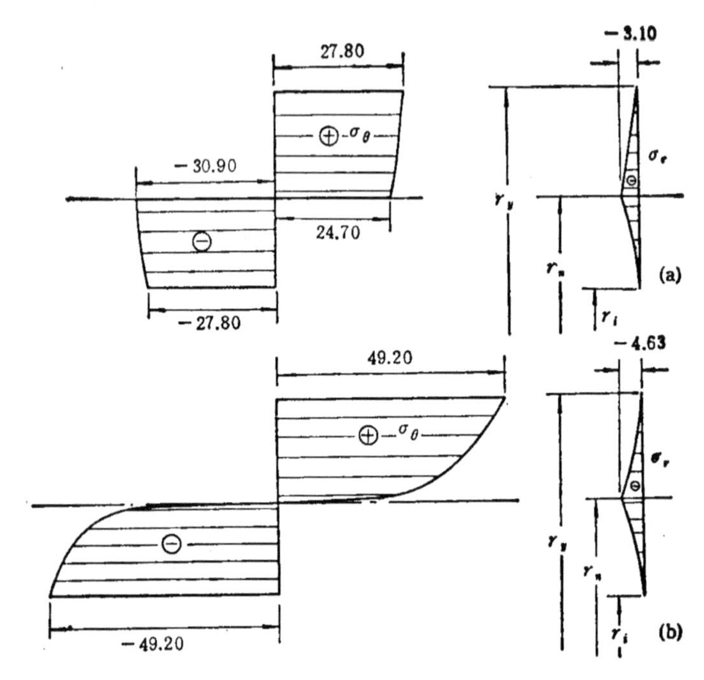

图 2-10 1mm 厚的钢板在 $r_i = 4$mm 时的应力分布：(a) 按理想塑性材料计算；(b) 按幂强化材料计算.

板内都是处处连续的.

在文献 [2.11] 中，还利用开口弹性圆环在开口处承受一对弯矩的弹性解(例如，参见[2.12]§29)，求得了幂强化的宽板在卸除弯矩时的回弹量.

在文献 [2.11]中，采用了幂强化的材料模型，这较之 Hill 和 Proksa 的工作是一个进步. 但是，正如 Hill 和 Proksa 都已指出过的，考虑材料强化时板厚必然要随曲率的增加而减小；而在文献 [2.11] 中仍然假设板厚是一个常数，这是不正确的. 同时在 [2.11] 中计算应力场和弯矩时都没有考虑板内先受压后受拉的那一部份材料(见2.3.3节的区域 (iii)，即 $\zeta_n < \zeta < 0$ 的区域)先加载后卸载的复杂应变历史.

此后，又有一些国外的研究者也采用幂函数[2.13,2.14]或二次函数[2.17]的应力-应变关系来分析平面应变条件下的板的弯曲．他们这样做的目标在于更好地拟合真实材料的应力-应变关系从而提高计算精确程度；但是，由于应力-应变关系的复杂化，带来的数学困难也是很大的．为了简化计算公式，他们采用了各种各样的简化假定，例如假定板厚保持为常数，假定应变呈线性分布，假定中性层与无伸长层相重合等等．这些假定带来的误差往往抵消了考虑复杂应力-应变关系带来的精度，因而减低了这些研究工作的实用价值．

§ 2.5 考虑材料真实应力-应变关系的板的弯曲理论

2.5.1 Crafoord 的工作

为了能指导板材弯曲成形的工艺设计，需要发展一种理论和算法，既能采用材料的真实应力应变关系曲线，又能考虑中性层的移动和板厚的变化等因素的影响． Crafoord 在他的博士论文[2.16]中，首先作了这一尝试．

Crafoord 同 Hill 和 Proksa 一样，仍假设板的宽度与厚度的比大于10，因而可认为是平面应变条件下的弯曲；同时他也假定塑性应变很大，因而相比之下弹性应变部份可以略去，也就是说，他处理的仍是刚塑性材料，但可以服从更一般的强化规律，即

$$\bar{\sigma} = H(\bar{\varepsilon}), \tag{2-25}$$

其中 $\bar{\sigma}$ 和 $\bar{\varepsilon}$ 分别为等效应力和等效应变，函数H则可从材料的单向拉伸试验得出．在塑性增量理论的提法下，

$$\bar{\varepsilon} = \int d\bar{\varepsilon}, \tag{2-26}$$

而当采用图 2-3 所示的圆柱坐标时，

$$d\bar{\varepsilon} = \pm\sqrt{\frac{2}{3}(d\varepsilon_r^2 + d\varepsilon_\theta^2 + d\varepsilon_z^2)}. \tag{2-27}$$

在平面应变条件下 $\varepsilon_z = 0$，同时不可压条件给出 $d\varepsilon_r = -d\varepsilon_\theta$，于是

$$d\bar{\varepsilon} = \frac{2}{\sqrt{3}} |d\varepsilon_\theta|, \tag{2-28}$$

$$\bar{\varepsilon} = \frac{2}{\sqrt{3}} \int |d\varepsilon_\theta|, \tag{2-29}$$

$$\bar{\sigma} = H\left(\frac{2}{\sqrt{3}} \int |d\varepsilon_\theta|\right). \tag{2-30}$$

另一方面，在 2.3.1 节中所给的

$$\sigma_\theta - \sigma_r = \frac{2}{\sqrt{3}} \bar{\sigma} \tag{2-31}$$

和

$$r \frac{d\sigma_r}{dr} = \sigma_\theta - \sigma_r \tag{2-32}$$

分别得自 Mises 屈服条件和平衡方程，都不因强化规律如何而有所改变．将(2-30)代入(2-31)和(2-32)就得到

$$r \frac{d\sigma_r}{dr} = \frac{2}{\sqrt{3}} H\left(\frac{2}{\sqrt{3}} \int |d\varepsilon_\theta|\right). \tag{2-33}$$

值得注意的是，板内各层的变形历史不同，$\int d\varepsilon_\theta$ 的取值也因 r 不同而异．回顾 § 2.2 中对板内三个不同区域的讨论，不难看出，处于第 I 区和第 II 区内的材料，由于单调地承受拉伸或压缩，$\int |d\varepsilon_\theta|$ 可以用 $|\varepsilon_\theta|$ 的终值来代替；而处于第 III 区内的材料先受压后受拉，$\int |d\varepsilon_\theta|$ 与 $|\varepsilon_\theta|$ 是不相等的．所以，即使函数 H 可以近似地用初等函数写出来，方程(2-33)一般说来也是难以用解析方法加以积分的．为了能在采用材料真实应力-应变关系的情况下仍能得到问题的解答，Crafoord 采取将板分成若干层的方法，在弯曲变形增长的过程中追踪每层材料的应变历史，从方程(2-33)的数值积分得到 σ_r，再从方程(2-31)得到 σ_θ．

如同在 §2.3 和 §2.4 中已指出的那样，为了准确地跟踪板内各层材料的应变历史，就必须考虑在弯曲过程中板的中性层的移动和板厚的变化．为此，有必要作一些进一步的分析．

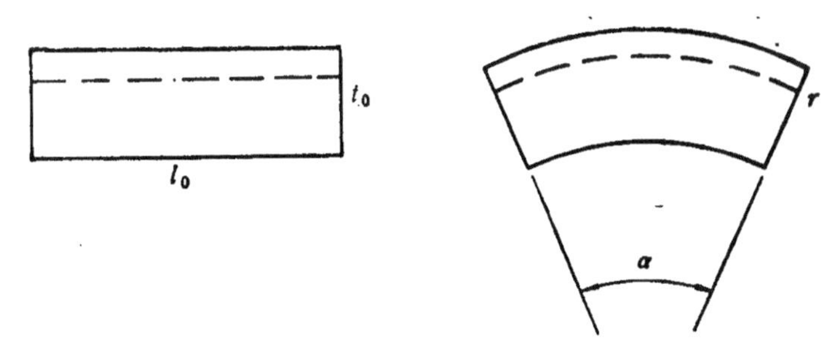

图 2-11 在板的弯曲过程中原先与表面相平行的平面变成半径为 r 的圆柱面.

设板在弯曲前是平的，长度和厚度分别为 l_0 和 t_0，如图 2-11。承受纯弯曲之后，原先平直的某一层(图中虚线)变为半径为 r 的圆柱面,则它的周向应变为

$$\varepsilon_\theta = \ln(l/l_0) = \ln(r\alpha/l_0). \tag{2-34}$$

假设板内的无伸长层处于 $r = r_0$ 处,则

$$r_0\alpha = l_0; \tag{2-35}$$

代入(2-34)式后有

$$\varepsilon_\theta = \ln(r/r_0). \tag{2-36}$$

此式可用于计算任意 r 处的周向应变值。它也可改写为

$$\varepsilon_\theta = \ln(r/r_m) + \ln(r_m/r_0), \tag{2-37}$$

其中

$$r_m = \frac{1}{2}(r_y + r_i) \tag{2-38}$$

是此时板中面的半径。

因设材料是刚塑性的,其体积不可压,故

$$l_0 t_0 = (r_m\alpha)t. \tag{2-39}$$

以(2-35)式的 l_0 代入(2-39)式有

$$t/t_0 = r_0/r_m; \tag{2-40}$$

再代回(2-37)式知

$$\varepsilon_\theta = \ln(r/r_m) + \ln(t_0/t). \tag{2-41}$$

从(2-40)式清楚地看到，板厚的减小是与无伸长层向凹面移动同时发生的。(2-41)式则表明,板内任一层的周向应变 ε_θ 可认为是

由两部份合成的：一部份与该层所处的径向位置 r 有关，可以说是在板厚不变的条件下进行弯曲所造成的；另一部份与 r 无关，纯粹是由板厚变化引起的。这后一部份应变对于板内各层均相同，等价于板承受一个纯拉伸时的应变。

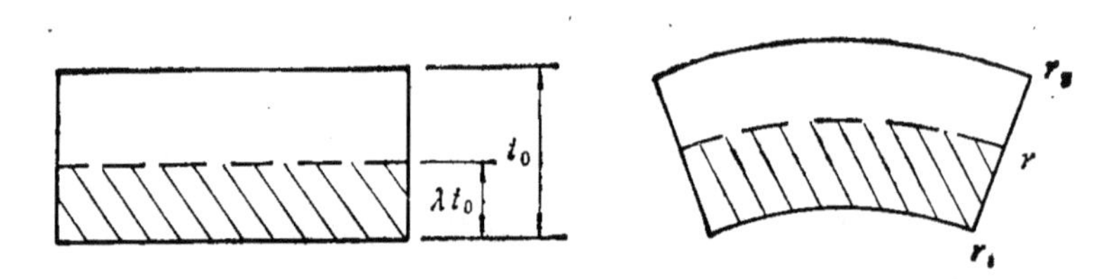

图 2-12　距板的下表面 λt_0 的一层在弯曲前后的位置.

按照把板分成许多层的思想，设未弯曲时距板底面为 λt_0 的一层在弯曲后具有半径 r，如图 2-12；则根据图中画阴影线的面积在总面积中所占的比例不变，可定出

$$\lambda = (r^2 - r_i^2)/(r_y^2 - r_i^2), \tag{2-42}$$

或

$$r = \sqrt{r_i^2 + \lambda(r_y^2 - r_i^2)} = \sqrt{r_i^2 + 2\lambda r_m t}, \tag{2-43}$$

这里用到了 $t = r_y - r_i$ 和 $r_m = (r_y + r_i)/2$.

将(2-43)式代入(2-41)式给出

$$\varepsilon_\theta = \frac{1}{2}\ln\left[\left(1 - \frac{1}{2}\tilde{\kappa}\right)^2 + 2\lambda\tilde{\kappa}\right] - \ln\tau, \tag{2-44}$$

其中

$$\tilde{\kappa} = t/r_m = 2\frac{r_y - r_i}{r_y + r_i} \tag{2-45}$$

是板的相对曲率，

$$\tau = t/t_0 = r_0/r_m \tag{2-46}$$

是描述板厚变化的无量纲量.

类似地，利用几何关系，[2.16] 推导出板厚变化服从以下规律：

$$d\tau/d\tilde{\kappa} = -\frac{1}{2}\left(\frac{r_y r_i}{r_n^2} - 1\right)\tau/\tilde{\kappa},\tag{2-47}$$

或即

$$d\tau/d\tilde{\kappa} = -\frac{1}{2}\left[\left(1 - \frac{1}{4}\tilde{\kappa}^2\right)\left(\frac{r_m}{r_n}\right)^2 - 1\right]\tau/\tilde{\kappa}.\tag{2-48}$$

从(2-47)可见，若 $r_n = \sqrt{r_y r_i}$（见 Hill 对理想塑性材料的板的弯曲得到的(2-7)式)，则必有 $d\tau = d(t/t_0) = 0$，即板厚不变；反之，若板厚有变化，则必有 $r_n \neq \sqrt{r_y r_i}$. 对实际强化材料 $d\tau <0$，相应地有 $r_n < \sqrt{r_y r_i}$，这说明在强化材料的板的弯曲中，中性轴更快地向凹面移动.

根据上述理论推导和分层跟踪应变历史的思想，可以设计出下述算法:

(i)取初始值 $\tilde{\kappa} = 0, \tau = 1$;

(ii)给增量 $\Delta\tilde{\kappa}$，利用上一步的 τ 值，从(2-44)式可以算出板内各层(相当于各 λ 值)的 ε_θ; 同时由(2-45)式从 $\tilde{\kappa}$ 的瞬时值也就知道了 r_m 的瞬时值及相应的 r_y 和 r_i 的瞬时值;

(iii)根据 ε_θ 增量为零的条件定出瞬时中性层所在的位置，以 λ_n 标志；联系§2.2 的分析可知 $\frac{1}{2} \leqslant \lambda \leqslant 1$ 为第 I 区，$0 \leqslant \lambda \leqslant \lambda_n$ 为第 II 区，$\lambda_n \leqslant \lambda \leqslant \frac{1}{2}$ 为第 III 区，从而可以分区计算 $\bar{\varepsilon} = \frac{2}{\sqrt{3}}\int|d\varepsilon_\theta|$;

(iv)根据方程(2-33)分区求解 σ_r，再依照 (2-31) 分区求出 σ_θ;

(v)按照 $M = \int_{r_i}^{r_y} \sigma_\theta r dr$ 计算出对应于此一$\tilde{\kappa}$ 值的弯矩 M;

(vi)由于从 λ_n 可算出 r_n，故根据(2-47)或(2-48)式可以算出相应于 $\Delta\tilde{\kappa}$ 的 $\Delta\tau = \Delta t/t_0$，即相对厚度变化.从而得出新的 τ 值;

(vii)重复（ii）至（vi）的计算步骤，直至 $\bar{\kappa}$ 或M达到预期值为止。

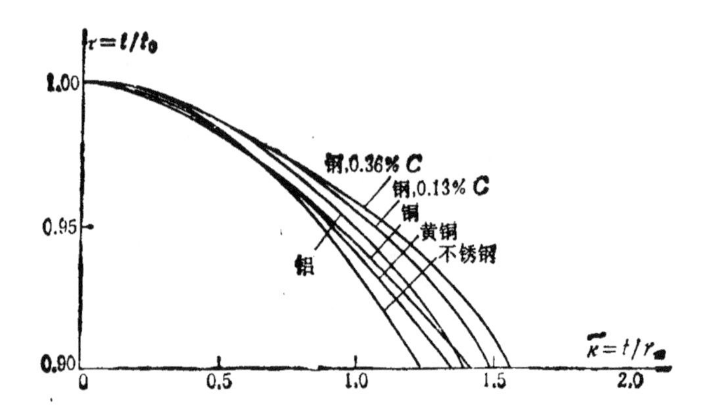

图 2-13　六种不同的材料的板在弯曲过程中板厚随相对曲率 $\bar{\kappa}$ 的变化(计算值)。

Crafoord 对六种金属材料（含 0.36%C 的钢，含 0.13%C 的钢，铝，铜，黄铜，不锈钢)进行了单向拉伸试验，以分别确定(2-25)式定义的函数 $\bar{\sigma}=H(\bar{\varepsilon})$；进而可以按照上述步骤分别计算出厚度随相对曲率变化的规律 τ-$\bar{\kappa}$ 关系以及弯矩随相对曲率变化的规律 (M/t_0^2)-$\bar{\kappa}$ 关系。图 2-13 绘出了这六种材料的 τ-$\bar{\kappa}$ 曲线。可以看出，当 $\bar{\kappa}=1.0$（即 $r_m=t$)时，厚度减小约为 4—7%。

对上述六种材料的板进行弯曲实验，可用以检验计算结果。图 2-14（a）和（b）分别给出铝板和 0.13% 碳钢板的板厚变化情况，其中实线为计算结果，离散点为实验结果。图 2-15(a）和（b）则分别给出了这两种板承受弯曲时的弯矩-曲率关系的理论和实验结果。

值得注意的是，虽然这些材料的应力应变曲线都呈现某种强化，但由于板厚随曲率增大而有所减小，所以 M-$\bar{\kappa}$ 曲线在 $\bar{\kappa}$ 相当大时会达到极大值然后下降，这意味着板在受到严重弯曲时会丧失承载能力的稳定性。由图 2-15 可见，这种失稳现象通常在 $\bar{\kappa}>1$(即 $r_m<t$）时才会发生，因而在工程实际问题中一般不会

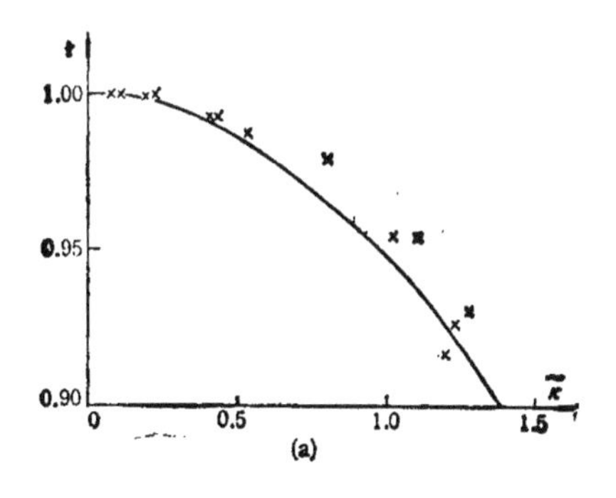

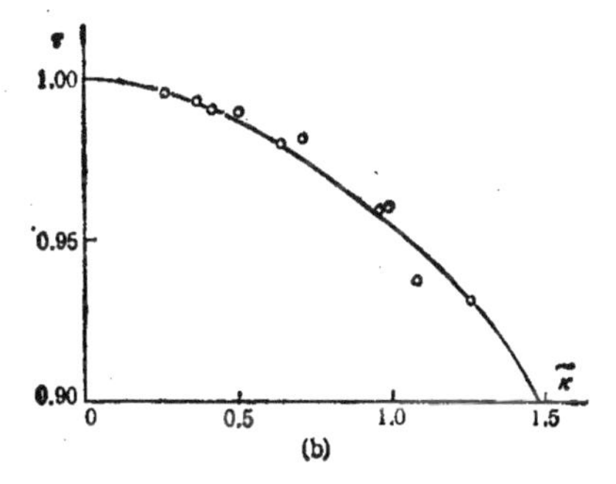

图 2-14　板厚随相对曲率 $\tilde{\kappa}$ 的变化，曲线为理论计算值，离散点为实验值.（a）铝板；（b）含0.13%C的钢板.

出现.

2.5.2　本书作者提出的一个精化理论

在文献 [2.17]中，本书作者采用Q次 Lagrange 分段插值来逼近材料的真实应力应变关系，对于宽板的弹塑性弯曲问题，提出了一个考虑应力中性层、无伸长层和几何中面层分离效应的精化理论.

在这一理论中，应变分析与 Crafoord 的分析相同；而对于实验给出的应力-应变曲线，可采集 μ 个点 $(\varepsilon_j, \sigma_j)$ $(j=1, 2,\cdots\mu)$，进而用Q次 Lagrange 分段插值来逼近真实的 σ-ε 曲线：

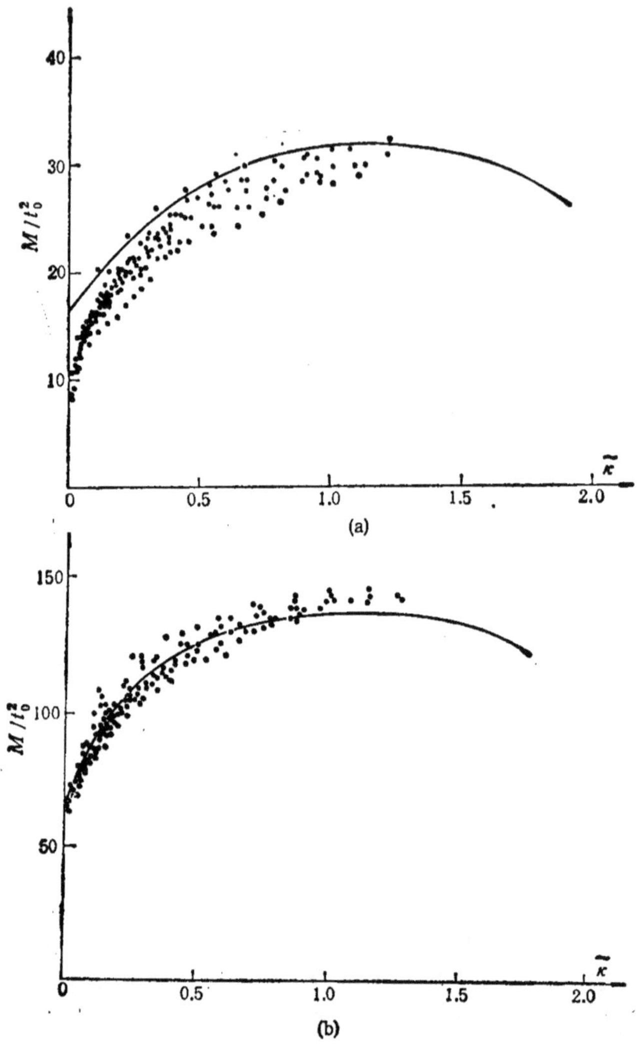

图 2-15 弯矩-曲率关系，曲线为理论计算值，离散点为实验值.
(a) 铝板；(b)含0.13%C 的钢板.

$$\sigma = \sum_{s=i}^{i+Q-1} l_s(\varepsilon)\sigma_s, \tag{2-49}$$

其中 $l_s(\varepsilon)$ 是 Q 次 Lagrange 插值函数。一般采用三点二次插值

已足够精确，这时 $Q=2$，且

$$l_s(\varepsilon)=\prod_{\substack{\nu=i\\ \nu\neq s}}^{i+2}\frac{\varepsilon-\varepsilon_\nu}{\varepsilon_s-\varepsilon_\nu},\tag{2-50}$$

其中

$$i=\begin{cases}\nu-1, & \varepsilon<\frac{1}{2}(\varepsilon_\nu+\varepsilon_{\nu+1}),(\nu=2,3,\cdots,\mu-2)\\ \mu-2, & \varepsilon\geqslant\frac{1}{2}(\varepsilon_{\mu-2}+\varepsilon_{\mu-1}).\end{cases}$$

显然，(2-50)式给出的 $l_s(\varepsilon)$ 是 ε 的二次式；而在一般情况下(2-49)式给出的应力是应变的 Q 次多项式

$$\sigma=\sum_{i=0}^{Q}A_i^*\varepsilon^i.\tag{2-51}$$

当应力和应变分量不只一个时，有

$$\bar{\sigma}=\sum_{i=0}^{Q}A_i\bar{\varepsilon}^i,\tag{2-52}$$

其中 $\bar{\sigma}$ 和 $\bar{\varepsilon}$ 分别为等效应力和等效应变，系数 A_i 不难由形如(2-49)的关系式展开后得到。从应变分析的(2-28)，(2-36)式可知在本问题中

$$\bar{\varepsilon}=\frac{2}{\sqrt{3}}\ln(r/r_0),\tag{2-53}$$

其中 r_0 是板内无伸长层的瞬时半径。(2-53)式显然对于第 I 和第 II 区成立，对第 III 区的讨论要稍复杂些，可参见[2.17]。将(2-53)式代入(2-52)式给出

$$\bar{\sigma}=\sum_{i=0}^{Q}A_i\left[\frac{2}{\sqrt{3}}\ln\left(\frac{r}{r_0}\right)\right]^i.\tag{2-54}$$

利用(2-31)和(2-32)式得出方程

$$\begin{aligned}r\frac{d\sigma_r}{dr}&=\frac{2}{\sqrt{3}}\sum_{i=0}^{Q}A_i\left[\frac{2}{\sqrt{3}}\ln\left(\frac{r}{r_0}\right)\right]^i\\&=\sum_{i=0}^{Q}D_i\left[\ln\left(\frac{r}{r_0}\right)\right]^i,\end{aligned}\tag{2-55}$$

其中 $D_i=(2^{i+1}/\sqrt{3^{i+1}})A_i$. 根据应变历史的不同，$D_i$ 在 I,II,III 区取值有所不同，因而(2-55)式也只能分区积分，并用边界条件和应力连续条件确定积分常数. 由于(2-55)是 $\ln\left(\frac{r}{r_0}\right)$ 的多项式，积分后确定的 σ_r,σ_θ 都是含有 $\ln\left(\frac{r}{r_0}\right)$ 的解析式，即形如

$$\sigma_r^T=\frac{1}{i+1}D_i^T\left[\ln\left(\frac{r}{r_0}\right)\right]^{i+1}+C^T, \tag{2-56}$$

$$\sigma_\theta^T=D_i^T\left[\ln\left(\frac{r}{r_0}\right)\right]^i\left(\frac{1}{i+1}\ln\left(\frac{r}{r_0}\right)+1\right)+C^T, \tag{2-57}$$

其中 $T=$ I, II, III; D_i^T 表示这三个区内的系数，C^T 表示这三个区内的积分常数，详见[2.17].

在求得应力分布后，总弯矩可求出为

$$M=\int_{r_i}^{r_y}\sigma_\theta r\,dr, \tag{2-58}$$

还不难写出最终回弹角、板厚变化等量的相应公式. 由于插值函数是多项式，推出的所有这些公式都形式简洁、便于计算，从而使 Hill 理论得以简便地获得推广.

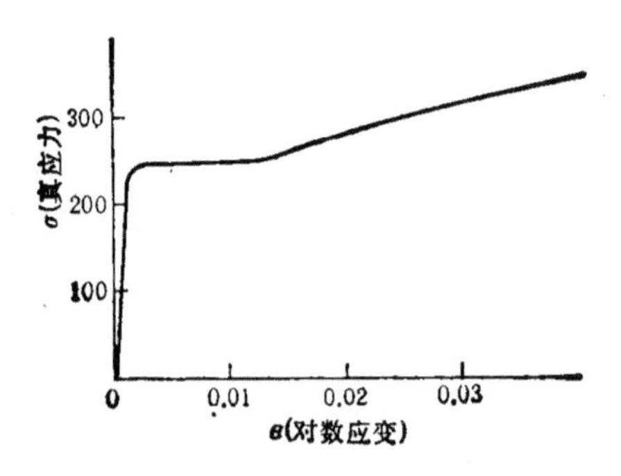

图 2-16 热轧低碳钢板的真应力-对数应变曲线.

文献 [2.17] 对于真应力-对数应变关系曲线为图 2-16 的热轧低碳钢板作了试算，得出中性层随相对曲率增大而移动的情况如图 2-17，板厚随相对曲率而变化的情况如图 2-18. 由图可见，

当板的相对曲率达到 $\tilde{\kappa}=1.0$（亦即 $r_m=t$）时，中性层向内层的移动量约为板厚的 5%，板厚的相对减小也为 5%左右。根据文献[2.18]所报告的实验，当 $\tilde{\kappa}=1.0$ 的弯曲变形结束后，这两项数据分别为 3—7%和 3—5%；可见文献[2.17]提出的精化理论的计算结果与实验是吻合的。

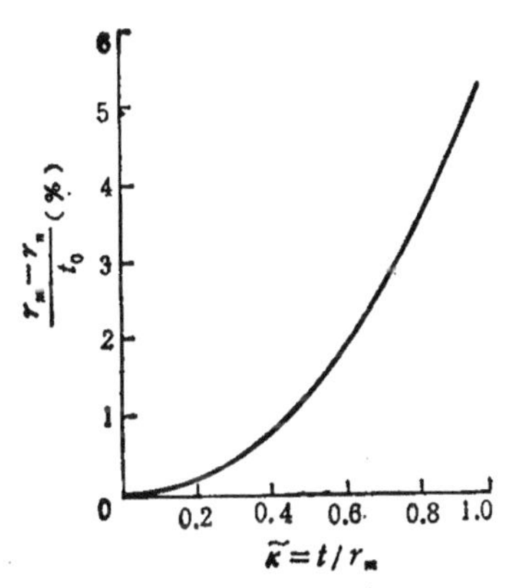

图 2-17　中性层相对移动与相对曲率 $\tilde{\kappa}$ 的关系.

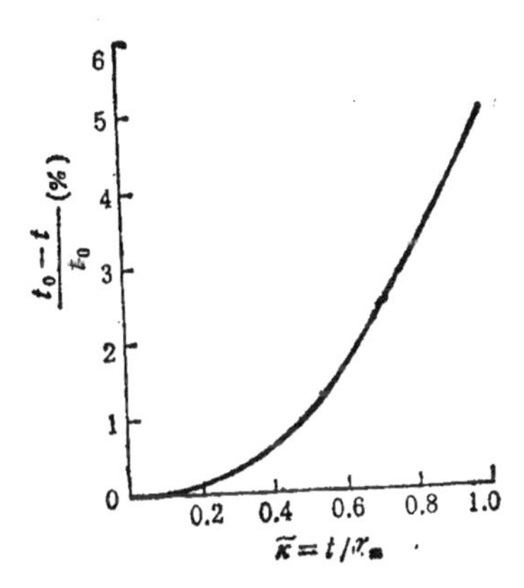

图 2-18　板厚的相对减小与相对曲率 $\tilde{\kappa}$ 的关系.

§ 2.6　关于塑性弯曲工程理论适用范围的讨论

从上述各节的研究可知，宽板弹塑性弯曲的数学理论与工程理论的最大差别在于计及中性层向凹面的移动。中性层按其定义指的是在某一瞬时（或即某一确定弯矩的作用下）板内应力为零的那一层，也就是塑性应变增量为零的那一层。而对于这层材料而言，在它成为瞬时中性层之前，业已经历了一定的变形历史，积累了一定的应变。如果这应变还比较小，瞬时中性层还没有经历塑性变形的历史，那么前面说的第 III 区便也还没有经历复杂的塑性变形的历史，于是可以认为第 III 区的复杂分析是可忽略的，可以期望塑性弯曲的工程理论是适用的。

现在我们就依照理想塑性材料的板的弯曲分析（即忽略板厚

变化的 Hill 理论)来写出板的瞬时中性层未曾塑性化的条件。

由(2-36)式知周向应变为

$$\varepsilon_\theta = \ln(r/r_0);$$

因为忽略板厚变化，$r_0 \simeq r_m = \frac{1}{2}(r_i + r_y)$(参见(2-22)式)，便有

$$\varepsilon_\theta \simeq \ln(r/r_m). \tag{2-59}$$

考察中性层时，$r = r_n$，因此其应变为

$$\varepsilon_{\theta n} = \ln(r_n/r_m). \tag{2-60}$$

仿照 2.5.1 节的作法，定义相对曲率

$$\tilde{\kappa} \equiv t/r_m, \tag{2-61}$$

则有 $r_m = t/\tilde{\kappa}$ 及

$$r_i = r_m - \frac{t}{2} = t\left(\frac{1}{\tilde{\kappa}} - \frac{1}{2}\right), \tag{2-62}$$

$$r_y = r_m + \frac{t}{2} = t\left(\frac{1}{\tilde{\kappa}} + \frac{1}{2}\right). \tag{2-63}$$

按 Hill 理论的 (2-7) 式

$$r_n = \sqrt{r_i r_y} = t\sqrt{\left(\frac{1}{\tilde{\kappa}}\right)^2 - \frac{1}{4}} = \frac{t}{\tilde{\kappa}}\sqrt{1 - \frac{1}{4}\tilde{\kappa}^2}. \tag{2-64}$$

代入(2-60)式得出

$$\varepsilon_{\theta n} = \frac{1}{2}\ln\left(1 - \frac{1}{4}\tilde{\kappa}^2\right). \tag{2-65}$$

另一方面，从 Hooke 定律和 Mises 屈服条件可知板内的最大弹性应变为

$$(\varepsilon_\theta)^e_{\max} = \frac{Y(1-\nu^2)}{E\sqrt{1-\nu+\nu^2}}. \tag{2-66}$$

以低碳钢为例，设 $\nu = 0.28$，$Y = 250\text{MPa}$，$E = 210\text{GPa}$，则从上式算出

$$(\varepsilon_\theta)^e_{\max} = 1.228 \times 10^{-3}. \tag{2-67}$$

中性层在已有的变形历史中未曾塑性化，便是要求

$$|\varepsilon_{\theta n}| \leqslant (\varepsilon_\theta)^e_{\max}. \tag{2-68}$$

将(2-65)和(2-67)式代入(2-68)式就是

$$\left|\ln\left(1-\frac{1}{4}\bar{\kappa}^2\right)\right| \leqslant 2.456\times 10^3,$$

从而定出

$$\bar{\kappa} \leqslant 0.0990 \simeq 0.1. \tag{2-69}$$

这说明,在塑性弯曲问题中,若相对曲率 $\bar{\kappa}\leqslant 0.1$,或即中面层的弯曲半径大于 10 倍板厚 ($r_m \geqslant 10t$),则中性层虽有移动,但这层材料在历史上未曾进入塑性状态,从而 Wollter 和 Hill 揭示的先压后拉的第 III 区是可以忽略的,Ludwik 的弯曲工程理论的机理是可以近似成立的. 运用前几节的分析,可以估计出当 $\bar{\kappa}\leqslant$ 0.1 时,$\sigma_r|_{r=r_n}$ 约为 $\sigma_{\theta\max}$ 的 5%,板厚变化约为原板厚的 1/1000. 这些都是在塑性弯曲的工程理论中所忽略去的,当它们这样小时,略去它们不致于有很大的误差.

当 $\bar{\kappa}\leqslant 0.1$ 时,最大应变值为

$$e_\theta|_{r=r_y} = \frac{t}{2}\Big/r_m = \frac{1}{2}\bar{\kappa} \leqslant 0.05.$$

在这样的应变值范围内,采用工程应变同采用对数应变所造成的差异不超过 2.5%.

总之,塑性弯曲的数学理论所揭示出来的中性层移动(以及随之而来的第 III 区内的卸载现象和 Baushinger 效应)、径向应力 σ_r 的存在和板厚变化(以及随之而来的弯矩的变化和失稳的可能性)等等现象,在板的相对曲率 $\bar{\kappa}=t/r_m$ 很大时是重要的、不可忽略的;但在相对曲率较小(例如 $\bar{\kappa}\leqslant 0.1$)时,这些现象并不十分重要,数学理论与工程理论的差异是可忽略的,也就是说工程理论是完全适用的.

§ 2.7 平面应力条件下梁的弹塑性弯曲

本章前面几节考虑的都是宽板的弯曲,亦即在平面应变条件下的弯曲. 当考虑的是窄梁或板条(即宽度 b 与厚度 h 同阶)的弯

曲时，可以处理为平面应力问题，即认为宽度方向的正应力为零. 这时，由于梁的上、下表面的径向应力(沿厚度方向的正应力)必为零，因此上、下表面的纤维必处于单向应力状态：在纯弯曲作用下，凸表面的纤维受到单向拉伸，凹表面的纤维受到单向压缩. 而由于弹性状态下材料的 Poisson 比效应和塑性状态下材料体积不变，无论这些表面纤维处于弹性状态还是塑性状态，受拉的一侧必然发生横向(宽度方向)收缩，受压的一侧必然发生横向扩张. 其结果，从梁的横截面看，必然会从矩形畸变为梯形或扇形，如图2-19. 于是，在外加弯矩引起纵向纤维的曲率的同时，对于平面应力状态下的梁或板条，会导致符号相反的横向曲率，称为反挠曲率 (anticlastic curvature). 图 2-20 表现了一个具有反挠曲率的曲面的几何形态.

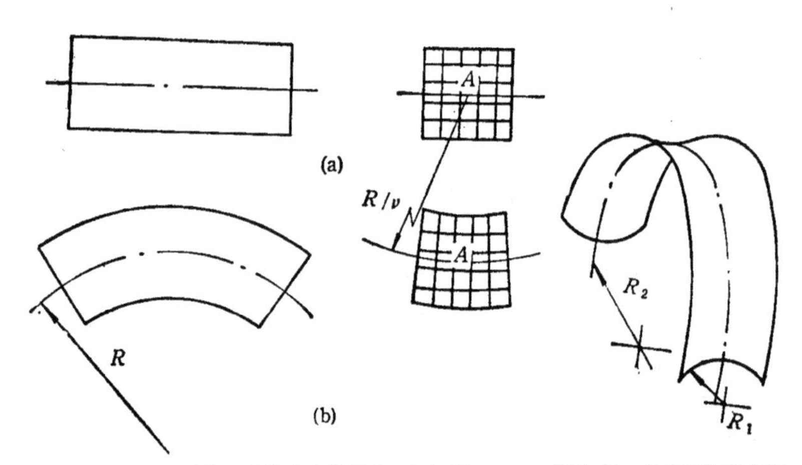

图 2-19 梁弯曲时横向反挠曲率的形成：(a) 弯曲前；(b) 弯曲后.

图 2-20 具有反挠曲率的曲面的几何形态.

对于 Poisson 比效应引起的反挠曲率的研究可以上溯至上个世纪中叶，但这些研究只限于弹性理论的范围. 不难证实，当梁受到纯弯曲而具有曲率半径 R 时，其反挠曲率半径为 R/ν，这里 ν 是材料的 Poisson 比. 如果梁受到纯弯曲而进入弹塑性状态，那么情况就会更加复杂；因为材料处于弹性状态时 $\nu < 0.5$ (例如

典型值为 0.3)，而处于塑性状态时 $\nu=0.5$ (不可压)，因此弹性区和塑性区的反挠曲率半径将互不相同；除非在梁的厚度方向引入应力，否则弹性区和塑性区的变形将无法协调．在梁的厚度方向引入应力的结果又会改变弹塑性边界的形状，使之不再是一个圆柱面，这无疑又使问题进一步复杂化．

尽管梁的弹塑性弯曲问题具有这些复杂性，仍已有一些成功的研究工作． Sangdahl，Aul 和 Sachs[2.19] 测定了矩形截面梁承受弯曲时的周向(即轴向)和横向(宽度方向)的应变． Gaydon[2.20] 计及横向位移和中性面在弯曲过程中的移动，用逐次逼近法给出一个解，由此算出的外表面上的周向应变值同 [2.19] 报告的实测值符合良好． 后来，Malinin[2.21] 从 Lubahn 和 Sachs[2.7] 的平衡方程出发，在应变很大的情形下求解了平面应力条件下的塑性弯曲问题． 他给出了梁的内表面应变直至 0.3 的情况下的弯矩、厚度变化和中性轴位置的计算结果和图表．1967 年，Horrocks 和 Johnson[2.22] 对弹塑性弯曲中的反挠曲率问题作了文献综述和长篇总结；他们也报告了他们用低碳钢板和铝合金板所作的弹塑性弯曲的实验结果，在实验中他们采用了厚度相同而宽度各各不同的许多试件．欲知细节的读者可以参考上述文献，此处不再赘述．

值得指出的是，上面所述的反挠曲率造成的横截面畸变以及为使横截面上弹性区与塑性区的变形协调而引入的附加应力，都是随着梁的弯曲曲率的增大而增大的；实验和计算都表明，当梁的相对曲率 $\bar{\kappa}=\kappa h=h/R$ 较大时，这些效应在工程应用上是可忽略的．于是，§ 2.6 关于塑性弯曲工程理论适用范围的讨论大体上也适合于平面应力条件下梁的弯曲问题．

参 考 文 献

[2.1] А. А. Ильюшин, Пластичность, Гостехиздат, 1948. 中译本：塑性，王振常译，建筑工程出版社，1958.

[2.2] В. В. Соколовский, Теория пластичности, 1950. 中译本：塑性力学，王振常译，建筑工程出版社，1957.

[2.3] R. Hill, Mathematical Theory of Plasticity, Oxford, 1950. 中译本：塑性数学理论，王仁等译，科学出版社，1966.

[2.4] W. Prager and P. G. Hodge, Jr., Theory of Perfectly Plastic Solids, John Wiley, 1951. 中译本：理想塑性固体理论，陈森译，科学出版社,1964.
[2.5] K. Wollter, Bildsames Biegen von Blechen um gerade Kanten,Diss. TH Hannover, 1950.
[2.6] K. Wollter, Freies Biegen von Blechen, VDI-Forschungsh, 435 Düsseldorf, 1952.
[2.7] J. Lubahn and G. Sachs, Bending of an ideal plastic metal, *Trans. ASME*, **72**, 1950, pp. 201—208.
[2.8] F. Proksa, Zur Theorie des plastischen Blechbiegens, Diss. TH Hannover, 1958.
[2.9] F. Proksa, Plastischen Biegen von Blechen, *Stahlbau*, **28**(2) 1959, pp. 29—36.
[2.10] G. Martin and S. Tsang, The plastic bending of beams considering die friction effects, *Trans ASME, Journal of Engineering for Industry*, **88**, 1966, pp. 237—250.
[2.11] 陈宜周，幂强化时无限宽板的纯弯曲，力学学报，**5**(2),1962,107—116页.
[2.12] S. Timoshenko and J. N. Goodier, Theory of Elasticity, 2nd Ed., McGraw-Hill, 1951. 中译本：弹性理论，徐芝纶、吴永祯译，人民教育出版社,1964.
[2.13] P. Veenstra, The plastic bending of sheet metal and strip, General Assembly of CIRP, Paris, 1966.
[2.14] R. Deh, Zur Berücksichtigung der Werkstoffeigenschaften beim Plastischen Blechbiegen, *Wiss. Z. T. H. Otto von Guericke Magdeburg*, **12** (5/6), 1968, pp. 543—547.
[2.15] R. M. Spencer and R.Shapcott, Bend forming of strain hardening plates, Australian Conference on Manufacturing Engineering, pp. 249—254, August, 1977.
[2.16] R. Crafoord, Plastic sheet bending, Göteborg, 1970.
[2.17] 章亮炽、余同希，宽板弹塑性纯弯曲的一个精化理论，北京大学学报(自然科学版),**24**,1988,65—72页.
[2.18] B. M. Botros, Springback in sheet metal forming after bending, ASME 67-WA/PROD-17, 1967.
[2.19] G.S. Sangdahl, E.L. Aul and G. Sachs, An investigation of the stress and strain states in bending rectangular bars, *Proc. Soc.Exp. Stress Analysis*, **6**, 1948, pp. 1—18.
[2.20] F. A. Gaydon, An analysis of the plastic bending of a thin strip in its plane, *Journal of Mechanics and Physics of Solids*, **1**, 1953, pp. 103—112.
[2.21] N. N. Malinin, *Mekhanica*, **2**, 1965, p. 120.
[2.22] D. Horrocks and W. Johnson, On antielastic curvature with special reference to plastic bending: a literature survey and some experimental investigations, *Int. J. Mech. Sci.*, **9**, 1967, pp.835—861.

第三章　柔性杆的弹塑性大挠度

§ 3.1　研究柔性杆大挠度的必要性

在第一章中我们看到，在塑性弯曲的工程理论的范围内，对于梁的弹塑性弯曲问题，只要已知截面的几何形状和材料在单向拉压下的应力应变关系，就可以用解析方法或数值方法唯一地确定出梁的弯矩-曲率关系

$$M = \Phi(\kappa) \tag{3-1a}$$

或

$$\kappa = \Phi^{-1}(M). \tag{3-1b}$$

在 § 1.8 中又已指出，对于非薄壁截面的长梁，通常可以忽略剪力对屈服和对变形的影响，因而可以将弹塑性纯弯曲条件下导出的 (3-1) 式应用于一般弹塑性横向弯曲。这时，尽管 $M = M(x)$ 沿梁长方向 (x) 不再是一个常数，但任一截面的曲率与 $Q(x) = \dfrac{dM(x)}{dx}$ 无关；这就是说，任一截面的曲率 $\kappa(x)$ 只取决于该截面的弯矩 $M(x)$ 本身，而与相邻截面的 $M(x)$ 无关。

于是，对一般的弹塑性弯曲，我们有

$$M(x) = \Phi(\kappa(x)) \tag{3-2a}$$

或

$$\kappa(x) = \Phi^{-1}(M(x)). \tag{3-2b}$$

对于静定梁，当外载分布给定，弯矩分布 $M(x)$ 也就随之确定了。这时，从 (3-2b) 可以求出相应的曲率分布 $\kappa(x)$。下一步的问题是如何根据 $\kappa(x)$ 求出梁的挠曲形状 $y(x)$，以及卸载后的最终形状 $y^F(x)$。

在直角坐标系下，曲率可以表示为

$$\kappa(x)=\frac{y''(x)}{[1+y'^2(x)]^{3/2}}. \tag{3-3}$$

将(3-3)式代入 (3-2b) 得到的是关于 $y(x)$ 的非线性微分方程. 在§1.8中已说明，如果梁的挠度远小于梁的长度，即 $y(x)\ll l$，而且其挠曲形状又比较平坦，那么 $y'^2(x)\ll 1$ 可以成立，从而有

$$\kappa(x)\simeq y''(x). \tag{3-4}$$

利用 (3-2b) 积分(3-4)式，得到

$$y'(x)=\int_0^x \Phi^{-1}(M(x))dx+C_1, \tag{3-5}$$

$$y(x)=\int_0^x\int_0^x \Phi^{-1}(M(x))dxdx+C_1x+C_2, \tag{3-6}$$

其中 C_1, C_2 为积分常数，由支承条件决定.

但是，上述求 $y(x)$ 的方法显然只是在小挠度假定下的一种近似. 而梁的弹塑性弯曲往往导致梁的大挠度. 因而，从理论上讲，若不对梁的弹塑性大挠度问题予以深入研究，就无法评估工程理论所给出的(3-6)式的近似程度和适用范围. 从实际问题来看，在金属成形和许多其他工程问题中，都会遇到梁(杆、板条) 的挠度与梁长可以相比的大挠度的问题. 例如，当把一段铁丝弯成一个半圆环时，如图3-1所示，$\delta=l/\pi$，且两端的转角达到 $\pi/2$，显然不满足 $\delta\ll l$ 和 $y'^2\ll 1$ 的要求，(3-6)式显然不可能给出正确的结果. 总之，无论从理论上还是实际应用上来看，研究梁(杆、板条)的弹塑性大挠度问题都是十分必要的.

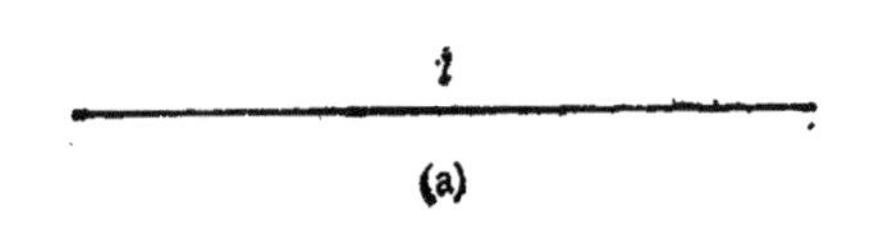

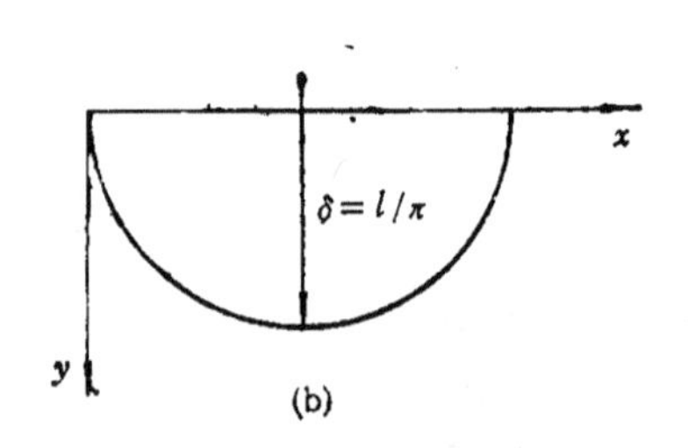

图3-1 将一段金属丝弯成半圆环.
(a) 未弯曲时；(b) 弯曲后.

§ 3.2　弹性挠曲线方程（Elastica）及其积分

对弹性柔杆的大挠度问题的研究始自 Euler[3.1]，已有 250 多年的历史.有关的研究结果已载入弹性力学经典著作（如 [3.2]），或写成了专著(如 [3.3])。弹性挠曲线的理论,在外文文献中常被简称为 Elastica。为了分析弹塑性柔杆的大挠度问题的需要，在本节中我们将扼要介绍 Elastica 方程组和典型结果，而且为了同 § 3.3 的塑性挠曲线理论相衔接，我们对 Elastica 方程组采用了独特的无量纲形式。

为便于叙述，让我们考察两个基本问题：第一个基本问题是一端固支、一端自由的 Euler 压杆(图 3-2 (a)) 在屈曲失稳后的弹性大挠度问题（图 3-2 (b)）；第二个基本问题是初始处于水平

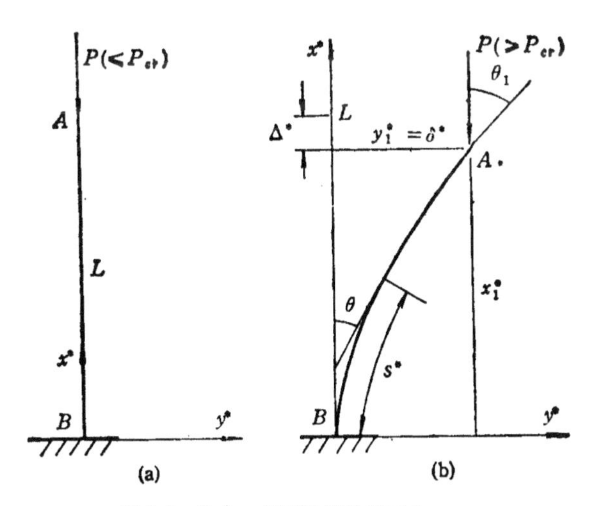

图 3-2　Euler 压杆的弹性后屈曲.
(a) 初始直构形；(b) 弹性大挠度构形.

位置的悬臂梁在自由端承受一个铅垂向下的集中力（图 3-3 (a)）

因而发生弹性大挠度的问题（图 3-3 (b)）。注意在这两个问题的提法上，载荷的方向是相对于参照空间不变的，而载荷的作用点是结构上的一个固定点（相对于参照空间是要改变其位置的）。

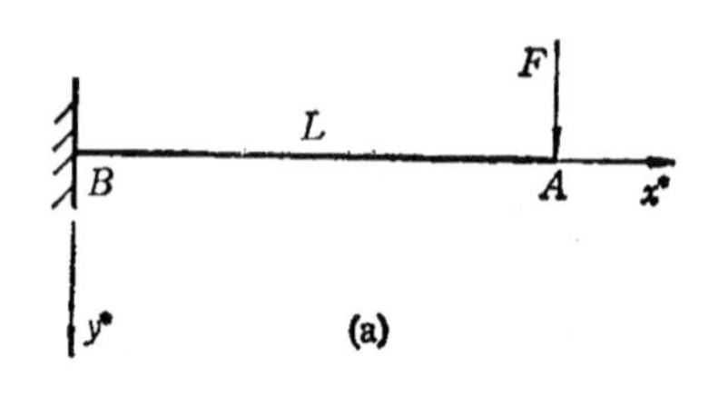

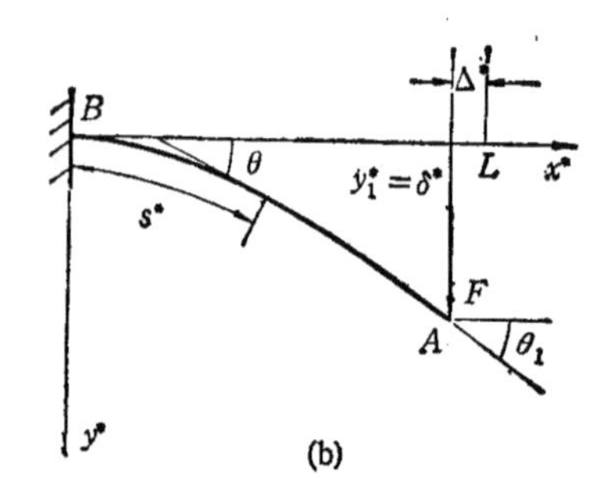

图 3-3 悬臂梁承受杆端横向集中力。
(a) 初始构形； (b) 弹性大挠度构形.

3.2.1 Euler 压杆的弹性后屈曲

按图 3-2 (b) 取定固定在空间中的坐标系 x^*By^*。以 θ 表示挠曲线 AB 上任意一点处切线对 x^* 轴的倾角，s^* 表示自 B 点量至该点的弧长，则该点的曲率为$\kappa=\dfrac{d\theta}{ds^*}$.

若该点所在截面上作用的弯矩为M，则可以写出以下方程组（称为 Elastica 方程组）:

$$\begin{cases}\dfrac{d\theta}{ds^*}=\dfrac{M}{EI},\\ \dfrac{dx^*}{ds^*}=\cos\theta,\ \dfrac{dy^*}{ds^*}=\sin\theta,\end{cases}\tag{3-7}$$

其中 EI 是此柔杆的弹性抗弯刚度。

引入无量纲参数

$$\left.\begin{aligned}&s\equiv s^*/L,\ x\equiv x^*/L,\ y\equiv y^*/L,\\&m\equiv M/M_e,\ \beta\equiv M_eL/EI,\end{aligned}\right\}\tag{3-8}$$

其中L为杆的长度(假定在挠曲过程中不变)，M_e 为杆截面的最大弹性弯矩，参见 (1-16) 式.利用 (3-8) 式，Elastica 方程组 (3-7) 可无量纲化为

$$
\begin{cases}
\dfrac{d\theta}{ds} = \beta m, \\[2ex]
\dfrac{dx}{ds} = \cos\theta, \ \dfrac{dy}{ds} = \sin\theta.
\end{cases}
\tag{3-9}
$$

对于 Euler 压杆的后屈曲问题，从图 3-2(b) 可见 $M = P \times (y_1^* - y^*)$，相应的无量纲化给出

$$
m = p(y_1 - y), \tag{3-10}
$$

其中 $y_1 = y_1^*/L$ 是自由端 A 处的 y 值,同时

$$
p \equiv PL/M_e. \tag{3-11}
$$

将 (3-10) 式代入 (3-9) 的第一式给出

$$
\frac{d\theta}{ds} = \beta p(y_1 - y). \tag{3-12}
$$

为了求解，将 (3-12) 对 s 求导一次，并利用 (3-9) 的第三式

$$
\frac{d^2\theta}{ds^2} = -\beta p \frac{dy}{ds} = -\beta p \sin\theta. \tag{3-13}
$$

注意

$$
\frac{d}{ds}\left[\left(\frac{d\theta}{ds}\right)^2\right] = 2\frac{d\theta}{ds} \cdot \frac{d^2\theta}{ds^2},
$$

因而

$$
\frac{d^2\theta}{ds^2} = \frac{1}{2}\frac{d}{d\theta}\left[\left(\frac{d\theta}{ds}\right)^2\right]. \tag{3-14}
$$

代入 (3-13) 式可知

$$
d\left[\left(\frac{d\theta}{ds}\right)^2\right] = -2\beta p \sin\theta d\theta. \tag{3-15}
$$

积分后就有

$$
\left(\frac{d\theta}{ds}\right)^2 = 2\beta p \cos\theta + C,
$$

其中积分常数 C 可以由自由端 A 处的条件来定. 由于 A 点 $m = 0$, 可知此处 $\frac{d\theta}{ds} = 0$。该 A 点的转角为 $\theta = \theta_1$，则定出 $C = -2\beta p \times \cos\theta_1$，于是

$$\left(\frac{d\theta}{ds}\right)^2 = 2\beta p(\cos\theta - \cos\theta_1), \tag{3-16}$$

或即

$$ds = \frac{d\theta}{\sqrt{2\beta p(\cos\theta - \cos\theta_1)}}. \tag{3-17}$$

积分此式，并注意到在固定端B处 $s = 0$，$\theta = 0$，可得

$$s = \frac{1}{\sqrt{2\beta p}}\int_0^\theta \frac{d\theta}{\sqrt{\cos\theta - \cos\theta_1}}. \tag{3-18}$$

为求(3-18)式右端的积分，引入

$$\left.\begin{aligned} q &= \sin\frac{\theta_1}{2}, \\ \sin\psi &= \sin\frac{\theta}{2}\Big/\sin\frac{\theta_1}{2} = \sin\frac{\theta}{2}\Big/q. \end{aligned}\right\} \tag{3-19}$$

于是

$$\cos\theta_1 = 1 - 2\sin^2\frac{\theta_1}{2} = 1 - 2q^2,$$

$$\cos\theta = 1 - 2\sin^2\frac{\theta}{2} = 1 - 2q^2\sin^2\psi, \tag{3-20}$$

及

$$\cos\theta - \cos\theta_1 = 2q^2(1 - \sin^2\psi) = 2q^2\cos^2\psi. \tag{3-21}$$

由(3-20)知

$$-\sin\theta d\theta = -4q^2\sin\psi\cos\psi d\psi,$$

但是

$$\sin\theta = \sqrt{1 - \cos^2\theta} = 2q\sin\psi\sqrt{1 - q^2\sin^2\psi},$$

因而

$$d\theta = \frac{2q\cos\psi d\psi}{\sqrt{1 - q^2\sin^2\psi}}. \tag{3-22}$$

将(3-21)和(3-22)代入(3-18)，并参照(3-19)式可知 $\theta = 0$ 时亦有 $\psi = 0$，于是得出

$$s = \frac{1}{\sqrt{\beta p}}\int_0^\psi \frac{d\psi}{\sqrt{1 - q^2\sin^2\psi}} = \frac{1}{\sqrt{\beta p}}F(q, \psi). \tag{3-23}$$

其中

$$F(q,\psi)\equiv\int_0^\psi\frac{d\psi}{\sqrt{1-q^2\sin^2\psi}}\tag{3-24}$$

称为不完全的第一类椭圆积分。

注意在A端有 $s^*=L$，即 $s=1$，同时由(3-19)式知此时 $\sin\psi=1$，即 $\psi=\frac{\pi}{2}$，于是由(3-23)有

$$\sqrt{\beta p}=F\left(q,\frac{\pi}{2}\right)=K(q),\tag{3-25}$$

其中

$$K(q)\equiv\int_0^{\pi/2}\frac{d\psi}{\sqrt{1-q^2\sin^2\psi}}=F\left(q,\frac{\pi}{2}\right)\tag{3-26}$$

称为完全的第一类椭圆积分。

由(3-8)和(3-11)关于β和p的定义可知

$$\beta p=PL^2/EI,\tag{3-27}$$

因而(3-25)式也可写为

$$P=\frac{EI}{L^2}K^2\left(\sin\frac{\theta_1}{2}\right),\tag{3-28}$$

这给出了杆端转角 θ_1 与载荷P的关系。

当 $\theta_1=0$ 时，$q=0$，$K(0)=\int_0^{\pi/2}d\psi=\frac{\pi}{2}$，

由(3-28)式相应地有

$$P=P_{cr}\equiv\frac{\pi^2EI}{4L^2},\tag{3-29}$$

此值正是一端固定、一端自由的压杆的 Euler 临界屈曲载荷。将(3-28)式与(3-29)式比较，可写出当 $P\geqslant P_{cr}$ 时

$$\frac{P}{P_{cr}}=\left[\frac{2}{\pi}K\left(\sin\frac{\theta_1}{2}\right)\right]^2.\tag{3-30}$$

由于当 θ_1 从0开始增加时 $K\left(\sin\frac{\theta_1}{2}\right)$ 随之从 $\frac{\pi}{2}$ 开始增大，因此 P/P_{cr} 也从1开始增大。

为研究压杆弹性后屈曲的形状，首先注意到从(3-9)和(3-17)

可知

$$dx = \cos\theta \cdot ds = \frac{\cos\theta d\theta}{\sqrt{2\beta p(\cos\theta - \cos\theta_1)}}, \tag{3-31}$$

$$dy = \sin\theta \cdot ds = \frac{\sin\theta d\theta}{\sqrt{2\beta p(\cos\theta - \cos\theta_1)}}. \tag{3-32}$$

利用(3-19)至(3-22)之间的各式用变量ϕ代换变量 θ，再积分(3-31)和(3-32)可得出

$$x = \frac{1}{\sqrt{\beta p}}\{2E(q,\phi) - F(q,\phi)\}, \tag{3-33}$$

$$y = \frac{1}{\sqrt{\beta p}} 2q(1 - \cos\phi), \tag{3-34}$$

其中

$$E(q,\phi) \equiv \int_0^{\phi} \sqrt{1 - q^2\sin^2\phi}\, d\phi \tag{3-35}$$

称为不完全的第二类椭圆积分.

利用(3-25)式，(3-33)和(3-34)式亦可改写为

$$\begin{cases} x = \dfrac{1}{K(q)}\{2E(q,\phi) - F(q,\phi)\}, \\ y = \dfrac{2q}{K(q)}(1 - \cos\phi). \end{cases} \tag{3-36}$$

对于每一给定的 q 值(相当于给定端点转角 θ_1 的值)，(3-36)给出了以ϕ为参数$\left(且\ 0\leqslant\phi\leqslant\frac{\pi}{2}\right)$的挠曲线 $y = y(x)$ 的方程.

通常特别关心的是自由端A处的挠度δ和沿载荷作用方向的位移Δ的大小，参见图 3-2(b). 这只要在(3-36)中令 $\phi = \pi/2$(相应于 $s = 1, \theta = \theta_1$) 就可以得到

$$\delta \equiv y_1 = 2q/K(q), \tag{3-37}$$

$$\begin{aligned} \Delta \equiv 1 - x_1 &= 1 - \frac{1}{K(q)}\left\{2E\left(q, \frac{\pi}{2}\right) - F\left(q, \frac{\pi}{2}\right)\right\} \\ &= 1 - \frac{1}{K(q)}\{2E(q) - K(q)\}, \end{aligned}$$

即

$$\Delta = 2\left\{1 - \frac{E(q)}{K(q)}\right\}, \tag{3-38}$$

其中

$$E(q) = \int_0^{\pi/2} \sqrt{1 - q^2\sin^2\psi}\, d\psi = E\left(q, \frac{\pi}{2}\right) \tag{3-39}$$

称为完全的第二类椭圆积分。

当 θ_1 从 0 开始增大，相应地 q 从 0 开始增大，P 从 P_{cr} 开始增大时，由(3-37)式给出的 δ 也从 0 开始增大。但是从图 3-2 的几何性质就可以知道，δ 的这种增长必然是有界的。从数学上说，就是比值 $q/K(q)$ 会增加到某一极大值然后下降。图 3-4 画出了

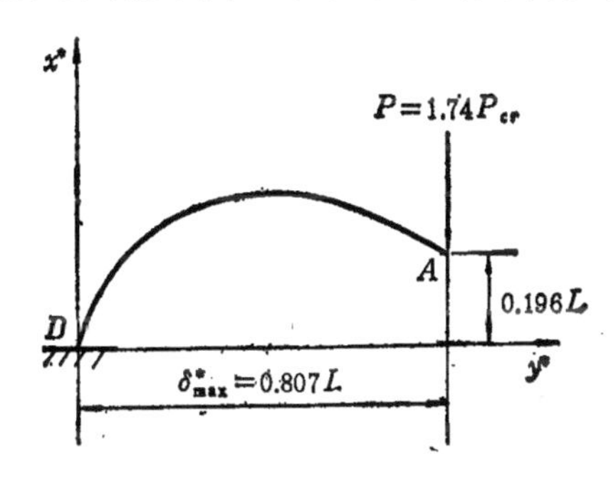

图 3-4 Euler 压杆弹性后屈曲过程中挠度达到极大值时的形态。

δ 达到 $\delta_{max} = 0.807$ 时的杆的挠曲形状和相应的外力。表 3-1 则列出了在一系列 θ_1 取值下的 P/P_{cr}, δ 和 Δ 值。表中最后一行 $(P/P_{cr})\cdot\delta$ 值是与固定端处的弯矩、亦即最大弯矩 $M_{max} = Py_1^* = P\delta L$ 成正比的。

3.2.2 悬臂梁的弹性大挠度

这时外力和坐标系如图 3-3 所示，θ 和 s^* 的意义与 Euler 压杆问题相同。仍采用(3-8)式的无量纲参数，则无量纲形式的 Elastica 方程组仍为(3-9)。所不同的是对于悬臂梁大挠度问题有 $M = F(x_1^* - x^*)$，相应的无量纲化给出

$$m = j(x_1 - x), \tag{3-40}$$

表 3-1 Euler 压杆弹性后屈曲的若干数值结果

θ_1	20°	40°	60°	80°	100°	120°	140°	160°	176°
P/P_{cr}	1.015	1.063	1.152	1.293	1.518	1.884	2.541	4.029	9.116
δ	0.220	0.422	0.592	0.718	0.792	0.804	0.750	0.626	0.422
Δ	0.030	0.119	0.259	0.440	0.651	0.877	1.107	1.340	1.577
$\frac{P}{P_{cr}}\cdot\delta$	0.223	0.449	0.682	0.928	1.202	1.515	1.906	2.522	3.847

其中 $x_1 = x_1^*/L$ 是自由端 A 处的 x 值，同时

$$f = FL/M_e. \tag{3-41}$$

将 (3-40) 式代入 (3-9) 的第一式给出

$$\frac{d\theta}{ds} = \beta f(x_1 - x). \tag{3-42}$$

类似于从 (3-12) 到 (3-16) 式的演绎方法，对悬臂梁问题从 (3-42) 式出发可以得到

$$\left(\frac{d\theta}{ds}\right)^2 = 2\beta f(\sin\theta_1 - \sin\theta), \tag{3-43}$$

其中 θ_1 表示自由端 A 处的转角。于是，

$$ds = \frac{d\theta}{\sqrt{2\beta f(\sin\theta_1 - \sin\theta)}}. \tag{3-44}$$

积分此式，并注意到在固定端 B 处 $s = 0$，$\theta = 0$，可得

$$s = \frac{1}{\sqrt{2\beta f}}\int_0^\theta \frac{d\theta}{\sqrt{\sin\theta_1 - \sin\theta}}. \tag{3-45}$$

为求 (3-45) 式右端的积分，引入

$$\left.\begin{aligned} r^2 &= (1 + \sin\theta_1)/2, \\ \sin^2\phi &= (1 + \sin\theta)/(1 + \sin\theta_1). \end{aligned}\right\} \tag{3-46}$$

于是

$$\begin{aligned} \sin\theta_1 &= 2r^2 - 1, \\ \sin\theta &= 2r^2\sin^2\phi - 1, \end{aligned} \tag{3-47}$$

及

$$\sin\theta_1 - \sin\theta = 2r^2(1 - \sin^2\phi) = 2r^2\cos^2\phi, \tag{3-48}$$

由(3-47)知

$$\cos\theta d\theta = 4r^2 \sin\phi \cos\phi d\phi,$$

但是

$$\cos\theta = \sqrt{1-\sin^2\theta} = 2r\sin\phi\sqrt{1-r^2\sin^2\phi},$$

因而

$$d\theta = \frac{2r\cos\phi d\phi}{\sqrt{1-r^2\sin^2\phi}}. \tag{3-49}$$

将此式与(3-22)式相对照，可见变量代换关系完全相似。将(3-48)和(3-49)代入(3-45)得

$$\begin{aligned} s &= \frac{1}{\sqrt{\beta f}}\int_{\phi_0}^{\phi}\frac{d\phi}{\sqrt{1-r^2\sin^2\phi}} \\ &= \frac{1}{\sqrt{\beta f}}\{F(r,\phi)-F(r,\phi_0)\}, \end{aligned} \tag{3-50}$$

其中 $F(r,\phi)$ 仍是不完全的第一类椭圆积分；而 ϕ_0 是相应于 $\theta=0$ （即在B点)的ϕ值。由(3-46)式可知

$$\sin^2\phi_0 = 1/(1+\sin\theta_1) = 1/2r^2, \tag{3-51}$$

因而

$$\phi_0 = \sin^{-1}\left(\frac{1}{\sqrt{2}\,r}\right). \tag{3-52}$$

注意在A点有 $\theta=\theta_1$ 因而由(3-46)式知此时 $\sin\phi=1$，即 $\phi=\pi/2$；同时此时 $s=1$，于是由(3-50)式有

$$\begin{aligned} \sqrt{\beta f} &= K(r)-F(r,\phi_0) \\ &= K(r)-F\left[r,\sin^{-1}\left(\frac{1}{\sqrt{2}\,r}\right)\right], \end{aligned} \tag{3-53}$$

其中 $K(r)$ 仍为完全的第一类椭圆积分，定义参见(3-26)式。

由(3-8)和(3-41)关于β和f的定义可知

$$\beta f = FL^2/EI, \tag{3-54}$$

因而(3-53)式也可写作

$$F = \frac{EI}{L^2}\left\{K(r)-F\left[r,\sin^{-1}\left(\frac{1}{\sqrt{2}\,r}\right)\right]\right\}^2. \tag{3-55}$$

因为 $r=\sqrt{(1+\sin\theta_1)/2}$，所以(3-55)式给出了杆端转角 θ_1

与载荷 F 的关系。

与 Euler 压杆情形不同，对于悬臂梁，当 $\theta_1=0$ 时 $r=1/\sqrt{2}$，由(3-55)式给出 $F=0$；F 从 0 开始增加时，θ_1 亦从 0 开始增大。

为研究悬臂梁发生弹性大挠度时的挠曲形状，首先注意到从(3-9)和(3-44)可知

$$dx=\cos\theta\cdot ds=\frac{\cos\theta d\theta}{\sqrt{2\beta f(\sin\theta_1-\sin\theta)}},\tag{3-56}$$

$$dy=\sin\theta\cdot ds=\frac{\sin\theta d\theta}{\sqrt{2\beta f(\sin\theta_1-\sin\theta)}}.\tag{3-57}$$

利用(3-46)至(3-49)之间的各式用变量 ϕ 代换变量 θ，再积分(3-56)和(3-57)可得出

$$x=\frac{1}{\sqrt{\beta f}}\cdot 2r(\cos\phi_0-\cos\phi),\tag{3-58}$$

$$y=\frac{1}{\sqrt{\beta f}}\{F(r,\phi)-F(r,\phi_0)-2E(r,\phi)+2E(r,\phi_0)\},\tag{3-59}$$

其中 $E(r,\phi)$ 为不完全的第二类椭圆积分，其定义参见(3-35)式。

利用(3-52)和(3-53)式，(3-58)和(3-59)式亦可改写为

$$\begin{cases} x=2r\left[\cos\left(\sin^{-1}\left(\frac{1}{\sqrt{2}r}\right)\right)-\cos\phi\right]\Big/\left\{K(r)-F\left[r,\sin^{-1}\left(\frac{1}{\sqrt{2}r}\right)\right]\right\} \\ y=\left\{F(r,\phi)-F\left[r,\sin^{-1}\left(\frac{1}{\sqrt{2}r}\right)\right]-2E(r,\phi)+2E\left[r,\sin^{-1}\left(\frac{1}{\sqrt{2}r}\right)\right]\right\}\Big/\left\{K(r)-F\left[r,\sin^{-1}\left(\frac{1}{\sqrt{2}r}\right)\right]\right\}. \end{cases}\tag{3-60}$$

对于每一给定的 r 值(相当于给定端点转角 θ_1 的值)，(3-60) 给出了以 ϕ 为参数 (且 $\sin^{-1}\left(\frac{1}{\sqrt{2r}}\right)=\phi_0\leqslant\phi\leqslant\pi/2$) 的挠曲线 $y=y(x)$ 的方程。

通常特别关心的是自由端 A 处的挠度 δ 和沿初始梁轴方向(图 3-3 中的水平方向)的位移的大小。这只要在 (3-60) 式中令 $\phi=\pi/2$ (相应于 $s=1$, $\theta=\theta_1$) 就可以得到

$$\delta=y_1=1-2\left\{E(r)-E\left[r,\sin^{-1}\left(\frac{1}{\sqrt{2r}}\right)\right]\right\}\Big/\left\{K(r)-F\left[r,\sin^{-1}\left(\frac{1}{\sqrt{2r}}\right)\right]\right\},\tag{3-61}$$

$$\varDelta=1-x_1=1-\sqrt{2(2r^2-1)}\Big/\left\{K(r)-F\left[r,\sin^{-1}\left(\frac{1}{\sqrt{2r}}\right)\right]\right\},\tag{3-62}$$

其中 $E(r)$ 是完全的第二类椭圆积分,其定义参见(3-39)式。

从图 3-3 的几何构形不难看出,当 θ_1 从 0 开始增大时, F, δ 和 $\varDelta$ 也都从 0 开始增大;同时也不难看出, δ 和 $\varDelta$ 都是有界的,即它们都不可能超过 1(有量纲位移值不超过杆长 L)。

图 3-5 给出了 δ, $\varDelta$ 随外载 F 变化的情况。而图 3-6 则给出

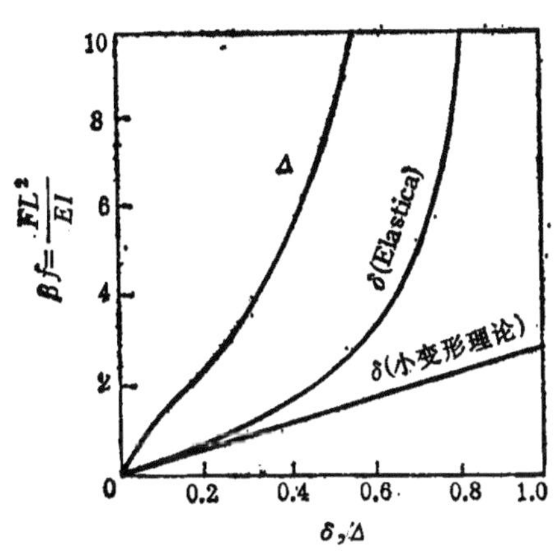

图 3-5 悬臂梁端部的横向和纵向变形与载荷的关系.

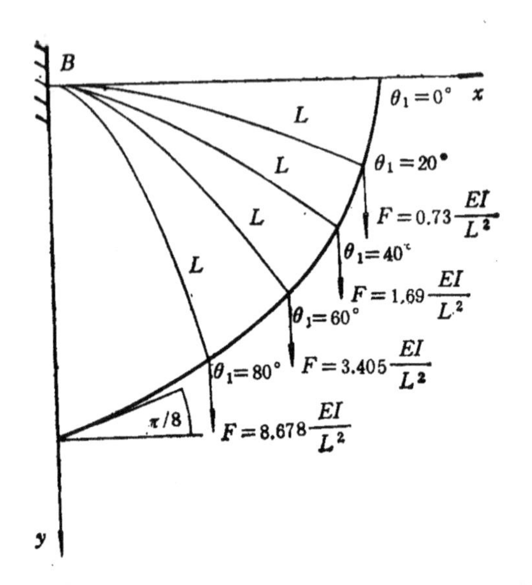

图 3-6　$\theta_1=20°$，$40°$，$60°$，$80°$时的梁的挠曲形状和相应的载荷大小.

了 $\theta_1=0°$，$20°$，$40°$，$60°$和 $80°$时的梁的挠曲形状和相应的载荷数值. 图中的粗实线则表示梁的自由端画出的轨迹.

3.2.3 Elastica 的其他情形

上面推导出了柔性杆的弹性大挠度的两个基本问题的解，发现载荷、挠度和纵向位移等量都可以用以端点转角 θ_1 为参量的某些椭圆积分的解析式表示出来. 利用推得的公式，不难计算载荷-挠度关系或载荷-纵向位移关系，以及在某一确定载荷(或某一确定挠度)下的杆的挠曲形状.

对于倾斜载荷作用下的悬臂梁和若干个集中力作用下的悬臂梁，Elastica 问题的解原则上仍可用含有椭圆积分的解析式表达出来. 对于分布载荷作用下的柔性杆的问题，Elastica 解则一般只能用级数形式写出. 详细的研究请参见 Frisch-Fay 的专著[3.3].

近年来，C. Y. Wang (王昌逸)等人采用摄动法和直接数值积分的方法求得了许多具体问题的 Elastica 解，其中有些问题具有一定的理论或实用价值(如 [3.4]—[3.7])。

§3.3 塑性挠曲线方程(Plastica)及其积分

上节讨论了柔性杆在弹性弯曲状态下的大挠度方程,即 Elastica 方程组(3-9). 当柔性杆处于塑性弯曲状态时,由于弯矩-曲率关系的变化,大挠度方程组也有相应的改变。

下面我们将仅研究矩形截面的柔性杆,它的弯矩-曲率关系已在 §1.4 中彻底研究过了. 从(1-31)式知

$$\frac{\kappa}{\kappa_e}=\phi=\begin{cases} m, & \text{当 } 0\leqslant m\leqslant 1; \\ \dfrac{1}{\sqrt{3-2m}}, & \text{当 } 1\leqslant m<\dfrac{3}{2}, \end{cases} \tag{3-63}$$

其中 $m=M/M_e$ 与 §3.2 中的定义相同. 因此,类似于弹性弯曲的大挠度方程组(3-9),在塑性弯曲状态下的大挠度方程组可写为

$$\begin{cases} \dfrac{d\theta}{ds}=\dfrac{\beta}{\sqrt{3-2m}}, & 1\leqslant m<\dfrac{3}{2}, \\ \dfrac{dx}{ds}=\cos\theta, & \dfrac{dy}{ds}=\sin\theta, \end{cases} \tag{3-64}$$

其中 x, y, s, β 和 m 都是无量纲量,定义见(3-8)式,θ 是挠曲线上某点切线与 x 轴的夹角。

方程组(3-64)是 Elastica 方程组的一个延拓. 它是余同希和 Johnson[3.8] 首先提出并加以研究的,并被他们命名为 Plastica 方程组。

我们发现(参见[3.9]),对于仅受集中力(一个或多个)作用的柔性杆, Plastica 方程组(3-64)具有可以用初等函数表示出来的解析积分。

事实上,当柔性杆上仅作用有一个(或多个)集中力时,其上的弯矩分布必可写成坐标 x, y 的线性函数(或分段写成这样的线性函数):

$$m = Ax + By + C, \tag{3-65}$$

其中 A, B, C 均为常数，取决于外力的大小和作用位置。例如参照 (3-10) 式可知在 Euler 压杆后屈曲问题中，$A = 0$, $B = -p$, $C = py_1$。又如参照 (3-40) 式可知在悬臂梁承受端部集中力的问题中，$A = -f$, $B = 0$, $C = fx_1$。

对于柔性杆上 $m \geqslant 1$ 的区段，也就是进入塑性弯曲状态的区段，方程组 (3-64) 成立，由其第一式知

$$\frac{ds}{d\theta} = \frac{1}{\beta}\sqrt{3 - 2m}. \tag{3-66}$$

对 θ 求导一次得

$$\begin{aligned}\frac{d}{d\theta}\left(\frac{ds}{d\theta}\right) &= \frac{1}{\beta} \cdot \frac{d}{d\theta}\left(\sqrt{3 - 2m}\right) = -\frac{1}{\beta\sqrt{3 - 2m}} \cdot \frac{dm}{d\theta} \\ &= -\frac{1}{\beta^2} \cdot \frac{d\theta}{ds} \cdot \frac{dm}{d\theta} = -\frac{1}{\beta^2} \cdot \frac{dm}{ds}.\end{aligned} \tag{3-67}$$

对于杆上仅作用有集中力的问题，将 (3-65) 式代入 (3-67) 式，有

$$\begin{aligned}\frac{d}{d\theta}\left(\frac{ds}{d\theta}\right) &= -\frac{1}{\beta^2}\left(A\frac{dx}{ds} + B\frac{dy}{ds}\right) \\ &= -\frac{1}{\beta^2}(A\cos\theta + B\sin\theta),\end{aligned} \tag{3-68}$$

这里用到了 (3-64) 中的后二式。

将方程 (3-68) 对 θ 积分，易得

$$\frac{ds}{d\theta} = -\frac{A}{\beta^2}\sin\theta + \frac{B}{\beta^2}\cos\theta + C_1, \tag{3-69}$$

$$s = \frac{A}{\beta^2}\cos\theta + \frac{B}{\beta^2}\sin\theta + C_1\theta + C_2, \tag{3-70}$$

其中积分常数 C_1, C_2 可以由具体的边条件或弹塑性区连接条件来确定。

再由 $\frac{dx}{ds} = \cos\theta$ 和 $\frac{dy}{ds} = \sin\theta$ 可以积出 x, y 的表达式:

$$dx = \cos\theta ds = \left[-\frac{A}{\beta^2}\sin\theta\cos\theta + \frac{B}{\beta^2}\cos^2\theta + C_1\cos\theta\right]d\theta,$$

$$dy = \sin\theta ds = \left[-\frac{A}{\beta^2}\sin^2\theta + \frac{B}{\beta^2}\sin\theta\cos\theta + C_1\sin\theta\right]d\theta,$$

$$x = \frac{A}{4\beta^2}\cos 2\theta + \frac{B}{4\beta^2}(2\theta + \sin 2\theta) + C_1\sin\theta + C_3, \quad (3\text{-}71)$$

$$y = -\frac{A}{4\beta^2}(2\theta - \sin 2\theta) - \frac{B}{4\beta^2}\cos 2\theta - C_1\cos\theta + C_4, \quad (3\text{-}72)$$

其中积分常数 C_3，C_4 也要由具体的边条件或弹塑性区连接条件来确定。

(3-69) 和 (3-70) 式将曲率 $\frac{d\theta}{ds}$ 和弧长 s 都用 θ 表出，而 (3-71) 和 (3-72) 式给出了以 θ 为参量的挠曲线方程。所有这些表达式都是仅含初等函数的封闭式，因而 Plastica 的解比 Elastica 的解在形式上更为简单。下面让我们对 § 3.2 中的两个基本问题研究弹塑性大挠度解。

§ 3.4 Euler 压杆的弹塑性后屈曲

在 3.2.1 节中考察了 Euler 压杆的弹性后屈曲。尽管从数学上讲，Elastica 解对于任意大的变形都适用；但是对于真实材料制成的柔杆，这个解却只有一定的适用范围。

当压杆处于后屈曲状态时，杆内最大弯矩发生在固定端 B 处（参见图 3-2 (b))，其值为

$$M_{\max} = Py_1^* = P\delta L. \quad (3\text{-}73)$$

因此，Elastica 解保持正确的范围是

$$M_{\max} = P\delta L \leqslant M_e. \quad (3\text{-}74)$$

回忆表 3-1 中最后一行曾列出 $\frac{P}{P_{cr}}\cdot\delta$ 的数值，利用 (3-74) 式可知对该值的限制是

$$\frac{P}{P_{cr}}\cdot\delta\leqslant\frac{M_e}{P_{cr}L}=\frac{M_e}{\frac{\pi^2EI}{4L^2}\cdot L}=\frac{4}{\pi^2}\cdot\frac{M_eL}{EI},$$

亦即

$$\frac{P}{P_{cr}}\cdot\delta\leqslant\frac{4}{\pi^2}\beta\simeq0.405\beta. \tag{3-75}$$

在推导中用到了关于 P_{cr} 和 β 的(3-29)式和(3-8)式.

(3-75)式表明，Elastica 解适用范围的大小与杆件自身的 β 值有关. 对于矩形截面杆，

$$\beta=\frac{M_eL}{EI}=\frac{\frac{1}{6}Ybh^2L}{E\cdot\frac{1}{12}bh^3}=\frac{2YL}{Eh}. \tag{3-76}$$

可见 β 值综合了杆件的长细比 (L/h) 和弹性范围的相对大小 (Y/E). 对于由弹性范围很大的材料制成的细长杆，β 值大，由(3-75)式决定的 Elastica 解的适用范围也大;反之，对于由弹性范围较小的材料制成的较短粗的杆，β 值小，Elastica 解的适用范围也小.

例如,当杆件处于图 3-4 所示的 $\delta_{max}=0.807$ 的挠曲状态时，$\frac{P}{P_{cr}}\cdot\delta=1.74\cdot0.807=1.404$; 从而,(3-75)式要求

$$\beta\geqslant\frac{1.404}{0.405}\simeq3.46.$$

利用(3-76)式可知,对矩形截面杆这意味着要求

$$\frac{L}{h}\geqslant1.73\frac{E}{Y}. \tag{3-77}$$

大多数金属材料的 E/Y 值为 300—1000. 假如此值为 600，则(3-77)式给出 $L/h>1000$. 显然这不是实际杆件所能达到的长细比.

上述讨论说明,对于发生初始弹性屈曲的柔杆,在其后屈曲过程中一般也将或早或迟进入弹塑性弯曲状态,从而有必要将 Elastica 理论同 Plastica 理论结合起来进行全面的分析.

现假定 Elastica 适用条件 (3-74) 已被破坏，即有 $M_{max}>M_e$，那么可以预期在固定端 B 附近将出现一个塑性区。在图 3-7 中，BC 为塑性区，CA 为弹性区，C 点为弹塑性区分界点，且有

$$M=\begin{cases}>M_e, & 在\ BC\ 段;\\ =M_e, & 在\ C\ 点;\\ <M_e, & 在\ CA\ 段.\end{cases} \tag{3-78}$$

先分析塑性区 BC 段(图 3-8)。设其长度为 L_p，它将随外载 P 的变化而变化。令

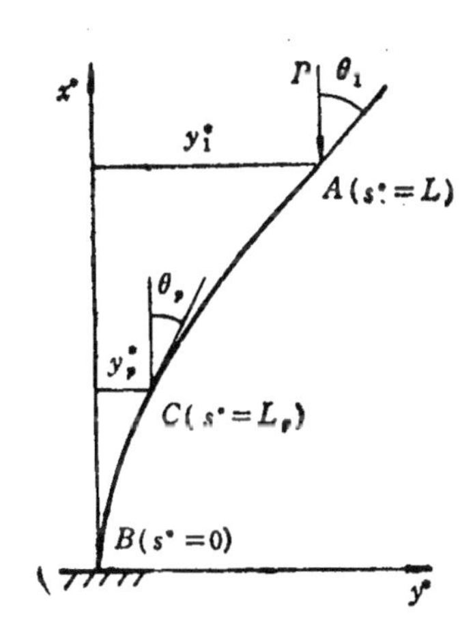

图 3-7 Euler 压杆的弹塑性后屈曲. CA 为弹性区，BC 为塑性区.

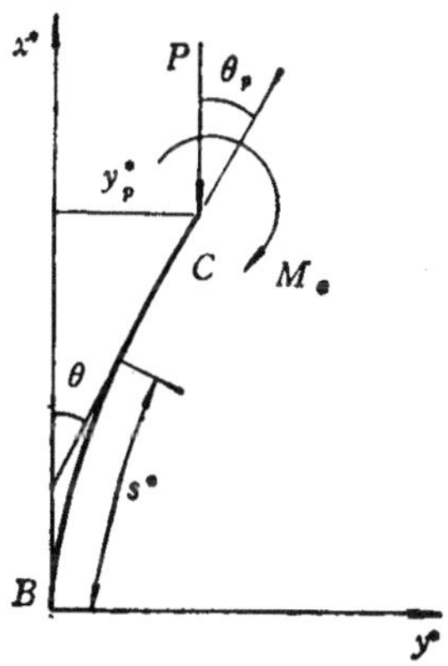

图 3-8 塑性区 BC 的受力和变形.

$$l_p=L_p/L, \tag{3-79}$$

它代表塑性区长度在全杆中所占的比。当把 BC 段从全杆中隔离出来时，C 点将承受竖直力 P 和弯矩 M_e，因而 BC 段内任一点的弯矩为

$$M=M_e+P(y_p^*-y^*), \tag{3-80}$$

其中 y_p^* 为 C 点的 y^* 坐标。将 (3-80) 式无量纲化后有

$$m=1+p(y_p-y), \tag{3-81}$$

其中 $m=M/M_e$，$p=PL/M_e$，$y=y^*/L$ 均与 § 3.2 和 § 3.3 中符号相同。

由于在 BC 段 $m \geqslant 1$，完全符合 § 3.3 中 Plastica 方程组适用的条件；同时对比 (3-81) 式与 (3-65) 式可知在现在的问题中

$$A = 0, \quad B = -p, \quad C = 1 + py_p. \tag{3-82}$$

这样我们就可以直接应用 § 3.3 中得到的解如下.

由 (3-69) 式给出

$$\frac{ds}{d\theta} = -\frac{p}{\beta^2}\cos\theta + C_1, \tag{3-83}$$

其中积分常数 C_1 可以用 C 点的转角 θ_p 表示出来. 事实上，在 C 点 $m = 1$，因而从 (3-66) 式知 $\frac{ds}{d\theta} = \frac{1}{\beta}$，于是

$$C_1 = \frac{1}{\beta} + \frac{p}{\beta^2}\cos\theta_p. \tag{3-84}$$

代回 (3-83) 式有

$$\frac{ds}{d\theta} = \frac{1}{\beta} + \frac{p}{\beta^2}(\cos\theta_p - \cos\theta). \tag{3-85}$$

再由 (3-70) 式给出

$$s = -\frac{p}{\beta^2}\sin\theta + C_1\theta + C_2,$$

其中 C_2 可根据 $s = 0$ 处 (B 点) $\theta = 0$ 定出为 $C_2 = 0$；于是

$$s = \frac{\theta}{\beta} + \frac{p}{\beta^2}(\theta\cos\theta_p - \sin\theta). \tag{3-86}$$

特别地，在 C 点 $s = l_p$，$\theta = \theta_p$，上式给出

$$l_p = \frac{\theta_p}{\beta} + \frac{p}{\beta^2}(\theta_p\cos\theta_p - \sin\theta_p). \tag{3-87}$$

此式给出了 p，θ_p 与 l_p 的关系. 显然，当外载 p 给定时，仅由此式还不足以确定 θ_p 和 l_p，我们还需要结合弹性区的 Elastica 解才能最后确定它们.

考察弹性区 CA 段，这时可应用 3.2.1 节中的一些结果. 由 (3-17) 式积分，并注意到在 C 点 $s = l_p$，$\theta = \theta_p$，便有

$$s=\frac{1}{\sqrt{2\beta p}}\int_{\theta_p}^{\theta}\frac{d\theta}{\sqrt{\cos\theta-\cos\theta_1}}+l_p, \tag{3-88}$$

其中 θ_1 仍代表自由端 A 点的转角。求上式右端积分时，仍采用 (3-19) 式的代换，可得

$$s=\frac{1}{\sqrt{\beta p}}\int_{\phi_p}^{\phi}\frac{d\phi}{\sqrt{1-q^2\sin^2\phi}}+l_p$$

$$=\frac{1}{\sqrt{\beta p}}\{F(q,\phi)-F(q,\phi_p)\}+l_p. \tag{3-89}$$

(3-89) 式与 3.2.1 节中的 (3-23) 式唯一的区别在于积分下限不再是 0（意味着 B 点）而是 ϕ_p（意味着 C 点），它由下式决定：

$$\sin\phi_p=\sin\frac{\theta_p}{2}\Big/\sin\frac{\theta_1}{2}=\sin\frac{\theta_p}{2}\Big/q, \tag{3-90}$$

而 $q=\sin\dfrac{\theta_1}{2}$ 的意义与 3.2.1 节所述相同。

特别地，对于 A 点 $s=1$，$\theta=\theta_1$，$\phi=\dfrac{\pi}{2}$，(3-89) 式给出

$$1=\frac{1}{\sqrt{\beta p}}\{K(q)-F(q,\phi_p)\}+l_p. \tag{3-91}$$

此式又给出 p 与 l_p 间的一个关系，但又多引入了一个变量 $q=\sin\dfrac{\theta_1}{2}$，所以还需要再寻求一个将 θ_1 与 θ_p 联系起来的关系。

从 (3-15) 式出发，积分得

$$\left(\frac{d\theta}{ds}\right)^2=2\beta p\cos\theta+C'. \tag{3-92}$$

此式在 CA 段均成立。在 C 点 $m=1$，$\dfrac{d\theta}{ds}=\beta$，$\theta=\theta_p$，故由上式有

$$\beta^2=2\beta p\cos\theta_p+C'. \tag{3-93}$$

另一方面，在 A 点 $m=0$，$\dfrac{d\theta}{ds}=0$，$\theta=\theta_1$，故有

$$0=2\beta p\cos\theta_1+C'. \tag{3-94}$$

将 (3-93) 式与 (3-94) 式相减，便有

$$\beta^2 = 2\beta p(\cos\theta_p - \cos\theta_1),$$

或即

$$2p(\cos\theta_p - \cos\theta_1) = \beta. \tag{3-95}$$

综合上面得到的 (3-87)，(3-91) 和 (3-95) 式，三个方程中包含有 p，l_p，θ_p，θ_1 共四个未知量 $\left[q = \sin\frac{\theta_1}{2},\ \phi_p = \sin^{-1}\left(\sin\frac{\theta_p}{2}\Big/q\right)\right.$ 都不是独立变量$\Big]$，因此对每一给定的外载 p，从这三个方程中可以解出 l_p，θ_p 和 θ_1 来。

事实上，(3-87) 与 (3-91) 相加得到

$$\frac{1}{\sqrt{\beta p}}\{K(q) - F(q,\phi_p)\} + \frac{\theta_p}{\beta} + \frac{p}{\beta^2}(\theta_p\cos\theta_p - \sin\theta_p) = 1. \tag{3-96}$$

对于给定的 p，(3-96) 与 (3-95) 式联立求解 θ_1 与 θ_p。由于 (3-95) 式可改写为

$$\cos\theta_p = \cos\theta_1 + \frac{\beta}{2p}, \tag{3-97}$$

求解的程序是：对给定的 p，根据 Elastica 解或猜测，取一个 θ_1 值，代入 (3-97) 式求出相应的 θ_p 值，再将这组 p，θ_1，θ_p 代入 (3-96) 式看是否满足；如不满足再修正 θ_1 值，直至 (3-96) 式满足为止。最后，代入 (3-87) 式求出 l_p。

另一种可以采用的求解程序如下先将 (3-96) 通乘以 β 得出

$$\sqrt{\frac{\beta}{p}}\{K(q) - F(q,\phi_p)\} + \theta_p + \frac{p}{\beta}(\theta_p\cos\theta_p - \sin\theta_p) = \beta, \tag{3-98}$$

注意在此式中 p 均以 $\frac{p}{\beta}$ 的组合出现；而从 (3-95) 式知

$$\frac{p}{\beta} = \frac{1}{2(\cos\theta_p - \cos\theta_1)}. \tag{3-99}$$

将(3-99)式代入(3-98)式左端，就得到一个只包含 θ_1 和 θ_p、不包含 p 的方程．每给定一个 θ_1 值，就可以从这个方程相应解出 θ_p，然后代入(3-99)求出相应的 p，最后代入(3-87)式求出相应的 l_p.

上述两种求解程序都是可行的，只不过前一种是以 p 为基本变量(先给 p，再确定相应的 θ_1，θ_p，l_p 值)，后一种则是以 θ_1 为基本变量(先给 θ_1，再确定相应的 θ_p，p，l_p 值)．无论采用何种求解程序，对于 β 值给定的问题，总可以求出压杆弹塑性后屈曲的一系列状态．这里说的一个"状态"，指的是一组 $(p, \theta_1, \theta_p, l_p)$ 值，因为当这四个变量的值确定后，杆的挠曲形状和挠度、位移都随之确定了，杆内的弯矩分布也就完全确定了．下面给出有关的推导．

对于塑性区 BC 段，利用§3.3中的(3-71)式，

$$x = -\frac{p}{4\beta^2}(2\theta + \sin 2\theta) + \left(\frac{1}{\beta} + \frac{p}{\beta^2}\cos\theta_p\right)\sin\theta + C_3;$$

由于 B 点 $x = 0$，$\theta = 0$，可定出 $C_3 = 0$，于是

$$x = -\frac{p}{4\beta^2}(2\theta + \sin 2\theta) + \left(\frac{1}{\beta} + \frac{p}{\beta^2}\cos\theta_p\right)\sin\theta. \quad (3\text{-}100)$$

同理，利用(3-72)式并注意 $y = 0$ 处 $\theta = 0$，得

$$y = \frac{p}{4\beta^2}(\cos 2\theta - 1) + \left(\frac{1}{\beta} + \frac{p}{\beta^2}\cos\theta_p\right)(1 - \cos\theta).$$

(3-101)

(3-100)式与(3-101)式联立，给出了以 θ 为参量的 BC 段的挠曲线方程．至于 CA 段的挠曲线方程，可以参照3.2.1节得到．

特别地，考察 C 点的坐标 (x_p, y_p) 时，可在(3-100)和(3-101)式中令 $\theta = \theta_p$，结果有

$$x_p = \frac{1}{\beta}\sin\theta_p - \frac{p}{4\beta^2}(2\theta_p - \sin 2\theta_p), \quad (3\text{-}102)$$

$$y_p = \frac{1}{\beta}(1 - \cos\theta_p) - \frac{p}{2\beta^2}(1 - \cos\theta_p)^2. \quad (3\text{-}103)$$

虽然 CA 段的挠曲线方程包含有椭圆积分，公式冗长，但是自由端 A 点的挠度 $\delta = y_1$ 却可以用下法简便地求出．如图 3-7 所示，C 点的无量纲弯矩为

$$m_C = p(y_1 - y_p) = 1, \tag{3-104}$$

因而 A 点挠度为

$$\delta \equiv y_1 = y_p + \frac{1}{p} = \frac{1}{\beta}(1 - \cos\theta_p) - \frac{p}{2\beta^2}(1 - \cos\theta_p)^2 + \frac{1}{p}. \tag{3-105}$$

当上面所说的状态（p，θ_1，θ_p，l_p）确定后，相应的挠度 δ 以及弹塑性区分界点（C 点）的坐标 x_p，y_p 便都很容易求得．

图 3-9 给出了后屈曲阶段的载荷-挠度关系曲线．由图可以看到，与弹性后屈曲（Elastica）导致载荷随挠度的增大而略微增加不同，弹塑性后屈曲通常最终导致载荷随挠度的增大而降低．同

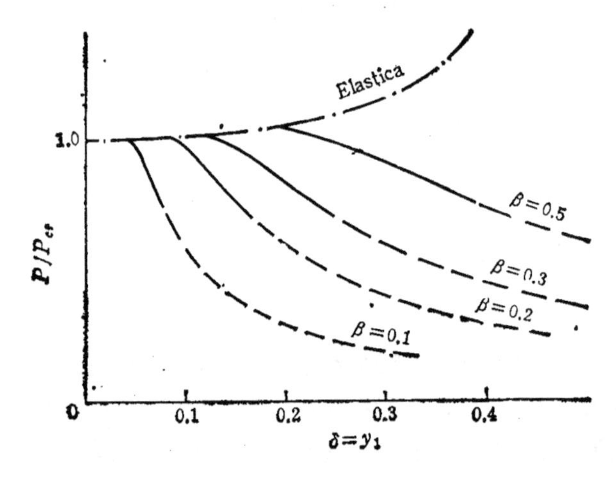

图 3-9 Euler 压杆弹塑性后屈曲过程中的载荷-挠度关系．——·—— Elastica 解；——塑性区扩展阶段的解；— — —塑性区收缩阶段的解（待修正）．

时，从图中可以看到，$\beta = \dfrac{2YL}{Eh}$ 值越小，则塑性区萌生所对应的挠度值越小，而且 P-δ 曲线下降也更加迅速．

对于 $\beta=0.1$ 这一典型情形，图 3-10 不仅画出了 (P/P_{cr})-δ 的变化，也画出了压杆根部(即固定端 B 处) 无量纲弯矩 m_B 随 δ 的变化，以及塑性区相对长度 $l_p=L_p/L$ 随 δ 的变化。一个值得注意的事实是：塑性区在根部萌生后，长度很快增加，表现为 l_p 随 δ 的迅速增长；但当 l_p 达到某一最大值 $l_{p\max}$ 之后，它的值会开始下降，这意味着杆上某些已经经历过塑性变形历史的区段会发生卸载，上述分析不再适用。塑性区卸载的条件及此后杆件的行为，只能通过细致的数值计算才能准确地得到，其方法参见 §3.5。在图 3-9 和 3-10 中，塑性区扩张阶段 (l_p 达到 $l_{p\max}$ 之前)得出的结果均用实线表示；塑性区收缩阶段 (l_p 达到 $l_{p\max}$ 之后)的结果则用虚线表示。

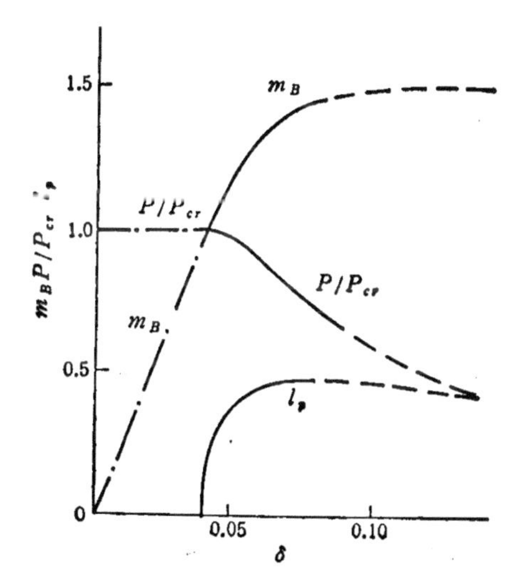

图 3-10 载荷 P/P_{cr}、固定端弯矩 m_B 及塑性区长度 l_p 随杆端挠度 δ 的变化. ——·——Elastica 解；——塑性区扩展阶段的解；– – –塑性区收缩阶段的解(待修正).

图 3-11 显示了 $\beta=0.3$ 的情形下压杆的弹塑性后屈曲形态，从中不但看到 P 随变形而变化，还可以看到弹塑性区分界点 C 在空间中划出的轨迹. 图 3-12 显示了 $\beta=0.5$，2.0 和 4.0 的情形下几个典型的后屈曲形态：①代表塑性区萌生时杆的形态；②代表塑

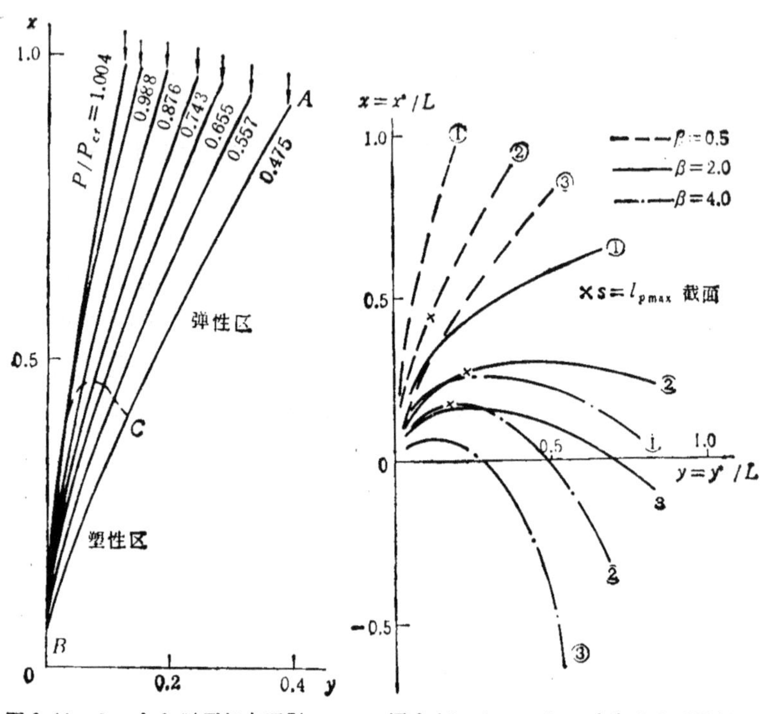

图 3-11　$\beta=0.3$ 时压杆在不同载荷下的弹塑性后屈曲形态.

图 3-12　$\beta=0.5$, 2.0 和 4.0 时压杆的典型弹塑性后屈曲形态.

性区扩展到最大长度时杆的形态，曲线上的 × 表示 $s=l_{pmax}$ 的截面；③代表在发生塑性区卸载之后，塑性区收缩到 $l_p=\frac{1}{10}l_{pmax}$ 时杆的形态.

塑性区扩张和收缩的全过程可以在图 3-13 上更清楚地看出来. 由于杆的柔度很大(即 β 很大)时，杆端的横向挠度 δ 将由增大转为减小；为避免由此引起的混淆，图 3-13 的横坐标不取为 δ 而取为 $\Delta=1-x_p$，它是单调增长的. 从图 3-13 可见，β 值越小，则 l_p 的变化越迅速，且 l_{pmax} 值越大. 计算表明，对于很小的 β，l_{pmax} 可达 0.47 左右，也就是说塑性区最多可以扩展至杆长的 47%左右.

下面，我们对 β 很小的情形对塑性区长度达到极大的状态时

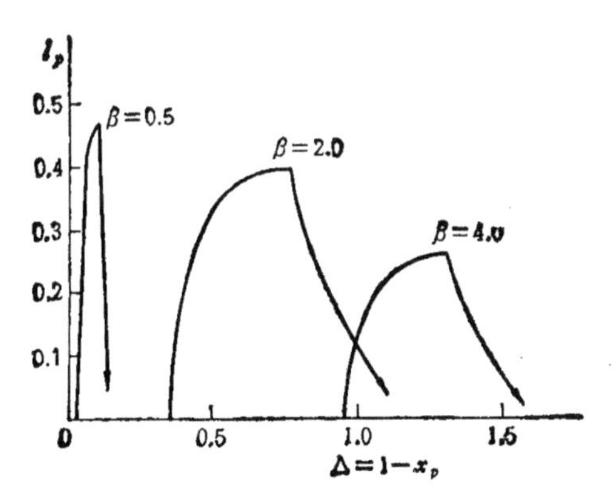

图 3-13　塑性区长度 l_p 随杆端纵向位移 $\Delta=1-x_p$ 的变化.

的各参量值作出近似估计.

从 (3-102) 式不难看出，当 β 为一小量时，θ_p 也应为一小量，于是可以将 (3-102) 和 (3-103) 式展成 θ_p 的幂级数并略去高阶项,得到:

$$x_p \simeq \frac{1}{\beta}\left[\theta_p - \frac{1}{3}\cdot\frac{p}{\beta}\theta_p^3\right], \tag{3-106}$$

$$y_p \simeq \frac{1}{\beta}\left[\frac{1}{2}\theta_p^2 - \frac{1}{8}\cdot\frac{p}{\beta}\cdot\theta_p^4\right]. \tag{3-107}$$

类似地,将 (3-87) 式展成 θ_p 的幂级数并略去高阶项则得到

$$l_p \simeq x_p \simeq \frac{1}{\beta}\left[\theta_p - \frac{1}{3}\frac{p}{\beta}\theta_p^3\right]. \tag{3-108}$$

当 l_p 达到极大值 $l_{p\max}$ 时 $dl_p/d\theta_p = 0$，由此定出此时

$$\theta_p^2 = \frac{\beta}{p}, \qquad \text{或即} \qquad \theta_p = \sqrt{\frac{\beta}{p}}. \tag{3-109}$$

同时, (3-95) 式可改写为

$$2p\left(-\frac{1}{2}\theta_p^2 + \frac{1}{2}\theta_1^2\right) = \beta,$$

从而可知当 $l_p = l_{p\max}$ 时有

$$\theta_1^2 = \theta_p^2 + \frac{\beta}{p} = 2\frac{\beta}{p}, \qquad \text{或即} \qquad \theta_1 = \sqrt{2}\,\theta_p = \sqrt{\frac{2\beta}{p}}. \tag{3-110}$$

由图 3-7 可见A点与C点的y坐标之差为

$$y_1 - y_p = \overline{AC} \cdot \sin\bar{\theta} \simeq (1 - l_p) \cdot \bar{\theta}, \quad (3\text{-}111)$$

其中 $\bar{\theta}$ 为弦 AC 与 x 轴之夹角，它必介于 θ_p 与 θ_1 之间。又由于θ随 s 的变化呈图 3-7 所示的凸曲线，在弹性区段($l_p \leqslant s \leqslant 1$)内$\theta$的平均值可估计为

$$\bar{\theta} \simeq \frac{1}{3}\theta_p + \frac{2}{3}\theta_1 = \frac{1+2\sqrt{2}}{3}\sqrt{\frac{\beta}{p}} = 1.28\sqrt{\frac{\beta}{p}}. \quad (3\text{-}112)$$

于是，C点 $m = 1$ 的条件利用 (3-111) 和 (3-112) 式写出来便是

$$p(y_1 - y_p) = (1 - l_p) \cdot 1.28\sqrt{\beta p} = 1. \quad (3\text{-}113)$$

但是，$l_p = l_{p\max}$ 的值可从 (3-109) 和 (3-108) 式得到为

$$l_p = l_{p\max} = \frac{2}{3} \cdot \frac{1}{\sqrt{\beta p}}. \quad (3\text{-}114)$$

将 (3-114) 代入 (3-113) 式便有

$$\sqrt{\beta p} - \frac{2}{3} = \frac{1}{1.28},$$

或即

$$\sqrt{\beta p} \simeq 1.45. \quad (3\text{-}115)$$

相应地，由 (3-114) 式有

$$l_{p\max} \simeq 0.46, \quad (3\text{-}116)$$

这同前面提到的数值计算结果($\simeq 0.47$)很相近。

再从 (3-107) 和 (3-113) 式可得出对自由端A点挠度的估计

$$\delta = y_1 - y_p + \frac{1}{p} = \frac{11}{8} \cdot \frac{1}{p}, \quad (3\text{-}117)$$

这里已将 (3-109) 给出的 θ_p 值代入 (3-107) 式。由 (3-117) 式可见，$l_p = l_{p\max}$ 时下式成立：

$$p\delta = \frac{11}{8}. \quad (3\text{-}118)$$

注意，$p\delta$ 恰代表固定端B点的无量纲弯矩值。当 $p\delta = 1$ 时，塑

性区在 B 点萌生；而 (3-118) 式说明，$p\delta=\frac{11}{8}=1.375$ 时，塑性区扩展到最大长度 $l_{p\max}\simeq 0.46$；由矩形截面的弯矩-曲率关系所决定，m 只能趋于 1.5 而不能大于 1.5，这也就是 $p\delta$ 继续增加时的极大值。

通过上述分析，我们不但得到了小 β 情形下 $l_{p\max}$ 的估计，而且从 (3-115) 式出发可以得到 $l_p=l_{p\max}$ 状态下各参量的值如下：

$$\left.\begin{aligned}&p\simeq 2.10/\beta,\\&P/P_{cr}=\frac{4}{\pi^2}\beta p\simeq 0.85,\\&\delta\simeq\frac{11}{8p}\simeq 0.655\beta,\\&\theta_p=\sqrt{\beta/p}=0.69\beta,\\&\theta_1=\sqrt{2}\,\theta_p=0.98\beta,\\&y_p=\frac{3}{8p}=0.18\beta.\end{aligned}\right\}\tag{3-119}$$

这些表达式也证实了 θ_p，θ_1，y_p，δ 都与 β 同阶，当 β 为小量时它们也都为小量。

当柔杆的变形充分大时，塑性区将逐渐凝缩到杆的根部，同时此处的 m 值趋于 1.5，因而其极限状态相当于根部存在一个塑性铰，除此而外杆内都是弹性区(包括曾经历塑性变形历史又卸载回到弹性状态的区段)。

§3.5 受端部集中力作用的悬臂梁的弹塑性大挠度

对应于 3.2.2 节中研究的悬臂梁弹性大挠度问题(图 3-3)，现在来研究发生弹塑性大挠度的情形。很显然，最大弯矩出现在梁的根部 B 处，其值为

$$M_{\max}=F\cdot x_1^*,\tag{3-120}$$

其中 x_1^* 为自由端 A 点的 x^* 坐标，参见图 3-14. 当此值达到和超过梁截面的最大弹性弯矩 M_e 时，塑性区将在梁根部萌生和由根部向外扩展. 设在某一载荷 F 作用下梁的变形形态如图 3-14 所示，其中 BC 段为塑性区，CA 段为弹性区，C 点为弹塑性区分界点，且在 C 点 $M=M_e$，或即 $m=1$.

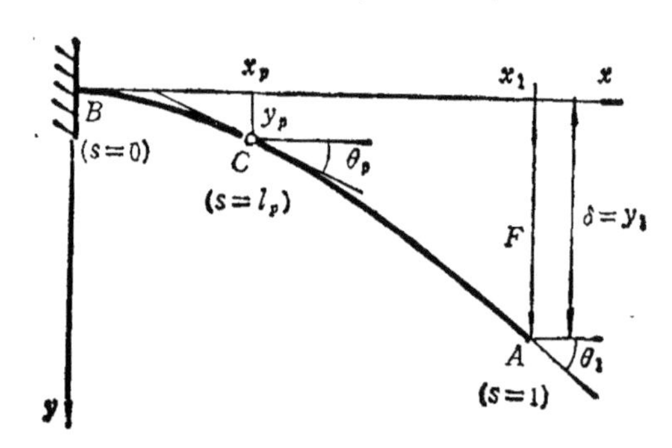

图 3-14　悬臂梁在端部横向集中力作用下的弹塑性大变形.

这个问题的分析方法与 § 3.4 相类似. 先分析塑性区 BC 段. 设其长度为 L_p，它将随外载 F 的变化而变化. 令

$$l_p = L_p/L. \tag{3-121}$$

当把 BC 段从全梁中隔离出来时，C 点将承受竖直力 F 和弯矩 M_e，因而 BC 段内任一点的弯矩为

$$M = M_e + F(x_p^* - x^*), \tag{3-122}$$

其中 x_p^* 为 C 点的 x^* 坐标. 将(3-122)式无量纲化后有

$$m = 1 + f(x_p - x), \tag{3-123}$$

其中 $f = FL/M_e$，其余符号与前面相同.

由于在 BC 段 $m \geqslant 1$，§ 3.3 中的 Plastica 方程组适用. 对比(3-123)式与(3-65)式可知在本节的问题中

$$A = -f,\ B = 0,\ C = 1 + fx_p. \tag{3-124}$$

这样我们又可以直接应用 § 3.3 中得到的解如下.

首先，由(3-69)式给出

$$\frac{ds}{d\theta} = \frac{f}{\beta^2}\sin\theta + C_1. \tag{3-125}$$

在C点 $m=1$，因此$\frac{d\theta}{ds}=\beta, \frac{ds}{d\theta}=\frac{1}{\beta}$. 设$C$点的$\theta$为 θ_p，则可定出积分常数

$$C_1=\frac{1}{\beta}-\frac{f}{\beta^2}\sin\theta_p. \tag{3-126}$$

代回(3-125)式有

$$\frac{ds}{d\theta}=\frac{1}{\beta}+\frac{f}{\beta^2}(\sin\theta-\sin\theta_p). \tag{3-127}$$

再由(3-70)式给出

$$s=-\frac{f}{\beta^2}\cos\theta+C_1\theta+C_2,$$

其中 C_2 可根据$s=0$处$\theta=0$定出为$C_2=\frac{f}{\beta^2}$，于是

$$s=\frac{\theta}{\beta}+\frac{f}{\beta^2}(1-\cos\theta-\theta\sin\theta_p). \tag{3-128}$$

特别地，在C点 $s=l_p$，$\theta=\theta_p$，上式给出

$$l_p=\frac{\theta_p}{\beta}+\frac{f}{\beta^2}(1-\cos\theta_p-\theta_p\sin\theta_p). \tag{3-129}$$

此式给出了 f，θ_p 与 l_p 间的关系，还不足以确定它们.

下一步需要考察弹性区 CA 段，这时可应用§3.2.2中的一些结果. 由(3-44)式积分，并注意到在C点 $s=l_p$，$\theta=\theta_p$，便有

$$s=\frac{1}{\sqrt{2\beta f}}\int_{\theta_p}^{\theta}\frac{d\theta}{\sqrt{\sin\theta_1-\sin\theta}}+l_p, \tag{3-130}$$

其中 θ_1 仍代表自由端A点的转角. 求上式右端的积分时，仍采用(3-46)式的代换，可得

$$\begin{aligned} s&=\frac{1}{\sqrt{\beta f}}\int_{\phi_p}^{\phi}\frac{d\phi}{\sqrt{1-r^2\sin^2\phi}}+l_p\\ &=\frac{1}{\sqrt{\beta f}}\{F(r,\phi)-F(r,\phi_p)\}+l_p, \end{aligned} \tag{3-131}$$

其中 ϕ_p 是与 θ_p 相对应的ϕ值，由下式决定：

$$\sin^2\phi_p = (1+\sin\theta_p)/(1+\sin\theta_1) = (1+\sin\theta_p)/2r^2, \tag{3-132}$$

而 $r^2 = (1+\sin\theta_1)/2$的意义与 § 3.2.2 相同.

特别地,对于A点 $s=1$, $\theta=\theta_1$, $\phi=\frac{\pi}{2}$, 从 (3-131) 式得出

$$1 = \frac{1}{\sqrt{\beta f}}\{K(r)-F(r,\phi_p)\}+l_p. \tag{3-133}$$

将(3-129)中的 l_p 代入(3-133)式, 可得

$$\frac{1}{\sqrt{\beta f}}\{K(r)-F(r,\phi_p)\}+\frac{\theta_p}{\beta}+\frac{f}{\beta^2}\times(1-\cos\theta_p-\theta_p\sin\theta_p)=1. \tag{3-134}$$

此式与 § 3.4 中的(3-96)式十分相似. 它也可通乘β而改写为

$$\sqrt{\frac{\beta}{f}}\{K(r)-F(r,\phi_p)\}+\theta_p+\frac{f}{\beta}(1-\cos\theta_p-\theta_p\sin\theta_p)=\beta. \tag{3-135}$$

这个式子中 f 均以 f/β 的形式出现.

此外,根据$\frac{d\theta}{ds}$在C点的连续性,从(3-43)式可得

$$\beta^2 = 2\beta f(\sin\theta_1-\sin\theta_p),$$

或即

$$2f(\sin\theta_1-\sin\theta_p)=\beta, \tag{3-136}$$

也可以写成

$$f/\beta = 1/2(\sin\theta_1-\sin\theta_p). \tag{3-137}$$

将此 f/β 值代入(3-135)就得到一个仅含 θ_p 和 θ_1 的方程, 因为r和 ϕ_p 均由 θ_1 和 θ_p 决定. 从0开始逐渐增加 θ_1 值,便可从这个方程中解出相应的一系列 θ_p 值, 再利用(3-129)和(3-137)式得出相应的 l_p 值和f值. 总之,对于给定的 β, 以 θ_1 为

基本变量，可以得到悬臂梁弹塑性大挠度的一系列状态，即一系列 $(\theta_1, \theta_p, l_p, f)$ 值.

当这些状态变量值确定时，梁的挠曲形状和弯矩分布也都随之确定. 事实上，由 (3-71) 和 (3-72) 式，并注意在 B 点 $x = y = \theta = 0$，可得 BC 段的 x，y 表达式：

$$x = \frac{f}{4\beta^2}(1-\cos 2\theta) + \left(\frac{1}{\beta} - \frac{f}{\beta^2}\sin\theta_p\right)\sin\theta \quad (3\text{-}138)$$

$$y = \frac{f}{4\beta^2}(2\theta - \sin 2\theta) + \left(\frac{1}{\beta} - \frac{f}{\beta^2}\sin\theta_p\right)(1-\cos\theta). \quad (3\text{-}139)$$

它们给出了以 θ 为参量的 BC 段的挠曲线方程. 至于 CA 段的挠曲线方程，可以参照 3.2.2 节得到.

特别地，考察 C 点的坐标 (x_p, y_p) 时，可在 (3-138) 和 (3-139) 式中令 $\theta = \theta_p$，结果有

$$x_p = \frac{1}{\beta}\sin\theta_p - \frac{f}{2\beta^2}\sin^2\theta_p, \quad (3\text{-}140)$$

$$y_p = \frac{1}{\beta}(1-\cos\theta_p) + \frac{f}{2\beta^2}(\theta_p - 2\sin\theta_p + \sin\theta_p\cos\theta_p). \quad (3\text{-}141)$$

计算表明，从方程 (3-134) 中求解 θ_p 时可能有多个实根，这时可利用下述不等式(其证明见文献 [3.10]) 来选取合理的 θ_p：

$$0 < \theta_p < \sin^{-1}\left\{\min\left(\frac{\beta}{f}, 1 - \frac{\beta}{2f}\right)\right\} < \frac{\pi}{4}. \quad (3\text{-}142)$$

计算还表明，对于悬臂梁受端部横向集中力的问题，f 是随梁的变形增大而增大的，而 l_p 有一个先增大后减小的过程；这意味着，虽然外载不断增长 $(\dot{f} > 0)$，但塑性区扩展到一定程度后仍会收缩并引起局部卸载.

仿照 § 3.4 中的做法，在小 β 情形可将有关表达式对 θ_p 展成幂级数并略去高阶项，从而得出 $l_p = l_{p\max}$ 时的各参量的估值如下：

$$
\left.\begin{aligned}
&f \simeq \frac{3}{2}, \qquad\qquad l_p \simeq \frac{1}{3}, \\
&\theta_p \simeq \frac{\beta}{f} = \frac{2\beta}{3}, \quad \theta_1 \simeq \frac{3}{2}\theta_p - \beta.
\end{aligned}\right\} \tag{3-143}
$$

伍小强和余同希在文献 [3.10] 中，曾仔细考察了对 l_p 的限制，结论是

$$
l_p \leqslant \min\left\{\frac{1}{3}, \frac{\pi}{4\beta}\right\}. \tag{3-144}
$$

在 [3.10] 中，还给出了塑性区局部卸载时的求解方法. 卸载区是从自由端 A 点向固定端 B 点扩展的，先是弹性区 $s > l_{p\max}$ 逐渐卸载，继而越过 $s = l_{p\max}$ 引起塑性区卸载. 当卸载区扩展到截面 $s = l_u < l_{p\max}$ 时，整个梁按变形历史的不同可分为三个部分：

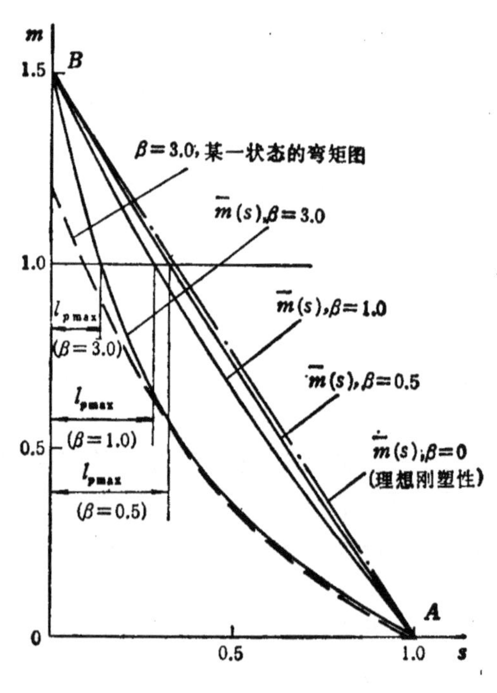

图 3-15 转捩弯矩曲线，引自 [3.10].

(i)$0 \leqslant s \leqslant l_u$ 为塑性加载区，$m \geqslant 1$ 且 $\dot{m} \geqslant 0$；

(ii)$l_u \leqslant s \leqslant l_{pmax}$ 为塑性卸载区，曾经历过塑性变形历史但 $m < 1$，$\dot{m} < 0$；

(iii)$s \geqslant l_{pmax}$ 为未经历过塑性变形的弹性区。

这里，(i)、(iii) 区的基本方程分别就是前面已用到的 Plastica 和 Elastica 方程，而(ii) 区的基本方程为

$$\begin{cases} \dfrac{d\theta}{ds} = \dfrac{\beta}{\sqrt{3 - 2\overline{m}(s)}} - \beta\overline{m}(s) + \beta f(x_1 - x), \\ \dfrac{dx}{ds} = \cos\theta, \dfrac{dy}{ds} = \sin\theta, \end{cases} \tag{3-145}$$

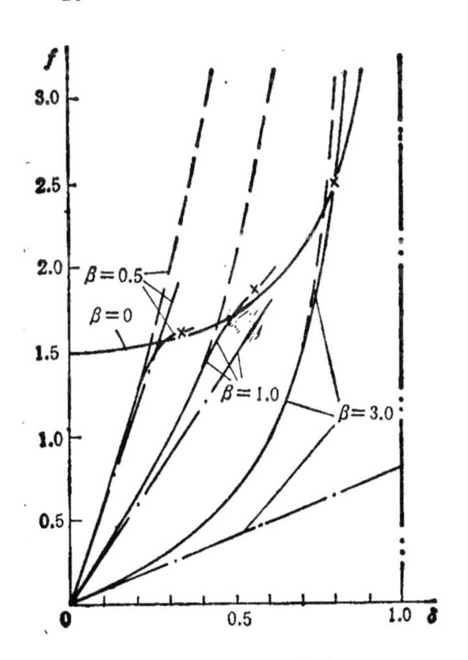

图 3-16 载荷-挠度关系.

--- Elastica 解；

——Plastica (弹塑性大挠度)解；

—·—弹性小挠度解；× 塑性卸载开始点.

其中 $\overline{m}(s)$ 为塑性卸载区内截面 s 在开始发生卸载时的弯矩值，称为该截面的转捩弯矩 (turning-moment)。$\overline{m}(s)$ 很难用解析形

式给出，但在 [3.10] 中将 $\overline{m}(s)$ 在一点附近展成 s 的幂级数，利用平衡条件建立了一种求 $\overline{m}(s)$ 的数值方法．图 3-15 画出了 $\beta=0$，0.5，1.0 和 3.0 情形下的 $\overline{m}(s)$ 曲线．

考虑到塑性区萌生、扩展和收缩的全过程，计算得到的载荷-挠度关系如图 3-16 所示．在该图上也同小变形解作了比较．

对 $\beta=0.5$，1.0 和 3.0 三种情形计算得到的塑性加载区长度 l_p 随外力 f 的变化如图 3-17 所示．不难发现，l_p 的变化规律同压杆后屈曲问题中 l_p 的变化规律(图 3-13)很相似．

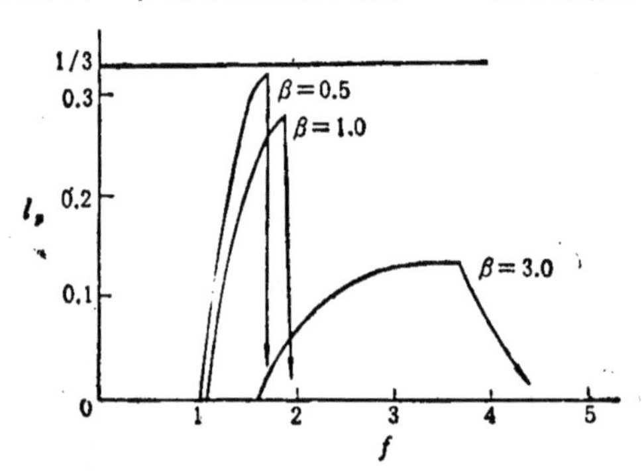

图 3-17　塑性加载区长度 $l_p=L_p/L$ 随外力 $f=FL/M_p$ 的变化．

最近，栾丰和余同希[3,11]还分析了悬臂梁在倾斜载荷作用下的弹塑性大挠度变形．假设梁的自由端作用着一个空间方向固定的集中力 F，见图 3-18，其中 α 是力的作用方向与初始梁轴 (x 轴)

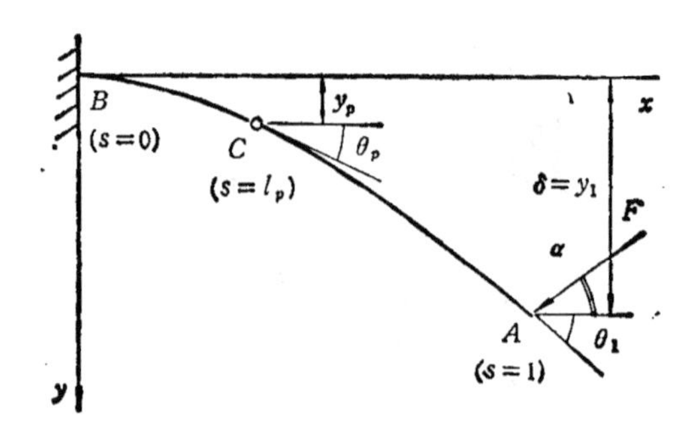

图 3-18　倾斜集中力 F 作用下的悬臂梁的弹塑性大挠度；CA 为弹性区，BC 为塑性区．F 与初始梁轴方向恒保持为 α 角．

的夹角．因此，当考察 α 从 0 直至 $\frac{\pi}{2}$ 的一系列情形，就可以把压杆和悬臂梁问题全部包含在内．图 3-19 和图 3-20 对于不同的 α

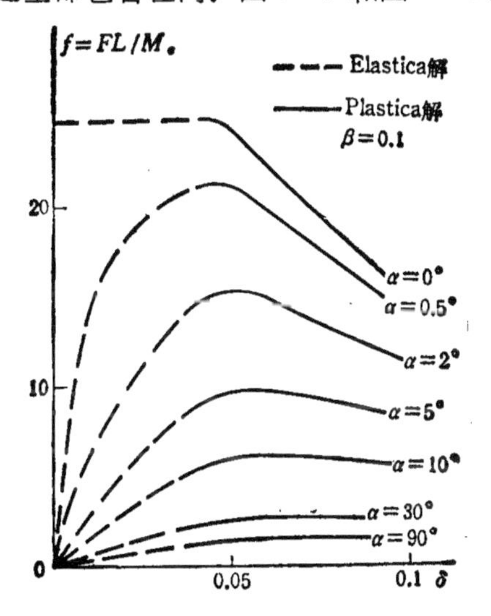

图 3-19　不同 α 角下的载荷-挠度关系．取定 $\beta=0.1$．

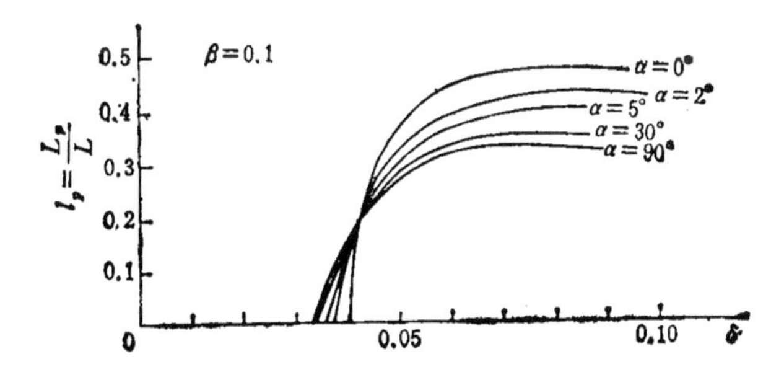

图 3-20　塑性区长度 l_p 随挠度 δ 的变化．仅限于塑性区扩展阶段．$\beta=0.1$．

值画出了 f 和 l_p 随挠度 δ 的变化曲线．值得注意的是，很小的 α 角(例如 $\alpha=0.5°$) 可以看成是加载略有偏斜的非完善压杆．从图 3-21 显示的 f_{max}-α 关系可以看出，该曲线在 $\alpha=0$ 附近下降极陡，这说明压杆能承受的最大载荷对加载偏斜的高度敏感．相比之下，l_{pmax} 随 α 的变化则较小，见图 3-22. 上述这四个图都是在 $\beta=0.1$ 情形下作出的. 当取定 $\alpha=45°$时，β 值对载荷-挠度关系的影响见图 3-23.

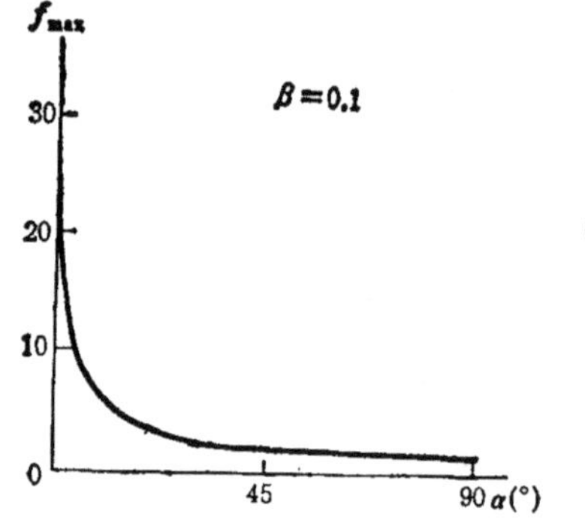

图 3-21 最大载荷 f_{max} 对 α 角的依赖关系. $\beta=0.1$.

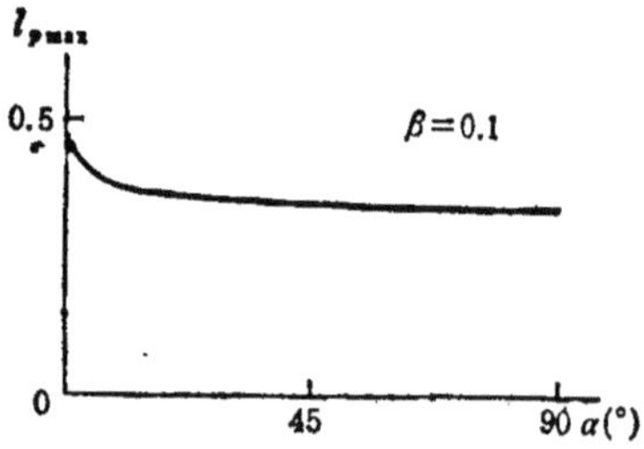

图 3-22 塑性区最大长度 l_{pmax} 对 α 角的依赖关系. $\beta=0.1$.

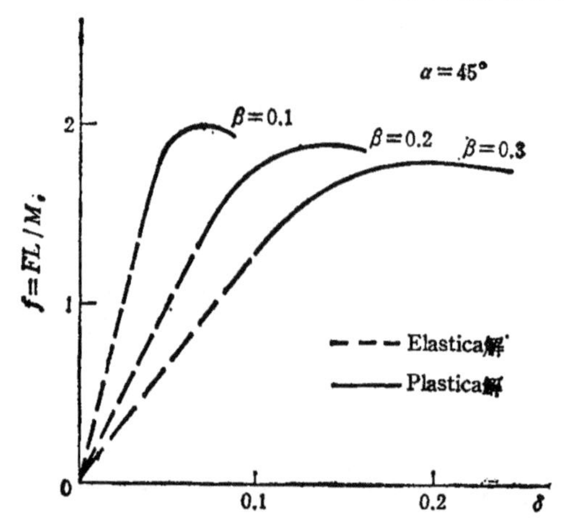

图 3-23 β 值对载荷-挠度关系的影响. 取定 $\alpha=45°$.

此外，刘建辉等人[3.12]在文献 [3.10] 的基础上，对弹-应变强化悬臂梁在横向集中力作用下的大挠度作出了分析.

参 考 文 献

[3.1] L. Euler, Methodus Inveniendi Lineas Curvas, 1744.

[3.2] A.E.H. Love, The Mathematical Theory of Elasticity, 4th Edition, New York Dover Publications, 1944.
[3.3] R. Frisch-Fay, Flexible Bars, Butterworths, London, 1962.
[3.4] C. Y. Wang, Folding of elastica: similarity solutions, *ASME J. Appl. Mech.*, **48**, 1981, pp. 199—200.
[3.5] C. Y. Wang, Lifting a heavy elastic sheet or rod from an incline, *Int. J. Mech. Sci.*, **25**, 1983, pp. 851—858.
[3.6] C. Y. Wang, Buckling and postbuckling of the lying sheet, *Int. J. Solids Struct.*, **20**, 1984, pp. 351—358.
[3.7] C. Y. Wang, On symmetric buckling of a finite flatlying heavy sheet, *ASME J. Appl. Mech.*, **51**, 1984, pp. 278—282.
[3.8] T. X. Yu and W. Johnson, The Plastica:the large elastic-plastic deflection of a strut, *Int. J. Non-Linear Mechanics*, **17**, 1982, pp. 195—209.
[3.9] 余同希，塑性力学在板的压力加工中的应用，塑性力学进展(王仁、黄克智、朱兆祥主编)第十章，中国铁道出版社，1988 年.
[3.10] 伍小强、余同希，悬臂梁弹塑性大挠度全过程的分析，力学学报，**18**，1986，516—527 页.
[3.11] 栾丰、余同希，悬臂梁在倾斜载荷作用下的弹塑性大挠度分析，应用数学与力学，**12**,1991,515—522 页.
[3.12] J. H. Liu(刘建辉)，W.J. Stronge and T. X. Yu, Large deflections of an elastoplastic strain-hardening cantilever, *ASME J. Appl. Mech.*, **56**, 1989, pp. 737—743.

第四章　板条在圆柱形模中的弯曲

§4.1　板条在圆柱形模中弯曲的实验研究

4.1.1　引言

在工程实践中，对工件施加纯弯曲是很困难也是很少见的；一种常用的工艺是采用一对圆柱形的冲模和凹模将工件(板条，板，圆棒等)压弯．过去的文献对纯弯曲、U形弯曲、V形弯曲（见图4-1）研究较多，而对在圆柱形模中的弯曲研究较少．

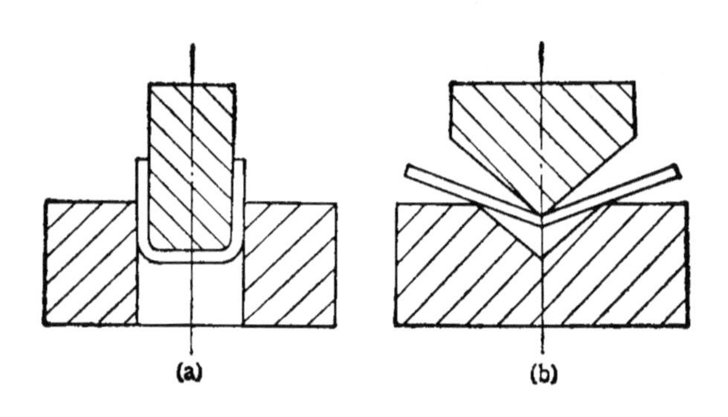

图 4-1　常见的弯曲工艺：
(a) U 形弯曲；(b) V形弯曲．

Johnson 和 Singh[4.1] 首先研究了金属板条在圆柱形模中的弯曲．他们进行了实验，测量了被压弯的板条回弹后的两端距离和拱起高度；由此计算出板条回弹后的平均曲率并与模具曲率相比较．用这样的方法他们研究了模具半径、板条试件的长度和厚度、以及材料性质对回弹比的影响．但如同我们在下面将要看到的，板条在圆柱形模中弯曲后其曲率分布并不均匀，仅仅测量最终平均曲率远不能揭示压弯和回弹的机理．反映到文献 [4.1] 中是测得的回弹比缺乏规律性，实验数据相当分散零乱。

后来，余同希[4.2,4.3]对板条在圆柱形模中的弯曲重新作了细致的、系统的实验研究，报道了一些前人未曾报道过的实验现象，并揭示了这一压弯过程的内在机理。下面就主要依据文献[4.2]和[4.3]说明实验方法和实验结果。

4.1.2 实验设备和试件

实验在 Instron 材料试验机上进行。圆柱形的冲模固定在试验机的活动横梁上，与之匹配的凹模则连接在试验机的机座上，在

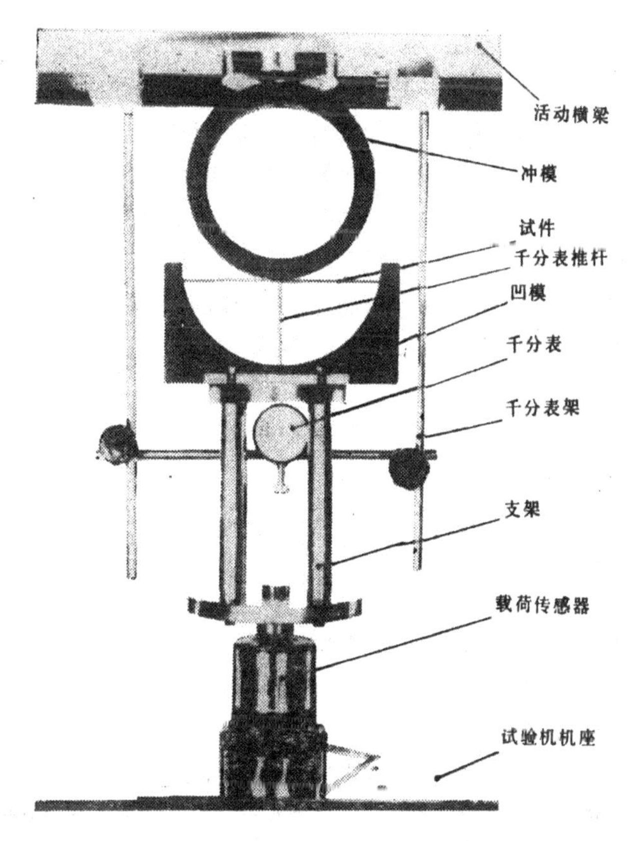

图 4-2 板条在圆柱形模中弯曲的实验装置。

连接部分有一个支架(供设置千分表用)和一个力传感器，如图4-2 所示.

模具均由碳钢制作. 所谓匹配，是指凹模圆柱面的半径与冲模圆柱面半径之差恰等于试件的厚度，因而从几何上说冲模应能将试件密实地压入凹模之中. 这就要求

$$D_p - D_d = 2h, \tag{4-1}$$

其中 D_p 和 D_d 分别为冲模和凹模表面的直径，h 为试件板条的厚度.

在 [4.2] 和 [4.3] 报道的实验中,共使用了 5 种不同尺寸的凹模,直径分别为

$$D_d = 50.8,\ 76.2,\ 114.3,\ 152.4,\ 254.0\ \mathrm{mm}.$$

图 4-2 中的支架用于提供一个放置千分表的空间. 千分表的推杆被接长后，穿过凹模中央的一个孔同试件中点的下表面相接触. 由于千分表是同试验机的活动横梁相连接并随活动横梁向下运动的，所以千分表读数的变化指示的是试件中点相对于冲模端部的位移,也就是这二者之间的间隙量,其精度可达 0.01 mm.

该实验采用三种材料的板条试件,即: 铜,黄铜和软钢. 试件从轧制的板条来料截出,其厚度、宽度和热处理状态均未作改变. 试件的宽度均取为

$$b = 12.7\ \mathrm{mm};$$

厚度有 4 种，为

$$h = 1.5875,\ 3.175,\ 4.7625,\ 6.35\ \mathrm{mm};$$

长度 $2L$ 取得比凹模直径略小,为

$$2L = D_d - 2.54\ \mathrm{mm},$$

因而对不同凹模,试件的长度随之不同.

材料的应力-应变曲线可以从板条上取出的拉伸试件得到.主要的材料性质见表 4-1.

在实验中,试件与模具之间未作润滑.

板条在圆柱形模中弯曲的实验,主要注意观察以下几项:

(i) 在圆柱形模内弯曲过程中板条的变形模式;

表 4-1　板条的材料性质

材　　料	板条厚度h mm	杨氏模量E GNm^{-2}	屈服应力Y MNm^{-2}	E/Y
铜	1.59	106	377	280
	6.35	106	304	350
黄铜	1.59	110	420	260
	6.35	110	440	250
软钢	6.35	205	620	330

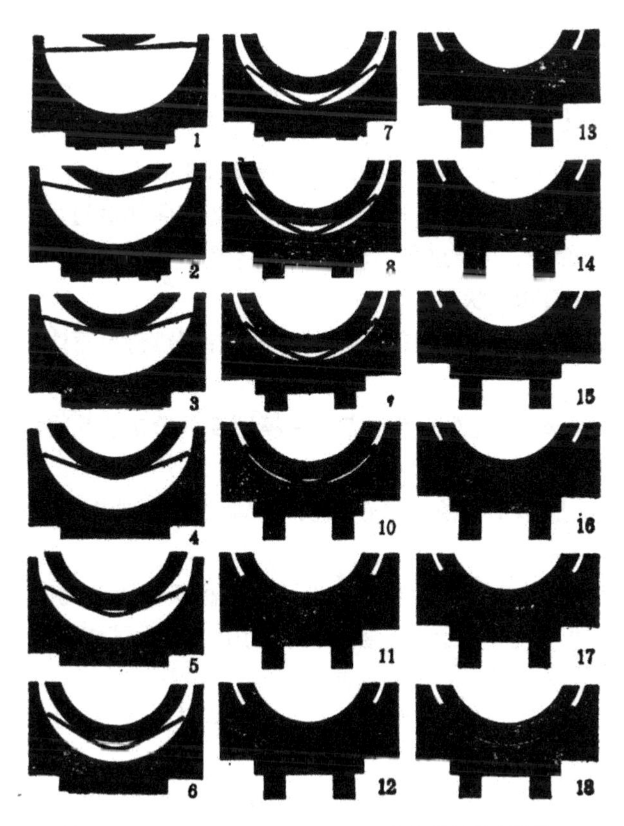

图 4-3　板条在圆柱形模中弯曲的一个典型过程的照片.

(ii) 板条中点与冲模端部的间隙的变化;

(iii) 冲模载荷(即冲压力)随冲模行程的变化,特别是板条中点已触底(与凹模接触)后的冲压力的变化;

(iv) 所施加的最大冲压力对板条回弹后的最终曲率分布和最终形状的影响;

(v) 板条回弹后最终曲率分布的不均匀性.

4.1.3 实验结果

1) 变形过程的一般描述

图 4-3 给出板条在圆柱形模中弯曲变形的一个典型实例的照片. 这是一根铜的板条试件,其尺寸为

$$2L = 251.46\text{mm},\ b = 12.7\text{mm},\ h = 6.35\text{mm}.$$

相应的模具尺寸为

$$D_d = 254.0\text{mm},\ D_p = 241.3\text{mm}.$$

在图 4-3 中, 序号 No.1—14 依次为弯曲加载过程,而 No.15—18 为卸载、回弹过程. 现依次简要解释如下:

No.1 为初始状态;

No.2 中,板条已弯曲,但未从冲模端部分离,因而处于三点弯曲状态;

No.3—6 显示了板条中点与冲模端部的分离, 且间隙逐渐增大,板条处于四点弯曲状态;

No.7 显示了板条中点在凹模中部触底, 形成对板条的五点弯曲;

No.8 和 9 仍为五点弯曲, 但可看出板条的两侧的弯曲加剧;

No.10 和 11 显示了在板条两侧的中央发生了与冲模的第二次分离,形成对板条的七点弯曲;

No.12 显示了板条两侧的中央触及凹模 (称为第二次触底),并形成九点弯曲;

No.13—15 中,随着冲模进一步逼近凹模,板条与冲模、板条与凹模间的间隙都随之减小,细致的观察证实板条处于多点(点数在九点以上)弯曲;

No.16 和 17 显示了在卸载过程中随着冲模的上升，板条与模具的接触点又由多变少，板条逐渐回弹；

No.18 显示了回弹完成后板条的最终状态。

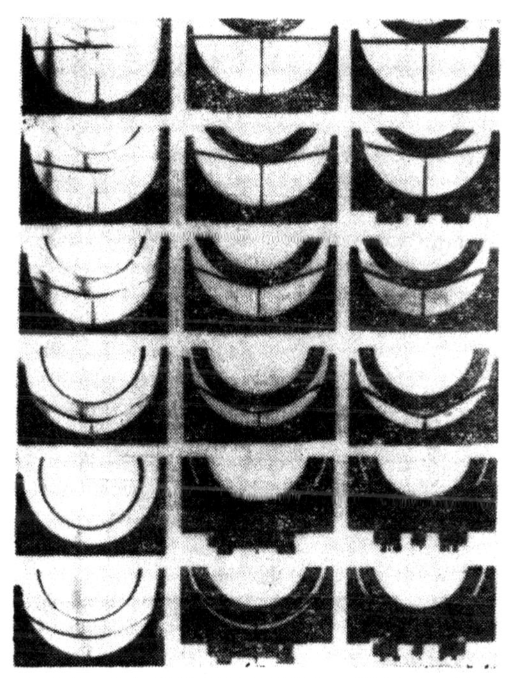

图 4-4 三种不同厚度的铜板条的变形过程之比较.

图 4-4 仍是铜板条试件的实验过程照片，但比较了三种不同厚度的试件的变形过程. 最左侧的一列图片相应于最薄的板条，可以看出它展现出良好的弹性性质，在变形过程中一直追随冲模的外形而不发生分离，但是在卸载过程中发生了很显著的回弹. 反之，从最右一列图片看到，厚的板条象刚塑性梁的弯曲那样似乎在板条中点形成了一个塑性铰，板条中点与冲模端部的分离十分显著，而卸载过程中的回弹较小.

实验观测还表明，变形模式和回弹量还与试件的材料有很大关系. 当试件、模具尺寸均相同时，与黄铜板条相比，铜板条和软钢板条在变形过程中同冲模端部的分离较大，而卸载后的回弹量较小。

对板条在圆柱形模内的弯曲过程中观察到的这种“弯曲—分离—触底—再弯曲—再分离—再触底”的现象及其对板条材料和板条相对厚度(即厚度与长度之比)的相关性有重要的意义，因为由此而来的多点弯曲对板条的最终曲率分布有着决定性的影响，见下。

2）冲压力-冲模行程曲线

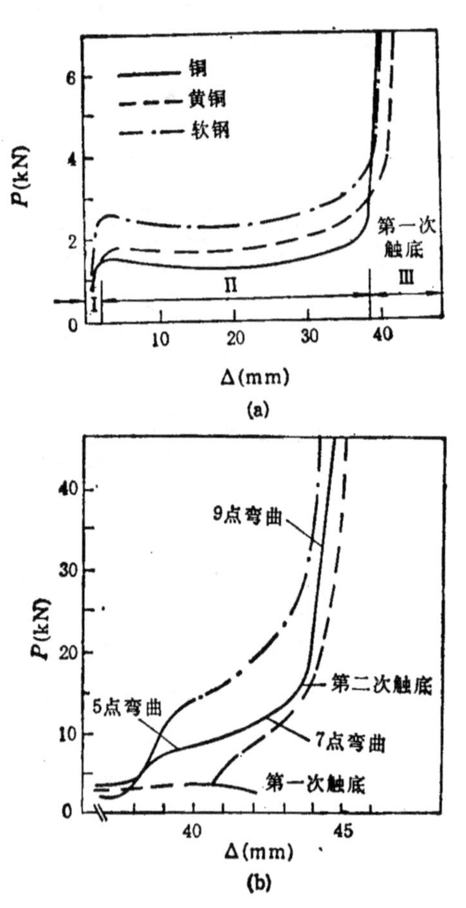

图 4-5 冲压力 P 与冲模行程 Δ 的关系的实验曲线，试件长 111.8 mm，厚 6.35 mm. (a) 曲线全貌；(b) 触底后的曲线细节.

典型的冲压力 P 与冲模行程 Δ 之间的关系曲线如图 4-5 所示．图上三条曲线分别得自三种不同材料的试件．板条试件长为 $2L=111.8$ mm，厚为 $h=6.35$ mm，凹模直径为 $D_d=114.3$ mm．从这些曲线上可以清楚地区分出上面描述的各个变形阶段：I. 三点弯曲；II. 四点弯曲；III. 五点弯曲；IV. 七点、九点和更多点的弯曲；V. 卸载回弹．

在第 I 阶段，当弯曲变形较小时，试件处于弹性小挠度弯曲状态，P-Δ 曲线呈斜率恒定的直线段．随着塑性的产生和挠度的增大，变成斜率略有减小的曲线段．

在第 II 阶段，在一个相当大的 Δ 的范围内，P 几乎没有什么变化，即冲压力几乎恒定．

在第 III 阶段，一当板条中点触底之后，冲压力迅即急剧增加．这是因为触底以后板条由四点弯曲状态转变为五点弯曲状态，后者大体相当于半根板条受到三点弯曲（参见图 4-6(a)），因梁长的缩减而使弯曲刚度大大增加．

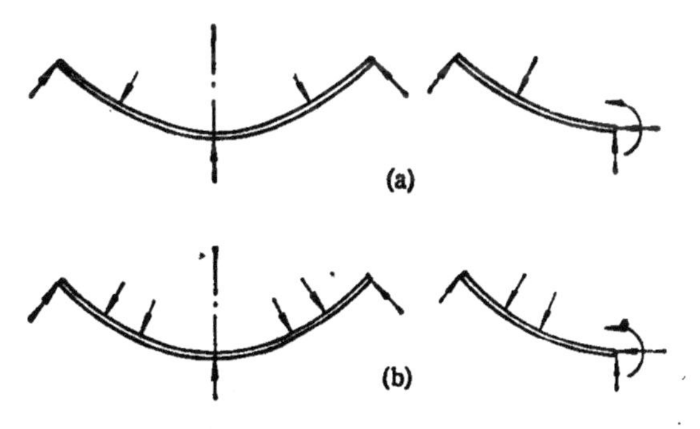

图 4-6　加载点的位置图．
(a) 五点弯曲；(b) 七点弯曲．

图 4-5(b) 是用非常低的加载速度得到的第 III 至第 IV 阶段的 P-Δ 曲线．可以看到，当间隙产生和扩展时，载荷随位移的增长比较缓慢；而触底发生时，载荷就会有一个明显的跃升．值得注意的是图 4-5(b) 中曲线的性态同图 4-5(a) 中的曲线有某种相似之处．实际上，如同板条的五点弯曲可类比于半根板条的三

点弯曲(图 4-6(a)) 那样，板条的七点弯曲也可类比于半根板条的四点弯曲（图 4-6(b)). 这就不难解释为什么在七点弯曲阶段同在四点弯曲阶段一样，冲压力 P 的增长都不很显著.

从图 4-5 还可以看出，尺寸相同而材料不同的板条触底发生时的 Δ 是不同的. 铜板条最先发生触底，软钢次之，黄铜板条则最迟. 其原因在于不同材料的板条在圆柱形模内弯曲时同冲模端部的分离程度不同，见下段.

3）板条中点与冲模端部的间隙

图 4-7 和 4-8 给出了板条中点与冲模端部的间隙 c 的产生与发展的典型实验结果. 图 4-7 表明，当板条尺寸相同时，铜板条中点与冲模端部之间的间隙产生得最早，扩展也最快，低碳钢的板条次之，而对黄铜板条，这种间隙产生得迟，扩展也慢. 图 4-8 表明，对于材料、长度均相同的一组板条，越厚的板条中部分离得越早，间隙 c 扩展得也越快.

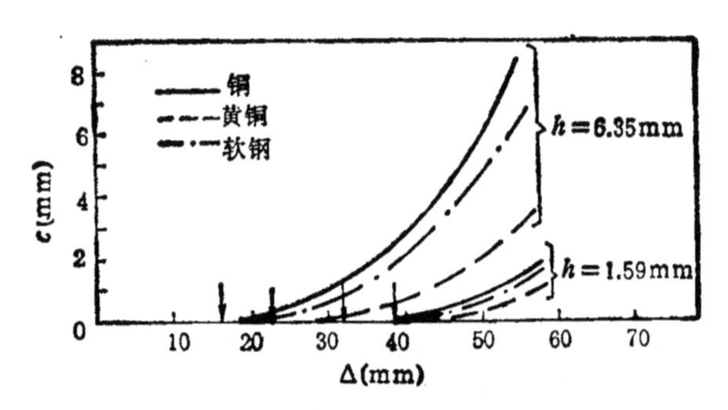

图 4-7　板条中点与冲模端部的间隙 c 随冲模行程 Δ 的变化.
D_d = 152.4 mm, $2L$ = 149.9 mm, ↓ 标志分离起始点.

应该提到的是，在上述实验中板条两端是可以不受约束地向内运动(相互靠近)的，这使得板条中部同冲模端部的分离成为可能. 如果两端被限制住不能发生轴向移动，分离现象可能就不再发生. 例如，Low[4.4]在他的实验中用一个刚性圆柱体对一根两端固支的梁施加横向的挤压，并没有观察到任何分离现象. 他的研究工作的工程背景是船舶与海洋结构的碰撞. 在金属成形中，采

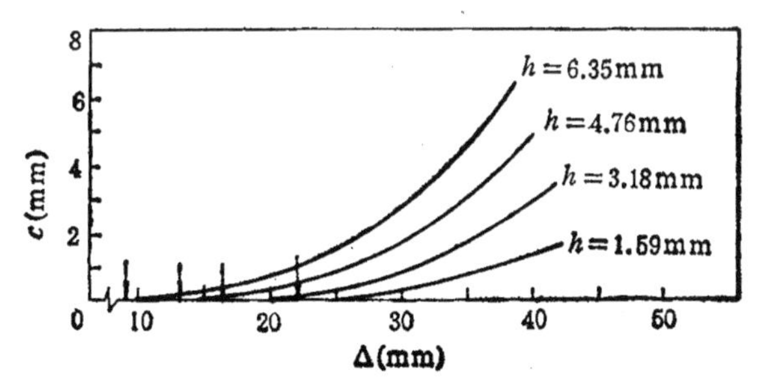

图 4-8 不同厚度的铜板条的 c 随 Δ 的变化. $D_d = 114.3$ mm, $2L = 111.8$ mm, ↓标志分离起始点.

用刚性冲模的板条胀形也可以应用同一力学模型，这时一般也不存在分离现象.

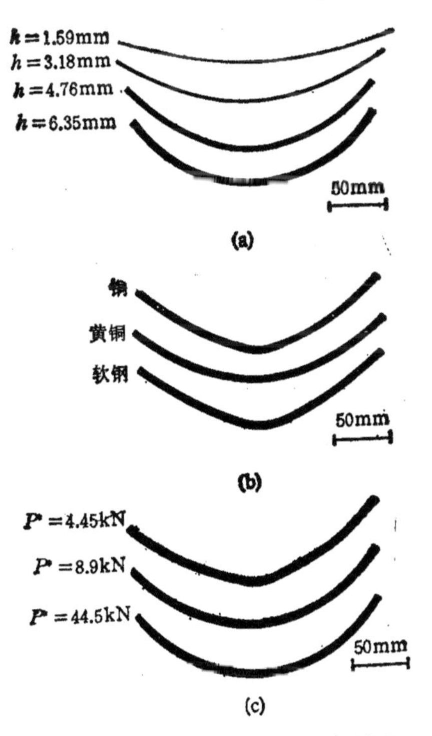

图 4-9 回弹后板条的最终形状. (a) 不同厚度的铜板条, $2L = 251.5$ mm. (b)不同的材料, $P^* = 4.45$ kN, $2L = 251.5$ mm, $h = 6.35$ mm. (c)铜板条, $2L = 251.5$ mm, $h = 6.35$mm.

4）回弹后的板条形状和最终曲率分布

在实验中，通常将板条压实到模具之中(肉眼观察不到透光的间隙）时便不再继续加载．这时记录下来的冲压力称为最大冲压力 P^*．然后，使冲模逐渐远离凹模，从而卸除冲压力，同时试件将经历或大或小的回弹，达到其最终形状．

一些典型的最终形状见图 4-9．从图 4-9(a) 可见，当板条的材料与长度均相同时，越薄的板条经历的回弹越显著．图 4-9(b) 显示了试件材料的影响：当其它条件相同时，黄铜板条的回弹比铜的和软钢的板条要大．

实验还告诉我们，最大冲压力对板条的最终形状也有很大影响．图 4-9(c) 显示的三根铜板条，尺寸完全相同，仅因最大冲压力 P^* 不同便造成了最终形状的明显差别．当 P^* 相对较小时，试件的某些部分基本上仍是直的，最终形状犹如一条折线．相反地，若 P^* 很大，则试件的最终形状基本上为一圆弧形，尽管由于回弹的缘故，其半径与模具半径有所不同．

把回弹后的试件放到精密的测量仪上可以准确地测出沿其凹面(或凸面)的一系列点的平面坐标，然后用差分法可以计算出试件最终状态下的曲率沿弧长的分布．典型结果见图 4-10 和 4-11，其中 κ 表示板条的曲率，s 表示从板条中点量起的弧长，它们分别

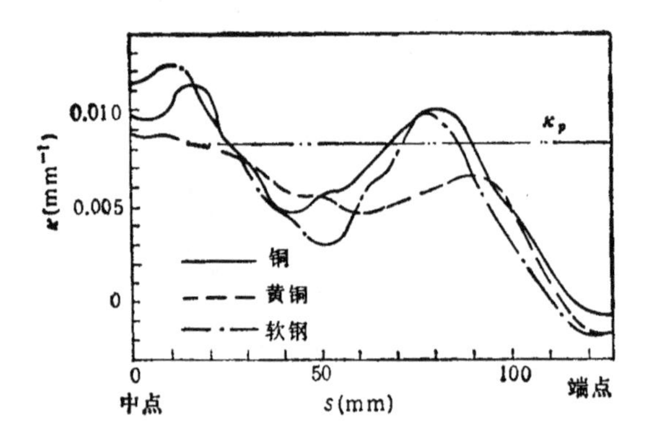

图 4-10　三种不同材料的板条的最终曲率分布．$D_d = 254$ mm，$2L = 251.5$ mm，$h = 6.35$ mm，$P^* = 8.9$ kN．

按下式计算:

$$\kappa=\frac{d^2y}{dx^2}\bigg/\left[1+\left(\frac{dy}{dx}\right)^2\right]^{3/2},\tag{4-2}$$

$$s=\int_0^x\left[1+\left(\frac{dy}{dx}\right)^2\right]^{1/2}dx,\tag{4-3}$$

这里 x, y 是试件外廓上一系列点的坐标.

图 4-10 表明，黄铜试件的最终曲率较小但分布较均匀,说明其回弹较大. 铜试件和软钢试件回弹较大，但最终曲率分布不均匀,在有的区段试件最终曲率比冲模曲率 κ_p 要大,另一些区段试件最终曲率比 κ_p 小.

最大冲压力 P^* 对试件最终曲率分布的影响可以从图 4-11 看得很清楚. 当 P^* 较小时，最终曲率分布十分不均匀，板条内

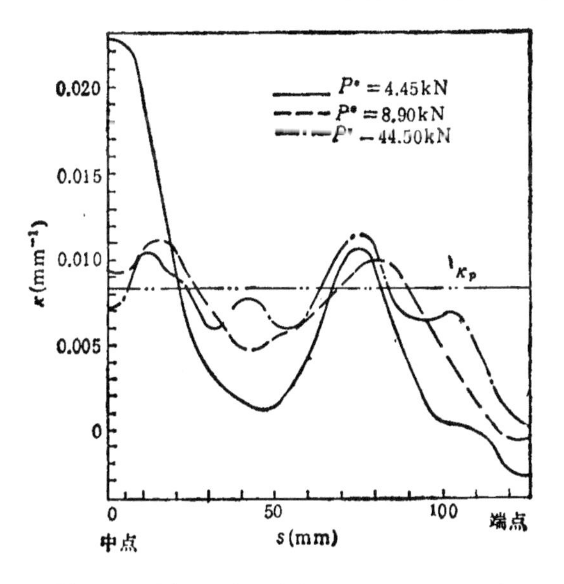

图 4-11 最大冲压力不同时铜板条的最终曲率分布.
$D_d=254mm$, $2L=251.5mm$, $h=6.35mm$.

有二处曲率的高峰（注意该图仅画出板条的一半）和四处低曲率区.不难理解,曲率的高峰区正是压弯过程中板条与冲模发生分离的区域(因为分离意味着该区域板条的曲率比冲模曲率大)，所以

三处高峰区是二次分离的结果．当最大冲压力 P^* 加大时，板条的最终曲率渐趋均匀，并比较接近于模具的曲率．从这些结果我们可以作出结论：曲率分布的均匀化是在九点或更多点的弯曲的阶段才发生的．

图 4-10 和 4-11 还表明，不管板条的材料和尺寸如何，也不管 P^* 是如何大，板条两端附近的最终曲率点接近于 0．这是因为从板条在模具内的受力分析（见 § 4.2）可知，板条两端附近的弯矩接近于 0，这些区域不会经历塑性变形．

4.1.4 实验结果的定性分析和讨论

1）决定变形过程和最终形状的主要因素

将上述实验观测汇点到一起时，发现金属板条在圆柱形模内弯曲时的变形过程和最终形状主要取决于两个主要因素：

（i）材料性质，主要反映为杨氏模量与屈服应力之比 E/Y；

（ii）板条尺寸，主要是其长度与厚度之比 L/h．

进一步可以发现，决定变形过程和最终形状的主要是将上述两个因素合而为一的参数

$$\beta=\frac{YL}{Eh}. \tag{4-4}$$

当 β 较大时，板条弯曲过程中呈现较强的弹性，弹性变形阶段较长，板条与冲模的分离较小，多点弯曲阶段不明显，卸载时板条回弹较大，最终曲率分布较均匀但与模具曲率相差较大．反之，当 β 较小（例如小于 0.1）时，板条弯曲过程中弹性效应较不明显，接近于刚塑性板条的行为，板条与冲模的分离较大，具有明显的多点弯曲形态，卸载时回弹较小，最终曲率分布相当不均匀，残留有多点弯曲的明显痕迹．

根据上述归纳，我们可以提出两种极端的变形模型：若 β 很大，板条的变形规律有如大挠度弹性杆（Elastica，参见 § 3.2）；若 β 很小，板条则有如理想刚塑性梁．前者的行为主要由几何非线性所决定，后者的行为主要由材料非线性所决定．在这两种情形

下板条在弯曲中的行为已在表 4-2 中列出. 由于 β 表征了将材料性质和几何尺寸统一加以考虑的板条的"综合柔度", 因此下面我们把 β 大的板条称为较柔的板条, 而把 β 小的板条称为较刚的板条. 例如,参照表 4-1 提供的 E/Y 值,可以知道当板条尺寸相同时,黄铜板条较柔而铜和软钢板条较刚.

表 4-2 板条的弯曲行为

项　　目	较柔的板条	较刚的板条
$\beta = YL/Eh$	大	小(例如,<0.1)
极端模型	大挠度弹性杆	理想刚塑性梁
弹性弯曲 (Ia) 阶段	长	短
四点弯曲 (II) 阶段的承载能力	逐渐增加	平稳,或呈马鞍状曲线
板条中点与冲模端部的分离	小	大
七点弯曲和更多点的弯曲	无	有
弯曲时的板条形状	非常平滑	存在"折角"(塑性铰)
回弹	大	小
最终形状	光滑	存在"折角"
最大冲压力对最终形状的影响	小	大
板条最终曲率分布	接近均匀	很不均匀
板条最终平均曲率	远较模具曲率小	接近于模具曲率

2) 较刚的板条在弯曲和回弹中曲率的变化

根据较刚的板条在不同冲压力下最终曲率分布的测量结果(典型结果如图 4-11), 我们有理由相信较刚的板条在弯曲和回弹过程中曲率分布的变化大体如图 4-12 所示.

刚开始时,板条受到弹性的三点弯曲,由其弯矩图可知, 板条的曲率由端点(曲率为 0) 到中点(曲率最大)呈线性变化, 如图 4-12 中的曲线 1. 当板条中点曲率达到最大弹性曲率, 即 (参见(1-15) 式)

$$\kappa_e = M_e/EI = 2Y/Eh \tag{4-5}$$

时,弹性弯曲阶段结束,板条开始处于约束塑性变形状态. 这时在三点弯曲的作用下,板条的曲率继续有所增加,但不再保持线性分布, 出现塑性区的中部的曲率增长得更快, 如图 4-12 中的曲线 2

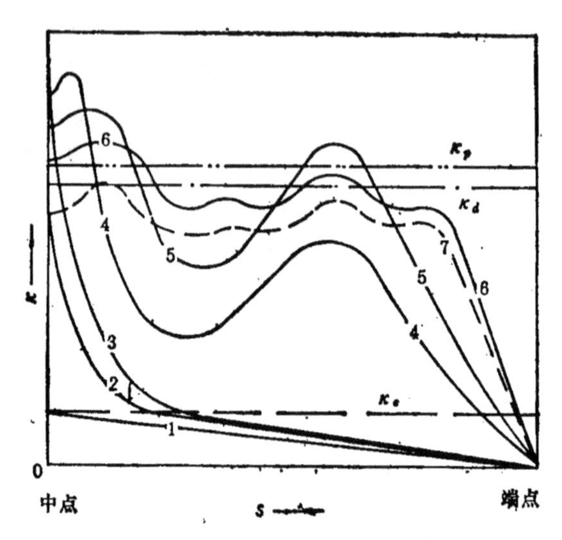

图 4-12 较刚的板条在弯曲和回弹中曲率分布的变化示意图.
1.弹性三点弯曲; 2.板条开始包住冲模端部; 3.四点弯曲; 4.五点弯曲; 5.七点弯曲; 6.九点弯曲; 7.回弹之后.

所示。

当板条中点凹面上的曲率增加到同冲模曲率 κ_p 一样大时,板条开始包住冲模端部.板条中点曲率继续增大,就必然导致板条中部从冲模端部分离,如图 4-12 中的曲线 3 所示。注意曲线 2 和曲线 3 都还保留有 $\kappa<\kappa_e$ 的线性分布曲率段，这是板条中的弹性区。

上述板条中部曲率迅速增长的趋势一直持续到板条中点触底为止. 触底之后，凹模对板条中点的作用力使板条中点附近的曲率开始下降;而如同图 4-6(a) 所示,板条承受五点弯曲大体相当于半根板条承受三点弯曲，其结果将在半根板条的中点附近产生另一高曲率区,见图 4-12 中的曲线 4. 当此次生的高曲率区的峰值达到 κ_p 时,第二次分离便发生了,见图 4-12 中的曲线 5，它对应于七点弯曲。

这种“弯曲—分离—触底—再弯曲—再分离—再触底”的过程进行下去,从板条的受力状态来看是多点弯曲,从其曲率分布来看则表现为出现许多个峰值,而总体来看,曲率分布趋于比较均匀;除了板条端点附近的区域而外,板条的曲率趋近于冲模的曲率κ_p,如图 4-12 中的曲线 6。

在卸载过程中,板条的回弹使其曲率减小,但可以期望上述曲率分布的基本形态仍然会在一定程度上保持下来,于是我们得到如图 4-12 中的曲线 7 那样的最终曲率分布,它仍然具有多个峰值,且在板条端点附近保留有小曲率区。将图 4-12 同图 4-11 相比较,证实我们提出的曲率分布的变化规律是基本符合实际的。

3) 最大冲压力的选择

上面的分析表明,为了得到比较均匀的最终曲率分布,必须使板条经历九点或更多点的弯曲,也就是说,最大冲压力 P^* 至少要显著大于第二次触底时的冲模载荷。从实验数据中加以归纳,这将要求

$$P^*/P_e \geqslant 20—30, \tag{4-6}$$

其中 P_e 是使板条中点弯矩达到 M_e 的载荷,对较刚的板条大体也就是

$$P_e = 2M_e/L. \tag{4-7}$$

于是,(4-6) 式相当于要求

$$P^* \geqslant (40—60)M_e/L. \tag{4-8}$$

此式为选择冲压设备和最大冲压力提供了基础。

4.1.5 从板条在圆柱形模内弯曲的实验得出的结论

金属(铜,黄铜,软钢)板条在圆柱形模内弯曲的实验告诉我们,尽管模具具有均匀曲率的圆柱形表面,板条受到模具冲压而发生弯曲时,其曲率并不是均匀、单调地增长的。一般说来,板条中部的曲率较端部大;同时,对于较刚的(即 $\beta = \frac{YL}{Eh}$ 值较小的)板条由于存在板条与冲模的多次分离及相关的多点弯曲过程,其曲率分布往往具有多个峰值。在卸载过程中,由于板条的回弹,曲率将有所减小,减小的数量也与 β 值有关。系统的实验研究揭示了

板条最终平均曲率以及最终曲率不均匀性的规律.

实验还表明,除参数λ控制板条变形模式和最终形状之外,最大冲压力 P^* 对板条最终形状、特别是曲率均匀性也有很大的影响.

§4.2 板条在圆柱形模中弯曲的理论分析

4.2.1 理论分析的思路

本节所给出的理论分析是建立在§4.1的实验观测的基础上的,并以解释主要实验现象(如 $P\sim\Delta$ 特性,板条与冲模分离的规律等)为目标.由于板条在圆柱形模中发生弯曲时既有材料非线性(弹塑性)又有几何非线性(大挠度),所以要给出一个全过程适用的理论解几乎是不可能的,我们的做法是按照实验中观察到的板条变形的阶段性(参见4.1.3节2)),逐阶段地分析板条的受力与变形.

不失一般性,可假设板条具有单位宽度,则问题中具有长度量纲的量还有三个,即: L, h 和 R, 其中 $R=(R_p+R_d)/2$ 为冲模与凹模的平均半径.表征材料性质的量主要是 E 和 Y.在4.1.4节中已说明,板条的变形模式和最终形状主要取决于综合柔度参数

$$\beta=\frac{YL}{Eh};$$

同时,我们可取以下无量纲参数来表征板条与模具的相对尺度:

$$\lambda\equiv L/R. \tag{4-9}$$

从下面的理论分析中还可以看到,β 和 λ 往往组合在一起出现,即出现的参数是

$$\rho\equiv\frac{YR}{Eh}=\beta/\lambda. \tag{4-10}$$

值得注意的是,参数 ρ 同§1.4中讨论矩形截面梁弯曲后的回弹公式中出现的参数,即(1-36)式定义的 ρ 是完全相同的;而参

数 β 同 § 3.2 和 § 3.3 中讨论 Elastica 和 Plastica 方程中的 β，即 (3-8) 式定义的 β 也是完全一致的。

下面的理论分析主要遵循本文作者已发表的论文 [4.5]。

4.2.2 逐阶段的弹塑性分析

1）第 Ia 阶段：弹性三点弯曲

如图 4-13 所示，冲模的向下运动引起两种效应：(i) 板条的弹性挠度；(ii) 由于板条变弯，两端间的跨度减小，于是板条端点产生一个沿凹模表面的附加的下滑。

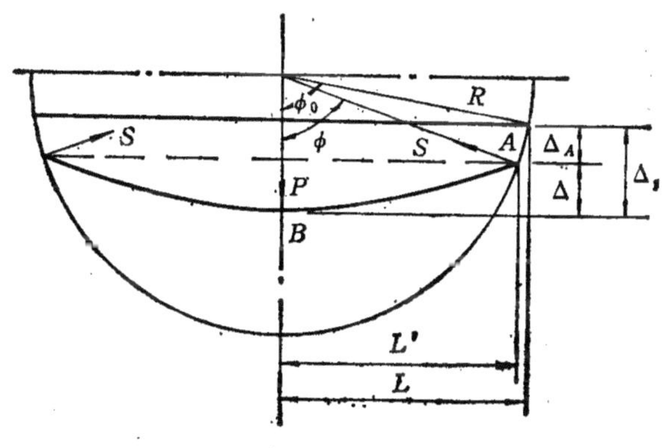

图 4-13 第 Ia 阶段的几何关系图.

参照图 4-13，板条在铅直向下的冲压力 P 的作用下，两端的支反力 S 将是倾斜的且指向凹模圆柱面的中心（假设接触是光滑的）。这一对力的水平分力等于 $P\tan\dfrac{\phi}{2}$，它们同 P 一起使板条受到“纵横弯曲”。这时板条的弹性挠度可以按照“梁柱理论”求得为(例如参见 [4.6])：

$$\Delta=\frac{PL^3}{6EI}\cdot\chi(u), \tag{4-11}$$

其中

$$\chi(u)=\frac{3(\tan u-u)}{u^3},$$

$$u = L \cdot \left(\frac{P\tan\phi}{2EI}\right)^{1/2},$$

$$I = \frac{1}{12}h^3.$$

最大弯矩发生在板条中点且等于

$$M_{\max} = \frac{PL}{2} \cdot \frac{\tan u}{u}. \tag{4-12}$$

在弹性三点弯曲阶段结束时 $M_{\max} = M_e = \frac{1}{6}Yh^2$，相应的冲压力 P_e 应满足方程

$$P_e \tan\left[L\left(\frac{P_e\tan\phi}{2EI}\right)^{1/2}\right] = \frac{1}{3}Yh^2\left(\frac{P_e\tan\phi}{2EI}\right)^{1/2}. \tag{4-13}$$

当 $u \ll 1$ 时可近似解出

$$P_e = \frac{2M_e}{L} \Big/ \left(\frac{\tan u}{u}\right) \simeq P_0\left(1 - \frac{u^2}{3}\right), \tag{4-14}$$

其中

$$P_0 = \frac{2M_e}{L} = \frac{Yh^2}{3L}$$

是对 P_e 的一个近似估值.

当 $u \ll 1$ 时，因 $\chi(u) \simeq 1 + \frac{2}{5}u^2$，不难证实

$$\Delta_e \simeq \frac{P_0L^3}{6EI}\left(1 - \frac{u^2}{3}\right)\left(1 + \frac{2}{5}u^2\right) \simeq \frac{2YL^2}{3Eh}\left(1 + \frac{u^2}{15}\right). \tag{4-15}$$

为将冲压力和板条挠度用无量纲形式写出，可定义

$$p = P/P_0 \qquad \delta = \Delta/R; \tag{4-16}$$

并利用 4.2.1 节中的无量纲参数 β，λ 和 ρ，有：

$$\tan\phi \simeq \tan\phi_0 = \lambda/\sqrt{1-\lambda^2},$$

$$u^2 \simeq 2\lambda\rho\tan\phi \simeq 2\lambda^2\rho/\sqrt{1-\lambda^2},$$

$$p_e = P_e/P_0 \simeq 1 - \frac{2}{3}\lambda^2\rho/\sqrt{1-\lambda^2}, \tag{4-17}$$

$$\delta_e = \Delta_e/R \simeq \frac{2}{3}\lambda^2\rho\left[1+\frac{2}{15}\lambda^2\rho/\sqrt{1-\lambda^2}\right], \quad (4\text{-}18)$$

其中 ϕ_0 为 ϕ 的初始值。(4-17) 和 (4-18) 式右端第一项相应于中点承受集中力的简支梁的基本解，而第二项表示了凹模支反力的水平分量的效应。

现在来求板条端部沿凹模的下滑。假定板条弯曲时其跨度减小但保持轴线总长度不变，于是若 L' 为板条变弯后的半跨度，就有

$$L = \int_0^{L'}\sqrt{1+y'^2}\,dx \simeq L' + \frac{1}{2}\int_0^{L} y'^2 dx. \quad (4\text{-}19)$$

作为近似，采用简支梁中点受集中力的解来估计上式中的 y'，可以得出

$$L' \simeq L\left[1-\frac{3}{5}\left(\frac{\delta}{\lambda}\right)^2\right], \quad (4\text{-}20)$$

其中 δ 的定义见 (4-16) 式。

根据图 4-13 的几何关系易知 $R\sin\phi_0 = L$，$R\sin\phi = L'$，于是板条端点的下滑为

$$\Delta_A = R\cos\phi - R\cos\phi_0,$$

用无量纲形式写出为

$$\delta_A = \Delta_A/R = \cos\phi - \cos\phi_0 = \cos\phi - \sqrt{1-\lambda^2}, \quad (4\text{-}21)$$

其中

$$\phi = \sin^{-1}\left\{\lambda\left[1-\frac{3}{5}\left(\frac{\delta}{\lambda}\right)^2\right]\right\}. \quad (4\text{-}22)$$

冲模的位移 Δ_p 应等于板条中点挠度与端点下滑位移之和，即有

$$\delta_p = \Delta_p/R = \delta + \delta_A. \quad (4\text{-}23)$$

在第 Ia 阶段结束时就有

$$\delta_{pIa} = \delta_e + \cos\phi_e - \sqrt{1-\lambda^2}, \quad (4\text{-}24)$$

其中 δ_e 由 (4-18) 式决定，ϕ_e 由 (4-22) 式中以 $\delta=\delta_e$ 代入决定。

直到 p 和 δ_p 分别达到 p_e 和 δ_{p1e} 为止，$p \sim \delta_p$ 曲线可以认为基本上是直线段。

2）第 Ib 阶段：弹塑性三点弯曲

当冲压力 $p > p_e$ 时，板条中部将出现约束塑性区。现假定材料为理想弹塑性的，并假定轴力对屈服的影响可以忽略，则我们只须考虑板条的一半，如图 4-14 所示的悬臂梁在端部集中力作用下的弹塑性弯曲问题。取板条中点 B 为坐标 x 的原点，并令 $\xi = X/L$ 和 $m = M/M_e$，则梁内弯矩分布为

$$m = p(1 - \xi), \tag{4-25}$$

其中 $p = P/P_e \simeq P/P_0$，与 (4-16) 式定义的 p 近似相同。

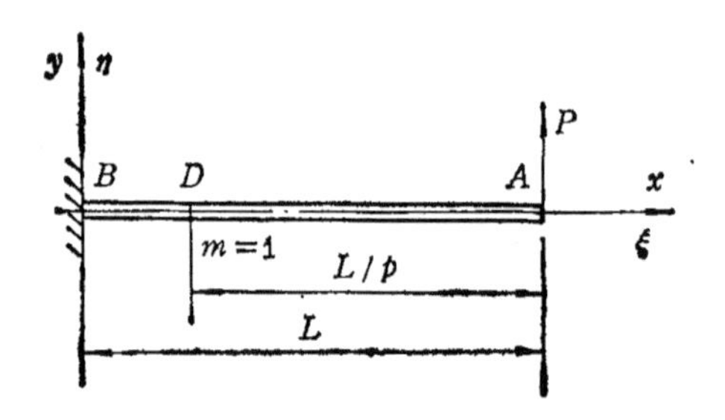

图 4-14 第 Ib 阶段：半根板条的弹塑性弯曲.

利用第一章的知识，在小挠度情形下有

$$\frac{Y''}{\kappa_e} = \begin{cases} m = p(1-\xi), & \text{当 } 1-\dfrac{1}{p} \leqslant \xi \leqslant 1 \text{ (弹性)}; \\[2ex] \dfrac{1}{\sqrt{3-2m}} = \dfrac{1}{\sqrt{(3-2p)+2p\xi}}, & \\ & \text{当 } 0 \leqslant \xi \leqslant 1-\dfrac{1}{p} \text{ (塑性)}, \end{cases} \tag{4-26}$$

其中 $Y'' = d^2Y/dX^2$，$\kappa_e = M_e/EI = 2\rho/R$，$\rho$ 的定义见 (4-10)。

B 点的边条件为 $\xi = 0$，$Y = Y' = 0$。由此积分 (4-26) 式可以得到 A 点处的挠度为

$$\delta = \frac{Y}{R}\bigg|_{\xi=1} = \delta_e \cdot \frac{1}{p^2}\left[5 - (3+p)\sqrt{3-2p}\right], \tag{4-27}$$

其中 δ_e 与 p 的定义已如前述。

当 $p \to 3/2$ 时，B 点的曲率将趋于∞，相应的挠度为

$$\delta \to \delta_{1b} = \frac{20}{9}\delta_e \simeq \frac{40}{27}\lambda^2\rho \simeq 1.48\lambda^2\rho. \qquad (4\text{-}28)$$

这可以作为三点弯曲阶段结束时板条挠度的一个近似估计。由(4-27)式描述的 p-δ 关系如图 4-15 所示。

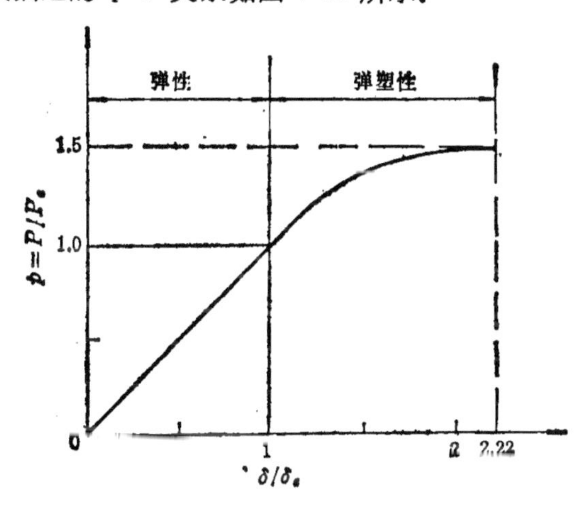

图 4-15 第 I 阶段的 p-δ 关系.

若计及支反力水平分力的影响，并按第 Ia 阶段分析的同样方法加上板条端点的下滑，可以得出第 Ib 阶段冲模位移的更准确的近似表达式，细节请参考 [4.5]. 再按照 B 点曲率等于冲模曲率的条件，即

$$\frac{1}{\sqrt{3-2m}} = \frac{1}{R\kappa_e} = \frac{1}{2\rho}, \qquad (4\text{-}29)$$

可以得到三点弯曲结束时的冲压力、板条挠度和冲模位移的估计式分别为

$$p_I = \frac{\lambda\left(\frac{3}{2} - 2\rho^2\right)}{\sin\phi_I + \delta_I \tan\phi_I}, \qquad (4\text{-}30)$$

$$\delta_I \simeq 1.48\lambda^2\rho(1 - 1.8\rho + 1.33\rho^2), \qquad (4\text{-}31)$$

$$\delta_{pI} \simeq \delta_I + \cos\phi_I - \sqrt{1-\lambda^2}, \qquad (4\text{-}32)$$

其中 ϕ_I 由下式决定：

$$\sin\phi_I = \lambda\left[1 - \frac{3}{5}\left(\frac{\delta_I}{\lambda}\right)^2\right]$$

$$= \lambda[1 - 1.31\lambda^2\rho^2(1 - 3.6\rho + 5.9\rho^2)]. \quad (4\text{-}33)$$

3）第 II 阶段：弹塑性四点弯曲

当冲压力由 p_1 继续增加时，由于 B 点及其邻域内曲率大于冲模曲率，板条与冲模的接触点将从 B 点向两侧移动，形成四点弯曲，这时半根板条的受力与变形状态如图 4-16。

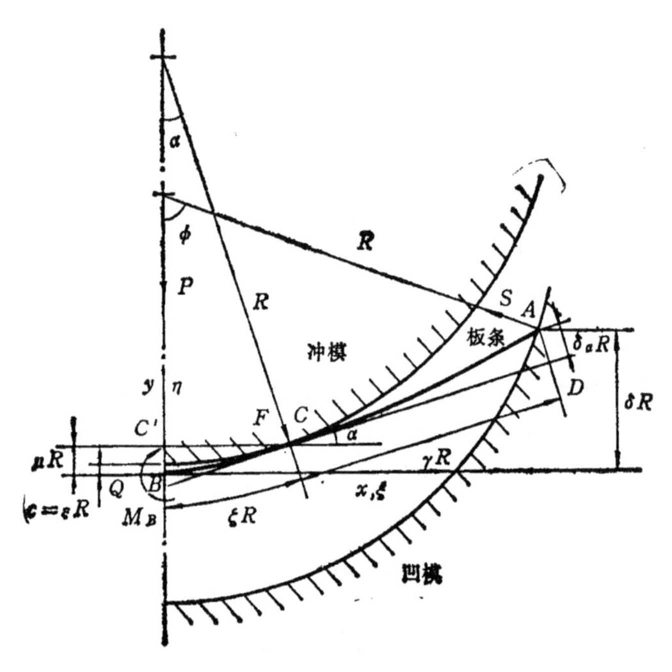

图 4-16　第 II 阶段(四点弯曲)的几何关系图.

设在某一瞬时，板条与冲模的接触点在 C，令 BC 的长度为 ζR，那么 AC 的长度为 $L-R\zeta$。不难看出，AC 段在力 F 和反力 S 的作用下的弯曲类似于上面已分析过的板条的弹塑性三点弯曲；因而，利用 (4-31) 和 (4-33) 可以导出

$$\delta_a = \overline{AD}/R = 1.48(\lambda - \zeta)^2\rho(1 - 1.8\rho + 1.33\rho^2), \quad (4\text{-}34)$$

$$\gamma = \overline{CD}/R = (\lambda - \zeta)[1 - 1.13(\lambda - \zeta)^2\rho^2 \times (1 - 3.6\rho + 5.9\rho^2)]. \quad (4\text{-}35)$$

再设 $\mu = \overline{BC'}/R$，其值将在下面确定，则有

$$\delta = \delta_a \cos\alpha + \gamma \sin\alpha + \mu, \quad (4\text{-}36)$$

$$\sin\phi = \sin\alpha + \gamma\cos\alpha - \delta_a \sin\alpha, \quad (4\text{-}37)$$

$$e = c/R = \mu - (1 - \cos\alpha), \quad (4\text{-}38)$$

其中 c 为板条中点 B 与冲模端部的间隙，e 为其无量纲值，α 为板条在 C 点对水平线的倾角。

由于对称性，B 点处板条不会受到剪力，但可受到水平推力 Q 和弯矩 M_B。由平衡条件给出

$$q = \frac{Q}{P_e} = \frac{P}{2}(\tan\phi - \tan\alpha), \quad (4\text{-}39)$$

$$m_B = M_B/M_e = \frac{p}{\lambda}\{\sin\phi - \sin\alpha + \tan\phi(\delta_a\cos\alpha + \gamma\sin\alpha) + \mu(\tan\phi - \tan\alpha)\},$$

于是

$$p = P/P_e = \lambda m_B\{\sin\phi - \sin\alpha + \tan\phi(\delta_a\cos\alpha + \gamma\sin\alpha) + \mu(\tan\phi - \tan\alpha)\}^{-1}. \quad (4\text{-}40)$$

为决定 ζ，μ 和 m_B，需要考察区域 BC。为此，以 B 为原点取 x，y 坐标如图 4-16，且取 $\xi = x/R$，$\eta = y/R$，于是板条内的弯矩分布可写成

$$M = M_B - Qy = M_B - QR\eta,$$

或等价的无量纲形式

$$m = M/M_e = m_B - 2q\eta/\lambda. \quad (4\text{-}41)$$

进而我们可以应用 § 3.3 中建立的大挠度塑性曲线（Plastica）方程组，得出

$$\begin{cases} \dfrac{d\theta}{ds} = \dfrac{2\rho}{\sqrt{(3 - 2m_B + 4q\eta/\lambda)}}, \\ \dfrac{d\eta}{ds} = \sin\theta, \quad \dfrac{d\xi}{ds} = \cos\theta, \end{cases} \quad (4\text{-}42)$$

其中 s 为自 B 点量起的板条中线的弧长，已除以 R 无量纲化，θ 为板条中线上任一点处中线的切线对水平线的倾角.

根据 § 3.3 中提出的 Plastica 方程组的解法，对 (4-42) 求解如下. 首先有

$$\frac{d}{d\theta}\left(\frac{ds}{d\theta}\right)=\frac{q}{2\lambda\rho^2}\sin\theta. \tag{4-43}$$

利用在 $s=0$ 处 $\theta=0$ 及 $\frac{d\theta}{ds}=\kappa_B$ 积分上式得

$$\frac{ds}{d\theta}=\frac{1}{\kappa_B}+\frac{q}{2\lambda\rho^2}(1-\cos\theta), \tag{4-44}$$

$$s=\frac{\theta}{\kappa_B}+\frac{q}{2\lambda\rho^2}(\theta-\sin\theta). \tag{4-45}$$

将 (4-44) 及 (4-45) 式应用于 C 点，结果为

$$\frac{1}{\kappa_C}=\frac{1}{\kappa_B}+\frac{q}{2\lambda\rho^2}(1-\cos\alpha),$$

$$\zeta=\frac{\alpha}{\kappa_B}+\frac{q}{2\lambda\rho^2}(\alpha-\sin\alpha),$$

进而可以解出

$$\frac{1}{\kappa_B}=\frac{1}{\alpha}\left\{\zeta-\frac{q}{2\lambda\rho^2}(\alpha-\sin\alpha)\right\}\simeq\frac{1}{\alpha}\left(\zeta-\frac{q\alpha^3}{2\lambda\rho^2}\right), \tag{4-46}$$

$$\frac{1}{\kappa_C}=\frac{1}{\alpha}\left\{\zeta-\frac{q}{2\lambda\rho^2}(\sin\alpha-\alpha\cos\alpha)\right\}\simeq\frac{1}{\alpha}\left(\zeta+\frac{q\alpha^3}{6\lambda\rho^2}\right). \tag{4-47}$$

另一方面，从 (4-41) 和 (4-42) 式知

$$\frac{1}{\kappa_B}=\frac{1}{2\rho}\sqrt{3-2m_B},$$

$$\frac{1}{\kappa_C}=\frac{1}{2\rho}\sqrt{3-2m_B+4q\mu/\lambda}.$$

将它们与 (4-46)，(4-47) 比较，得到

$$m_B=\frac{3}{2}-\frac{1}{2}\left(\frac{2\rho}{\kappa_B}\right)^2=\frac{3}{2}-2\rho^2\left(\frac{\zeta}{\alpha}-\frac{q\alpha^2}{12\lambda\rho^2}\right)^2, \tag{4-48}$$

$$\mu = \frac{\lambda\rho^2}{q}\left(\frac{1}{\kappa_C^2} - \frac{1}{\kappa_B^2}\right) = \frac{1}{2}\alpha\zeta + \frac{q\alpha^4}{48\lambda\rho^2}. \tag{4-49}$$

假设板条中点（B 点）与冲模端部的间隙C远小于 R，则从上述结果可导出以下近似表达式：

$$e = \mu - (1 - \cos\alpha) \simeq \frac{q\alpha^4}{48\lambda\rho^2}, \tag{4-50}$$

$$\zeta \simeq \alpha\left(1 + \frac{2}{3}e\right), \tag{4-51}$$

$$m_B \simeq \frac{3}{2} - 2\rho^2\left(1 - \frac{q\alpha^2}{12\lambda\rho^2}\right)^2, \tag{4-52}$$

$$\mu \simeq \frac{1}{2}\alpha^2 + e. \tag{4-53}$$

这样我们就以 α 为过程参量，建立了关于 q，m_B 和全部几何参量(包括无量纲间隙值 e）的公式。当 δ_α，f 和μ被算出之后，可由（4-36）式得到板条中点挠度 δ；同时，相伴的板条端点下滑为

$$\delta_A = \cos\phi - \cos\phi_0 = \cos\phi - \sqrt{1-\lambda^2}; \tag{4-54}$$

总的冲模位移则为

$$\delta_p = \delta + \delta_A - \bar{e}. \tag{4-55}$$

当

$$\delta_p + e = \delta + \delta_A = 1 - \sqrt{1-\lambda^2} \tag{4-56}$$

时，板条的中点触及凹模底部，第 II 阶段(四点弯曲)结束。

在文献［4.5］中给出了全部计算的计算框图，还讨论了 α 增大到一定程度使 $m_B = \frac{3}{2}$（参见（4-52）式)之后在B点形成塑性铰的情形。

此外，还可以计及摩擦力的影响。从图 4-16 不难看出，冲模往下运动时，冲模与板条间的相对运动主要是滚动，而板条与凹模之间则在A点发生相对滑动。所以，可以忽略C点处的摩擦力，只计及A点的摩擦力。设后者为摩擦系数为 μ_f 的库伦摩擦，则其效果是使A点处的支反力的角度由ϕ改变为

$$\phi' = \phi - \tan^{-1}\mu_{fa} \tag{4-57}$$

因此,只要在前述分析的所有表达式中用 ϕ' 代替 ϕ, 就可以近似计入摩擦力的效应了.

4) 第 III 和第 IV 阶段: 五点和多点弯曲.

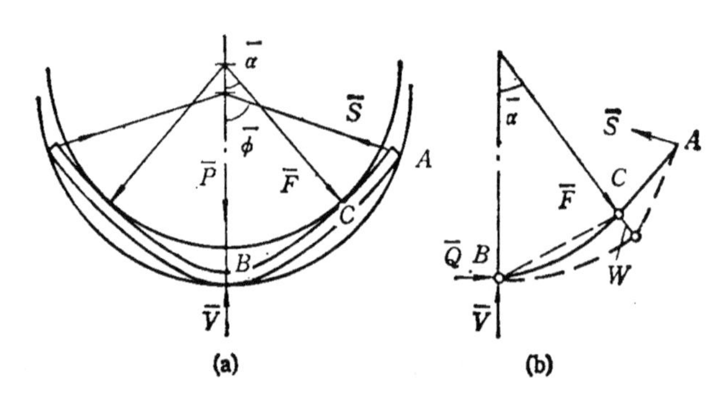

图 4-17 第 III 阶段(五点弯曲). (a) 几何构形; (b) 刚塑性分析示意图.

按照 (4-56) 式给出的条件,不难算出板条中点触底发生的时刻的各参数(如 $\bar{e}$, $\bar{\alpha}$ 等)的值. 为确定触底之后, 即第 III 阶段(五点弯曲阶段)的力和变形, 可参照图 4-17 作刚塑性分析如下. 此时为使弯曲进行下去, 必须在 B 点和 C 点均形成塑性铰. 设 C 点沿力 $\bar{F}$ 作用的方向具有速度 w, 则外功率与塑性能量耗散率的平衡给出

$$\bar{F}\cdot w = M_p\left\{2\cdot\frac{w}{2R(1+\bar{e}/2)\sin(\bar{\alpha}/2)} + \frac{w}{L-R(1+\bar{e}/2)\bar{\alpha}}\right\},$$

其中 $M_p = \frac{3}{2}M_e = \frac{3}{4}P_eL$, 从而有

$$\bar{p} = \frac{\bar{P}}{P_e} = \frac{3}{2}\lambda\cos\bar{\alpha}\left\{\frac{1}{\left(1+\frac{\bar{e}}{2}\right)\sin\frac{\bar{\alpha}}{2}} + \frac{1}{\lambda-\left(1+\frac{\bar{e}}{2}\right)\bar{\alpha}}\right\}. \tag{4-58}$$

这就决定了触底之后的冲压力 $\vec{P}$。

对于七点、九点以至更多点的弯曲，原则上仍可仿照上面的方法作弹塑性分析，但十分繁冗且意义不大；在下面的 4.2.3 节中将介绍简捷明瞭的刚塑性分析。

5）第V阶段：回弹。

从实验和上述分析都可知道，板条的塑性变形主要是在第 II 阶段，即四点弯曲阶段发生的。在多点弯曲阶段虽然受力情况复杂，但对板条的某一部分而言仍然近似地受到四点弯曲，参见图 4-6 (b) 所作的类比。在四点弯曲过程中，板条的大部分区域的受力状态接近于纯弯曲；因而，尽管板条最终曲率分布的细节取决于多点弯曲的历史，但最终平均曲率仍有理由按照弹塑性弯曲的回弹公式来估计。回顾 (1-37) 式，有

$$\frac{\kappa^F}{\kappa_T} = \frac{R}{R^F} = 1 - 3\rho + 4\rho^3, \tag{4-59}$$

其中 $\rho = YR/Eh$，如 (4-10) 式所定义，κ^F 和 R^F 分别为板条的最终平均曲率和平均曲率半径，κ_T 和 R 分别为模具的曲率和曲率半径。

板条端点的邻域始终只受到弹性弯曲，因而回弹后板条两端存在小的直段。对这些直段，显然不能套用 (4-59) 式。

4.2.3 刚塑性分析

1）板条触底之前

假设板条的弹性变形可以略去，则在触底之前板条的变形模式如图 4-18 所示。这就是说，前述第 I（三点弯曲）阶段不再存在，从一开始就出现中点的分离及四点弯曲。不考虑摩擦力时，板条受力平衡给出

$$S\cos\phi = F\cos\alpha = P/2. \tag{4-60}$$

同时，B 点成铰要求该点弯矩等于塑性极限弯矩 $M_p = \frac{3}{2}M_e$，于是有

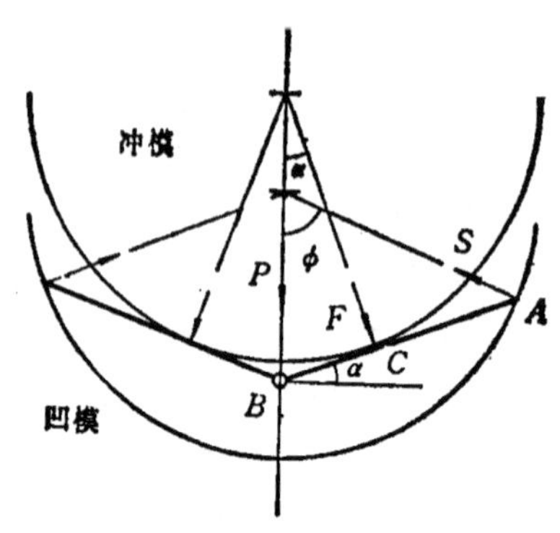

图 4-18　第一次触底之前的板条变形的刚塑性模型.

$$p = \frac{P}{P_e} = \frac{3}{2}\left\{\cos\alpha + \tan\phi\sin\alpha - \frac{1}{\lambda}\cdot\frac{\sin\alpha}{\cos^2\alpha}\right\}^{-1}$$

$$= \frac{3}{2}\left\{\cos\alpha + \frac{\lambda\sin\alpha\cos\alpha}{\sqrt{1-\lambda^2\cos^2\alpha}} - \frac{1}{\lambda}\cdot\frac{\sin\alpha}{\cos^2\alpha}\right\}^{-1}. \tag{4-61}$$

板条的挠度、相伴的端点下滑和间隙分别为

$$\delta = \Delta/R = \lambda\sin\alpha, \tag{4-62}$$

$$\delta_A = \cos\phi - \cos\phi_0 = \sqrt{1-\lambda^2\cos^2\alpha} - \sqrt{1-\lambda^2}, \tag{4-63}$$

$$e = \frac{1}{\cos\alpha} - 1. \tag{4-64}$$

由此求出冲模位移为

$$\delta_p = \delta + \delta_A - e = \lambda\sin\alpha + \sqrt{1-\lambda^2\cos^2\alpha} - \sqrt{1-\lambda^2} + 1 - \frac{1}{\cos\alpha}. \tag{4-65}$$

将(4-61)同(4-65)式结合在一起就得到了以 α 为过程参量的冲压力 p-冲模位移 δ_p 的关系曲线。

2）第一次触底

按照图 4-18，B 点触底的条件是

$$\delta + \delta_A = 1 - \cos\phi_0,$$

或即

$$\lambda \sin \bar{\alpha} + \sqrt{1 - \lambda^2 \cos^2 \bar{\alpha}} = 1, \tag{4-66}$$

其中上一横"—"代表该参量在第一次触底时的值. 方程(4-66)有简单的解

$$\sin \bar{\alpha} = \lambda/2,$$

于是触底时 BC 段和 AC 段的长度分别为

$$\lambda_1 = \overline{BC}/R = \tan \bar{\alpha} = \lambda/\sqrt{4 - \lambda^2}, \tag{4-67}$$

$$\lambda_2 = \overline{AC}/R = \lambda - \lambda_1. \tag{4-68}$$

值得注意的是，在 4.2.2 节 4) 中所作的关于触底状态的刚塑性分析与现在的刚塑性分析有所不同，前者是在先前的弹塑性分析基础上作出的，而后者是从一开始就假定刚塑性，这造成触底时各参量的值(如 $\bar{\alpha}$, $\bar{\varepsilon}$ 等)有很大的不同.

3) 第一次触底之后

对于第一次触底至第二次触底之间，即七点弯曲状态下的板条，刚塑性分析引出如图 4-19 所示的三铰模型. 其中，α_1 和 α_2 的初值由第一次触底时的几何条件决定，而 $d\alpha_1$ 与 $d\alpha_2$ 之比可以由三铰机构的几何条件来决定. 详尽的讨论见文献 [4.5]. 在该文献中还简要讨论了第二次触底的几何条件和冲压力计算.

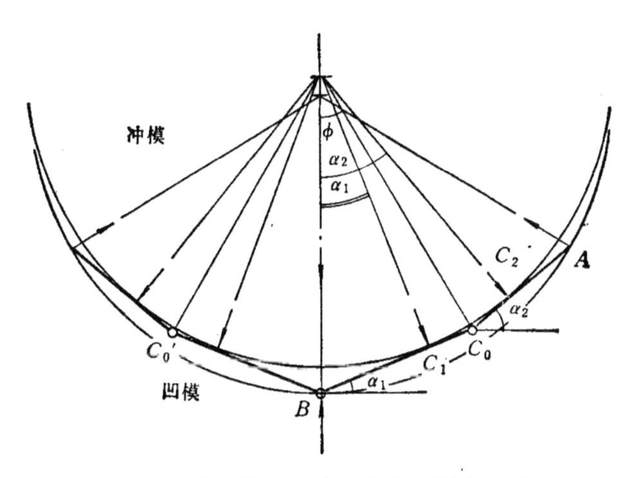

图 4-19 七点弯曲阶段的板条变形的刚塑性模型.

4.2.4 数值的例子

从上述理论分析可知，只要给定无量纲参数 $\rho = YR/Eh$ 和 $\lambda = L/R$ 以及摩擦系数 μ_f，就可以按照逐阶段的弹塑性分析(4.2.2节)或刚塑性分析(4.2.3 节)求出板条挠度、冲模位移、冲压力和间隙量在板条弯曲过程中的变化。

取定 $\lambda = L/R = 0.99$，$\mu_f = 0$（无摩擦）及一系列的 $\rho = YR/Eh$ 值 $\rho = 0$，0.05，0.10，0.15，0.20 按照弹塑性分析得到的 p-δ_p 曲线和 ε-δ_p 曲线见图 4-20。其中 $\rho = 0$ 情形相当于取 $E \to \infty$，亦即刚塑性情形。由图可见，不同 ρ 值（即不同的 $\beta = \rho/\lambda$）的板条在第 I 阶段的 p-δ_p 曲线相差很大，ρ 越大，板条越柔，则弹性阶段越长，这同 4.1.5 节的实验结论是一致的。在第 II 阶段(四点弯曲阶段)，不同综合柔度的板条的 p-δ_p 曲线都趋于

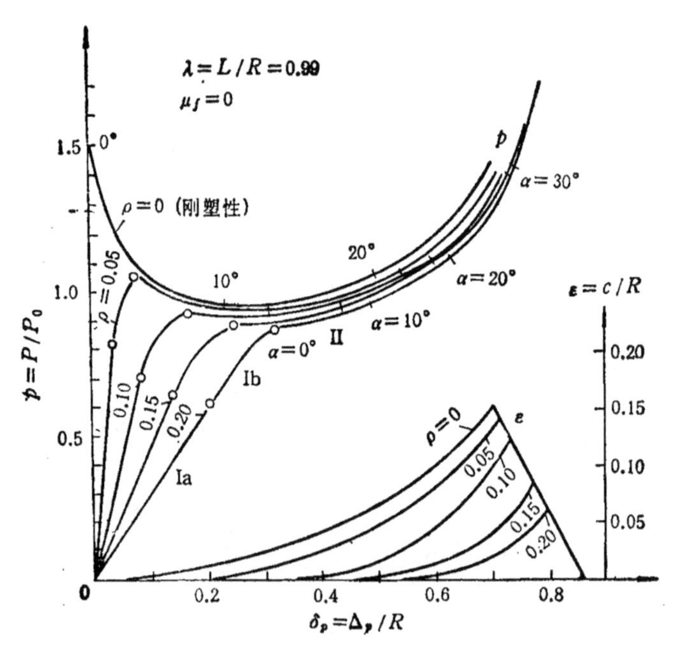

图 4-20　理论预测的冲压力-冲模位移关系曲线和间隙量随冲模位移的变化．$\lambda = L/R = 0.99$，$\mu_f = 0$（无摩擦）．

一致。图中曲线上标注的 α 值是第 II 阶段在冲模压力作用点(图 4-16 上的 C 点)处板条的倾角。

从图 4-20 的 ε-δ_p 曲线可以看出，ρ 越大，则板条由冲模的分离发生得越迟，间隙间也越小，这也是同 4.1.5 节的实验结论完全一致。ε-δ_p 曲线族的右方有一倾斜下降的直线，这代表在板条第一次触底之后板条与冲模间的间隙将随冲模下移呈线性减小。

按照 4.2.2 节 3) 中提出的方法不难计及摩擦力的效应。图 4-21 是在 $\lambda=0.99$，$\rho=0.10$ 条件下对 $\mu_f=0$，0.1，0.2 的计算结果。由图可见摩擦力使冲压力明显增加，但对间隙的变化规律影响甚微。

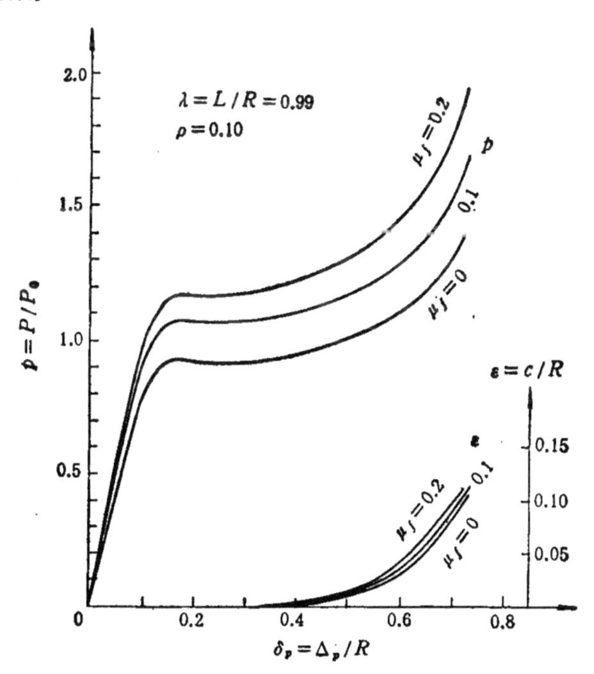

图 4-21 摩擦力对冲压力和间隙量的影响。$\lambda=L/R=0.99$，$\rho=0.10$.

对于第一次和第二次触底前后的冲压力的变化，可依据刚塑性分析加以计算。这相当于取 $\rho=0$，$\lambda=0.99$ 和 $\mu_f=0$，所得的 p-δ_p 曲线如图 4-22。在这个算例中，第一次触底使冲压力增大至5倍左右，第二次触底又使冲压力增大至3倍左右，连同这之间的七点弯曲阶段中冲压力的增大，从第一次触底前到第二次触底后，冲压力总共约增加30倍。

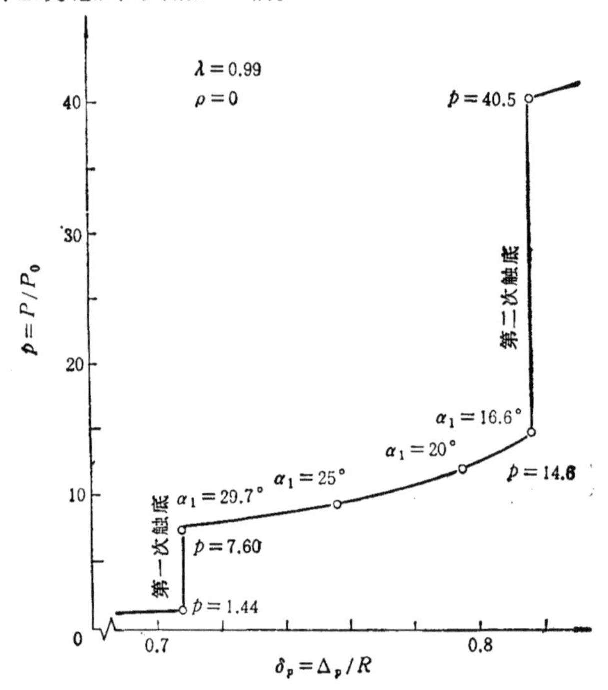

图4-22　刚塑性分析预测的第 III 和第 IV 阶段的冲压力-冲模位移关系曲线，$\lambda=0.99$，$\rho=0$，$\mu_f=0$。

4.2.5　理论分析与实验结果的比较

1）板条在圆柱形模中弯曲过程的一般特征

根据实验观察到的板条在圆柱形模中弯曲过程的阶段性，采用理想弹塑性模型或理想刚塑性模型作出的逐阶段的理论分析，能够体现板条在这一弯曲过程中的主要特征，如分离、触底、多点弯曲、塑性铰的形成，等等。

图4-20证实了参数ρ对弯曲过程的重要性，并与表4-2的结果相一致。

2）冲压力-冲模位移曲线

采用表 4-1 提供的铜、黄铜、软钢三种材料的 E/Y 值，容易求出对每组试件的 ρ 值。图 4-23 汇总了多组实验 p-δ_p 曲线，并同时画出了理论计算曲线。可以看到，理论预报的总体趋势同实验结果符合良好。实验得到的冲压力一般较理论预测值略高，其原因有二：(i) 板条与模具之间存在摩擦力，图 4-21 已证实这的确可令 p 升高；(ii) 材料并非理想塑性，三种材料都存在一定程

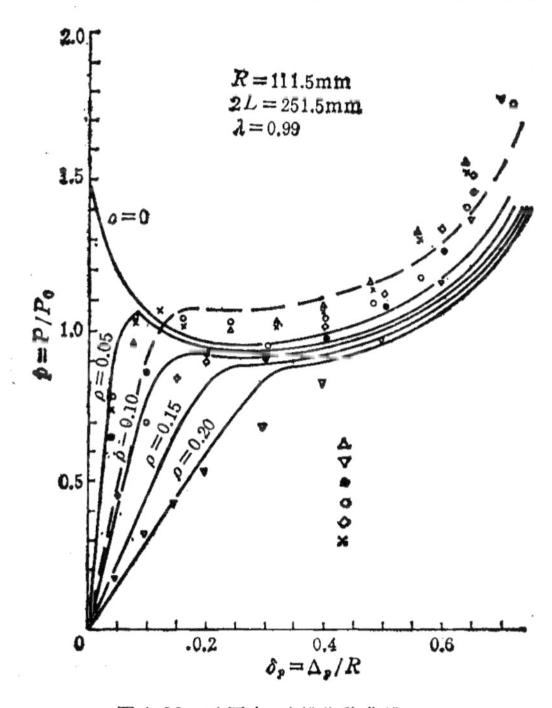

图 4-23 冲压力-冲模位移曲线.

——理论，$\mu_f=0$;

— —理论，$\mu_f=0.1$，$\rho=0.10$.

实验结果:

▲黄铜，$h=6.35$ mm，$\rho\simeq0.08$;

×软钢，$h=6.35$ mm，$\rho\simeq0.06$;

○铜，$h=6.35$ mm，$\rho\simeq0.06$;

●铜，$h=4.76$ mm，$\rho\simeq0.08$;

◇铜，$h=3.175$ mm，$\rho\simeq0.12$;

▼铜，$h=1.59$ mm，$\rho\simeq0.24$.

度的应变强化。

3）板条中点与冲模端部间的间隙

图 4-24 表明，无论是对分离发生的时刻还是对间隙扩展的趋势，理论预报都同实验观测符合得较好。就间隙的量值而言，实验值比理论值要低一些。这不能归因于摩擦力，因为图 4-21 已表明摩擦力对间隙 ε 影响甚微。但是，材料的应变强化可以解释上述差异，因为 $\rho=YR/Eh$，应变强化相当于流动应力（Y）的提高；也就是说，由于应变强化，随着弯曲变形的增大，板条参数 ρ 也有逐渐增大的趋势，这使得实际板条的行为从低 ρ 值的 $\varepsilon-\delta_p$ 曲线向高 ρ 值的 $\varepsilon-\delta_p$ 曲线移动。这样就在一定程度上解释了图 4-24 中的实验数据的变化规律。

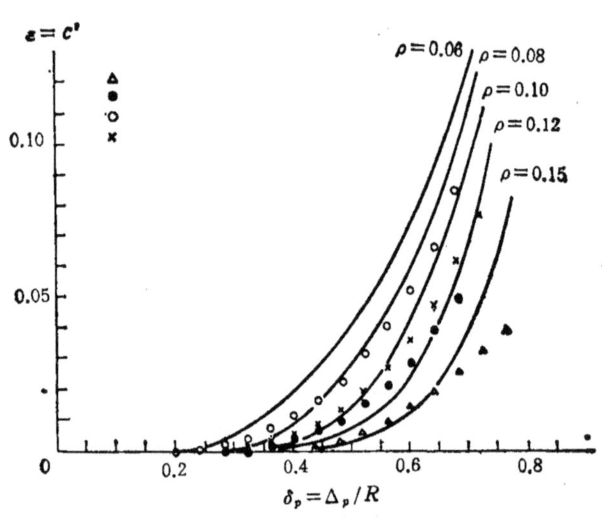

图 4-24　板条中点与冲模端部的间隙随冲模位移的变化。

$R=111.5$ mm，$2L=251.5$ mm，$\lambda=0.99$.

——理论，$\mu_f=0$.

实验结果：

▲黄铜，$h=6.35$ mm，$\rho\simeq0.08$；

×软钢，$h=6.35$ mm，$\rho\simeq0.06$；

○铜，$h=6.35$ mm，$\rho\simeq0.06$；

●铜，$h=4.76$ mm $\rho\simeq0.08$.

§4.3 圆棒在圆柱形模中的弯曲

在[4.2]中也报道了铜、黄铜、软钢的圆棒在圆柱形模中弯曲的实验情况。模具形状和尺寸与板条弯曲实验(§4.1)完全相同。圆棒(丝)的直径为$\frac{1}{16}$, $\frac{1}{8}$, $\frac{3}{16}$和$\frac{1}{4}$英寸(即约为1.6, 3.2, 4.8和6.4 mm)。全部实验结果,包括冲压力~冲模行程曲线,试件中点与冲模端部的间隙的扩展等等,都与板条实验结果十分相似。

这些实验结果表明,圆棒在圆柱形模中的弯曲过程和最终形状,仍然取决于4.2.1节中所引入的ρ和λ这两个无量纲参数。

对于受弯曲的板条而言,参数ρ代表着板条最大弹性曲率κ_e与模具曲率κ_T之比之半,即

$$\rho=\frac{\kappa_e}{2\kappa_T}=\frac{1}{2}R\kappa_e=RM_e/2EI. \tag{4-69}$$

对于板条,$I=bh^3/12$, $M_e=Ybh^2/12$,于是便回到熟知的表达式$\rho=YR/Eh$。

而对于圆截面的棒和丝,$I=\frac{\pi}{4}r^4$, $M_e=\frac{\pi}{4}Yr^3$,其中r为截面的半径,于是(4-69)式给出

$$\rho=\frac{Y}{E}\cdot\frac{R}{2r}=YR/Ed, \tag{4-70}$$

其中$d=2r$是棒(丝)的直径。

上述分析说明,如果一圆棒(丝)的直径d等于另一板条的厚度h,而二者的材料和长度又相同,那么它们在同一组圆柱形模具中弯曲时的变形和力学行为将是完全相同的。因此,§4.1和§4.2中描述的板条在圆柱形模中的弯曲过程和最终形状的规律,只要略加推广,就可以适用于非矩形截面的等直金属试件在圆柱形模中的弯曲。

§ 4.4 材料强化对板条弯曲行为的影响

4.4.1 引言

在 § 4.2 中对板条在圆柱形模中的弯曲所作的理论分析是建立在理想塑性的材料假定的基础上的，同时在 4.2.5 节中我们已定性地指出材料的强化会影响板条的弯曲行为，例如会提高冲压力和减小板条与冲模间的间隙量。

为了定量地考察材料的应变强化对板条弯曲行为的影响，余同希等人[4.7]研究了刚-线性强化板条在圆柱形冲模的闸压弯曲 (pressbrake bending) 作用下的变形过程，如图 4-25 所示。这种闸压弯曲与在圆柱形模中的弯曲相比，几何关系比较简单；选取刚-线性强化材料模形(图 4-26) 使注意力更集中于强化效应，同时因为 Oh 和 Kobayashi[4,8] 的有限元分析业已证实，当板条在闸压弯曲下产生大挠度变形时，刚塑性有限元分析同弹塑性有限元分析给出的结果十分相近。

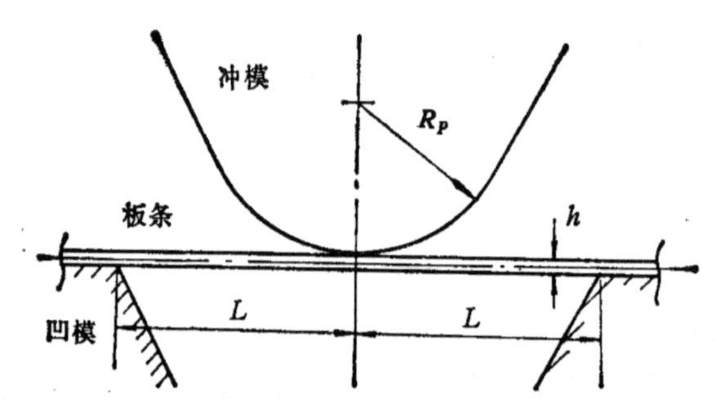

图 4-25 闸压弯曲.

在以下分析中还假定：(i) $h \ll R_P$，这里 R_P 是冲模的半径 (下面我们将考察板条轴线的弯曲，故应取 $R = R_P + \frac{h}{2}$ 代替 R_P)；(ii) 板条的长度足够大，因而板条始终支承在下模的角点上，两个角点相距为 $2L$。

设材料的初始屈服应力为 Y，则当 $M \leqslant M_p = Yh^2/4$ 时板条保持为刚性，当 $M > M_p$ 时才有塑性变形发生。考察板条在三点弯曲作用下的刚塑性破坏机构，可知产生塑性变形的初始载荷(冲压力)为

$$P^* = 2M_p/L = Yh^2/2L. \tag{4-71}$$

当板条发生塑性大变形时，由于板条几何构形的变化，它的承载能力也会有所变化；在现在的问题中，由于板条与冲模的相对关系的变化，它们之间的接触点也会有所变化。因此，在板条的闸压弯曲过程中，不但冲压力的大小有变化，而且冲压力的方向和作用点都会有变化。回顾§4.1中描述的多点弯曲现象，这是不难理解的。

4.4.2 刚-线性强化梁与线弹性梁的比拟

余同希[4,9]，Reddy 和 Reid[4,10] 曾各自独立地指出，刚-线性强化梁在屈服以后的弯曲行为可以与线弹性梁的弯曲行为相比拟。设刚-线性强化梁的材料性质如图 4-26，那么这根梁在屈服以后的弯曲行为（图 4-27(a)）就完全可以类比于一根弯曲刚度为 E_pI 的弹性梁的弯曲行为(图 4-27(b))，这里 E_p 是材料的强化模量，I 是梁截面的惯性矩。

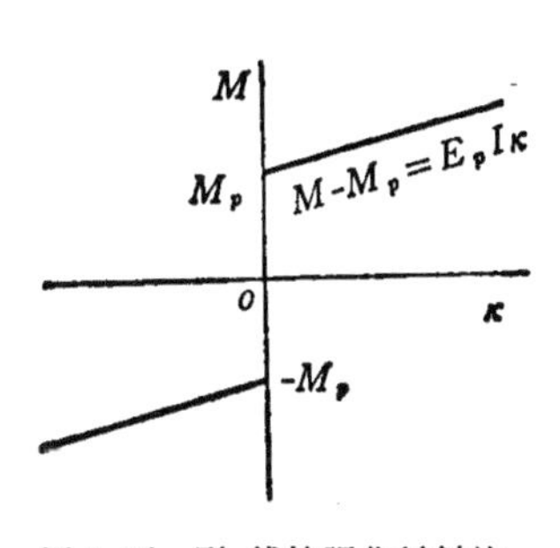

图 4-26 刚-线性强化材料的弯矩-曲率关系.

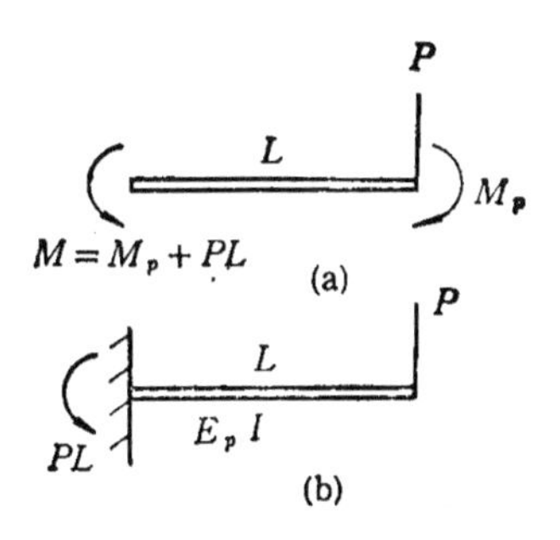

图 4-27 刚-线性强化梁与线弹性梁间的比拟

由于材料的应变强化，原先在理想刚塑性梁的分析中出现的

塑性铰现在被一个塑性变形区所代替，在这个塑性变形区中材料都处于初始屈服后的应变强化状态。因而，刚-线性强化梁中的这种塑性变形区总可以用处理弹性梁弯曲的经典方法来加以分析，然后通过适当的连接条件与刚性区衔接起来。这种方法已被成功地应用于分析对经受拉的圆环（见 [4.9]）和受压的圆环（见 [4.10]）；下面我们将把它用于受闸压弯曲的板条的大变形问题。

4.4.3 变形模式 I

如所周知，三点弯曲的理想刚塑性梁的破坏模式是梁的中点出现一个塑性铰。因此，对于初始平直的刚-线性强化板条，在初始塑性变形之后，必然在板条中部出现一个塑性变形区。由于问题的对称性，只须考察半根板条就够了。如图 4-28，AB 是塑性区，BD 是刚性区，因此在连接点 B 处不但有位移、转角、剪力和弯矩的连接条件，还应有 $M = M_p$。

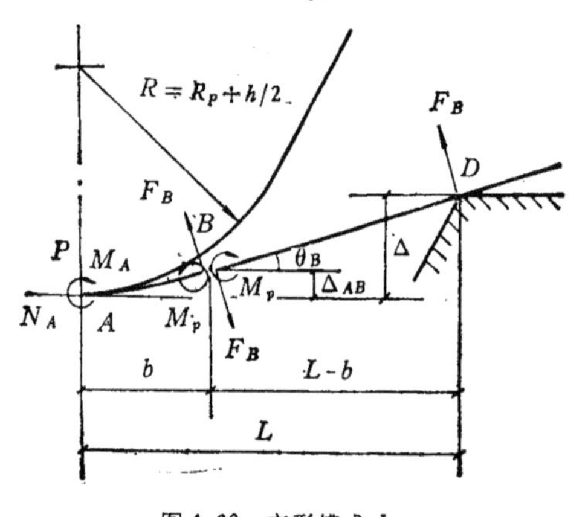

图 4-28 变形模式 I.

如 4.4.2 节所述，塑性区 AB 可以比拟于一根弯曲刚度为 E_pI 的弹性悬臂梁，因此其挠度可以用梁的弯曲的初等理论求得。在文献 [4.7] 中，列出了悬臂梁 AB 的挠曲方程，在 A 端满足固支边条件，在 B 端满足与刚性区 BD 的连接条件，最后归结为一组非线性方程，其未知量为 δ，θ_B 和 κ_A，其参量为 f，λ 和

ζ。这里 δ 是板条的无量纲挠度

$$\delta = \Delta/R;$$

θ_B 是 B 点处的转角；κ_A 是 A 点的无量纲曲率

$$\kappa_A = R/r_A,$$

其中 $R = R_p + \frac{h}{2}$ 是计算至板条中线的冲模半径，r_A 是 A 点处板条的曲率半径。参量 f，λ 和 ζ 都是无量纲量，定义为：

$$\left.\begin{aligned} f &= P/P^*, \\ \lambda &= L/R, \\ \zeta &= 3\frac{Y}{E_p} \cdot \frac{R}{h} \cdot \frac{1}{\lambda}. \end{aligned}\right\} \tag{4-72}$$

给定参量 λ 和 ζ 时，对于每一指定的 f 值数值求解关于 δ，θ_B 和 κ_A 的非线性方程组，就不但得到了 p-Δ 关系，而且得到了 B 点的位置和 A 点的曲率半径 r_A。

显然变形模式 I 仅当 $r_A \geqslant R$ 时才成立，否则板条中部与冲模的圆柱形端部将在几何上不相容。这就是说，只有当

$$\kappa_A \leqslant 1$$

上述解才有效；而一旦 $\kappa_A = 1$，模式 I 就将被下述模式 II 所替代。

4.4.4 变形模式 II

在这一模式中，冲模与板条的接触点 A 从对称轴移至两侧，如图 4-29 所示。CA 是塑性区，AB 也是塑性区，BD 是刚性区，因此在刚性区与塑性区的连接点 B 处有 $M = M_p$。

与模式 I 的分析相类似，利用刚-线性强化梁与线弹性梁在弯曲行为上的比拟，不难写出塑性梁 CAB 满足的方程。最后得出的是以 C，A，B 点的转角和曲率为未知量的一组非线性方程。数学上的细节请参见 [4.7]。

模式 II 比模式 I 多了一附加的几何参数，这就是板条中点 C 与冲模端部的间隙 c。一当上述未知量从方程中解出，无量纲间

隙 $e = C/R$ 也可以相应地决定。这里 e 具有同§4.2中的 e 同样的意义，参见(4-28)式。

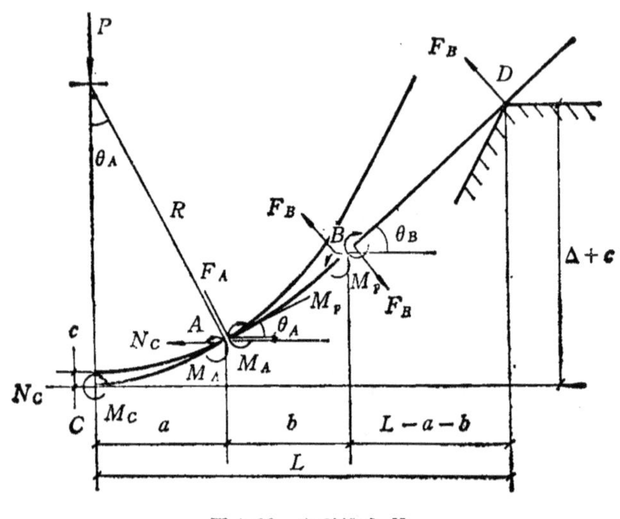

图 4-29 变形模式 II.

4.4.5 计算结果

取定 $\lambda = L/R = 1.25, 1.5, 1.75, 2.0$ 和 $\zeta = 1, 3, 6, 9$ 进行了数值计算，结果表明两种变形模式的计算结果前后衔接得很好。图 4-30 至图 4-33 汇集了部份计算结果。

图 4-30 显示了冲压力与冲模位移的函数关系。图中 3 条实线都是在 $\lambda = 1.5$ 的条件下，对不同的 ζ 算出的，可见对于同一 λ，ζ 越小(从式(4-72)可知也就是 $\left(\frac{E_0}{Y}\cdot\frac{h}{R}\right)$ 越大)，则 f 越高.从这个图中还可以看出固定 ζ 而改变 λ 时，对 f-δ 曲线的影响.此外，从模式 I 到模式 II 的转换点(在图中以小圆圈代表)也依赖于 λ 和 ζ。

图 4-31 给出了 A，B 两点的倾角 θ_A，θ_B 随位移 δ 变化的曲线。当 λ 相同而 ζ 不同时，θ_B-δ 曲线几乎保持不变。

板条在闸压弯曲过程中，其中部从冲模端部的分离现象可以

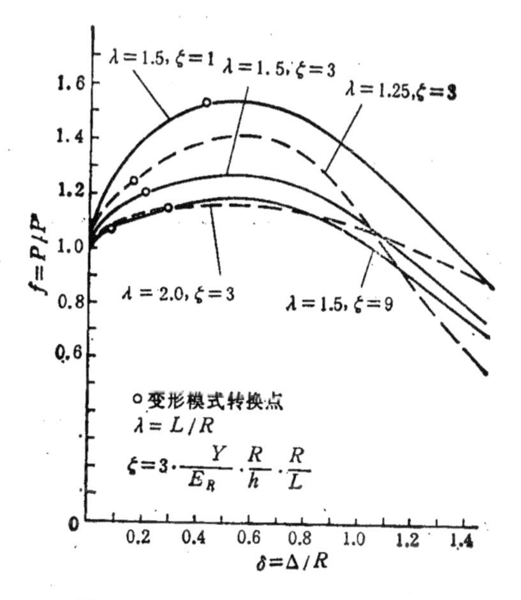

图 4-30 冲压力与冲模位移的关系.

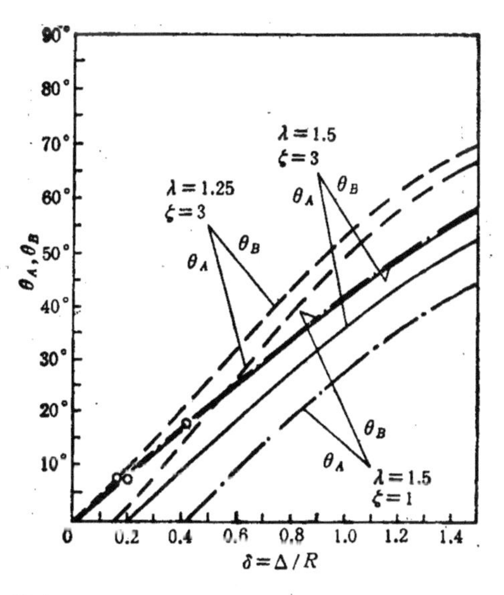

图 4-31 A, B 两点的倾角随冲模位移的变化.

用图 4-32 和图 4-33 表征出来。图 4-32 中的 e-δ 曲线表明，λ 值越小，或 ζ 值越大，则分离发生得越早，且间隙发展得越迅速。图 4-33 表明，在模式转换点之前（也就是板条按模式 I 变形时），A 点的无量纲曲率 $\kappa_A = R/r_A$ 从 0 逐渐增加到 1；而转换到模式

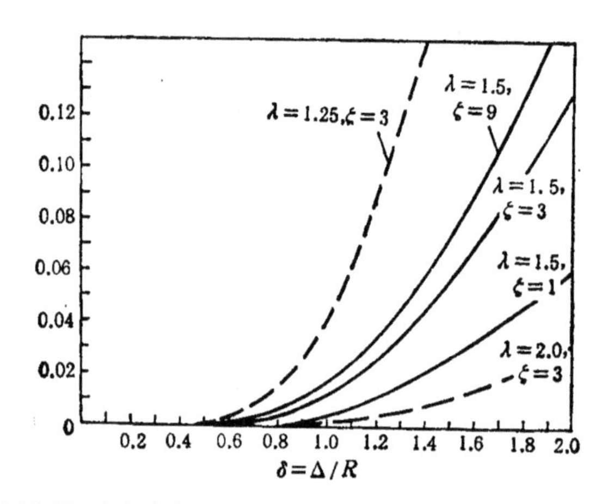

图 4-32　板条中点与冲模端部的间隙在闸压过程中的变化。

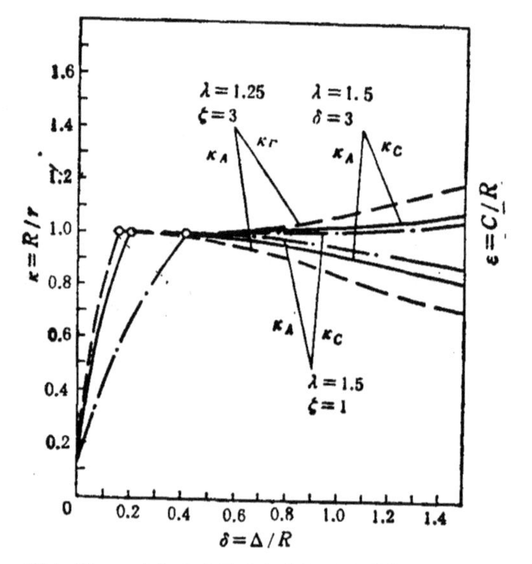

图 4-33　A 点和 C 点的曲率在闸压过程中的变化。

II 之后，板条与冲模接触点的曲率逐渐减小 $\left(\kappa_A < 1，且 \frac{d\kappa_A}{d\delta} < 0\right)$，同时板条中点的曲率则继续增大 $\left(\kappa_C > 1，且 \frac{d\kappa_C}{d\delta} > 0\right)$.

从这些计算结果得知，材料的强化对板条与冲模的分离也有明显影响. 当材料的强化较强（E_p/Y 较大，因而 ζ 较小）时，这种分离较弱. 这与 4.2.5 节中的讨论是一致的，而且把那一段论述进一步定量化了. 在 4.2.5 节中已指出，$\rho = YR/Eh$ 越大，则分离发生得越迟，间隙量也越小；还指出材料的强化相当于流动应力 Y 在过程中逐渐增大，也就相当于 ρ 逐渐变大. 现在我们定量地看到了强化模量大小对分离的影响，而且看到，在 ζ 中强化模量的影响是通过无量纲组合（$E_p h/YR$）来表现的，这在形式上同无量纲参数 ρ 非常一致.

对于 $\lambda = 1.5$，$\zeta = 3$ 和 $\lambda = 1.25$，$\zeta = 3$ 两情形，板条在闸压弯曲过程中的大挠度形态如图 4-34 和图 4-35 所示. 所得的这些结果同有限元法计算结果（见 [4.8]）符合良好. 尽管有限元

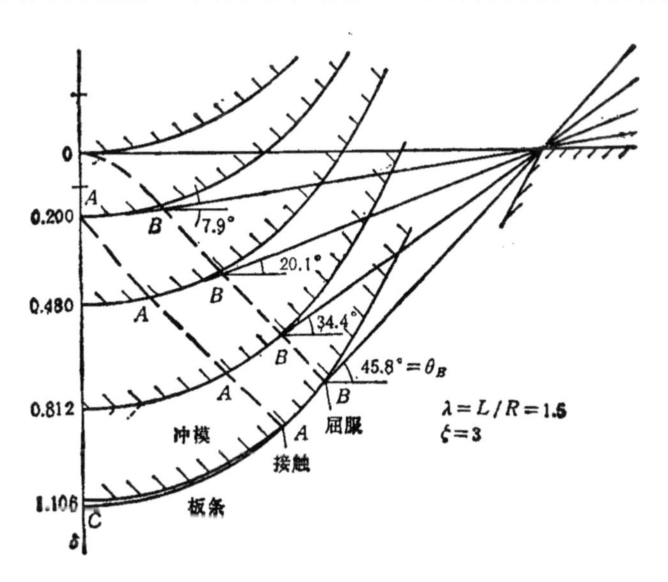

图 4-34 板条在闸压过程中的形状. $\lambda = L/R = 1.5$，$\zeta = 3$.

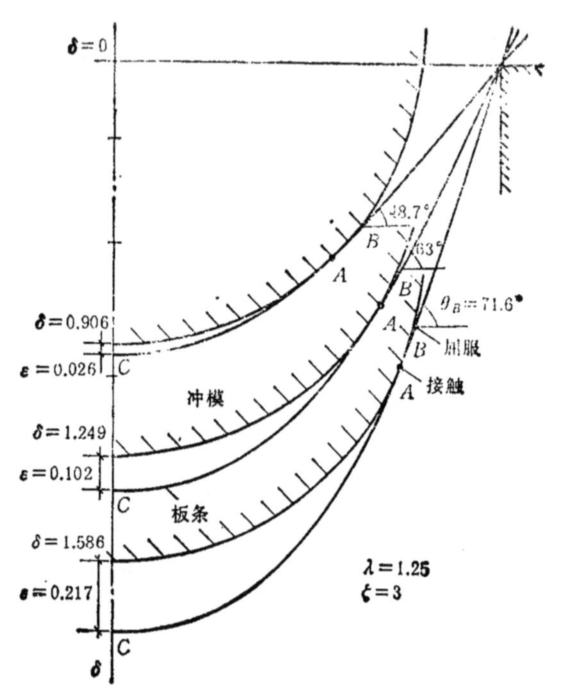

图 4-35 板条在闸压过程中的形状. $\lambda = L/R = 1.25$, $\xi = 3$.

分析可以给出更详尽的信息,如应力分布等,但我们采用弹性梁比拟的“初等”方法不仅可以大大节省计算量，而且对于理解板条闸压弯曲的机理更有助益。

4.4.6 关于回弹

Oh 和 Kobayashi[4,8] 在对比弹塑性有限元和刚塑性有限元计算结果后曾经指出，对于板料成形这样的卸载条件十分清楚的问题，可以在加载结束时的刚塑性解的基础上考察回弹和残余应力分布的问题。

因此,对于我们所考察的刚-线性强化的一组曲梁，可以参照图 4-36 直接写出

$$M - M_p = E_p I \cdot \frac{1}{r^p}, \tag{4-73}$$

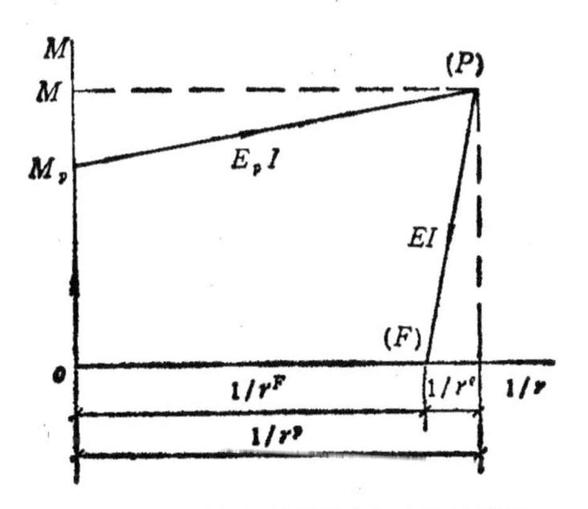

图 4-36　回弹过程中板条曲率的变化计算图.

其中M和r^p分别是梁内某一截面在卸载前的弯矩和曲率半径.而对于卸载,按假定有

$$M = EI \cdot \frac{1}{r^e}, \qquad (4\text{-}74)$$

其中 $1/r^e$ 是回弹的曲率. 因而,最终曲率为

$$\frac{1}{r^F} = \frac{1}{r^p} - \frac{1}{r^e} = (1-\mu)\cdot\frac{1}{r^p} - \frac{M_p}{EI}, \qquad (4\text{-}75)$$

其中 $\mu = E_p/E$, 与 § 1.7 中定义的符号相同.

采用无量纲曲率

$$\kappa^F = R/r^F, \qquad \kappa^p = R/r^p \qquad (4\text{-}76)$$

和(4-72)式定义的 λ 和 ζ, (4-75) 式可以改写为

$$\kappa^F = \kappa^p - \mu(\kappa^p + \zeta\lambda). \qquad (4\text{-}77)$$

特别地,对于板条的中部区域 (图 4-29 中的 CA 段), 由图 4-33 可见 $\kappa_C > 1$ 而 $\kappa_A < 1$, 其平均曲率 $\kappa^p \simeq 1$. 于是(4-77)式导致

$$\frac{\kappa^F}{\kappa^p} = 1 - \mu\left(1 + \frac{\zeta\lambda}{\kappa^p}\right) \simeq 1 - \left(\frac{E_p}{E} + \frac{3YR}{Eh}\right), \qquad (4\text{-}78)$$

也可以写成

$$\frac{\kappa^F}{\kappa^p} \simeq 1 - 3\rho - \mu, \qquad (4\text{-}79)$$

其中 $\rho = YR/Eh$ 已在§1.4和§4.1中定义，而且§1.4中曾给出回弹比的公式为(见(1-37)式)

$$\eta = 1 - 3\rho + 4\rho^3.$$

(4-79)式实际上给出的就是考虑材料强化时的回弹比的一个近似表达式，它在作理论估算时无疑是十分有用的。

参考文献

[4.1] W. Johnson and A. N. Singh, Springback after cylindrically bending metal strips, Conference on Large Deformation, Delhi, Dec., 1979; see 'Large Deformations', Edited by N. K. Gupta and S. Sengupta, South Asian Publishers Pvt. Ltd., 1982, pp. 236—250.

[4.2] T. X. Yu, The Mechanics of Pressing Strips and Plates into Curved Dies, Ph. D. Thesis, Cambridge University, 1983.

[4.3] T. X. Yu and W. Johnson, Cylindrical bending of metal strips, *Metals Technology*, **10**, 1983. pp. 439—448.

[4.4] H. Y. Low, Behaviour of a rigid-plastic beam loaded to finite deflection by a rigid circular indenter, *Int. J. Mech. Sci.*, **23**, 1981, pp. 387—393.

[4.5] T. X. Yu and W. Johnson, A theoretical analysis of the bending into cylindrical dies of metal strips, *Proc. Instn. Mech. Engrs*, **198** C, 1984, pp. 99—108.

[4.6] S. P. Timoshenko and J. M. Gere, Theory of Elastic Stability, 2nd edition, McGraw-Hill, New York, 1961.

[4.7] T. X. Yu and W. Johnson, The press-brake bending of rigid/linear work-hardening plates, *Int. J. Mech, Sci.*, **23**, 1981, pp. 307—318.

[4.8] S. I. Oh and S. Kobayashi, Finite element analysis of plane-strain sheet bending, *Int, J. Mech. Sci.*, **22**, 1980, pp. 583—594.

[4.9] 余同希，对经受拉圆环的塑性大变形，力学学报，**11**(1)，1979，88—91页.

[4.10] T. Yella Reddy and S. R. Reid, On obtaining material properties from the ring compression test, *Nuclear Engineering and Design*, **52**, 1979, p. 257.

第五章　单向弯曲问题的数值解法

前几章介绍的解析方法，在一定假设的基础上抓住问题的主要特征，揭示了问题的内在性质。这对我们认识和解决实际问题起着重要的定性指导作用。但由于在分析中作了大量简化，所以这些结果还难以在实际生产过程中直接应用。因为具体的工艺过程的设计和实行需要大量较准确的定量数据。本章介绍的数值方法可以在一定程度上弥补解析方法的缺陷。

§5.1　有限元方法

有限元方法是目前在塑性弯曲问题的分析中用得较多的数值方法之一。要了解这方面的研究进展可以参考[5.1]。

我们现在用三角形平面应变单元来分析图 5-1 所示的板在冲头冲压下的平面应变弯曲变形[5.2]，这里认为加载过程是准静态的。

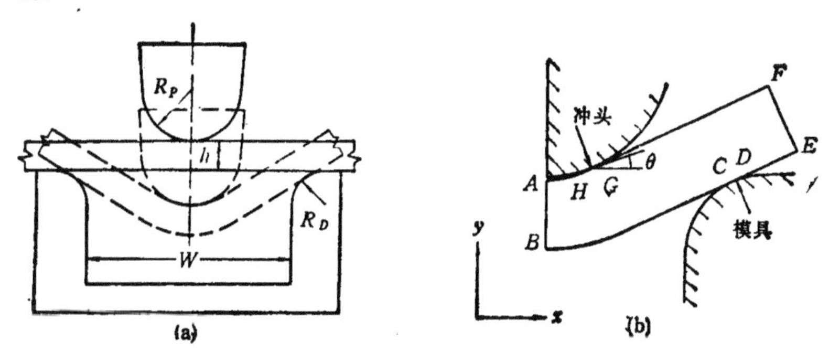

图 5-1　平面应变板在模具中的弯曲.（a）弯曲装置示意图；（b）力学分析模型。

1）问题的描述

厚度为 h 的平面应变板支在跨度为 w 的模具上，模具的支承面为

半径 R_D 的柱面，半径为 R_P 的柱面冲头垂直作用于跨度对称线上. 显然，板的变形关于中心线对称，因此只须分析其右半部分. 应当注意到，随着冲头压力的加大，板与冲头及板与凹模的接触面位置，即弧 $\overset{\frown}{HG}$ 和 $\overset{\frown}{CD}$ 的位置会发生改变.

如果用 U_i 和 $\dot{T}_i$ 来分别表示边界节点的位移速率和力变化率. 则可以将边界条件表达为

沿 $\overset{\frown}{AB}$: $U_n = 0$, $\dot{T}_s = 0$,

沿 $\overset{\frown}{GH}$: $U_n = U_P \cos\theta$,

$$\dot{T}_s = \frac{|T_n|}{|R_P|}(U_s - U_P \sin\theta),$$

沿 $\overset{\frown}{BC}$, $\overset{\frown}{DE}$, $\overset{\frown}{EF}$, $\overset{\frown}{FG}$ 以及 $\overset{\frown}{HA}$:

$$\dot{T}_n = 0, \quad \dot{T}_s = 0,$$

沿 $\overset{\frown}{CD}$: $U_n = 0$,

$$\dot{T}_s = \frac{|\dot{T}_n|}{R_D} U_s.$$

这里下标"n"和"s"分别表示边界的法向和切向，U_P 是冲头的位移速率.

2）本构方程和有限元公式

我们这里要采用的本构方程以 Hill [5.3,5.4]关于弹塑性固体的大变形理论为基础. 设物体在参考状态占有体积 V_0，表面为 S_0. 经过某时间增量 t 后，成为 V 和 S. 我们用拖带坐标系（ξ^1, ξ^2, ξ^3）来描述参考状态中的点. 所谓拖带是指该坐标架固结于变形体并与之一起运动[5.5]. 再用一固结于空间不动的直角坐标系（x_1, x_2, x_3）来描述任意时刻 $t \geq t_0$ 变形体上的点. 这样，我们就有

$$x_\alpha = x_\alpha(\xi^1, \xi^2, \xi^3, t).$$

相应地，应变率和旋率可表示为

$$\dot{\varepsilon}_{ij} = \frac{1}{2}(v_{i,j} + v_{j,i}), \qquad \dot{\omega}_{ij} = \frac{1}{2}(v_{i,j} - v_{j,i}).$$

Cauchy 应力 $\sigma^{\alpha\beta}$ 与 Kirchhoff 应力 $\tau^{\alpha\beta}$ 间的关系为

$$\tau^{\alpha\beta}=\frac{\rho_0}{\rho}\sigma^{\alpha\beta},$$

其中 ρ_0 和 ρ 分别为参考状态和现时状态的材料密度．我们假定在 Kirchhoff 应力的 Jauman 导数与应变率之间仍有 Prandtl-Reuss 关系成立，则本构关系可以写成：

$$\dot{e}_{ij}=\frac{1+\nu}{E}\frac{D\tau_{ij}}{Dt}-\frac{\nu}{E}\delta_{ij}\frac{D\tau_{kk}}{Dt}+\alpha\frac{9\sigma'_{ki}\sigma'_{ij}}{4h\bar{\sigma}^2}\frac{D\tau_{kl}}{Dt},$$

其中 E 为材料的弹性模量，ν 为 Poisson 比，$\bar{\sigma}$ 为等效应力。

根据变分原理，有

$$\delta\phi=\delta\left[\int_V UdV-\int_{s_T}\dot{t}_i v_i ds\right]=0,$$

其中 δ 为变分符号，s_T 为给定外力率 $\dot{t}_i$ 的边界面，而

$$U=\frac{1}{2}\left(\frac{D\tau_{ij}}{Dt}\dot{e}_{ij}-2\sigma_{ij}\dot{e}_{ki}\dot{e}_{kj}+\sigma_{ij}v_{k,i}v_{k,j}\right).$$

假定物体被划分为M个单元，节点数为 N。设 $\phi^{(m)}$ 代表泛函 ϕ 在第 m 个单元上求值．那么

$$\Phi=\sum_{m}^{M}\phi^{(m)},$$

现在只须用适当的插值函数 $\varphi^{(m)}$ 来逼近 $\phi^{(m)}$，即

$$\Phi\doteq\sum_{m}^{N}\varphi^{(m)}(\underline{V}^{(m)})$$

其中 $\underline{V}^{(m)}$ 为节点速度组成的列向量．因此上述变分问题就成为确定 $\underline{V}$ 使 Φ 取驻值的问题。详细的有限元公式推导过程可以参考[5.6]。

3）实例分析

假定冲头与模具是刚性的，板材是 2024-0 型铝合金．材料为各向同性，其等效应力与等效应变间的关系为

$$\begin{cases}\bar{\sigma}=293(\bar{\varepsilon})^{0.191}\ \mathrm{MN/m^2}, & \text{对于}\ \bar{\varepsilon}^p>0.04,\\ \bar{\sigma}=128.2+756.6(\bar{\varepsilon})\ \mathrm{MN/m^2}, & \text{对于}\ \bar{\varepsilon}^p\leqslant 0.04\end{cases}$$

材料的弹性常数为 $E=6.89\times10^4(\mathrm{MN/m^2})$，$\nu=0.33$．取板

厚为 1 单位，冲头直径为 1.8 单位，模具支承面半径为 1.2 单位，跨度为 7.5 单位．有限元网格划分见图 5-2，在实际迭代计算时，为保证精度和收敛性，最大冲头位移增量取为 0.05—0.06，当板进入塑性变形后，则将冲头位移增量限制在 0.01—0.012 之间．使板弯曲成 90°角需要 430 个冲头位移增量步，总计 CPU 时间 1000 秒(CDC 7600 计算机)．

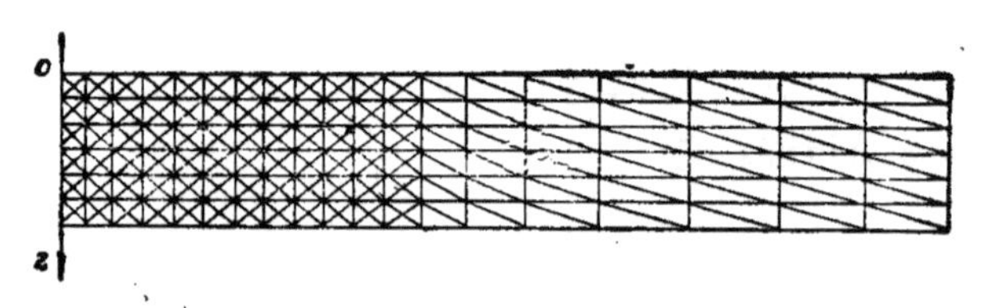

图 5-2 有限元网格划分．

图 5-3 —图 5-6 给出了上述问题的部分结果．从图 5-3 可以看出，板被弯到 70°时，承载能力开始下降，而板的厚度变化在 30°以前非常显著，30°以后变化率很快降低．如果与图 5-4 的塑性区演化过程进行对照容易看到，当弯曲到一定角度后，上下板面的塑性区相接，形成类似于塑性铰的变形区，由于材料的强化模量远低于弹性模量，因此必然出现变形抗力显著降低的现象．从这里也可以看出，板的上下纤维在对称轴处首先屈服，与初等梁理论预报的结果一致．

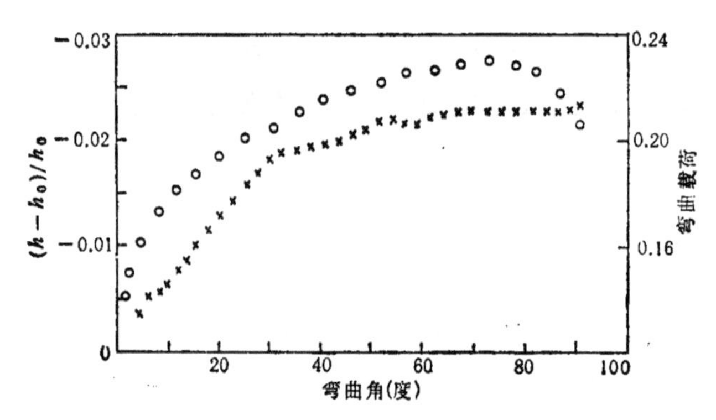

图 5-3 承载能力与中心轴处板厚随弯曲角的变化．●载荷，×厚度变化率．

随着外载增加，塑性区不断扩展，但对称轴附近板元出现反复的加卸载．这种加卸载的原因可由图 5-5 得到解释．弯曲后，板的无伸长层（$\bar{\varepsilon}=0$）、中性层（$\sigma=0$）以及几何中心层出现明显分离，且前两者都是向板凹的一侧移动．这一现象与第二章塑性弯曲的数学理论给出的纯弯曲状态下板的变形性质完全一致．可见这种分离现象是该类问题的共性．因此由第二章的分析知，这种分离过程必定导至加载卸载的反复变化．

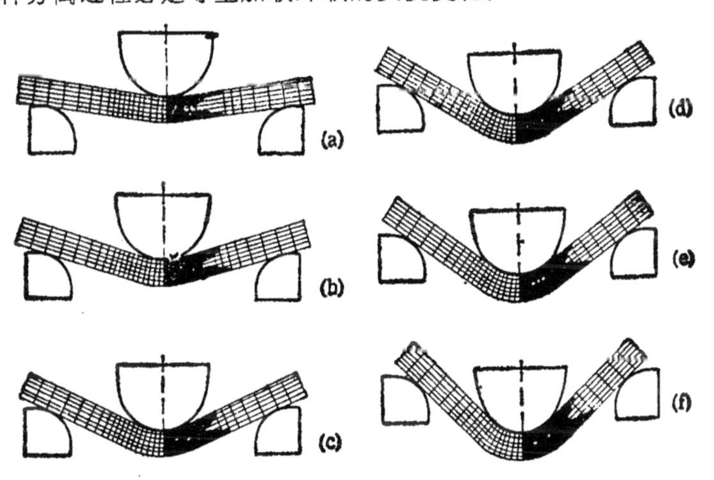

图 5-4 塑性区的扩展与冲头位移的关系．冲头位移量：
(a) 0.6; (b) 1.2; (c) 1.8; (d)2.25; (e) 2.8; (f)3.2.

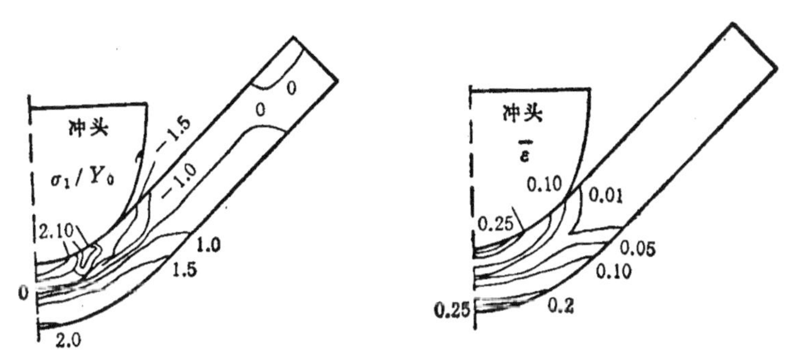

图 5-5 弯曲应力与等效应变的分布（Y_0 初始屈服应力）．冲头位移 3.2.

冲头顶部与板面之间出现间隙（见图 5-6）是这类冲压弯曲成

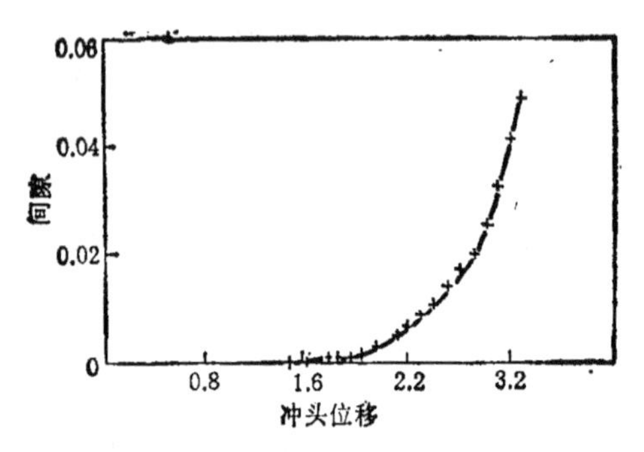

图 5-6 冲头顶部与板面间隙随冲头位移的变化.

形问题的共同特点(如第四章的理论和实验分析). 板内应力应变状态的复杂变化,造成板曲率半径的变化过程也很复杂,从而形成了冲头表面与板面间接触性质的改变.

§ 5.2 半解析半数值方法

用有限元方法尽管原则上可以求解很复杂的问题，但实际上常受计算机容量、计算时间、结果精度等多种因素的影响. 在工程实际中,图 5-1 所示的例子是最为简单的了，但也需花费 1000 秒的 CPU 时间才能完成这一变形过程的分析. 因此，即使是在有限元等数值方法已经得到了高度发展和普遍应用的今天，寻找其他更有效的途径仍然是非常必要的.

充分利用第二、第三和第四章的解析结果,我们发展了一套半解析半数值的适用于单向弯曲分析的有效方法[5.7—5.10]，并在应用中取得了很好的效果.

5.2.1 梁在对称弯曲下的回弹分析

图 5-7 所示的具有一个对称面的等截面直梁，设 y 轴与截面中性轴重合，z 轴与截面对称轴重合. 梁在轴力 N 和弯矩 M 的联合作用下对称弯曲. 忽略横向（z 向)的挤压，由平截面假定，x 轴方向的应变为

$$\varepsilon = z/\rho,$$

这里 ρ 是中性轴的曲率半径，因此，截面上的平衡条件给出

$$N = \int_{-z_N}^{h-z_N} b(z)\sigma(z/\rho)dz, \tag{5-1}$$

$$M = \int_{-z_N}^{h-z_N} zb(z)\sigma(z/\rho)dz. \tag{5-2}$$

其中 h 为梁的高度，b 为梁上坐标为 z 的纤维层的宽度，σ 为截面上的正应力，z_N 为中性层与梁底面纤维的距离。

对于任意材料的真实应力-应变曲线，例如图 5-8 所示的

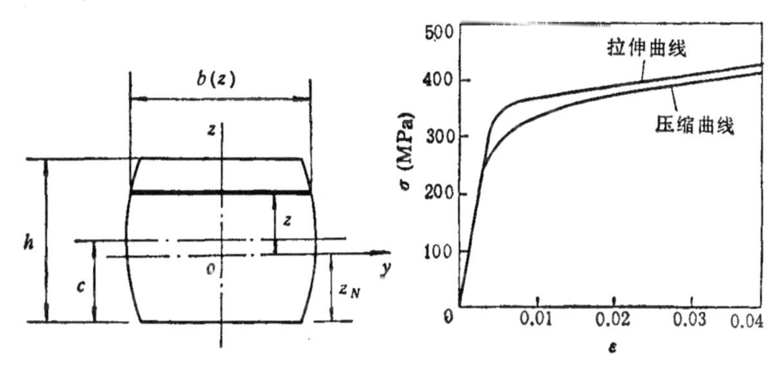

图 5-7 有一个对称轴的梁. 图 5-8 2024-T4 铝合金的 σ-ε 曲线.

2024-T4 铝合金的应力-应变关系，我们可以在曲线上找出一组离散点对 $(\varepsilon_i, \sigma_i)$ $(i=1, 2, \cdots, n)$. 这组点对间可以是不等距的. 为了计算方便，我们规定

$$|\varepsilon_1| \leqslant |\varepsilon_2| \leqslant \cdots \leqslant |\varepsilon_{n-1}| \leqslant |\varepsilon_n|.$$

这样，对任意确定的 ε，总能在上述点对中取出最靠近 ε 的相邻的三个点：$(\varepsilon_i, \varepsilon_i)$，$(\varepsilon_{i+1}, \sigma_{i+1})$ 和 $(\varepsilon_{i+2}, \sigma_{i+2})$，然后用 Lagrange 插值法求出 (ε, σ)，即

$$\sigma(\varepsilon) = \sum_{k=i}^{i+2}\left(\prod_{\substack{j=i\\ j\neq k}}^{i+2} \frac{\varepsilon - \varepsilon_j}{\varepsilon_k - \varepsilon_j}\right)\sigma(\varepsilon_k),$$

或写成

$$\sigma(\varepsilon) = \sum_{k=i}^{i+2} \phi_k(\varepsilon), \tag{5-3}$$

其中

$$\phi_k(\varepsilon)=\left(\prod_{\substack{j=i\\ j\neq k}}^{i+2}\frac{\varepsilon-\varepsilon_j}{\varepsilon_k-\varepsilon_j}\right)\ \sigma(\varepsilon_k),$$

$$i=\begin{cases} j-1, & \varepsilon<\frac{1}{2}(\varepsilon_i+\varepsilon_{i+1}),\ j=2,3,\cdots,n-2\\ n-2. & \varepsilon\geqslant\frac{1}{2}(\varepsilon_{n-2}+\varepsilon_{n-1})\end{cases}$$

将(5-1)及(5-2)利用数值积分法离散,并采用(5-3)式,即得到

$$N\approx\sum_{l=1}^{Q_1}\left(W_l^{(1)}b(z_l)\left[\sum_{k=i}^{i+2}\phi_k(z_l/\rho)\right]\right),$$

$$M\approx\sum_{l=1}^{Q_2}\left(W_l^{(2)}z_l b(z_l)\left[\sum_{k=i}^{i+2}\phi_k(z_l/\rho)\right]\right),$$

其中 $W_l^{(m)}$ $(m=1,2)$ 为积分系数, Q_1 和 Q_2 为积分区间分段数。在线性卸载的条件下,回弹前后的曲率半径满足

$$\frac{1}{\rho_f}=\frac{1}{\rho}-\frac{M}{EI},\tag{5-4a}$$

这里 ρ_f 是中性轴回弹后的曲率半径(参见第一章), E 为弹性模量, I 为横截面对中性轴的惯性矩,可用下式计算

$$I=\int_{-z_N}^{h-z_N}z^2b(z)dz=\sum_{l=1}^{Q_3}W_l^{(3)}z_l^2b(z_l),$$

式中 $W_l^{(3)}$ 为积分系数, Q_3 为积分区间分段数.

由图 5-7 可知,截面形心轴回弹后的曲率半径为

$$R_f=\rho_f+z_N-C.\tag{5-4b}$$

利用公式(5-1)、(5-2)和(5-4),并设 $(\ )^K$ 代表第 K 个迭代循环中的某物理量,则增量调整法计算回弹的过程可写为:

(i) 给定外加轴力 N^* 及外加弯矩 M^*

(ii) 给出初始值 z_N^0 (如,令 z_N 与梁的形心轴重合,即 $z_N^0=c$)

(iii) 计算 N^K 和 M^K

(iv) 如果$N^K - N^* \approx 0$同时$M^K - M^* \approx 0$,则转步(v);否则,调整 z_N,转步(iii)(用 Newton-Raphson 方法能有效地实现调整)

(v) 计算 ρ_f, R_f; 输出;停

5.2.2 Baushinger 效应

第二章已经指出,如果要精确计算回弹量,必须考虑中性层移动时梁截面中部纤维层的包兴格效应的影响. 为此, 我们给出一个简便的判别式来判别是否要考虑 Baushinger 效应:

$$|\sigma_{\max}^{\pm}| \leqslant c^{\pm} = \begin{cases} \Sigma, & A < 0 \\ (1-\alpha)(Y^{+} + |Y^{-}|)/A, & A > 0 \end{cases} \qquad (5\text{-}5)$$

其中 Σ 是一个很大的正常数,而

$$A = 1 - \alpha(Y^{+} + |Y^{-}|)/|Y^{\pm}|,$$

$\sigma_{\max}^{\pm}$ 代表某纤维层在卸、加载前达到的最大拉、压应力. α 为由材料性质决定的常数. 如若 $\alpha = 1$ 而 $A < 0$, 则为等向强化模型;若 $A > 0$ 而取 $\alpha = 0$, 则为随动强化模型, 若取 $\alpha < 0$ 则为软化模型, $\alpha > 0$ 则为组合强化模型,参见图 5-9.

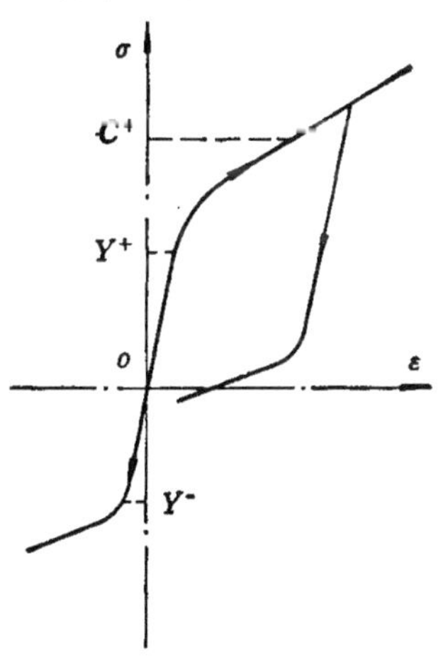

图 5-9 Baushinger 效应对应力-应变曲线的影响.

如果实际的应力状态破坏了条件 (5-5), 就必须考虑 Baushinger 效应的作用. 处理方法见第二章.

图 5-10 是用上述方法求出的正方形截面 2024-T4 铝合金梁的回弹性及中性轴移动的性质. 这种铝合金具有不同的拉压应力-应变关系(见图 5-8).

5.2.3 应用例子: 一般柱面弯曲模的型面设计

工件在一般柱面模中的弯曲,如图 5-11 所示, 其回弹量难以

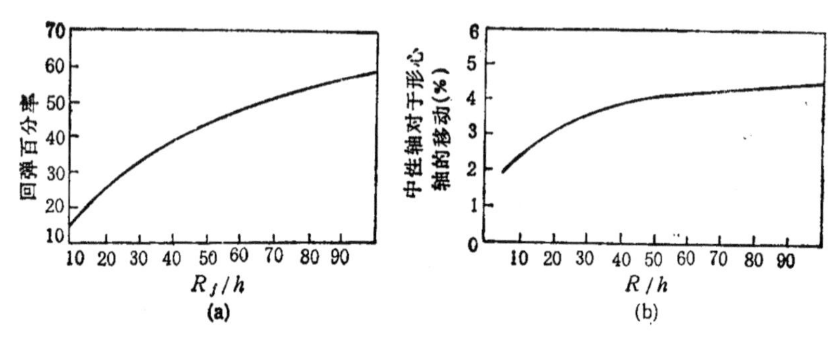

图 5-10 (a) 铝合金梁的回弹百分率与 R_f/h 的关系;(b) 铝合金梁弯曲时中性轴的移动.

用很简单的纯弯曲模型准确求出. 这是因为工件在曲模中的变形过程、受力状态等都较复杂. 通过实验研究发现, 这类工件的变形过程可大致分为以下几个阶段:

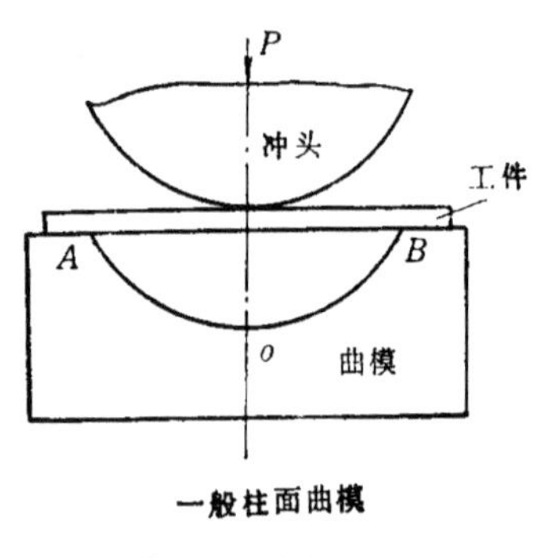

图 5-11 一般柱面曲模.

(i) 工件仅由底模的 A 和 B 两点支承时的弯曲阶段;

(ii) 冲头、工件以及底模之间大面积接触, 迫使工件与模具贴合的阶段;

(iii) 撤去冲头, 工件回弹的阶段.

这样的复杂加工过程难以用通常简单的理论分析模型求出合理可用的结果. 我们用本节给出的方法通过引用适当的计算方法来设计柱面模的型面.

设某一工件冲压完毕后的形状可用 $y = y(x)$ 来表示, 见图 5-12. 由此我们可以给出一组离散形式的设计参数: (x_i, κ_i) $(i = 1, \cdots, l)$. 这里 κ_i 是工件上横坐标为 x_i 的截面上形心轴的曲率. 为简单计, 我们这里仅考虑 $\overset{\frown}{AO}$ 与 $\overset{\frown}{OB}$ 对称的问题(见图 5-11). 用本节的方法对每一横坐标为 $x_i (x_i > x_{i-1})$ 的截面逐一作弹塑性分析, 求出这些截面上的形心轴在回弹以前的曲率

κ_i^*，然后对这组数据 (x_i, κ_i^*) $(i=1,\cdots,l)$ 作三次样条分段拟合，得出工件回弹之前形心轴的曲率分布函数 $\kappa(x)$。再由此求解考虑大变形性质的工件变形非线性微分方程得到工件在回弹前形心轴的形状，因而得出曲模的型面形状。图 5-13 给出了这一设计思想的简明流程图。

假定由 5.2.1 和 5.2.2 节的方法求出了 $(x_i, \kappa_i^*)(i=1,2,\cdots,l)$。现在用样条拟合法求 $\kappa(x)$。

设在点 (x_i, κ_i^*) $(i=1, 2,\cdots,l)$ 中插入 m_1+1 个点 ζ_0，ζ_1，$\cdots$，ζ_{m_1-1}，ζ_{m_1}，使

$$\zeta_0 < x_1 < \zeta_1 < \cdots < \zeta_{m_1-1} < x_l < \zeta_{m_1}$$

令

$$\kappa(x) = \begin{cases} g_1(x), & \zeta_0 < x \leqslant \zeta_1 \\ g_2(x), & \zeta_1 < x \leqslant \zeta_2 \\ \vdots & \vdots \\ g_{m_1}(x), & \zeta_{m_1-1} < x \leqslant \zeta_{m_1} \end{cases} \tag{5-6a}$$

其中

$$g_j(x) = \sum_{t=0}^{3} A_{jt} T_{jt}(X), \ (j=1,\cdots,m_1)$$

$$X = \frac{2(x-\zeta_{j-1})}{\zeta_j - \zeta_{j-1}} - 1, \tag{5-6b}$$

而 T_{jt} 为第一类 Chebyshev 多项式。假定在第 j 个区间上有 N_j 个点 (x_i, κ_i^*)，记为 (x_{ji}, κ_{ji}^*)，亦即有

$$\zeta_{j-1} < x_{j1} \leqslant x_{j2} \leqslant \cdots \leqslant x_{jN_j} \leqslant \zeta_j \ (j=1,\cdots,m_1)$$

则可用样条函数对 (x_{ji}, κ_{ji}^*) $\left(j=1, \cdots, m_1;\ i=1, \cdots, N_j;\ \sum_{j=1}^{m_1} N_j = l\right)$ 作最小二乘拟合，这就要求用下面的条件来确定式 (5-6b) 中的系数 A_{jt}，使

$$\sum_{j=1}^{m_1} \sum_{i=1}^{N_j} (g_j(x_{ji}) - \kappa_{ji}^*)^2 \tag{5-7}$$

最小，并使 g_i 与 g_{i+1} 在 ζ_i 处满足函数及其第一二阶导数的连

续条件:

$$g_j^{(s)}(\zeta_j) = g_{j+1}^{(s)}(\zeta_j), \quad (j = 1, \cdots, m_1 - 1; s = 0, 1, 2). \tag{5-8}$$

将按条件(5-7)及(5-8)求出的 A_{jt} 代回(5-6a)即求得曲率分布函数 $\kappa(x)$。

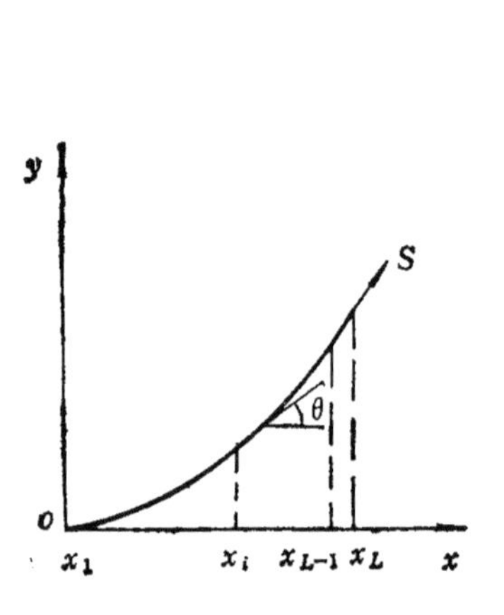

图 5-12 成形后工件中面的形状.

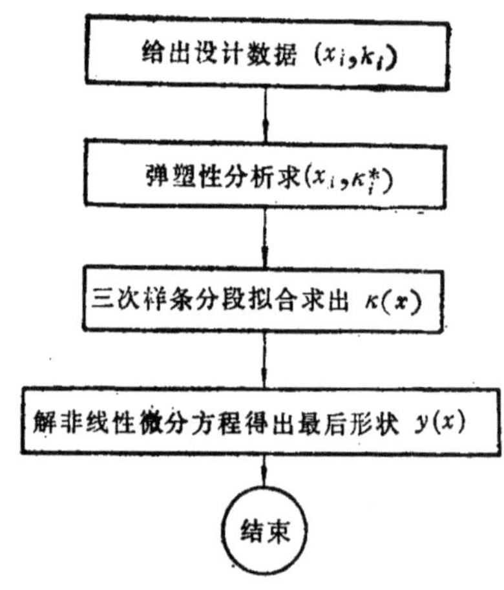

图 5-13 弯曲模计算机辅助设计思想的简明流程.

由图 5-12,对于上述已知的 $\kappa(x)$,有

$$\frac{d\theta}{ds} = \kappa(x) \tag{5-9}$$

而且

$$\frac{dx}{ds} = \cos\theta, \qquad \frac{dy}{ds} = \sin\theta \tag{5-10}$$

这里 θ 为局部转角, s 为与工件截面形心轴重合的弧长坐标. 在(5-9)和(5-10)中消去 θ 和 s 就得到

$$\frac{d^2y}{dx^2} - \kappa(x)\left[1 + \left(\frac{dy}{dx}\right)^2\right]^{3/2} = 0. \tag{5-11}$$

这就是我们要求解的考虑了大变形的非线性微分方程. 与所说具体问题相适应的边界条件为

$$y(0)=0 \text{ 和 } \frac{dy(0)}{dx}=0. \tag{5-12}$$

我们用内部型最小二乘配点——Powell 方法[5,7]求解。对于一般的非线性边值问题，控制方程可写为

$$L[x, u(x), u'(x), \cdots, u^{(2p)}(x)]=0, \text{在区域内} \tag{5-13}$$

$$G_\alpha[x, u(x), u'(x), \cdots, u^{(2p-1)}(x)]=0, \text{在边界上} \tag{5-14}$$

$$(\alpha=1, 2, \cdots, p)$$

其中 L 和 G_α 为某函数表达式。上式中的最高阶导数也可为奇数。设取满足边界条件 (5-14) 的试函数为

$$\tilde{u}=\tilde{u}(\underline{c}, x), \tag{5-15}$$

这里 $\underline{c}$ 为待定系数向量。对于区域内一组给定的点列 x_q $(q=1, \cdots, m)$，将 $\tilde{u}(\underline{c}, x)$ 代入 (5-13)，则一般因 (5-13) 得不到满足而产生残差(若 $\tilde{u}$ 也满足 (5-13) 我们就得到了精确解)，设该残差向量为 $\underline{R}$，则

$$\underline{R}=\begin{bmatrix} L[x_1, \tilde{u}(\underline{c}, x_1), \cdots, \tilde{u}^{(2p)}(\underline{c}, x_1)] \\ \vdots \\ L[x_m, \tilde{u}(\underline{c}, x_m), \cdots, \tilde{u}^{(2p)}(\underline{c}, x_m)] \end{bmatrix}. \tag{5-16}$$

作函数

$$f(\underline{c})=\underline{R}^T\underline{R}, \tag{5-17}$$

并将其作为 Powell 方法的目标函数，那么在求出 $f_{\min}$ 的同时也就求得了相应的 $\underline{c}$，从而求得了 (5-13) 与 (5-14) 的近似解 (5-15)。

对于我们现在由(5-11)和(5-12)所确定的问题，取 (5-15) 式的

$$\tilde{u}=\tilde{y}(\underline{c}, x)=\sum_{i=0}^{N_1} c_i x^i, \tag{5-18}$$

由条件 (5-12) 知，须有

$$c_0=0, \qquad c_1=0.$$

故对于人为选定的一组配置点 x_q $(q=1, \cdots, m)$，由 (5-16) 得

$$\underline{R}=\begin{bmatrix}\sum_{i=2}^{N_1}(i-1)c_i x_1^{i-2}-\kappa(x_1)\left[1+\left(\sum_{i=2}^{N_1} i c_i x_1^{i-1}\right)^2\right]^{3/2}\\ \vdots \\ \sum_{i=2}^{N_1} i(i-1)c_i x_m^{i-2}-\kappa(x_m)\left[1+\left(\sum_{i=2}^{N_1} i c_i x_m^{i-1}\right)^2\right]^{3/2}\end{bmatrix}. \tag{5-19}$$

将上式代入(5-17)，并用 Powell 方法求出 $\underline{c}$，就得到了近似解 $\tilde{y}(x)$。关于该方面更细致的论述见文献[5.9]。

利用§5.2 的方法，我们编制了图5-14 所示的通用程序来分析各种复杂条件下梁和板的单向弯曲成形问题，取得了很好的效果。

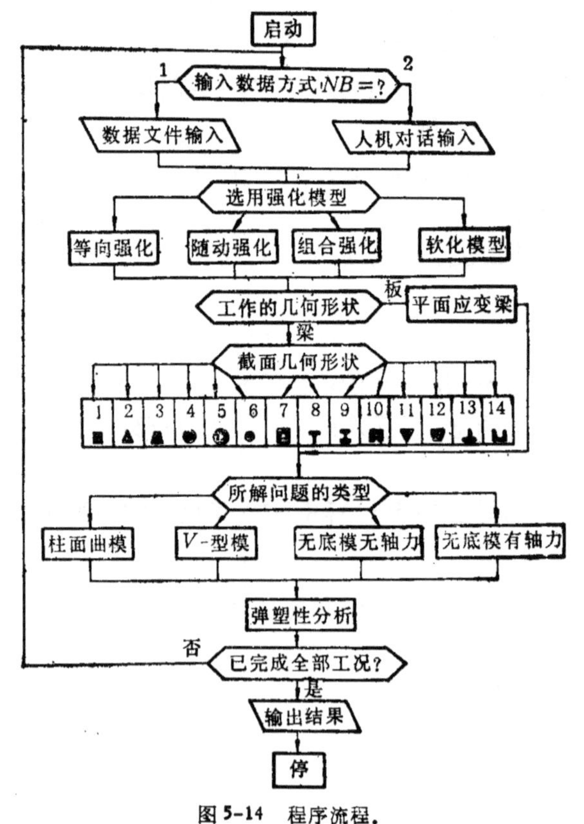

图 5-14　程序流程。

参 考 文 献

[5.1] 余同希、章亮炽，塑性弯曲成形的研究进展，应用科学学报，**1**，1988.

[5.2] S.I. Oh and S. Kobayashi, Finite element analysis of plane-strain sheet bending, *Int. J. Mech. Sci.*, **22**, 1980, p. 583.

[5.3] R. Hill, A general theory of uniqueness and stability in elastic-plastic solids, *J. Mech. Phys. Solids*, **6**, 1958, p. 231.

[5.4] R. Hill, Some basic principles in the mechanics of solids without a natural time, *J. Mech. Phys. Solids* **7**, 1959, p. 209.

[5.5] J.G. Oldroyd, On the formulation of rheological equations of state, *Proc. Yory. Soc.*, **A200**, 1950, p. 523.

[5.6] 殷有泉，固体力学非线性有限元引论，北京大学、清华大学出版社，1987.

[5.7] 章亮炽、余同希，解非线性微分方程的一类最小二乘配点法探讨，第三届全国加权残数法学术交流会论文集，杭州，1986.

[5.8] 章亮炽、余同希，梁和板弹塑性弯曲成形的计算机辅助设计程序，计算结构力学及其应用，**4**，**1987**，103 页.

[5.9] 余同希、章亮炽、王仁，一般柱面曲模的计算机辅助设计方法，机械工程学报，**1**，**1988**.

[5.10] 余同希、章亮炽，弹塑性纯弯曲及扭转后回弹问题的数值分析方法，应用力学学报，**4**，1987，19 页.

第六章　圆板的轴对称弯曲

§6.1　概　　述

在历史上，对圆板各种力学性质的研究一直受到广泛的重视，各种各样的理论研究、数值计算和实验分析所积累的文献极其丰富．这有几个重要原因．首先，圆板是在各种结构中被广泛采用的元件，大至大型建筑，小至微型仪表．工程师们需要对圆板的性质有透彻了解才能在设计中灵活应用．其次，圆板也是最简单的耦几何与物理非线性为一体的平面应力力学分析模型．通过对圆板的分析，可以获得许多有用的类似于复杂结构的性质．因此，圆板也就成为人们试验各种分析方法（理论的和数值的）的重要考察对象．这里，我们将先简略地概括早期的若干重要工作，然后详细论述新近的一些重要研究成果．

刚塑性弯曲是早期研究的重要内容之一(如 [6.1—6.3])．由于在薄板的弯曲变形中弹性变形通常起着很重要的作用，所以这种忽略弹性变形的刚塑性分析方法只能求出承载能力却难以得到实际关心的载荷-挠度关系．Sokolovsky[6.4] 是较早进行弹塑性分析的研究者之一．他采用的是全量理论和 Mises 屈服准则，但限于小挠度范围．此后也有不少类似的工作(如 [6.5—6.7])，但在研究方法上是雷同的．这些研究无法描述弯曲过程中出现的局部卸载，也没有同实验结果作系统比较．

Ohashi 等[6.8—6.12]用全量理论较全面地研究了均布载荷作用下圆板的轴对称大挠度弹塑性弯曲．在方法上，他们推广了 Sokolovsky[6.13] 的研究技巧，但推导过程非常繁复．从他们的结果来看，理论与实验值吻合良好．但 Ohashi 等没有讨论全量理论应用的合理性问题．与 Ohashi 等相近的工作很多，如，Myszkowski[6.14]

简化了前者的繁琐推导过程而用 Runge-Kutta 方法求解最后的方程组。Naghdi[6.15] 则用了数值积分法。古国纪等[6.16]应用了小参数法和逐次渐近法。70 年代末，Turvey[6.17-6.19] 用动力松弛方法求解 Myszkowski 的方程组。

Sherbourne 等[6.20]也曾用全量理论提出一个将膜力和弯曲效应分开考虑的大挠度变形的分析方法。但他的分析方法具有明显的不合理性。

人们也注意到了全量理论的局限性，开展了增量理论的应用研究。May 和 Gerstle[6.21] 以及 Popov[6.22] 作了小挠度分析，其中 May 等用了 Tresca 屈服条件而 Popov 用了 Mises 条件。由于未计膜力的作用，当外载增加到一定程度时理论与实验解出现了较大差异。Tanaka[6.23] 的研究考虑了较多复杂因素的影响。他同时考察了大挠度、等向强化和随动强化等对板变形的作用。但在与实验进行比较时没有考虑两者在边界条件上存在的不一致性。在理论求解时没有考虑板的面内约束，但实验中却加了这种约束。

一般而言，要采用增量理论又要考虑大挠度甚至大应变等因素，常须借助于一定的数值方法。这将在第九章中专门介绍。

§6.2 圆薄板弯曲的基本方程

我们假定,无论是弹性还是塑性变形阶段,板都服从 Kirchhoff 假定。我们将在柱坐标系 (r, θ, z) 下研究圆薄板的变形，如图 6-1(a) 所示。坐标原点 o 与板的中心点重合,坐标轴 z 与板的对称轴重合,因此板的中面与 $r\theta$ 平面重合。

设板厚为 h，半径为 a。

6.2.1 平衡方程

如果考虑膜力的作用,则板的平衡方程可写为

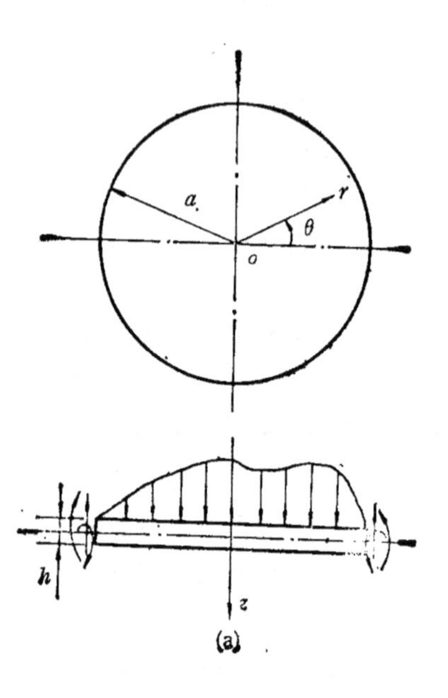

(a)

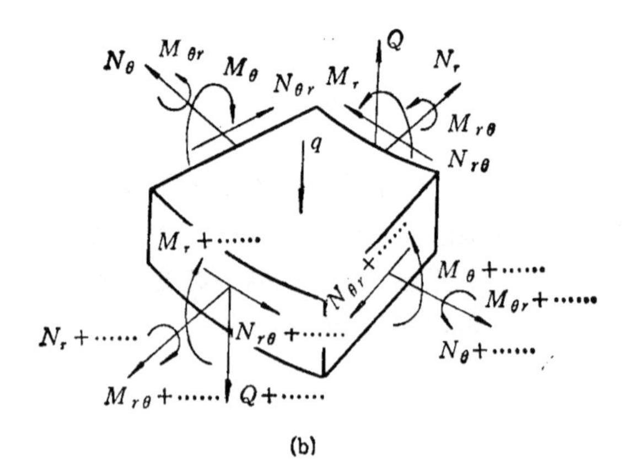

(b)

图 6-1 （a）柱坐标系下的圆板；（b）板元上的广义内力.

$$
\begin{cases}
\dfrac{\partial N_r}{\partial r}+\dfrac{1}{r}\dfrac{\partial N_{r\theta}}{\partial \theta}+\dfrac{1}{r}(N_r-N_\theta)=0, \\
\dfrac{\partial N_{r\theta}}{\partial r}+\dfrac{1}{r}\dfrac{\partial N_\theta}{\partial \theta}+\dfrac{2}{r}N_{r\theta}=0, \\
\dfrac{\partial^2 M_r}{\partial r^2}+\dfrac{2}{r}\dfrac{\partial M_r}{\partial r}-\dfrac{1}{r}\dfrac{\partial M_\theta}{\partial r}+\dfrac{2}{r}\dfrac{\partial^2 M_{r\theta}}{\partial r\,\partial \theta} \\
\qquad +\dfrac{2}{r^2}\dfrac{\partial M_{r\theta}}{\partial \theta}+\dfrac{1}{r^2}\dfrac{\partial^2 M_\theta}{\partial \theta^2} \\
\qquad +\left[N_r\dfrac{\partial^2 w}{\partial r^2}+2N_{r\theta}\dfrac{\partial}{\partial r}\left(\dfrac{1}{r}\dfrac{\partial w}{\partial \theta}\right)\right. \\
\qquad \left.+N_\theta\left(\dfrac{1}{r}\dfrac{\partial w}{\partial r}+\dfrac{1}{r^2}\dfrac{\partial^2 w}{\partial \theta^2}\right)\right]+q=0,
\end{cases}
\tag{6-1}
$$

其中 q 为横向外载，w 为挠度，N_r，N_θ 和 $N_{r\theta}$ 为板中面上的膜力，M_r 和 M_θ 为中面上的弯矩,而 $M_{r\theta}$ 则为中面上的扭矩，见图 6-1(b)，它们都是广义内力,与各应力分量的关系为

$$
(N_r,\ N_\theta,\ N_{r\theta},\ M_r,\ M_\theta,\ M_{r\theta})=
\int_{-h/2}^{h/2}(\sigma_r,\ \sigma_\theta,\ \tau_{r\theta},\ \sigma_r z,\ \sigma_\theta z,\ \tau_{r\theta} z)dz. \tag{6-2}
$$

上式中 σ_r 和 σ_θ 为 r 和 θ 方向的正应力，$\tau_{r\theta}$ 为剪应力．如果只考虑轴对称变形，则因所有量都与周向坐标 θ 无关，$\tau_{r\theta}=0$，故(6-1)简化为

$$
\begin{cases}
\dfrac{\partial N_r}{\partial r}+\dfrac{1}{r}(N_r-N_\theta)=0, \\
\dfrac{\partial^2 M_r}{\partial r^2}+\dfrac{1}{r}\left(2\dfrac{\partial M_r}{\partial r}-\dfrac{\partial M_\theta}{\partial r}\right)+N_r\dfrac{\partial^2 w}{\partial r^2} \\
\qquad +\dfrac{1}{r}N_\theta\dfrac{\partial w}{\partial r}+q=0.
\end{cases}
\tag{6-3}
$$

如果只考虑小挠度变形,(6-3)中有关膜力的各项均可略去，此时(6-3)进一步简化为

$$
\frac{\partial^2 M_r}{\partial r^2}+\frac{1}{r}\left(2\frac{\partial M_r}{\partial r}-\frac{\partial M_\theta}{\partial r}\right)+q=0. \tag{6-4}
$$

6.2.2 几何方程-应变位移关系

文献[6.24]指出，下列形式的应变-位移关系在挠度w达到板厚的10倍时仍具有很好的精度。该方程也称为Kármán-Donnell关系：

$$
\begin{cases}
\varepsilon_r^\circ = \dfrac{\partial u}{\partial r} + \dfrac{1}{2}\left(\dfrac{\partial w}{\partial r}\right)^2, \\
\varepsilon_\theta^\circ = \dfrac{u}{r} + \dfrac{1}{r}\dfrac{\partial v}{\partial \theta} + \dfrac{1}{2}\left(\dfrac{1}{r}\dfrac{\partial w}{\partial \theta}\right)^2, \\
\gamma_{r\theta}^\circ = \dfrac{1}{r}\dfrac{\partial u}{\partial \theta} + \dfrac{\partial v}{\partial r} - \dfrac{v}{r} + \dfrac{\partial w}{\partial r}\left(\dfrac{1}{r}\dfrac{\partial w}{\partial \theta}\right), \\
\kappa_r = -\dfrac{\partial^2 w}{\partial r^2}, \\
\kappa_\theta = -\dfrac{1}{r}\dfrac{\partial w}{\partial r} + \dfrac{1}{r^2}\dfrac{\partial^2 w}{\partial \theta^2}, \\
\kappa_{r\theta} = -\dfrac{1}{r}\dfrac{\partial^2 w}{\partial r\,\partial \theta} + \dfrac{1}{r^2}\dfrac{\partial w}{\partial \theta},
\end{cases}
\tag{6-5}
$$

$$
\begin{cases}
\varepsilon_r = \varepsilon_r^\circ + z\kappa_r, \\
\varepsilon_\theta = \varepsilon_\theta^\circ + z\kappa_\theta, \\
\gamma_{r\theta} = \gamma_{r\theta}^\circ + 2z\kappa_{r\theta},
\end{cases}
\tag{6-6}
$$

其中u和v分别为板中面上r和θ方向的位移，ε_r°，ε_θ° 和 $\gamma_{r\theta}^\circ$分别为中面上r方向和θ方向的正应变及$r\theta$面上的剪应变，κ_r，κ_θ 和 $\kappa_{r\theta}$ 分别为相应方向上的曲率及扭率，不带上标“°”的量则为离中面距离为z的平行平面层上的相应量。与平衡方程的情形类似，对于轴对称变形问题，(6-5)可以简化为

$$
\begin{cases}
\varepsilon_r^\circ = \dfrac{\partial u}{\partial r} + \dfrac{1}{2}\left(\dfrac{\partial w}{\partial r}\right)^2, \\
\varepsilon_\theta^\circ = \dfrac{u}{r}, \\
\kappa_r = -\dfrac{\partial^2 w}{\partial r^2},
\end{cases}
\tag{6-7}
$$

$$\kappa_\theta = -\frac{1}{r}\frac{\partial w}{\partial r},$$

而(6-6)则形式不变。如果仅考虑小挠度变形，则(6-7)的第一式还可简化为

$$\varepsilon_r^\circ = \frac{\partial u}{\partial r}. \tag{6-8}$$

6.2.3 本构方程

实践表明，对于大挠度、大转动、小应变，并且是非循环加载的问题，与 Mises 屈服条件相关联的等向强化流动理论可以较好地描述金属材料的变形特性。该理论也称为等向强化 J_2 流动理论，其一般形式为：

在弹性区：

$$\delta\varepsilon_{ij} = \frac{\delta\sigma_{ij}}{2G} - \frac{\nu}{E}\delta\sigma_{kk}\delta_{ij}, \tag{6-9a}$$

在塑性区：

$$\begin{cases} \delta e_{ij} = \dfrac{\delta s_{ij}}{2G} + \delta\lambda\dfrac{\partial\phi}{\partial\sigma_{ij}}, \\ \delta\varepsilon_{kk} = \dfrac{1-2\nu}{E}\delta\sigma_{kk}, \\ \delta\lambda = \begin{cases} 0, & \phi(\sigma_{ij}+\delta\sigma_{ij}) \leqslant 0, \\ H\delta\phi, & \phi(\sigma_{ij}+\delta\sigma_{ij}) > 0, \end{cases} \end{cases} \tag{6-9b}$$

其中 ν 为 Poisson 比，E 为弹性模量，G 为剪切模量，e_{ij} 为应变偏量，s_{ij} 为应力偏量，$\phi=0$ 为 Mises 加载面，H 为强化模量。$\delta()$ 表示 () 的增量。

为了应用方便，我们可将(6-9)改写成柱坐标系中的分量形式，并以应变分量来表示应力分量：

$$\delta\underset{\sim}{\sigma} = \underset{\sim}{c}\,\delta\underset{\sim}{\varepsilon}. \tag{6-10a}$$

其中

$$\delta\underset{\sim}{\sigma} = (\delta\sigma_r, \delta\sigma_\theta, \delta\tau_{r\theta})^T, \tag{6-10b}$$

$$\delta\underset{\sim}{\varepsilon} = (\delta\varepsilon_r, \delta\varepsilon_\theta, \delta\gamma_{r\theta})^T, \tag{6-10c}$$

$$
\underset{\sim}{c} = \begin{pmatrix} c_{11} & c_{12} & c_{13} \\ c_{21} & c_{22} & c_{23} \\ c_{31} & c_{32} & c_{33} \end{pmatrix}. \tag{6-10d}
$$

在弹性区，$\underset{\sim}{c}$ 的各元素分别为：

$$
c_{11} = \frac{E}{1-\nu^2},\quad c_{12} = \nu c_{11},\quad c_{13} = 0,
$$

$$
c_{21} = c_{12},\qquad c_{22} = c_{11},\quad c_{23} = 0,
$$

$$
c_{31} = 0,\qquad c_{32} = 0,\quad c_{33} = G.
$$

而在塑性区,则又分别为：

$$
\begin{aligned}
c_{11} &= 2G(1+H_1) - k_1^2 H_2/k, \\
c_{12} &= 2GH_1 - k_1 k_2 H_2/k, \\
c_{13} &= -k_1 H_2 \tau_{r\theta}/(k\bar{\sigma}), \\
c_{22} &= 2G(1+H_1) - k_2^2 H_2/k, \\
c_{23} &= -k_2 H_2 \tau_{r\theta}/(k\bar{\sigma}), \\
c_{33} &= G - H_2 \tau_{r\theta}^2/(k\bar{\sigma}^2), \\
c_{21} &= c_{12},\quad c_{31} = c_{13},\quad c_{32} = c_{23},
\end{aligned}
$$

其中

$$
\begin{aligned}
H_1 &= (E_1 - 2G)/(E_1 - 4G), \\
H_2 &= 3G - E_t, \\
E_t &= 3EE_t^0/[3E - (1-2\nu)E_t^0], \\
E_1 &= E/(1-2\nu), \\
k_1 &= \bar{\sigma}^{-1}(H_3\sigma_r - H_4\sigma_\theta), \\
k_2 &= \bar{\sigma}^{-1}(H_3\sigma_\theta - H_4\sigma_r), \\
k &= 1 - H_2(\sigma_r + \sigma_\theta)^2/[3(E_1 + 4G)\bar{\sigma}^2], \\
H_3 &= (E_1 + 2G)/(E_1 + 4G), \\
H_4 &= 2G/(E_1 + 4G), \\
\bar{\sigma} &= (\sigma_r^2 + \sigma_\theta^2 + 3\tau_{r\theta}^2 - \sigma_r\sigma_\theta)^{1/2}.
\end{aligned}
$$

上列各式中的 E_t^0 为单向拉伸应力-应变曲线上的切线模量.

在轴对称变形的条件下,(6-10)式可大大简化,这时只须令诸式中 $\tau_{r\theta}, \delta\tau_{r\theta}, \gamma_{r\theta}$ 及 $\delta\gamma_{r\theta}$ 为零.

在一定的条件下，如比例加载和完全加载(指加载满足 Budiansky[6.25] 给出的完全加载路径的条件，也可参见王仁等的著作[6.26])，可等价地应用全量理论，使问题的分析过程简化。以轴对称变形问题为例，其全量形式的本构方程可由简化后的(6-10)式积分得到，即

$$\underset{\sim}{\sigma} = \underset{\sim}{c}^* \underset{\sim}{\varepsilon}, \tag{6-11a}$$

其中

$$\underset{\sim}{\sigma} = (\sigma_r, \sigma_\theta)^T, \tag{6-11b}$$

$$\underset{\sim}{\varepsilon} = (\varepsilon_r, \varepsilon_\theta)^T, \tag{6-11c}$$

$$\underset{\sim}{c}^* = \begin{pmatrix} c_{11}^* & c_{12}^* \\ c_{21}^* & c_{22}^* \end{pmatrix}. \tag{6-11d}$$

在弹性区，$\underset{\sim}{c}^*$ 就是 (6-10d) 中 $\underset{\sim}{c}$ 的二阶主子矩阵，而在塑性区，

$$c_{11}^* = \frac{2}{3} E_s(1 + H_1^*), \quad c_{12}^* = \frac{2}{3} E_s H_1^*,$$

$$c_{21}^* = c_{12}^*, \qquad c_{22}^* = c_{11}^*,$$

其中

$$H_1^* = \frac{E/(1-2\nu) - 2E_s/3}{E/(1-2\nu) + 4E_s/3}, \quad E_s = \frac{3EE_s^\circ}{3E - (1-2\nu)E_s^\circ}.$$

这里 E_s° 为单向拉伸应力应变曲线的割线模量.

§6.3 在边缘均布弯矩作用下圆板的弹塑性大变形[6.27]

6.3.1 理论分析

我们来分析图 6-2 所示的在边缘均布弯矩作用下圆板的变形。为简便起见，假定圆板的材料是理想弹塑性的，服从 Tresca 屈服条件。显然，板的变形是轴对称的。

引用下列无量纲量

$$\xi = \frac{u}{h}, \ \zeta = \frac{w}{h}, \ \rho = \frac{r}{h}, \tag{6-12a}$$

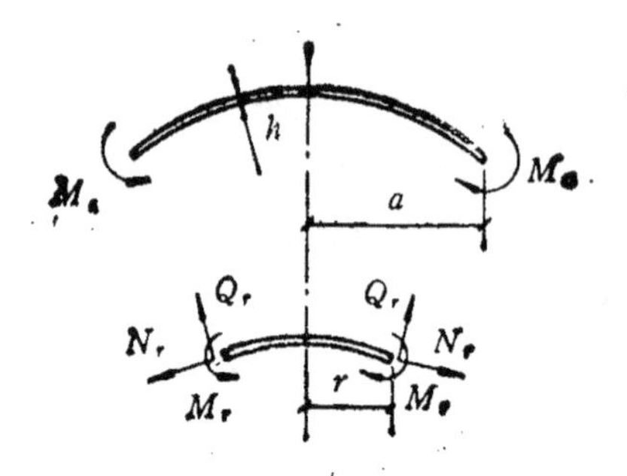

图 6-2　边缘均布径向弯矩作用下的圆板.

$$\phi_r = \frac{\kappa_r}{\kappa_e},\ \phi_\theta = \frac{\kappa_\theta}{\kappa_e}, \tag{6-12b}$$

其中

$$\kappa_e = \frac{2Y(1-\nu^2)}{hE} \tag{6-12c}$$

为板内出现初始屈服时的曲率，Y 为屈服应力．利用(6-12),(6-7)可改写为

$$\begin{cases} \varepsilon_r^\circ = \xi' + \dfrac{1}{2}\zeta'^2, \\ \varepsilon_\theta^\circ = \dfrac{\xi}{\rho}, \\ \phi_r = -f\zeta'', \\ \phi_\theta = -f\dfrac{\zeta'}{\rho}, \end{cases} \tag{6-13}$$

这里

$(\ )' = \dfrac{d}{d\rho}(\ )$，而

$$f = \frac{1}{h\kappa_e} = \frac{E}{2Y(1-\nu^2)} \tag{6-14}$$

是与材料性质相关的常数。

此外，由图 6-3 知，板内任一点的应变可表达为

$$\varepsilon_r = \frac{z+b_r}{R_r+b_r} \approx \frac{\left(1-\dfrac{b_r}{R_r}\right)z+b_r}{R_r} - \left(\frac{b_r}{R_r}\right)^2$$

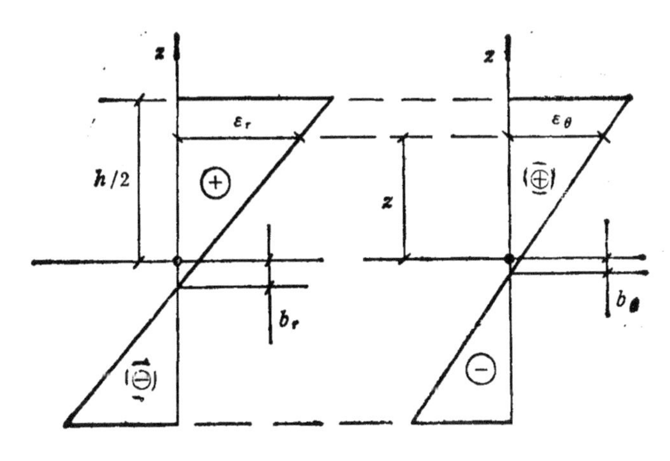

图 6-3　板内径向截面上的应变分布。

$$\cong \frac{z+b_r}{R_r}=(z+b_r)\kappa_r, \tag{6-15a}$$

$$\varepsilon_\theta=\frac{z+b_\theta}{R_\theta+b_\theta}\simeq\frac{z+b_\theta}{R_\theta}=(z+b_\theta)\kappa_\theta, \tag{6-15b}$$

其中 R_r 和 R_θ 为板中面的曲率半径，并且 $R_r\gg b_r$，$R_\theta\gg b_\theta$。由(6-15)知，在中面上(即 $z=0$)，

$$\begin{cases}\varepsilon_r^\circ=b_r\kappa_r=\beta_r\phi_r/2f,\\ \varepsilon_\theta^\circ=b_\theta\kappa_\theta=\beta_\theta\phi_\theta/2f,\end{cases} \tag{6-15c}$$

其中

$$\beta_r=\frac{b_r}{h/2},\ \beta_\theta=\frac{b_\theta}{h/2},$$

或可写成

$$\beta_r=2f\varepsilon_r^\circ/\phi_r,\ \beta_\theta=2f\varepsilon_\theta^\circ/\phi_\theta. \tag{6-16}$$

在二个主方向 r 和 θ 上，会出现以下三种类型的变形状态(参见图 6-4)：

(a) 完全弹性变形；

(b) 中面一侧的板纤维进入屈服；

(c) 中面两侧的板纤维均出现屈服。

对上列任一情况，弹性区内总有应力

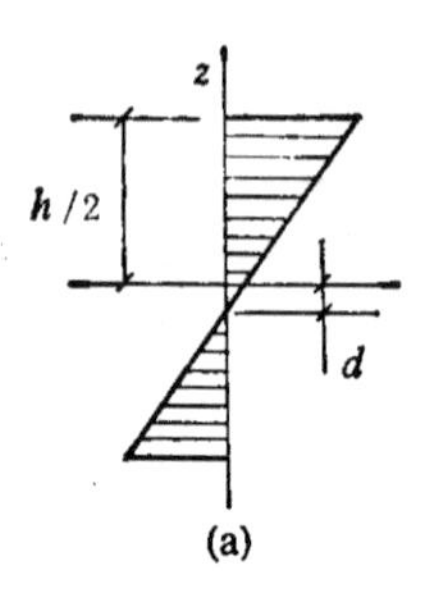

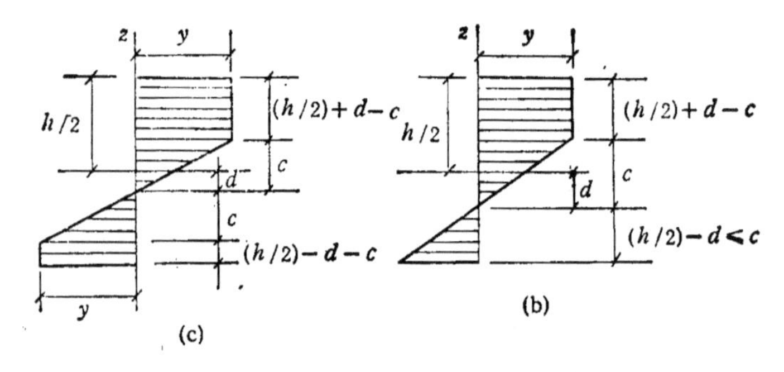

图 6-4　圆板径向截面上的主应力分布：
(a) 完全弹性；(b) 单侧塑性；(c) 双侧塑性.

$$\sigma_r = \frac{E}{1-\nu^2}(\varepsilon_r + \nu\varepsilon_\theta)$$

$$= \frac{E}{1-\nu^2}[(z+b_r)\kappa_r + \nu(z+b_\theta)\kappa_\theta], \qquad (6\text{-}17\text{a})$$

$$\sigma_\theta = \frac{E}{1-\nu^2}(\varepsilon_\theta + \nu\varepsilon_r)$$

$$= \frac{E}{1-\nu^2}[(z+b_\theta)\kappa_\theta + \nu(z+b_r)\kappa_r]. \qquad (6\text{-}17\text{b})$$

由于 $\sigma_r|_{z=-d_r} = 0$ 并且 $\sigma_\theta|_{z=-d_\theta} = 0$，因此由上式得

$$\begin{cases}(-d_r + b_r)\kappa_r + \nu(-d_r + b_\theta)\kappa_\theta = 0, & (6\text{-}17\text{c})\\ (-d_\theta + b_\theta)\kappa_\theta + \nu(-d_\theta + b_r)\kappa_r = 0. & (6\text{-}17\text{d})\end{cases}$$

又由(6-15)式知

$$b_r\kappa_r = \varepsilon_r^\circ, \quad b_\theta\kappa_\theta = \varepsilon_\theta^\circ.$$

因此推得

$$d_r = \frac{b_r\kappa_r + \nu b_\theta\kappa_\theta}{\kappa_r + \nu\kappa_\theta} = \frac{\varepsilon_r^\circ + \nu\varepsilon_\theta^\circ}{\kappa_r + \nu\kappa_\theta},$$

或写成无量纲形式

$$\delta_r = \frac{d_r}{h/2} = 2f\frac{\varepsilon_r^\circ + \nu\varepsilon_\theta^\circ}{\phi_r + \nu\phi_\theta}. \tag{6-18a}$$

类似地可以得出

$$\delta_\theta = \frac{d_\theta}{h/2} = 2f\frac{\varepsilon_\theta^\circ + \nu\varepsilon_r^\circ}{\phi_\theta + \nu\phi_r}. \tag{6-18b}$$

我们比较（6-18a)、(6-18b）以及(6-16)式可知，在一般情况下，$\delta_r \neq \beta_r$，$\delta_\theta \neq \beta_\theta$。这表明，应力中性层一般与应变中性层不相重合。

若 $z = c_r - d_r$，有 $\sigma_r = Y$，因此由（6-17a）式得

$$(c_r - d_r - b_r)\kappa_r + \nu(c_r - d_r + b_\theta)\kappa_\theta = \frac{Y(1-\nu^2)}{E}$$

$$= \frac{h\kappa_e}{2},$$

利用（6-17d)，上式成为

$$c_r(\kappa_r + \nu\kappa_\theta) = \frac{h\kappa_e}{2},$$

再利用（6-13),我们得到

$$\gamma_r = \frac{c_r}{h/2} = \frac{1}{\phi_r + \nu\phi_\theta} = \frac{1}{f\left(\zeta'' + \nu\frac{\zeta'}{\rho}\right)}. \tag{6-19a}$$

完全类似地有

$$\gamma_\theta = \frac{c_\theta}{h/2} = \frac{1}{\phi_\theta + \nu\phi_r} = \frac{1}{f\left(\frac{\zeta'}{\rho} + \nu\zeta''\right)}. \tag{6-19b}$$

若记

$$s_r = \varepsilon_r^\circ + \nu\varepsilon_\theta^\circ = \xi' + \frac{1}{2}\zeta'^2 + \nu\frac{\xi}{\rho},$$

$$s_\theta = \varepsilon_\theta^\circ + \nu\varepsilon_r^\circ = \frac{\xi}{\rho} + \nu\xi' + \frac{1}{2}\nu\zeta'^2,$$

则

$$
\begin{cases}
\delta_r = 2fs_r\gamma_r = \dfrac{2\xi' + \xi'^2 + 2\nu\dfrac{\xi}{\rho}}{\zeta'' + \nu\dfrac{\zeta'}{\rho}}, \\[2ex]
\delta_\theta = 2fs_\theta\gamma_\theta = \dfrac{2\dfrac{\xi}{\rho} + 2\nu\xi' + \nu\zeta'^2}{\dfrac{\zeta'}{\rho} + \nu\zeta''}.
\end{cases}
\tag{6-20}
$$

公式（6-20）给出了中面位移与应力间的关系。

对于图 6-4 所示的三种不同类型的变形状态，方程（6-19）和(6-20) 始终成立，但（γ,δ）与（m,n）间的关系则有所改变。这里 m 为无量纲弯矩，n 为无量纲膜力，即

$$
m_r = \frac{M_r}{M_e}, \quad m_\theta = \frac{M_\theta}{M_e},
$$

$$
n_r = \frac{N_r}{N_e}, \quad n_\theta = \frac{N_\theta}{N_e}.
$$

其中

$$
M_e = \frac{1}{6}Yh^2 \text{ 和 } N_e = Yh
$$

分别为单位宽度的极限弹性弯矩和单位宽度的极限弹性膜力。利用上述定义，不难推得相应的（γ,δ)-(m,n）关系。

（i）完全弹性变形。这时有

$$
\gamma_j - |\delta_j| \geqslant 1, \ (j = r, \theta) \tag{6-21}
$$

且

$$
m_j = 1/\gamma_j, \ n_j = \delta_j/\gamma_j; \quad (j = r, \theta) \tag{6-22}
$$

（ii）单侧进入塑性变形（图 6-4b）。这时有

$$
\begin{cases}
\gamma_j - |\delta_j| < 1, \\
\gamma_j + |\delta_j| \geqslant 1,
\end{cases}
\quad (j = r, \theta) \tag{6-23a}
$$

且

$$
\begin{cases}
m_j = \dfrac{\psi_j^2}{4\gamma_j}(3-\psi_j), \\
n_j = \dfrac{\delta_j}{|\delta_j|}\left\{1-\dfrac{\psi_j^2}{4\gamma_j}\right\},
\end{cases}
\quad (j=r,\theta) \tag{6-23b}
$$

其中

$$
\psi_j = 1 - |\delta_j| + \gamma_j; \tag{6-23c}
$$

(iii) 双侧进入塑性变形(图 6-4(c))。这时有

$$
\gamma_j + |\delta_j| < 1, (j=r,\theta) \tag{6-24a}
$$

且有

$$
\begin{cases}
m_j = \dfrac{3}{2}(1-\delta_j^2) - \dfrac{1}{2}\gamma_j^2, \\
n_j = \delta_j.
\end{cases}
\quad (j=r,\theta) \tag{6-24b}
$$

图 6-5 直观地在 (m,n) 平面上显示了各种变形状态的范围，它与§1.9 中的图 1-33 相似。

利用公式 (6-22)—(6-24)，通过求解平衡方程(6-3)的相应无量纲形式

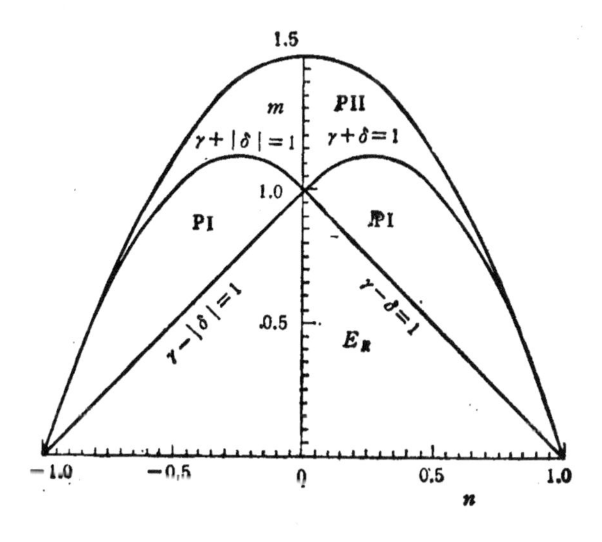

图 6-5 (m,n) 平面上的三个变形区.

$$
\begin{cases}
n_r' + \dfrac{1}{\rho}(n_r - n_\theta) = 0, \\
m_r'' + \dfrac{1}{\rho}(2m_r' - m_\theta) + n_r\zeta'' + \dfrac{1}{\rho} n_\theta \zeta' = 0,
\end{cases}
$$

不难得出问题的数值结果[6.27]。

6.3.2 结果的讨论

图 6-6 为取 $E/Y = 500$，$\nu = 0.3$，边缘均布无量纲弯矩 $m_a = M_a/M_e = 1.165$ 求得的结果。从这些结果可以看出：

(i) 圆板内弯矩不是均布的，即圆板所承受的并非纯弯曲，a/h 值越大，板中心的弯矩与边缘弯矩之比就越小；

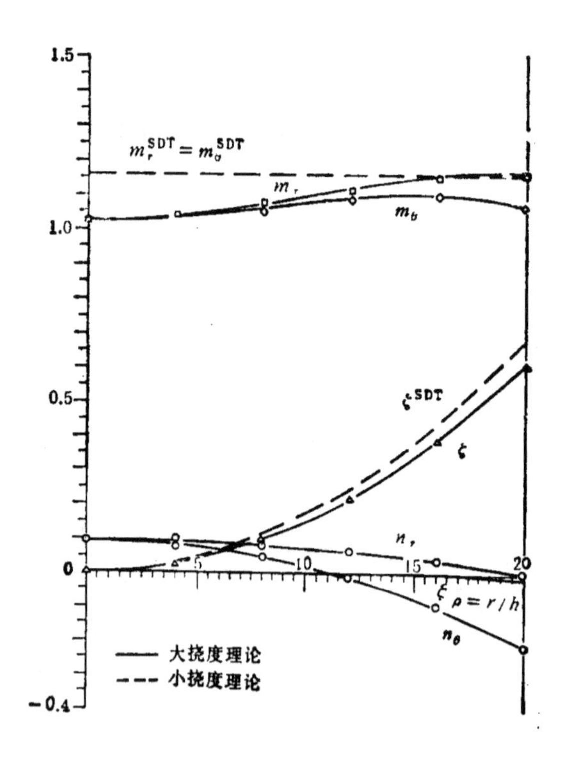

图 6-6　板的内力和位移分布。

(ii) 板内的膜力相当大，在圆板中部，膜力为双向拉伸，但在近边界部分，周向膜力 N_θ 成为负的。由此产生的周向压应力是造成圆板发生皱曲的根源(关于皱曲的详细讨论见第十章)；

(iii) 由于膜力参加承载，按大挠度理论计算出来的圆板挠度要比小挠度理论(纯弯曲)给出的为小。a/h 值越大，或 m 值越大，两种理论的偏离也越大，图中上标 SDT 代表由小挠度理论得出的结果，其计算公式参见 §8.1。

§6.4 环载作用下简支圆板的摄动解法[6.28]

我们仍考虑服从 Tresca 屈服条件的理想弹塑性板，其板面受一作用半径为 b 的环形集中力作用，合力为 P，见图 6-7。为了便于用摄动法求解，只考虑小挠度弯曲。除了上节定义的无量纲量之外，我们再引用下列记号：

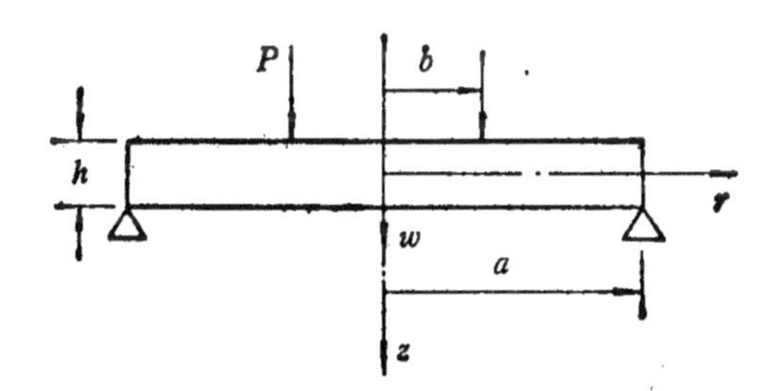

图 6-7 环载作用下的圆板。

$$
\begin{cases}
\bar{z} = z/(h/2), & \bar{w} = \dfrac{2E}{Yh}\,w, \\
e_r = \dfrac{E}{Y}\varepsilon_r, & e_\theta = \dfrac{E}{Y}\varepsilon_\theta, \\
\kappa_r = -\dfrac{Eh}{2Y}w'', & \kappa_\theta = -\dfrac{Eh}{2Y}\dfrac{w'}{r}, \\
\Gamma_r = \dfrac{\sigma_r}{Y}, & \Gamma_\theta = \dfrac{\sigma_\theta}{Y}, \qquad p = \dfrac{2P}{\pi Y h^2}.
\end{cases}
$$

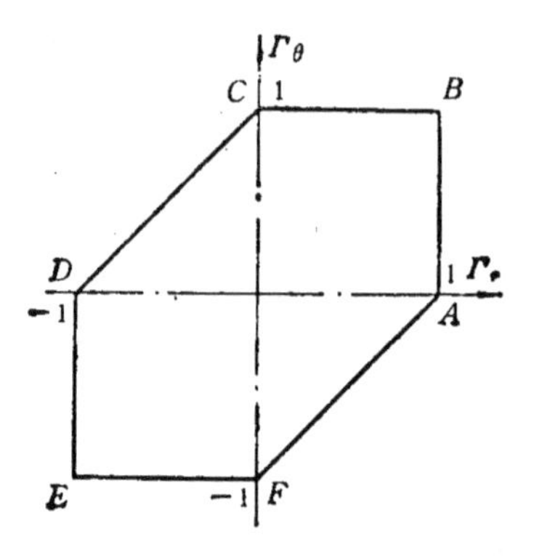

图 6-8 (Γ_r,Γ_θ) 平面上的 Tresca 条件.

这样可以将基本方程表达为

$$(\rho m_r)' - m_\theta = \begin{cases} 0, & 对于\ 0 \leqslant \rho < \rho_1 \equiv \dfrac{b}{a}, \\ -p, & 对于\ \rho_1 < \rho \leqslant 1, \end{cases} \tag{6-25}$$

$$\dot{e}_r = \dot{\kappa}_r \bar{z}, \quad \dot{e}_\theta = \dot{\kappa}_\theta \bar{z}, \tag{6-26}$$

$$\dot{\kappa}_r = -\left(\frac{h}{2a}\right)^2 \dot{\bar{w}}'', \quad \dot{\kappa}_\theta = -\left(\frac{h}{2a}\right)^2 \frac{\dot{\bar{w}}'}{\rho}. \tag{6-27}$$

因此，在 (Γ_r,Γ_θ) 平面上的 Tresca 屈服条件就可表示为图 6-8 的形式。

6.4.1 弹性解

环载作用下简支圆板的轴对称弹性弯曲的解为[6.29]

当 $0 \leqslant \rho \leqslant \rho_1$,

$$\bar{w} = \frac{3Pa^2(1-\nu^2)}{Yh^4}\left\{\frac{1-\rho_1^2}{1+\nu}[3+\nu-\rho^2(1-\nu)] + 2(\rho_1^2+\rho^2)\ln\rho_1\right\}, \tag{6-28a}$$

当 $\rho_1 \leqslant \rho \leqslant 1$,

$$\bar{w} = \frac{3pa^2(1-\nu^2)}{Yh^4}\left\{\frac{1-\rho^2}{1+\nu}[(3+\nu)-\rho_1^2(1-\nu)]\right.$$

$$+2(\rho_1^2+\rho^2)\ln\rho_1\Big\},\tag{6-28b}$$

相应的弯矩表达式为

当 $0\leqslant\rho\leqslant\rho_1$,

$$m_r=m_\theta=\frac{P}{2\pi Yh^2}\{(1-\nu)(1-\rho_1^2)-2(1+\nu)\ln\rho_1\},\tag{6-29a}$$

当 $\rho_1\leqslant\rho\leqslant 1$,

$$m_r=\frac{P}{2\pi Yh^2}\left\{(1-\nu)\left[\left(\frac{\rho_1}{\rho}\right)^2-\rho_1^2\right]-2(1+\nu)\ln\rho\right\},\tag{6-29b}$$

$$m_\theta=\frac{P}{2\pi Yh^2}\left\{(1-\nu)\left[2-\left(\frac{\rho_1}{\rho}\right)^2-\rho_1^2\right]-2(1+\nu)\ln\rho\right\}.\tag{6-29c}$$

显然,最大弯曲应力的绝对值为

$$\Gamma_M=\left|\frac{\sigma_r}{Y}\right|_{\max}=\frac{3P}{4\pi Yh^2}\{(1-\nu)(1-\rho_1^2)-2(1+\nu)\ln\rho\}.\tag{6-30}$$

当 $\Gamma_M=1$ 时,板对称轴的上下表面开始出现屈服,这时对应的弹性极限载荷为

$$p_e=\frac{4}{\frac{3}{2}(1-\nu)(1-\rho_1^2)-3(1+\nu)\ln\rho_1}.\tag{6-31}$$

6.4.2 弹塑性弯曲状态分析

当外载超过弹性极限载荷 p_e 后,板将进入弹塑性变形阶段.在本节讨论的范围内,板内的塑性区将首先出现在上下表面,并由中心部分向边界方向扩展,见图 6-9.

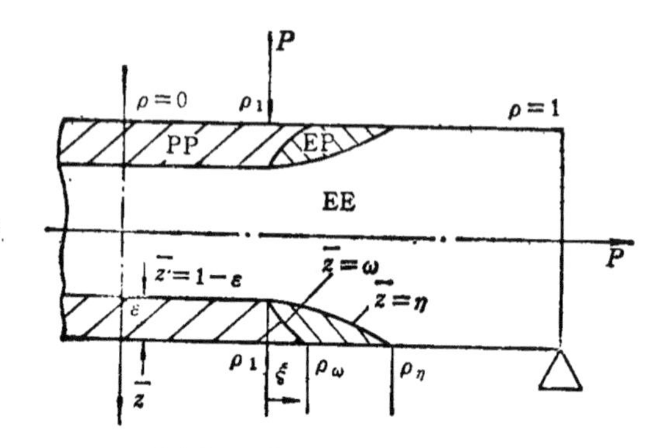

图 6-9　板内塑性区的变化.

在 $\rho \leqslant \rho_1$ 的中心区,板始终处于纯弯曲状态,因此该区内的塑性区应为等厚度的,即弹塑性界面在该区内与板面始终保持平行(图 6-9),设可表示为 $\bar{z} = \pm(1-\varepsilon)$. 该区内的应力 σ_r 和 σ_θ 同时达到屈服应力 Y, 故对应于图 6-8 中的 B(或 E) 点. 我们称该塑性区为纯塑性区 PP. 在 $\rho > \rho_1$ 时, PP 的边界假定为 $\bar{z} = \pm\omega(\rho)$, 该区的最大半径设为 $\rho = \rho_\omega$.

由 (6-29c) 可知,在 $\rho_1 \leqslant \rho \leqslant 1$ 上, $m_\theta \geqslant m_r$; 又因板边为简支,故在边界 $\rho = 1$ 上, $m_r = 0$. 所以,在 PP 以外,必定还存在一个弹塑性变形区,称之为 EP. 在 EP 内, $\sigma_\theta = Y$, 而 $|\sigma_r| < Y$. 因此该区对应于图 6-8 屈服面的 BC (或 EF) 段,我们用 $\bar{z} = \pm\eta(\rho)$ 来表示它与纯弹性区 EE 的边界,用 $\rho = \rho_\eta$ 表示其最大半径,见图 6-9.

纯弹性区 EE 内的应力分量为

$$\begin{cases} \Gamma_r = \dfrac{\bar{z}}{1-\nu^2}(\kappa_r + \nu\kappa_\theta), \\ \Gamma_\theta = \dfrac{\bar{z}}{1-\nu^2}(\kappa_\theta + \nu\kappa_r); \end{cases}$$

因此若令 $\Gamma_\theta = 1$, 我们就得到

$$\eta = \frac{1-\nu^2}{\kappa_\theta + \nu\kappa_r}, \quad 对于\ \rho_1 \leqslant \rho \leqslant \rho_\eta. \tag{6-32a}$$

由于对称性,我们这里只考虑板下表面的塑性区. 显然,当 $\eta =$

1 时，$\rho=\rho_\eta$，从而

$$(\kappa_\theta+\nu\kappa_r)_{\rho=\rho_\eta}=1-\nu^2. \tag{6-32b}$$

利用与 Tresca 屈服条件相关联的流动法则[6.26]知，在弹塑性区 EP 内，径向塑性应变分量 $e_r^p=0$，因此在 EP 内，e_r 是弹性的。由(6-26)及 Hook 定律得

$$\kappa_r\bar{z}=\Gamma_r-\nu\Gamma_\theta. \tag{6-33a}$$

在上式中令 $\Gamma_r=\Gamma_\theta=1$，我们就得到了 EP 与 PP 的分界面 $\omega(\bar{r})$，即

$$\omega=(1-\nu)/\kappa_r,\ \rho_1\leqslant\rho\leqslant\rho_\omega. \tag{6-33b}$$

表 6-1

ρ	$\bar{z}$	区域	Γ_r	Γ_θ
$[0,\rho_1]$	$[\omega^*,1]$	PP	1	1
	$[0,\omega^*]$	EE	$\frac{1}{1-\nu^2}(\kappa_r+\nu\kappa_\theta)\bar{z}$	$\frac{1}{1-\nu^2}(\kappa_\theta+\nu\kappa_r)\bar{z}$
$[\rho_1,\rho_\omega]$	$[\omega,1]$	PP	1	1
	$[\eta,\omega]$	EP	$\nu+\kappa_r\bar{z}$	1
	$[0,\eta]$	EE	$\frac{1}{1-\nu^2}(\kappa_r+\nu\kappa_\theta)\bar{z}$	$\frac{1}{1-\nu^2}(\kappa_\theta+\nu\kappa_r)\bar{z}$
$[\rho_\omega,\rho_\eta]$	$[\eta,1]$	EP	$\nu+\kappa_r\bar{z}$	1
	$[0,\eta]$	EE	$\frac{1}{1-\nu^2}(\kappa_r+\nu\kappa_\theta)\bar{z}$	$\frac{1}{1-\nu^2}(\kappa_\theta+\nu\kappa_r)\bar{z}$
$[\rho_\eta,1]$	$[0,1]$	EE	$\frac{1}{1-\nu^2}(\kappa_r+\nu\kappa_\theta)\bar{z}$	$\frac{1}{1-\nu^2}(\kappa_\theta+\nu\kappa_r)\bar{z}$

表 6-2

ρ	m_r	m_θ
$[0,\rho_1]$	$1-\frac{1}{3}\omega^{*2}$	$1-\frac{1}{3}\omega^{*2}$
$[\rho_1,\rho_\omega]$	$1-\frac{1}{3}(1-\nu)\omega^2-\frac{1}{3}\nu\eta^2$	$1-\frac{1}{3}\eta^2$
$[\rho_\omega,\rho_\eta]$	$\nu-\frac{1}{3}\eta^2+\frac{2}{3}\kappa_r$	$1-\frac{1}{3}\eta^2$
$[\rho_\eta,1]$	$\frac{2}{3}\frac{1}{1-\nu^2}(\kappa_r+\nu\kappa_\theta)$	$\frac{2}{3}\frac{1}{1-\nu^2}(\kappa_\theta+\nu\kappa_r)$

类似地，若 $\omega=1$，则 $\rho=\rho_\omega$，此时

$$\kappa_r(\rho_\omega)=1-\nu. \tag{6-33c}$$

在纯塑性区 PP 内，由于是纯弯曲，故显然有 $\kappa_r=\kappa_\theta,\omega=\eta$，且其与弹性区 EE 的交界面为

$$\omega^*=1-\varepsilon=(1-\nu)\kappa_r,0\leqslant\rho\leqslant\rho_1. \tag{6-34}$$

至此，我们容易得到不同区域内的应力分量及弯矩的表达式如表 6-1 和 6-2。

利用上列表达式，可将平衡方程(6-25)改写为

$$\bar{r}\kappa_r'F+\kappa_rG-\kappa_\theta H=-\frac{3}{2}p(1-\nu^2), \tag{6-35a}$$

其中

$$\begin{cases}F=\omega^3+\nu^2(\eta^3-\omega^3),\\ G=\nu\eta^3+(1-\nu^2)\omega^3+\dfrac{3}{2}\nu(1-\nu)\left(\dfrac{1}{3}\eta^2-\omega^2\right)\omega,\\ H=\nu\eta^3-\dfrac{3}{2}(1-\nu)\left(\dfrac{1}{3}\eta^2-\omega^2\right)\omega.\end{cases} \tag{6-35b}$$

在本节的讨论中，我们将不考虑当 $\rho_1\to0$ 时的奇异性。

6.4.3 渐近展开

在外载刚超过弹性极限载荷 p_e 时，塑性区的厚度 ε 是一个很小的量 ($\varepsilon\ll\nu$)，因此可以用 ε 作为摄动参数(关于摄动法可参考[6.28])。

为了得到适当的渐近展开，先引进变量 ξ 使(参见图 6-9)

$$\rho=\rho_1+\xi\varepsilon+\rho_2(\xi)\varepsilon^2+\cdots$$

其中函数 $\rho_j(\xi)(j=2,\cdots)$ 为线性函数，但对于区间 $[\rho_1,\rho_\omega]$ 及 $[\rho_\omega,\rho_\eta]$ 内不同量级的 ε 应分别确定。显然，$\rho_j(\xi)|_{\xi=0}=0$。因此曲率 κ_θ 可表达成 ξ 和 ε 的函数，并可在区间 $[0,\xi_\omega]$ 和 $[\xi_\omega,\xi_\eta]$ 内展开为

$$\kappa_\theta(\xi,\varepsilon)=\kappa_{\theta0}(\xi)+\varepsilon\kappa_{\theta1}(\xi)+\varepsilon^2\kappa_{\theta2}(\xi)+\cdots.$$

其他相应物理量也可展开成类似的形式。这样，由 (6-32a)，(6-33b) 及(6-35)可得

$$
\begin{cases}
\kappa'_{\theta 0}\rho_1 = 0, \\
\kappa'_{r0}\rho_1 = 0, \\
\omega_0 = (1-\nu)\kappa_{r0} = 1, \\
\eta_0 = (1-\nu^2)/(\kappa_{\theta 0} + \nu\kappa_{r0}) = 1;
\end{cases}
\tag{6-36a}
$$

$$
\begin{cases}
\kappa'_{\theta 1}\rho_1 = 0, \\
\kappa'_{r1}\rho_1 = 0, \\
\omega_1 = -\kappa_{r1}/\kappa_{r0}, \\
\eta_1 = -(\kappa_{\theta 1} + \nu\kappa_{r1})/(\kappa_{\theta 0} + \nu\kappa_{r0});
\end{cases}
\tag{6-36b}
$$

和

$$
\begin{cases}
\kappa'_{\theta 2}\rho_1 = \kappa_{r1} - \kappa_{\theta 1}, \\
\kappa'_{r2}\rho_1 = -\kappa'_{r1}(F_1\rho_1 + \xi) - (\kappa_{r1} - \kappa_{\theta 1}) - \dfrac{2}{3}(1-\nu^2)(p_e\rho_2 + p_1), \\
\omega_2 = -\omega_1\kappa_{r1}/\kappa_{r0} - \kappa_{r2}/\kappa_{r0}, \\
\eta_2 = -\dfrac{\eta_1(\kappa_{\theta 1} + \nu\kappa_{r1})}{(\kappa_{\theta 0} + \nu\kappa_{r0})} - \dfrac{(\kappa_{\theta 2} + \nu\kappa_{r2})}{(\kappa_{\theta 0} + \nu\kappa_{r0})}.
\end{cases}
\tag{6-36c}
$$

上列各组方程中，$(\;)'$表示 $\dfrac{d}{d\xi}(\;)$，且这些方程组中的第一、第二和第四个方程在区间 $[0,\xi_\omega]$ 和 $[\xi_\omega,\xi_\eta]$ 内都成立，但第三个方程仅在 $[0,\xi_\omega]$ 内成立。(6-36c) 中，F_1 可由 (6-35b) 得到。

在各区的边界上，有边界条件

$$
\begin{cases}
\eta_1(0) = \omega_1(0) = -1, \\
\eta_2(0) = \omega_2(0) = 0, \\
\eta_n(0) = \omega_n(0) = 0, \quad n \geqslant 2;
\end{cases}
$$

$$
\begin{cases}
\kappa_{\theta 1}(0) = \kappa_{\theta 2}(0) = \cdots = (1-\nu), \\
\kappa_{r1}(0) = \kappa_{r2}(0) = \cdots = (1-\nu);
\end{cases}
$$

及

$$
\begin{cases}
\omega_1(\xi_\omega) = \omega_2(\xi_\omega) = \cdots = 0, \\
\eta_1(\xi_\eta) = \eta_2(\xi_\eta) = \cdots = 0.
\end{cases}
$$

此外，还有 $\kappa_\theta, \kappa_r, \rho_2(\xi)$ 等在边界上的连续性必须满足。

6.4.4 渐近解

从上列各组方程，我们容易积分得出下列解答。

(i) 在区间 $[0,\rho_1]$,

$$\kappa_r=\kappa_\theta=(1-\nu)(1+\varepsilon+\varepsilon^2+\cdots).$$

(ii) 在区间 $[\rho_1,\rho_\omega]$,

$$\kappa_r=(1-\nu)\left\{1+\left(1-\frac{\xi}{\xi_\omega}\right)\varepsilon+\left(1-\frac{\xi}{\xi_\omega}\right)\left[1-\left(\frac{3}{2}\right.\right.\right.$$

$$\left.\left.\left.-\frac{3\nu^2}{2(1+\nu)}+\frac{\xi_\omega}{\rho_1}\right)\frac{\xi}{\xi_\omega}\right]\varepsilon^2+\cdots\right\},$$

$$\kappa_\theta=(1-\nu)\left\{1+\varepsilon+\left(1-\frac{\xi^2}{2\xi_\omega\rho_1}\right)\varepsilon^2+\cdots\right\},$$

$$\omega=1-\left(1-\frac{\xi}{\xi_\omega}\right)\varepsilon+\frac{\xi}{\xi_\omega}\left(1-\frac{\xi}{\xi_\omega}\right)\left[\frac{1}{2}-\frac{3\nu^2}{2(1+\nu)}\right.$$

$$\left.+\frac{\xi_\omega}{\rho_1}\right]\varepsilon^2+\cdots,$$

$$\eta=1-\left(1-\frac{\xi}{\xi_\eta}\right)\varepsilon+\frac{\xi}{\xi_\eta}\left[\frac{1}{2}\left(1-\frac{\xi}{\xi_\eta}\right)+\left(\frac{\xi_\omega}{\rho_1}\right.\right.$$

$$\left.\left.-\frac{3\nu^2}{2(1+\nu)}\right)\left(1-\frac{\xi}{\xi_\omega}\right)+\left(\frac{1}{2}\frac{\xi_\eta}{\rho_1}-\frac{3}{2}\right)\frac{\xi}{\nu\xi_\eta}\right]\varepsilon^2+\cdots,$$

其中

$$\xi_\omega=\frac{2}{3}\frac{\rho_1}{p_s(1+\nu)},\qquad \xi_\eta=\frac{1+\nu}{\nu}\xi_\omega,$$

$$\rho=\rho_1+\xi\varepsilon-\xi\left[-\frac{\xi_\omega}{\rho_1}+\frac{3}{2}+\frac{3\nu^2}{2(1+\nu)}\right]\varepsilon^2+\cdots.$$

(iii) 在区间 $[\rho_\omega,\rho_\eta]$,

$$\kappa_r=(1-\nu)\left\{1-\left(\frac{\xi}{\xi_\omega}-1\right)\varepsilon-\left(\frac{\xi}{\xi_\omega}-1\right)\left[1+\frac{3}{2}\nu^2\right.\right.$$

$$\left.\left.-\frac{1-\nu}{2\nu}\frac{\xi_\eta}{\rho_1}-\left(\frac{3}{2}\nu^2+\frac{\xi_\eta}{\rho_1}\right)\frac{\xi}{\xi_\eta}\right]\varepsilon^2+\cdots\right\},$$

$$\kappa_\theta=(1-\nu)\left\{1+\varepsilon+\left(1-\frac{\xi^2}{2\xi_\omega\rho_1}\right)\varepsilon^2+\cdots\right\},$$

$$\eta=1-\left(1-\frac{\xi}{\xi_\eta}\right)\varepsilon+\left(1-\frac{\xi}{\xi_\eta}\right)\left[\left(\frac{1-\nu}{2\nu}\cdot\frac{\xi_\omega}{\rho_1}-\frac{3\nu^3}{2(1+\nu)}\right)\right.$$

$$\left.\times\left(1-\frac{\xi}{\xi_\omega}\right)-\frac{\xi}{\xi_\eta}\left(1-\frac{\xi_\eta}{2\rho_1}\right)\right]\varepsilon^2+\cdots,$$

其中

$$\rho = \rho_1 + \xi\varepsilon + \left\{-\left[\frac{3\nu^2}{2(1+\nu)} + \left(\frac{1}{\nu^2} - 3\right)\frac{\xi_\omega}{2\rho_1}\right]\xi + \left[\left(\frac{1}{\nu^2} - 1\right)\frac{\xi_\omega}{2\rho_1} - \frac{3}{2}\right]\xi_\omega\right\}\varepsilon^2 + \cdots.$$

(iv) 在区间 $[\rho_\eta, 1]$，

$$\kappa_r = -\frac{3}{8}(1-\nu^2)p\left[2\ln\rho + c\left(\frac{1-\nu}{1+\nu} - \frac{1}{\rho^2}\right) + \frac{2\nu}{1+\nu}\right],$$

$$\kappa_\theta = -\frac{3}{8}(1-\nu^2)p\left[2\ln\rho + c\left(\frac{1-\nu}{1+\nu} + \frac{1}{\rho^2}\right) - \frac{2}{1-\nu}\right],$$

$$\bar{w} = \frac{3}{2}\left(\frac{a}{h}\right)^2(1-\nu^2)p\left\{\ln\rho\cdot(\rho^2 + c) - (1-\rho^2)\cdot\left[\frac{1-\nu}{2(1+\nu)}c - \frac{3+\nu}{2(1+\nu)}\right]\right\}.$$

这里边界条件 $m_r|_{\rho=1} = 0$ 和 $\bar{w}|_{\rho=1} = 0$ 已经满足，积分常数 $c(\varepsilon)$ 由曲率的连续性条件来确定。于是，

$$c = \rho_1^2\left[1 - 3(1+\nu)\frac{\xi_\omega}{\rho_1^2}\varepsilon^2 + \cdots\right],$$

$$p = p_e\left\{1 + \varepsilon + \varepsilon^2 - \frac{3}{4}[1 + \rho_1^2 + \nu(1-\rho_1^2)]\varepsilon^2 + \cdots\right\}.$$

(v) 挠度 $\bar{w}$。$\bar{w}(\rho,\varepsilon)$ 的表达式非常冗长，这里仅给出 $\rho = 0$ 处的最大挠度 $\bar{w}_{\max}$ 及环载作用半径处的 $\bar{w}_b$：

$$\bar{w}_{\max} = \bar{w}_b + 2\left(\frac{a}{h}\right)^2(1-\nu)\rho_1^2(1 + \varepsilon + \varepsilon^2 + \cdots),$$

$$\bar{w}_b = \frac{2}{3}\left(\frac{a}{h}\right)^2(1-\nu^2)[pf + 6(1+\nu)\xi_\omega^2\varepsilon^2 + \cdots],$$

其中

$$f = \frac{1-\rho_1^2}{2(1+\nu)}[3 + \rho_1^2 + \nu(1-\rho_1^2)] - 4\rho_1\xi_\omega.$$

对于区间 $[\rho_\omega, \rho_\eta]$ 内的解，当 $\nu \to 0$ 时具有奇异性。详细解决方法可参见[6.28]。

§6.5 弹塑性弯曲的等挠度线方法[6.29]

等挠度线方法是为求解任意形状板的弯曲问题提出来的。最先用以求解弹性弯曲、屈曲及振动问题，[6.30—6.32]最近才有人用来求解弹塑性弯曲问题[6.29]。我们在本节先介绍该方法的一般理论，再将圆板的轴对称弯曲作为一个特例来说明该方法的应用。

6.5.1 一般形状板弹塑性弯曲的等挠度线法

考虑图 6-10 所示任意形状板的弯曲，取 xoy 坐标平面与板的中面重合，z 轴垂直向下。称板的挠曲面 $z = w(x,y)$ 与平面 $z =$ 常数的交在 $z = 0$ 平面上的投影为"等挠度线"，并用 $u(x,y)=$常数来表示，显然，等挠度线方法只适用于板边为固支、简支、固支与简支组合等保持边界挠度为常数的边界条件。对于简支固支类板，边界上有 $u(x,y) = 0$。为方便起见，我们用 c_u 来表示 $u =$ 常数的等挠度线。

考虑以 c_u 为边界的一个板单元 Ω_u，见图 6-11。中面法线方向上的平衡条件给出

$$\oint_{c_u} V_n ds - \iint_{\Omega_u} q dx dy = 0, \qquad (6-37)$$

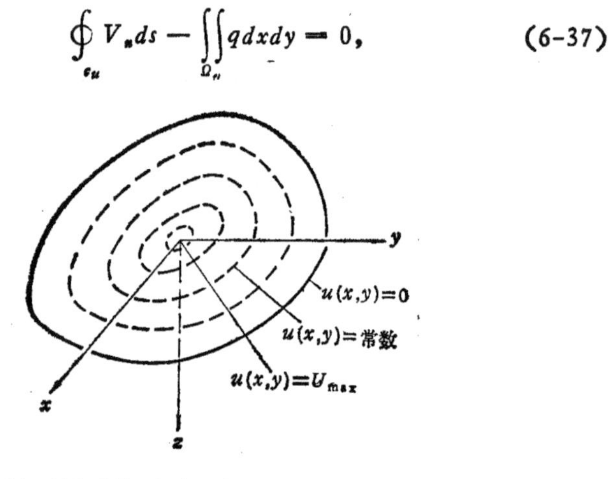

图 6-10 任意形状板横向弯曲时的等挠度线 $u =$ 常数。

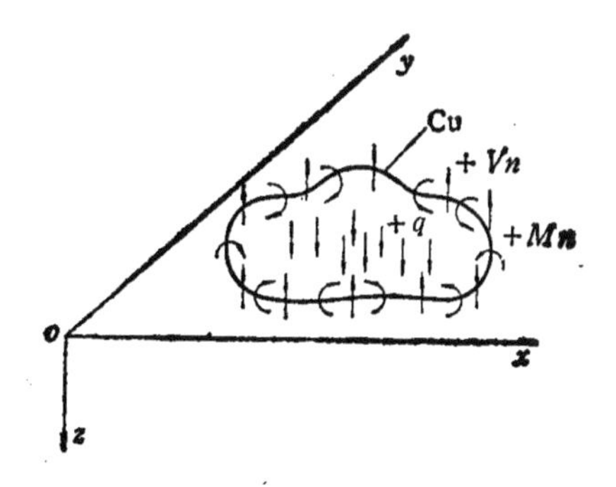

图 6-11 以等挠度线 c_u 为边界的板单元的平衡。

其中

$$V_n = Q_n - \frac{\partial M_{nt}}{\partial s} \tag{6-38}$$

为 c_u 上的单位宽度横向剪力，而 M_{nt} 则为 c_u 上单位宽度扭矩。下标 t 代表沿 c_u 的切线方向，n 代表法线方向。

为方便起见，这里采用 Ilyushin[6,29] 关于板弹塑性变形的理论。因此有弯矩及剪力的表达式

$$\begin{cases} M_x = -D(1-\gamma)(w_{,xx} + \nu w_{,yy}), \\ M_y = -D(1-\gamma)(w_{,yy} + \nu w_{,xx}) \\ M_{xy} = D(1-\gamma)(1-\nu) w_{,xy}, \\ Q_x = M_{x,x} - M_{xy,y}, \\ Q_y = M_{y,y} - M_{xy,x}. \end{cases} \tag{6-39}$$

其中下标“$()_{,x}$”等表示对 x 求偏导数，设

$$\bar{e} = \frac{h}{\sqrt{3}e_y}(w_{,xx}^2 + w_{,yy}^2 + w_{,xy}^2 + w_{,xx}w_{,yy})^{1/2},$$

则在板的弹性区，有 $\bar{e} < 1$，此时 $\gamma = 0$，而在板的塑性区，有 $\bar{e} \geqslant 1$，且 $\gamma = \lambda\left(1 - \frac{3}{2\bar{e}} + \frac{1}{2\bar{e}^3}\right)$. 在上列表达式中，$e_y$ 为屈服应变，λ 为材料常数，D 为板的弯曲刚度。

将方程(6-38)和(6-39)代入(6-37)得

$$w_{,uuu}\oint_{c_u}(1-\gamma)\Psi_1 ds + w_{,uu}\oint_{c_u}[(1-\gamma)\Psi_2$$

$$+ D(\gamma_{,x}u_{,x} + \gamma_{,y}u_{,y})\Psi_3]ds + w_{,u}\oint_{c_u}[(1-\gamma)\Psi_4$$

$$+ D(\gamma_{,x}\Psi_5 + \gamma_{,y}\Psi_6)/\Psi_3]ds - \iint_{D_u} q dxdy = 0, \quad (6\text{-}40)$$

其中

$$\Psi_1 = -D\Psi_3^3,$$

$$\Psi_2 = -D[3u_{,xx}u_{,x}^2 + 3u_{,yy}u_{,y}^2 + u_{,xx}u_{,y}^2 + u_{,yy}u_{,x}^2$$
$$+ 4u_{,xy}u_{,x}u_{,y}]/\Psi_3,$$

$$\Psi_3 = [u_{,x}^2 + u_{,y}^2]^{1/2},$$

$$\Psi_4 = -D\Psi_3^{-3}[u_{,xxx}u_{,x}^3 + u_{,yyy}u_{,y}^3 + (2-\nu)(u_{,xxx}u_{,x}u_{,y}^2$$
$$+ u_{,yyy}u_{,x}^2u_{,y} + u_{,xyy}u_{,x}^3 + u_{,xxy}u_{,y}^3) + (2\nu$$
$$- 1)(u_{,xyy}u_{,x}u_{,y}^2 + u_{,xxy}u_{,x}^2u_{,y}) - 2(1$$
$$- \nu)u_{,xy}(u_{,x}u_{,y}u_{,xx} - u_{,y}^2u_{,xy} - u_{,x}^2u_{,xy} + u_{,x}u_{,y}u_{,yy})$$
$$+ (1-\nu)(u_{,xx} - u_{,yy})(u_{,xx}u_{,y}^2 - u_{,yy}u_{,x}^2)]$$
$$+ 2D(1-\nu)\Psi_3^{-5}[u_{,xy}(u_{,x}^2 - u_{,y}^2) - u_{,x}u_{,y}(u_{,xx}$$
$$- u_{,yy})]^2,$$

$$\Psi_5 = u_{,x}(u_{,xx} + \nu u_{,yy}) + u_{,y}[(1-\nu)u_{,xy} - \Psi_7 D^{-1}],$$

$$\Psi_6 = u_{,y}(u_{,yy} + \nu u_{,xx}) + u_{,x}[(1-\nu)u_{,xy} + \Psi_7 D^{-1}],$$

$$\Psi_7 = D(1-\nu)\Psi_3^{-2}[u_{,xy}(u_{,x}^2 - u_{,y}^2) - u_{,x}u_{,y}(u_{,xx} - u_{,yy})].$$

方程(6-40)就是我们最后要求解的方程，在弹性区，由于 $\gamma = 0$，该方程还可以得到很大的简化。

可以看到，解的精度将很大程度上取决于所取的等挠度线 c_u 的精度。对于一些特殊形状的板，如圆板的轴对称弯曲，椭圆板在均布载荷作用下的弯曲等，可以很直观地得出 c_u 的精确形状，但对于不规则板，一般没有通用方法可循，但可用相应的已有弹性解求出等挠度线来作为第一次近似。

6.5.2 圆板在均布载荷作用下的轴对称弯曲

作为应用等挠度线法的一个例子，我们来考虑均布载荷作用下圆板的轴对称弹塑性弯曲问题。很显然，等挠度线可取为

$$u(x,y)=1-\frac{1}{a^2}(x^2+y^2);$$

或取极坐标，则

$$u(r)=1-r^2/a^2.$$

积分（6-40）可得

$$(1-\gamma)[(1-u)w_{,uuu}-2w_{,uu}]-\gamma_{,u}[(1-u)w_{,uu}-\frac{1}{2}(1+\nu)w_{,u}]+\frac{a^4}{16D}q=0. \quad (6\text{-}41)$$

对于均布载荷作用下的简支圆板，其边界条件及中心对称条件为

$$\begin{cases} w|_{u=0}=0, \\ M_r|_{u=0}=0, \\ w_{,r}|_{u=1}=0. \end{cases} \quad (6\text{-}42)$$

用适当的数值方法求解边值问题(6-41)和(6-42)，即可得出解答。

参 考 文 献

[6.1] E.T. Onat and R.M. Haythornthwaite, The load carrying capacity of circular plates at large deflection, *Trans ASME, J. Appl. Mech.*, **23**, 1956.

[6.2] C.R. Calladine, Simple ideas in the large-deflection plastic theory of plates and slabs, in: Engineering plasticity, edited by J. Heyman and F.A. Leckie, Cambridge University Press, Cambridge, 1968.

[6.3] A. Sawczwk, Applied Mechanics, Procs.11th Int. Congr. Appl. Mech., Springer-Verlag, 1966.

[6.4] V.V. Sokolovsky, Elastic-plastic bending of circular and annular plates, *PMM*, 8, 1944, pp.141—166.

[6.5] D. Trifan, On the plastic bending of circular plates, *Quart. Appl. Math.*, **16**, 1948.

[6.6] F.A. Gaydon and H. Nuttall, The elastic-plastic bending of a circular plate by an all-round couple, *J. Mech. Phys. Solids*, **5**, 1956, pp.62—65.

[6.7] V.V. Sokolovsky, Theory of Plasticity,Gostekhizdat, 1950.
[6.8] Y. Ohashi and S. Murakami, The elasto-plastic bending of a clamped thin circular plate, Proc. 11th Int. Congr. Appl. Mech., 1964, pp.212—223.
[6.9] Y. Ohashi and S. Murakami, Large deflection in elasto-plastic bending of a simply supported circular plate under a uniform load, *Trans. ASME, J, Appl. Mech.*, **33**,1966, pp. 866—870.
[6.10] Y. Ohashi and S. Murakami, Study on the axisymmetric elasto-plastic deformation of thin plates, *Memoirs of the Faculty of Engineering*, Nagoya University, **20**, 1968,pp. 355—433.
[6.11] Y. Ohashi and S. Murakami, Axisymmetric elasto-plastic deformation of circular plates under combined action of lateral load and membrance force, *Memoirs of the Faculty of Engineering*, Nagoya University,**21**, 1969, pp. 79—121.
[6.12] Y. Ohashi and I. Kawashima, On the residual deformation of elasto-plastically bent circular plate after perfect unloading, *ZAMM*, **49**, 1969, pp.275—286.
[6.13] V.V. Sokolovsky, Elastic-plastic bending of circular and annular plates, Brown University, Dept. of Applied Mech., Tech. Rept. No. 33, 1955.
[6.14] J. Myszkowski, Endliche Durchbiegungen beliebig eigespannter dünner Kreis——und Kreisring platten in platischen Materialbereich, *Ing. Arch.*, **40**,1971, pp. 1—13.
[6.15] P. M. Naghdi, Bending of elasto-plastic circular plate with large deflection, *Trans. ASME, J. Appl. Mech.*, **19**, 1952, pp.293—300.
[6.16] 古国纪、顾缪林，弹塑性圆板大挠度问题，力学学报，**2**，1958.
[6.17] G. J. Turvey, Axisymmetric elasto-plastic flexure of circular plates in the large deflection regime, *Proc. Civil Engr., Part2*, **69**,1979, pp.81—92.
[6.18] G.J. Turvey, Thickness-tapered circular plates——an elasto-plastic large deflection analysis, *J. Struct. Mech.*, **7**, 1979, pp.247—271.
[6.19] G.J. Turvey, Elasto-plastic analysis of thickness-tapered circular plates, Proc. 7th Can. Congr. Appl. Mech., **1**, 1979, pp.77—78.
[6.20] A.N. Sherbourn and A. Srivastava, Elastic-plastic bending of restrained pin-ended circular plates, *Int. J. Mech. Sci.*, **13**,1971,pp. 231—241.
[6.21] G.W.May and K.H. Gerstle, Elastic-plastic behavior of axisymmetric plates, Proc. ASCE, Struct. Eng. Conf., 1967.
[6.22] E.P. Popov, et al, Analysis of elastic-plastic circular plates, *J. Eng. Mech. Div.*, 1967, pp.49—65.
[6.23] M. Tanaka, Large deflection analysis of elastic-plastic circular plates with combined isotropic and kinematic hardening, *Ing. Arch.*, **41**, 1972, pp.342—356.
[6.24] 谭亮炽，金属圆薄板弹塑性压弯成形的力学分析，北京大学博士学位论文，

1988.

[6.25] B. Budiansky, A reassessment of deformation theories of plasticity, *Trans. ASME, J. Appl. Mech.*, **26**, 1959, pp. 259—264.

[6.26] 王仁、熊祝华、黄文彬，塑性力学基础，科学出版社，1982.

[6.27] T. X. Yu and W. Johnson. The large elastic-plastic deflection with springback of a circular plate subjected to circumferential moments, *Trans. ASME, J. Appl. Mech.*, **49**, 1982, pp.507—515.

[6.28] 钱伟长，奇异摄动理论及其在力学中的应用，科学出版社，1981.

[6.29] J. Mazumdar and R. K. Jain, Elastic-plastic analysis of plates of arbitrary shape——a new approach, *Int. J. plasticity*, **5**,1989,pp.463—475.

[6.30] J. Mazumdar, A method for solving problems of elastic plates of arbitrary shape, *J. Aust. Meth. Soc.*, **11**, 1970, pp.95—112.

[6.31] J. Mazumdar, Buckling of elactic plates by the method of constant deflection lines, *J. Aust. Meth. Soc.* **13**,1971, pp, 385—390.

[6.32] J. Mazumdar and D. Bucco, Transverse vibrations of viscoelastic shallow shells, *J. Sound Vib.*, **57**, 1978, pp. 323—331.

第七章 圆板在半球形模中的冲压

§7.1 实验研究

7.1.1 引言

制造旋转壳形的金属构件(如锅炉封头、容器顶盖等)的方法之一用一对曲模(具有双向曲率的、互相匹配的冲模和凹模)将一块圆板冲压成预定的形状. 通常,成品的形状由设计要求给定,而模具的形状和冲压力的大小则有待研究确定.

从力学观点来看，将圆板冲压成旋转壳的过程有以下几个特点值得注意:

(i)塑性大变形. 对金属板施加冷冲压时,板在冲压力作用下先发生弹性变形,继而发生塑性变形;与此同时，随着板的曲率的增加,板与冲模的形状贴近,接触区会相应地扩展，因而冲压力的作用点和方向都会有所变化. 这暗示着对这样的冲压问题不能依照初始构形、而要依照瞬时构形来进行跟踪大变形历史的分析.

(ii)膜力的重要性. 板的冲压与板条的弯曲的一个重要不同在于,当板的挠度达到和超过板厚的量阶时,板内将产生膜力，并逐渐取代弯矩在决定板内应力分布和变形模式上起到决定性的作用. 对板的冲压的任何实验研究和理论研究，都必须充分计及膜力效应.

(iii)回弹.由于在冲压过程中板内存在着一部分弹性变形,所以当冲压力卸除时,工件(这时实际上已是一块旋转壳而不是一块平板了)会发生一定程度的回弹,使工件的最终形状可能不同于模具的外形. 由于旋转壳比平板难变形，所以回弹量通常不像在板条弯曲问题中那样大. 但考虑到具有双向曲率的模具加工的困难和费用，细致地研究模具外形与工件最终形状二者之间的关系仍然极富实际意义.

本章将着重研究圆板在一对互相匹配的半球形模中的冲压. 先前的研究在文献中可以看到的只有 Johnson 和 Singh[7.1] 在 1980 年报道的实验. 他们的试件材料包括未退火的和已退火的软钢、黄铜和铝. 半径为 25.4—38.1mm 的圆板用于半径为 38.1 mm 的半球形模具; 半径为 38.1—76.2mm 的圆板则用于半径为 76.2mm 的半球形模具. 板厚分别为 1.6, 3.2 和 4.8mm, 因而板的半径对厚度的比 a/h 的范围为 8—48.

Johnson 和 Singh[7.1] 在实验中测量了圆板中心与冲模端部的分离, 发现当圆板挠度不太大时会产生分离, 而挠度增大时这种间隙又会重新弥合. 当模具、工件尺度相似时, 圆板与冲模间的这种间隙要比板条在圆柱形模中弯曲时的间隙 (参见 §4.1) 要小得多.

对于试件的最终形状, 他们没有测定曲率的分布, 而是仅根据回弹后试件中心与边缘的高度差以及回弹后试件周边的半径推算出一个平均曲率, 将这个平均曲率与模具曲率的比作为回弹比, 作了一些分析工作, 但无法找出回弹比服从的任何规律.

在文献[7.1]中, 作者给出的理论模型仅仅考虑了弯矩而没有考虑膜力, 因而实际上相当于以塑性铰圆为特征的圆板塑性破坏的机动场. 对这一模型的检验将在 §7.2 中给出.

7.1.2 实验的描述

为了进一步研究圆板在半球形模中的冲压, 余同希等人在 1982 年进行了一组实验, 有关结果在文献[7.2]中作了报告.

实验中采用的凹模和冲模具有半球形曲面的表面, 球面半径分别为

$$R_D = 288\text{mm}, \quad R_P = R_D - h = 286.4\text{mm},$$

其中 $h = 1.6$mm 为圆板试件的厚度. 圆板试件的半径为

$$a = 50, 75 \text{ 和 } 100\text{mm}.$$

类似于 §4.1 所描述的板条在圆柱形曲模中的弯曲实验, 圆板

冲压的实验也是将冲模和凹模分别固定在万能试验机的活动横梁和底座上，用试验机以慢速（5mm/min）加载使圆板逐渐变形. 在冲压过程中，模具与试件间未加润滑.

所有的圆板试件都是从冷轧钢板上切割下来的，未经退火. 从三种不同的取向截出的拉伸试件的试验结果表明，该钢板的面内各向异性不显著，各方向上的初始屈服应力均为$Y \simeq 270\text{N/mm}^2$.

7.1.3 实验结果

1）冲压力-冲模位移的关系

在实验中测得的无量纲冲压力-冲模位移关系曲线见图 7-1，其中

$$\delta_p \equiv \Delta_p/h, \quad (7-1)$$

$$p \equiv P/P_0, \quad (7-2)$$

P 和 Δ_p 分别为测得的冲压力和冲模位移. P_0 是理想刚塑性圆板中心受到集中力作用时的初始塑性极限载荷. 如果材料的屈服应力是 Y，板的塑性极限弯矩为 M_0，则从塑性力学(见[7.3])知

$$P_0 = 2\pi M_0 = \frac{\pi}{2} Y h^2. \quad (7-3)$$

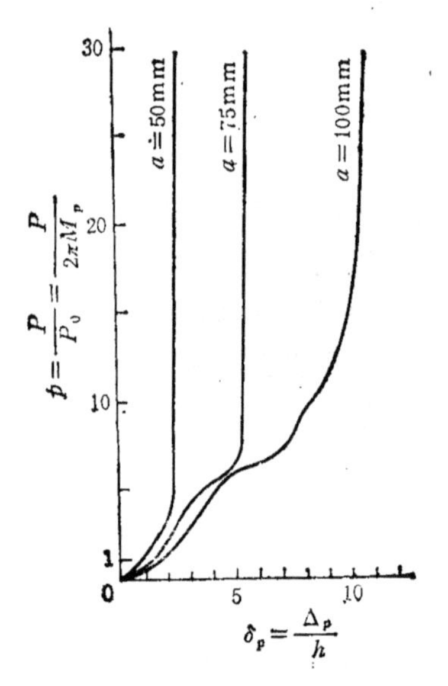

图 7-1　半径为 a，厚为 $h = 1.6$ mm 的圆板在 $R_D = 288$mm 的半球形模中冲压时的冲压力-冲模位移曲线.

在图 7-1 中看到，对于 a/h 较大的板，p-δ_p 曲线的斜率曾中途变小；从实验观察证实，这是圆板上出现了皱曲所致. 例如 $a = 100$mm 的试件当 $\delta_p \simeq 5$ 时就是如此.

2）板的平均最终曲率

在实验中，将冲压力增加到某一最大冲压力 P^* 之后缓慢地

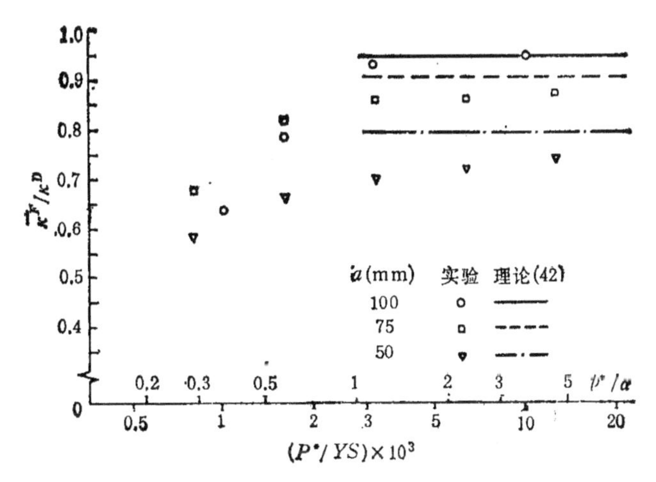

图 7-2　板的平均最终曲率与最大冲压力间的无量纲关系.
$h=1.6\text{mm}$, $R_D=288\text{mm}$.

卸除全部载荷. 取出回弹后的试件，测量试件中心与边缘的高度差以及试件周边的圆周半径. 按照试件上各点曲率相同的假设，就可以计算出试件的平均最终曲率 $\bar{\kappa}^F$. $\bar{\kappa}^F/\kappa_D$ 对最大冲压力 P^* 的依赖关系如图 7-2 所示. 这里 $\kappa_D=1/R_D$ 是模具的曲率; P^* 由 YS 无量纲化，其中 Y 是材料的屈服应力，$S=\pi a^2$ 是试件的一面的表面积，因而 P^*/YS 也可以看成是试件表面上(名义)均摊的应力与 Y 之比.

从图 7-2 可以看到:

(i) $\bar{\kappa}^F$ 随 P^* 的增大而增大，直至 $P^*/YS\simeq3\times10^{-3}$ 之后 $\bar{\kappa}^F$ 基本上保持为常数;

(ii) 当 $P^*/YS>3\times10^{-3}$ 之后，$\bar{\kappa}^F$ 趋近的数值与圆板的半径-厚度比 a/h 有关. a/h 越大，$\bar{\kappa}^F$ 的渐近值也越大.

3) 最终曲率沿板半径的分布

冲压回弹后的试件可置于精密测量仪上测定它沿半径方向的外廓曲线. 当沿这条曲线上一系列测点的坐标都已确定之后，可以用有限差分法算出弧长和曲率. 典型的结果见图 7-3，它得自 $a=75\text{mm}$ 的圆板试件. κ^F 是沿半径方向的最终曲率，$\kappa_D=1/R_D=$

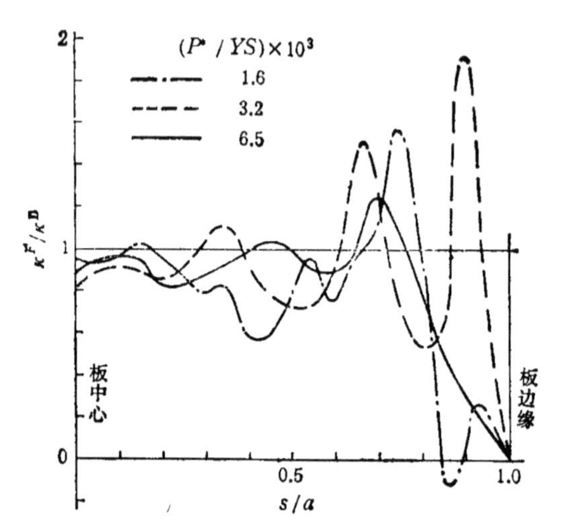

图 7-3 $a=75$mm，$h=1.6$mm 的圆板沿半径的最终曲率分布.

3.472m^{-1} 是凹模的曲率，s/a 是从圆板中心量起的无量纲弧长. 图中的 3 条曲线对应于不同的最大冲压力 P^* 的结果.我们看到，当 $P^*/YS<3\times10^{-3}$ 时,增大 P^* 的主要效果是增加平均最终曲率 κ^F; 当 $P^*/YS>3\times10^{-3}$ 时,继续增大 P^* 的主要效果则是使最终曲率的分布趋于均匀化.

从图 7-3 还可以看到，试件中部的曲率比较均匀而试件外缘附近曲率变化十分剧烈. 可以想象,由于半球形模的几何特征,圆板试件中部受到的冲压载荷较大、也比较垂直于板表面,因此中部的冲压效果好;圆板的外缘附近这种冲压效果就要差得多.

4）周向的皱曲

采用旋转测量仪器也不难测出试件沿周向的外廓形状. 如果冲压后的试件保持为理想的轴对称形状，那么沿一条“纬线”测得的高度将相同;如果试件在冲压中发生了周向的皱曲，那么沿“纬线”测出的高度将发生波动. 图 7-4 给出了若干测量结果. 在每一幅图内都有一个基准圆，实际测得的线同基准线间的差异代表了与理论高度的差值. 相应的尺度亦已在各图上给出. 图的说明中，r 代表被测“纬线”的圆周半径，P^* 是最大冲压力.

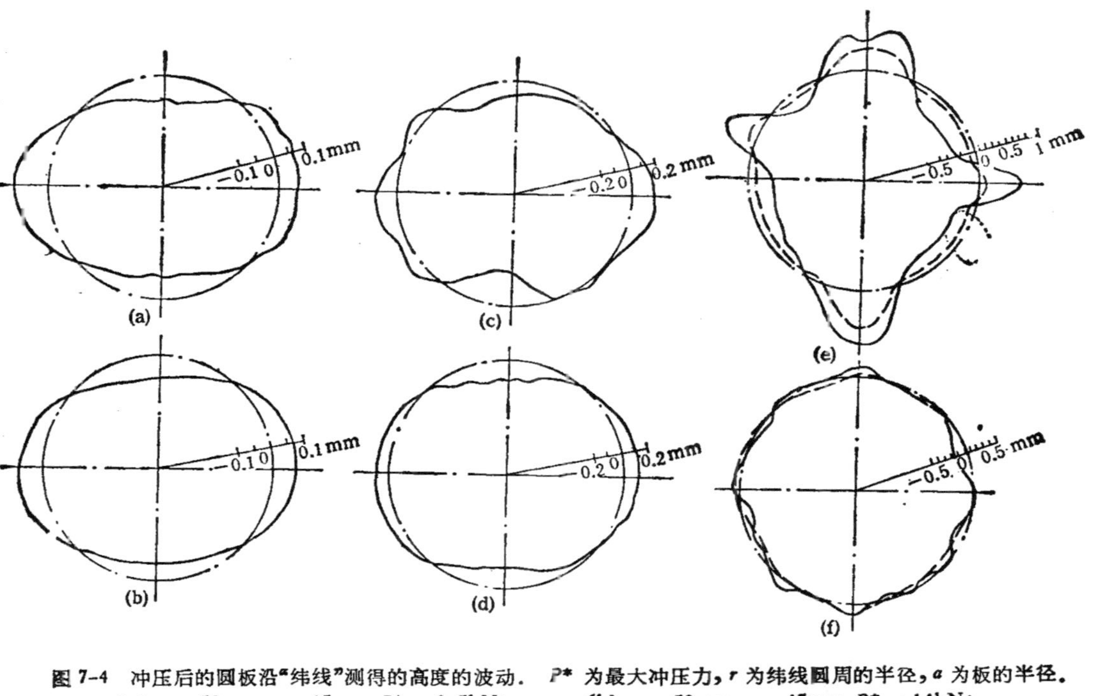

图 7-4　冲压后的圆板沿"纬线"测得的高度的波动．P^* 为最大冲压力，r 为纬线圆周的半径，a 为板的半径。
(a) $a = 50\text{mm}, r = 45\text{mm}, P^* = 3.5\text{kN}$;　(b) $a = 50\text{mm}, r = 45\text{mm}, P^* = 14\text{kN}$;
(c) $a = 75\text{mm}, r = 70\text{mm}, P^* = 7.85\text{kN}$;　(d) $a = 75\text{mm}, r = 70\text{mm}, P^* = 31.4\text{kN}$;
(e) $a = 100\text{mm}, r = \begin{cases} 95\text{mm} —— \\ 50\text{mm} —— \end{cases}, P^* = 8.9\text{kN}$; (f) $a = 100\text{mm}, r = \begin{cases} 95\text{mm} —— \\ 50\text{mm} —— \end{cases}, P^* = 89\text{kN}$。

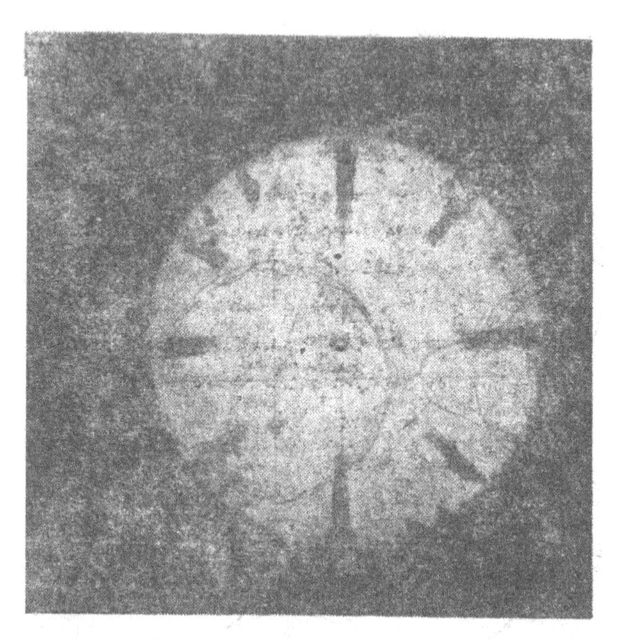

图 7-5 试件凹面的照片，黑色印痕为试件与冲模的接触区．
$a=100\text{mm}$, $h=1.6\text{mm}$, $R_D=288\text{mm}$, $P^*=89\text{kN}$.

从图 7-4 可以看出，$a=50\text{mm}$ 和 75mm 的圆板试件冲压后可能出现 2 个皱，而 $a=100\text{mm}$ 的试件可能出现 4 个很严重的皱(若 P^* 较小)或 8 个较平缓的皱(若 P^* 较大)。

在冲模和试件间预先垫上敏感的复写纸，在冲压过程中由于冲压载荷的作用就会在试件上受到冲压力较大的部位处留下黑色的印痕．图 7-5 就显示了一块 $a=100\text{mm}$ 的试件在冲压至 $P^*=89\text{kN}$ 后的印痕分布，它同样证实了这时至少存在着 8 个周向的皱。

§7.2 板的弹性变形

7.2.1 受半球形冲模加载的简支圆板的弹性变形

为了理解圆板受到半球形冲模的冲压时早期的弹性行为以及塑性变形在板内的产生过程，我们首先来分析一下圆板在这种加载条件下的弹性变形。

考虑一个半径为 a、厚度为 h 的圆板受到一个半径为 R_p 的半球形冲模加载，初始时刻冲模的加载点在板的中心。为简化问题，不考虑半球形凹模表面形状的影响，于是圆板的边缘可认为是简支的。

首先来检验一下简支圆板受中心集中力 P 作用时的弹性挠度表达式(参见[7.4])

$$w = \frac{P}{16\pi D}\left[\frac{3+\nu}{1+\nu}(a^2-r^2)+2r^2\ln\frac{r}{a}\right]$$

$$= A(a^2-r^2)+Br^2\ln\frac{r}{a}, \tag{7-4}$$

其中 $D = Eh^3/12(1-\nu^2)$ 是板的抗弯刚度，A 和 B 是与 r 无关的系数。

根据(7-4)式可求出相应的曲率为

$$\left.\begin{aligned}\kappa_r &= -\frac{d^2w}{dr^2} = 2A - B\left(2\ln\frac{r}{a}+3\right),\\ \kappa_\theta &= -\frac{1}{r}\frac{dw}{dr} = 2A - B\left(2\ln\frac{r}{a}+1\right).\end{aligned}\right\} \tag{7-5}$$

因而在 $r\to 0$ 时 $\kappa_r\to\infty$，$\kappa_\theta\to\infty$。这表明简支圆板受中心集中力 P 的弹性解 (7-4) 不适合于半球形冲模加载的问题。甚至是在极小的 P 的作用下，圆板与半球形冲模的接触也不会是一点而是一个小的圆周。

于是，让我们转而检验一个简支圆板受到一圈半径为 b 的圆环形均布载荷作用时的弹性解。在此情况下，板的挠度为(仍参见[7.4])

$$w = \begin{cases}\dfrac{P}{8\pi D}\left[(b^2+r^2)\ln\dfrac{b}{a}+(a^2-b^2)\dfrac{(3+\nu)a^2-(1-\nu)r^2}{2(1+\nu)a^2}\right], \\ \qquad r\leqslant b; \\ \dfrac{P}{8\pi D}\left\{(a^2-r^2)\left[1+\dfrac{(1-\nu)}{2(1+\nu)}\left(1-\dfrac{b^2}{a^2}\right)\right]+(b^2+r^2)\ln\dfrac{r}{a}\right\}, \\ \qquad r\geqslant b.\end{cases} \tag{7-6}$$

于是，板中心的挠度为

$$w_0=\frac{P}{8\pi D}\left[\frac{3+\nu}{2(1+\nu)}(a^2-b^2)-b^2\ln\frac{a}{b}\right];\tag{7-7}$$

同时，在加载圆环上任一点的挠度则为

$$w_b=\frac{P}{8\pi D}\left[\frac{(3+\nu)a^2-(1-\nu)b^2}{2(1+\nu)a^2}(a^2-b^2)-2b^2\ln\frac{a}{b}\right].\tag{7-8}$$

结果，在中心区域 ($r\leqslant b$) 内的相对挠度为

$$w_0-w_b=\frac{Pb^2}{8\pi D}\left[\frac{1-\nu}{2(1+\nu)}\left(1-\frac{b^2}{a^2}\right)+\ln\frac{a}{b}\right].\tag{7-9}$$

对于中心区域 $r\leqslant b$，由(7-6)式求出的相应的曲率为

$$\kappa_r=\kappa_\theta=\frac{P}{4\pi D}\left[\frac{1-\nu}{2(1+\nu)}\left(1-\frac{b^2}{a^2}\right)+\ln\frac{a}{b}\right].\tag{7-10}$$

在这一区域内，板在 r 和 θ 方向曲率相等，说明板在此区域内已被弯曲成为一块球面。这与板将半球形冲模端部包住正好是几何协调的。注意 $R=R_p+\frac{h}{2}$ 是计算至板中面的折算冲模半径，则板中部包住冲模端部的条件为

$$\kappa_r=\kappa_\theta=\frac{1}{R},\quad r<b.\tag{7-11}$$

比较(7-10)与(7-11)可以得到

$$P=4\pi D\bigg/\left\{R\left[\frac{1-\nu}{2(1+\nu)}\left(1-\frac{b^2}{a^2}\right)+\ln\frac{a}{b}\right]\right\};\tag{7-12}$$

再将(7-12)式代入(7-9)式可以得到

$$w_0-w_b=b^2/2R.\tag{7-13}$$

从半球形冲模的几何关系容易证实，$b^2/2R$ 正好就是当加载圆半径扩大为 $r=b$ 时冲模的位移。因此，(7-13)式说明圆板中心的挠度与冲模位移相等，也就是说，二者之间不存在分离。

引入无量纲参数

$$\eta\equiv R/a,\quad \rho\equiv b/a,\tag{7-14}$$

则(7-12)和(7-7)式可被改写成无量纲形式：

$$\frac{Pa}{D}=\frac{4\pi}{\eta}\Big/\left[\frac{1-\nu}{2(1+\nu)}(1-\rho^2)+\ln\frac{1}{\rho}\right], \qquad (7\text{-}15)$$

$$\frac{w_0}{a}=\frac{Pa/D}{8\pi}\left[\frac{3+\nu}{2(1+\nu)}(1-\rho^2)-\rho^2\ln\frac{1}{\rho}\right]. \qquad (7\text{-}16)$$

在具体问题中，ν 和 η 是给定的，于是当参变量 ρ 从 0 变到 1 时，(7-15)与(7-16)式便给出了载荷-位移关系。

作为数值的例子，取定 $\nu=0.3$ 和 $\eta=1$（即 $R=a$ 的情形），计算结果见表 7-1。在这个例子中，载荷-位移关系保持为近似线性的，直到 $w_0\simeq0.15a$ 为止，这可以从表 7-1 中最右一列数（代表载荷-位移曲线的斜率）的变化看出来。

表 7-1　受半球形冲模加载的圆板的弹性性质（$\nu=0.3$，$R_p=a$）

$\rho=b/a$	Pa/D	w_0/a	$(Pa/D)(w_0/a)$
10^{-6}	0.8922	0.0451	19.80
10^{-5}	1.0666	0.0539	19.80
10^{-4}	1.3256	0.0670	19.80
10^{-3}	1.7509	0.0884	19.80
0.01	2.5780	0.1301	19.81
0.05	3.8496	0.1928	19.97
0.10	4.8914	0.2401	20.38

7.2.2　讨论

1）弹性解(7-6)式是按照小挠度假定得到的解，因此仅当挠度比板厚量阶为小时才能应用，也就是只适用于

$$w_0\leqslant h. \qquad (7\text{-}17)$$

2）对于板，初始屈服状态的曲率为

$$\kappa_e=\frac{2Y(1-\nu^2)}{Eh}, \qquad (7\text{-}18)$$

而上述分析所允许的最大曲率是 $1/R$，因此上述弹性分析仅当 $1/R<\kappa_e$ 时成立，也就是要求

$$\frac{R}{h}>\frac{E}{2Y(1-\nu^2)}. \qquad (7\text{-}19)$$

如果(7-19)式被破坏，则在板包住冲模端部之前就已进入弹塑性状态．在实际冲压问题中，(7-19)式通常是满足的，因而总是先包住冲模端部，而后才会进入弹塑性状态．事实上，由于 $1/R<\kappa_e$ 的限制，板将始终处于弹性弯曲状态；只有在大挠度诱导产生的膜力加大到一定程度时，才使板内某些区域进入塑性状态．

3）现在将受半球形冲模加载的简支圆板的弹性行为同受圆柱形冲模加载的板条的弹性行为作一比较．

对于板条的问题，初始时冲模力作用在板条的中点，因而根据初等弹性弯曲理论易求出其挠曲线为

$$Y=\frac{Px}{12EI}(3L^2-x^2),\quad 0\leqslant x\leqslant L. \tag{7-20}$$

这里，板条的长度是 $2L$，x 坐标原点在简支支座处，$0\leqslant x\leqslant L$ 表示板条的一半，EI 是板条的抗弯刚度，P 是集中力．于是，可求出相应的曲率分布

$$Y''=-\frac{Px}{2EI},\quad 0\leqslant x\leqslant L. \tag{7-21}$$

最大曲率发生在板条的中点 $x=L$ 处，为

$$|Y''|_{\max}=|Y''|_{x=l}=\frac{PL}{2EI}. \tag{7-22}$$

因而在集中力作用点，板条的曲率并未趋于∞，而只是一个有限的数值，这是同圆板情形(参见(7-5)式之讨论)不同的．

板条中部开始包住冲模端部的条件是

$$|Y''|_{\max}=1/R, \tag{7-23}$$

其中 $R=R_p+\frac{h}{2}$，R_p 是圆柱形冲模的半径，h 是板条厚度．比较(7-22)和(7-23)式可知，当

$$P\geqslant P_w\equiv 2EI/LR \tag{7-24}$$

时，板条的中部使包住冲模端部，且接触点有可能从中点移向两侧．

于是，受圆柱形模冲压的板条同受半球形模冲压的圆板的弹性行为之间可比较如下：

(i) 板条与圆柱形冲模保持为"点接触"，直至 $P = P_w = 2EI/LR$ 为止，当 $P > P_w$ 时接触点移向两侧，板条局部地包住冲模；而圆板从 $P > 0$ 开始便不能与半球形冲模保持"点接触"，接触点从一开始便扩展成一个小的接触圆环，即圆板从一开始便局部地包住冲模，随着 P 的增大包住的区域也增大。

(ii) 对于这两种情形，只要工件仍处于弹性变形状态，就不会发生工件与冲模的分离。

(iii) 不难验证，对于板条当 $P > P_w$ 时的载荷-位移曲线将显著偏离直线；而对于圆板，载荷-位移曲线将基本上保持为直线，直到 w_0 达到板厚 h 的量阶因而板内出现不可忽略的膜力为止。

(iv) 对这两种情形，都要求 $R_p/h \gg 1$，否则板内将很早出现塑性，工件包住冲模端部就将不是弹性行为而是塑性行为了。

§7.3 板的塑性变形和回弹规律

7.3.1 变形模式

从 §7.1 报道的实验中曾观察到冲模与圆板的接触区随着冲压的进展是从中心向外逐渐扩展的；还观察到当 a/h 较大（例如 $a/h > 30$）时板的中部同冲模端部之间的分离是不存在的或可忽略的。根据这些实验观察，我们可以提出下述球-锥连接的变形模式。

如图 7-6 所示，变形后的圆板的中部为一块球面，其半径与冲模表面相匹配，也就是说，这一部份圆板完全由冲模的表面形状所决定；同时假定，变形后的圆板的外部（中部以外的环形区）将为一个截头圆锥面，它同中部的球面光滑地连接在一起。

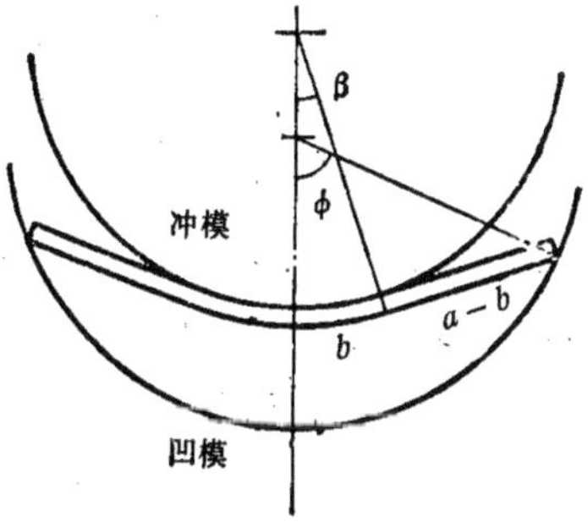

图 7-6　圆板在半球形模具中冲压时的变形模式.

在图 7-6 中，球-锥的连接处的径向坐标为 b，对应的圆周角为 β，于是从几何关系知道，圆板中心相对于圆板外缘的挠度为

$$\Delta=(a-b)\sin\beta+R(1-\cos\beta), \tag{7-25}$$

其中 $R=R_p+\frac{h}{2}$ 仍同已经用过的一样，是计算到板中面的折算冲模半径. 由于 β 通常为小角，取 $\sin\beta\simeq\beta=b/R$ 和 $\cos\beta\simeq 1-\beta^2/2$，(7-25) 式可改写为无量纲形式

$$\delta\equiv\frac{\Delta}{h}\simeq\alpha\rho\left(1-\frac{\rho}{2}\right), \tag{7-26}$$

其中

$$\alpha\equiv a^2/Rh,\quad \rho\equiv b/a \tag{7-27}$$

都是无量纲参数，α 为一常数，ρ 在冲压过程中由 0 开始逐渐增大，但不能超过 1.

注意，冲模的位移 Δ_p 除引起板的挠度 Δ 之外，还引起板边缘沿凹模的下滑，即伴随位移 Δ_A. 它们之间的关系为

$$\Delta_p=\Delta+\Delta_A,$$

或写成无量纲形式，

$$\delta_p=\delta+\delta_A, \tag{7-28}$$

其中 $\delta_A\equiv\Delta_A/h$ 是无量纲伴随位移，其值为

$$\delta_A=\frac{R}{h}(\cos\phi-\cos\phi_0), \tag{7-29}$$

其中 ϕ_0 和 ϕ 分别按下式确定：

$$\sin\phi_0=a/R, \tag{7-30}$$

$$\sin\phi=\sin\beta+(a/R)(1-\rho)\cos\beta. \tag{7-31}$$

由(7-29)和(7-26)式可以证明 δ_A/δ 具有 ab/R^2 的量级. 因此，在大多数实际工况中，δ_A 比 δ 小很多，它相对于 δ 可忽略，于是由(7-28)式近似有

$$\delta_p\simeq\delta. \tag{7-32}$$

也就是说，冲模的位移和圆板的挠度二者可以近似地看作是大小相同的.

7.3.2 按照塑性膜理论估计的圆板大挠度承载能力

当圆板在模具中受冲压作用而发生很大的变形时，板内的膜力将对应力状态和变形状态起决定性作用，因此可以按塑性膜理论来估计大挠度圆板的承载能力. 依照对接触区内的冲压力分布和变形模式的不同假设，下面用三种不同的方法来作这种估计.

1）中心集中力;球-锥连接的变形模式

Calladine[7.5] 曾经提出过一种估计圆板在发生塑性大变形后的承载能力的方法，其实质是利用半块圆板的整体平衡条件来优化机动(上限)解. 例如,刚塑性简支圆板受中心集中力作用时,由初始流动的速度场形状可假设圆板大变形时变成一个圆锥面，见图 7-7(a)和(b). 按照这个机动场并应用流动法则,不难证明板的半径剖面（图 7-7(b)）A 内存在 $\sigma_\theta = +Y$ 和 $\sigma_\theta = -Y$ 的区域,且二者被一条水平直线 I-I 所分开. 在这个机动场上令内功率与外功率相等可得

$$P = \frac{2\pi\sigma_s}{a}\int_A |y|\,dA = \frac{4P_0}{ah^2}\int_A |y|\,dA, \qquad (7\text{-}33)$$

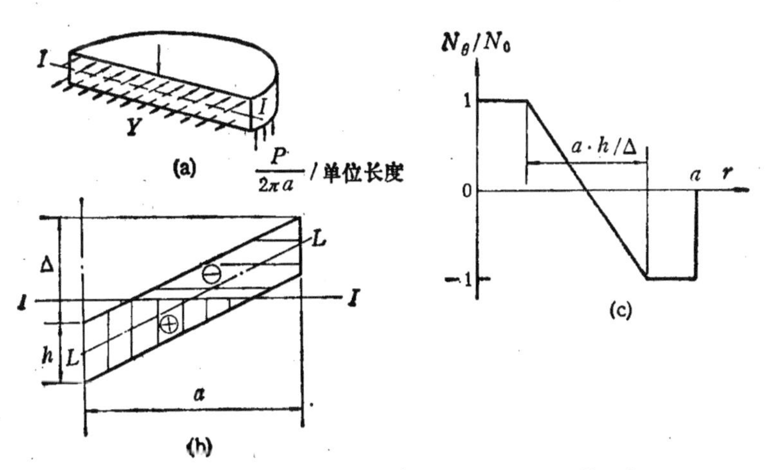

图 7-7　用 Calladine 方法分析受集中力的简支圆板的塑性大变形.
(a) 半块圆板的平衡；(b) 当 $\Delta > h$ 时的周向应力的分布；
(c) 周向内力沿半径的分布.

其中 y 为从 I-I 线铅垂向下度量的坐标，a 和 h 分别为板的半径和厚度，P_0 是(7-3)式定义的刚塑性板受集中力作用时的初始极限载荷。

根据半块圆板在垂直于直径剖面方向的总体平衡可以推知 I-I 线应将半径剖面划分成面积相等的两个区域，这样便可确定 I-I 线在板上的位置，进而计算出(7-33)式中的积分. 这样做，相当于是用总体平衡条件来使(7-33)式给出的 P 取极小. 例如，对简支圆板得出

$$p = \frac{P}{P_0} = \begin{cases} 1 + \dfrac{\delta^2}{3}, & \text{当 } \delta = \dfrac{\Delta}{h} \leqslant 1; \\ \delta + \dfrac{1}{3\delta}, & \text{当 } \delta = \dfrac{\Delta}{h} \geqslant 1. \end{cases} \tag{7-34}$$

这样便得到了圆板承载能力随中心挠度的变化.

还可以看出，当圆板内的刚塑性应力分布如图 7-7(b) 所示时，沿着一条半径 r 的方向将应力 σ_θ 在板厚方向上积分，就可以得出周向内力 N_θ 沿 r 的分布，如图 7-7(c) 所示. 图中 N_0 代表最大塑性膜力，即 $N_0 = Yh$. 显然，在 $N_\theta = +N_0$ 与 $N_\theta = -N_0$ 的区域之间有一个宽为 a/δ 的过渡区.

当所考虑的挠度非常大 (例如 $\delta = \Delta/h \geqslant 5$)，Calladine 方法还可以被进一步简化. 在此情况下，(7-34)第二式中的第二项相对于第一项可以被忽略，于是图 7-7(c) 中的过渡区消失. 这相当于将板凝缩到它的中面，因而半径剖面凝缩到了它的中线 L-L (见图 7-7(b))，于是在厚度方向上应力 σ_θ 的差异被略去. 结果，面积分 $\int_A |y|\,dA$ 可以被线积分 $h\int_L |y|\,dL$ 所替代，数学运算更为简单.

现在采用这种简化的 Calladine 方法来分析图 7-6 所示的受冲压圆板的大挠度变形模式. 在半径剖面上，这一变形模式凝缩的 L-L 线由一段弧长为 b 的圆弧和一段长为 $(a-b)$ 的直线段所组成. 前述"等面积原则"要求 I-I 线通过 L-L 线的按弧长度量的中点. 于是，对于 $\rho = b/a \leqslant 1/2$ 和 $\rho = b/a \geqslant 1/2$ 的

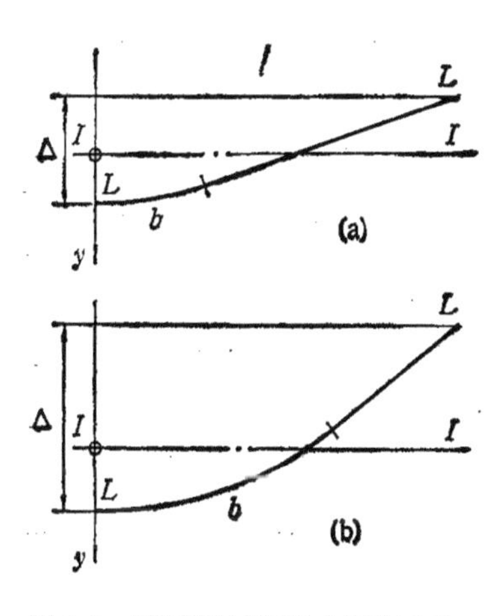

图 7-8 圆板半径剖面的中线的形状：
(a) $\rho = b/a \leqslant 1/2$ 的情形；
(b) $\rho = b/a \geqslant 1/2$ 的情形.

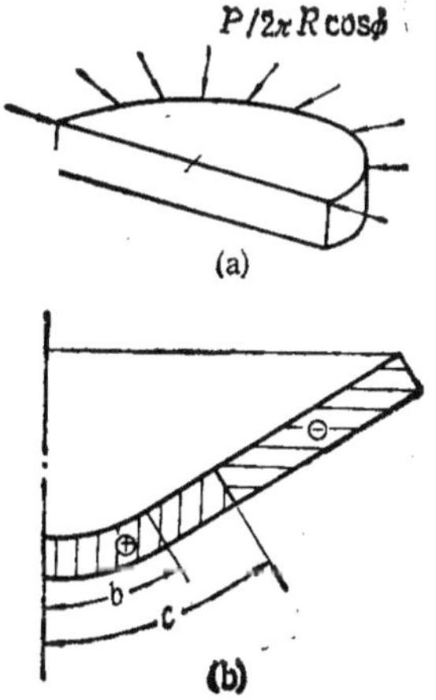

图 7-9 凹模反力的水平分力的效应：
(a) 半块板的平衡；(b) 在板的半径剖面上的拉应力区和压应力区.

情形，分别按照图 7-8(a) 和 7-8(b) 的几何关系可以求出

$$p \equiv \frac{P}{P_0} = \alpha k, \tag{7-35}$$

其中 $\alpha = a^2/Rh$，而 k 为 $\rho = b/a$ 的函数：

$$k = \begin{cases} \dfrac{\rho(1 - 2\rho^2/3)}{1 - \rho}, & \rho \leqslant \dfrac{1}{2}; \\ \dfrac{\dfrac{1}{24} + \rho - \rho^2/2}{1 - \rho}, & \rho \geqslant \dfrac{1}{2}. \end{cases} \tag{7-36}$$

这个结果与接触区 $r \leqslant b$ 内冲压力的分布无关。

应该注意，上述分析中假定板是简支的、边缘上没有径向反力，这样才能根据径向总体平衡导出“等面积原则”． 在半球模中冲压圆板时，凹模作用于板周边的支反力存在径向分量 $P/2\pi R\cos\phi$，如图 7-9(a) 所示．这时，考虑沿直径切开的半块圆板在垂直于此直径剖面上的总体平衡，发现要求剖面上的压应力 ($\sigma_\theta = -Y$) 区应比拉应力 ($\sigma_\theta = +Y$) 区略大，这样才能把支反

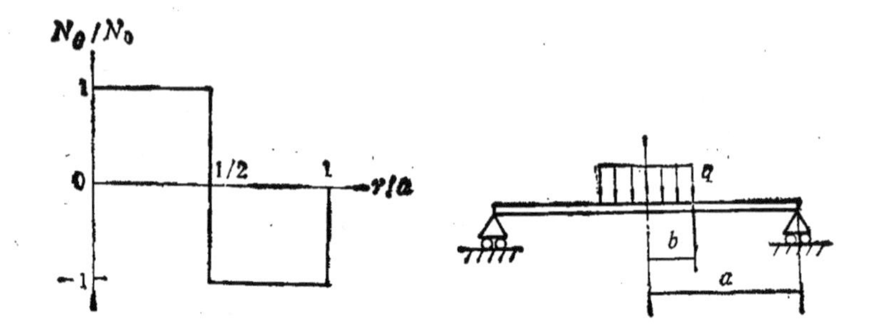

图 7-10　当圆板挠度非常大时沿半径的周向内力的分布.

图 7-11　简支圆板受一个圆内均布横向载荷 q 的作用.

力的径向分量平衡掉. 具体可求出(参见图 7-9(b))

$$\frac{c}{a}=\frac{1}{2}-\frac{ph}{4a}\tan\phi\simeq\frac{1}{2}-\frac{ph}{4R}, \tag{7-37}$$

其中 c 为半径剖面内拉应力区的弧长, ϕ 由(7-31)式计算. (7-37)式表明, 只要 p 不是非常大, 由于 $R\gg h$ 就决定了 c/a 只稍稍小于 1/2.

与此相应, 周向膜力沿半径的分布是

$$\frac{N_\theta}{N_0}=\begin{cases}+1, 对\ 0\leqslant r/a\leqslant c/a\simeq 1/2;\\ -1, 对\ 1/2\simeq c/a\leqslant r/a\leqslant 1.\end{cases} \tag{7-38}$$

图 7-10 画出了这一分布.

2) 均布横向力; 圆锥形变形模式

考虑一块半径为 a 的简支圆板, 在 $r\leqslant b$ 的区域内受到均布横向力 q 的作用, 如图 7-11. 设板边缘是可以自由地向内移动的(即不受径向约束), 按照 Kondo 和 Pian[7.6] 采用广义屈服线方法的分析, 这时的载荷-挠度关系为

$$\frac{P}{P_0\Big/\left(1-\dfrac{2b}{3a}\right)}=\begin{cases}1+\dfrac{1}{3}\delta_0^2, 当\ \delta_0\leqslant 1;\\ \delta_0+\dfrac{1}{3\delta_0}, 当\ \delta_0\geqslant 1,\end{cases} \tag{7-39}$$

其中 $P=\pi b^2q, P_0=2\pi M_0$, δ_0 是由圆锥形变形模式所确定的板

中心的无量纲挠度.

回到圆板受冲压的情况，假定冲压力均匀地分布在板的中部($r \leqslant b$)，则利用先前定义的无量纲参数可得

$$\delta_0 = \alpha\rho, \tag{7-40}$$

且当 δ_0 很大时有

$$p \simeq \frac{\alpha\rho}{1-\frac{2\rho}{3}} \tag{7-41}$$

其中 $p \equiv P/P_0$, $\alpha = a^2/Rh$, $\rho = b/a$ 都与先前定义的一样. 因而，(7-40)和(7-41)式也给出了以 ρ 为参数的、对受冲压圆板的 p-δ 关系的一个估计.

3）均布法向压力;中部球形变形模式

无论是 Calladine 方法[7.5]，还是广义屈服线方法[7.6]都显示了，当受冲压的圆板变形较大时，其中部区域处于双向等拉的应力状态，即有 $N_r = N_\theta = N_0$. 这说明，板的中部区域已变成一块塑性膜.

要使这块塑性膜保持为球面的一部分，就要求存在一定的均匀内压，或者说均布法向压力. 由于内压为 q 时球形膜内的膜力为 $\frac{1}{2}qR$，我们就容易求出

$$q = 2N_0/R, \tag{7-42}$$

于是其合力、即冲压力为

$$P \simeq \pi b^2 q = \frac{2\pi N_0 b^2}{R} = P_0 \cdot \frac{N_0 b^2}{M_0 R}, \tag{7-43}$$

或以无量纲形式写出为

$$p = 4\alpha\rho^2. \tag{7-44}$$

由于 $N_\theta = N_0$ 仅在 $0 \leqslant r/a \leqslant c/a \leqslant 1/2$ 区域内成立，因此(7-44)式对 p 的估计仅适用于 $\rho \leqslant 1/2$.

7.3.3 按照塑性弯曲理论估计的圆板的承载能力

与上述塑性膜理论仅考虑膜力对承载能力的贡献相反，通常

小挠度塑性弯曲理论仅考虑弯矩对承载能力的贡献.这时,板的塑性变形仅为弯曲变形; Johnson 和 Singh[7.1] 提出的变形模式是:圆板在与半球形冲模的接触圆上恒形成一个塑性铰圆(相当于在图 7-6 中的球-锥连接处恰为铰圆),随着冲压的进展,这个铰圆从板中心向边缘移动. 根据这一假定的模式,采用我们已用过的符号,则有

$$p = \frac{\sin\beta\cos\phi}{\left(\frac{a}{R} - \beta\right)\cos(\phi - \beta)}, \tag{7-45}$$

$$\delta_p = \frac{R}{h}\left\{1 - \cos\beta + \left(\frac{a}{R} - \beta\right)\sin\beta\right\} \simeq \alpha\rho\left(1 - \frac{\rho}{2}\right). \tag{7-46}$$

其中 $\beta = b/R$, ϕ 由(7-31)式决定. (7-46)式与(7-26)式等同,但(7-45) 式给出的 p 与按照塑性膜理论导出的(7-35)、(7-41)或(7-44)式均有明显不同.

7.3.4 与实验比较和讨论

上面,我们按照 §7.3.1 中提出的球-锥连接的变形模式分析了圆板在半球形模中受到冲压时的挠度和载荷随参数 $\rho = b/a$ 变化的关系. 我们看到,只要假定这一变形模式,便可能几何地给出挠度用参数 ρ 表示的表达式.

$$\delta_p \simeq \alpha\rho\left(1 - \frac{\rho}{2}\right),$$

其中 $\alpha \equiv a^2/Rh$. 但是, p 用 ρ 表示的表达式却因假设的受载方式和承载方式而异. 一共出现过(7-35),(7-41),(7-44)和(7-45)四个不同的表达式,前三种都基于塑性膜理论,最后一种基于塑性弯曲理论.

图 7-12 画出了冲压力-冲模位移曲线. 为使不同的理论和不同的实验结果都统一地在一张图上作比较, p 和 δ 都用 α 除过. 从图 7-12 中画出的实验结果来看,在受冲压的圆板发生皱曲之前,(7-35)和(7-41) 式预报的 p-δ 曲线都同它们符合良好. 也就是说。对于我们实验的 a/h 比(范围为 30—60)而言,塑性膜理论预

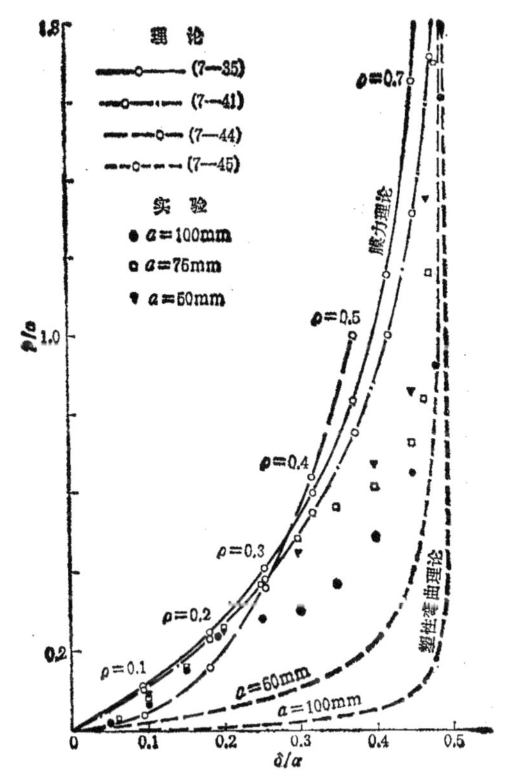

图 7-12 不同理论与实验得到的冲压力-冲模位移关系的比较.

报的承载能力较为接近实际，尤其是按照 Calladine 方法或广义屈服线方法作出的预报较好. Johnson 和 Singh[7.1] 根据塑性弯曲理论作出的预报，由于没有反映膜力的贡献，对承载能力的估计明显偏低，如图 7-12 中的虚线所示(顺便注意到，用这一理论按不同的 a 画出的 p-δ 曲线是各不同的). 一般地，我们只能期望塑性弯曲理论（不考虑膜力时）仅能适用于厚板，例如 $a/h<20$ 的板；对于较薄的板，例如 $a/h>30$ 的板，膜力必然很早产生并成为控制承载能力的主要因素. 这就解释了为什么塑性膜理论预报的 p-δ 性态比较符合实际.

7.3.5 回弹的规律

从 7.3.4 节中已经看到，采用简化的 Calladine 方法可以得出相当符合实际的 p-δ 性态，于是我们有理由从同一分析出发来探求圆板在冲压后回弹的规律.

假定在最大冲压力的作用下，圆板已被完全压成球面的一部分，这相当于在图 7-6 的变形模式中的极限情形 $b=a$，或即 $\rho=b/a=1$. 这时，沿着变形后的圆板的一条半径 OA（O 是板中心，A 是板边缘上的一点）画出的曲线，就如图 7-13 中的 OA 所示，是一段半径为 $R\left(=R_p+\dfrac{h}{2}\right)$ 的、圆心角为 a/R 的圆弧. 于是，变形后的板边缘从空间中看是一个半径为 $R\sin\left(\dfrac{a}{R}\right)$的圆.

另一方面，回顾 7.3.2 节中用简化的 Calladine 方法分析本问题时曾指出，在 $r/a>1/2$ 的区域内板的周向膜力 $N_\theta=-N_0=-Yh$，见图 7-10. 当卸除外加的冲压力时，假定这个力也将随之卸除，那么在回弹过程中，变形后的板边缘要经历一个大小为 Yh 的周向力所引起的周向弹性拉伸应变. 根据板的弹性拉伸理论知，这个应变的大小为 $\epsilon_\theta=Y(1-\nu^2)/E$. 于是，半径为 $R\sin\left(\dfrac{a}{R}\right)$的圆就要相应扩大，或者说 A 点将向外挪动

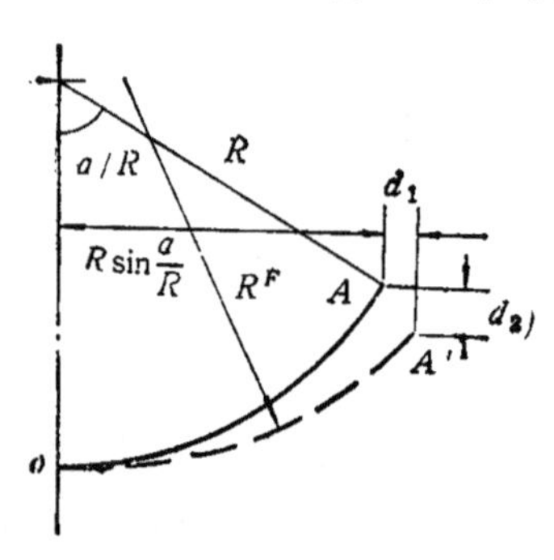

图 7-13 在回弹过程中板内一条半径的形状的变化.

$$d_1=\frac{Y(1-\nu^2)}{E}\cdot R\sin\left(\frac{a}{R}\right), \qquad (7\text{-}47)$$

类似地，由于径向膜力 $N_r=N_0=Yh$ 的卸除，OA 要经历一个缩短的弹性应变，这造成 A 点位置向下挪动

$$d_2 = \frac{Y(1-\nu^2)}{E}\cdot\frac{9}{4}R. \tag{7-48}$$

因此，在卸除冲压力的过程中，A点经历 d_1 的水平挪动和 d_2 的铅直挪动而到达新位置 A' 点，见图 7-13. 按照(7-47)和(7-48)式算出 A' 的坐标之后，不难决定 OA' 弧段的平均半径 R^F，并求得相应的回弹比

$$\frac{\bar{\kappa}^F}{\kappa^D} = \frac{R}{R^F} \simeq 1 - \frac{9Y(1-\nu^2)}{2E}\left(\frac{R}{a}\right)^2. \tag{7-49}$$

由于模具曲率 $\kappa^D = 1/R$ 是已知的，(7-49)式实际上就给出了冲压并回弹后的圆板的平均曲率，或者叫做最终平均曲率，$\bar{\kappa}^F$.

如同§7.1中的实验比较，取 $R = 288\text{mm}, \nu = 0.28, E = 205\ \text{kN/mm}^2$ 及 $Y = 302\text{N/mm}^2$（此值比材料试验得出的初始屈服应力高10%，以便适当计入应变强化的影响），按(7-49)式计算出的 $\bar{\kappa}^F/\kappa^D$ 值已画在图 7-2 上. 对于试件半径 $a = 50, 75, 100$ mm 的圆板，按(7-49)式算出的理论回弹比分别为 0.80, 0.91 和 0.95；而实测的回弹比分别为 0.71, 0.87 和 0.93. 显然，理论回弹比稍高于实测值. 但是，考虑到理论回弹比是针对极限情形 $\rho = b/a = 1$ 求得的，这相当于要求冲压力为∞. 在实验中受最大冲压力的限制，ρ 不可能达到 1，所以实测回弹比略小些是可以理解的. 我们不妨将(7-49)式预测的回弹比看成是实际冲压 $p\to\infty$ 时的一个极限值. 它告诉我们，即使最大冲压力非常大，在理论上回弹比也不会趋近于 1，而是有个极限，其数值同材料有关、也同 R/a 有关.

在上述分析中，我们曾引用过两种不同的无量纲冲压力 P/YS 和 p/α，它们之间的关系是：

$$\frac{p}{\alpha} = \frac{P}{P_0\alpha} = \frac{P}{YS}\cdot\frac{2R}{h}. \tag{7-50}$$

在我们的实验(见§7.1)中，$R/h = 180$，于是这二者在数值上很容易相互转化. 在 7.1.3 节中曾指出，板的平均曲率的增加主要在 $P^*/YS < 3\times10^{-3}$ 的范围内发生，在这范围之外继续增加最大

冲压力 P^*，对 $\bar{\kappa}^F$ 不发生显著影响. 这一实验观察用载荷参数 p/α 来表达就变成：当 $p^*/\alpha<1$ 时增大 $p^*=P^*/P_0$ 可以明显增大 $\bar{\kappa}^F$；当 $p^*/\alpha>1$ 时继续增大 p^* 对 $\bar{\kappa}^F$ 不发生显著影响. 事实上，$p^*/\alpha>1$ 意味着最大冲压力 P^* 满足

$$P^*>P_0\alpha=\frac{\pi Y a^2 h}{2R}. \tag{7-51}$$

不难验证，这相当于在 7.3.1 节的变形模式中

$$\rho\equiv b/a>0.5—0.6, \tag{7-52}$$

也就是球面已扩展至变形后圆板的大部. 在(7-51)或(7-52)式的条件下，可望(7-49)式对回弹后的板的平均曲率 $\bar{\kappa}^F$ 给出一个合理的估计.

在文献[7.2]中我们还讨论了圆板在冲压过程中的皱曲问题. 由于本书将在第十章中集中研究皱曲，在本章中暂时就不作讨论了.

参 考 文 献

[7.1] W. Johnson and A. N. Singh, Springback in circular blanks, *Metallurgia*, May, 1980, pp. 275—280.

[7.2] T. X. Yu, W. Johnson and W.J. Stronge, Stamping and springback of circular plates deformed in hemispherical dies, *Int. J. Mech. Sci.*, **26**, 1984, pp. 131—148.

[7.3] H. G. Hopkins and W. Prager, The load carrying capacities of circular plates, *J. Mech. Phys. Solids*, **2**, 1953, pp. 1—13.

[7.4] S. Timoshenko and S. Woinowsky-Krieger, Theory of Plates and Shells, 2nd Edn., McGraw-Hill, New York, 1959.

[7.5] C. R. Calladine, Simple ideas in the large-deflection plastic theory of plates and slabs, Engineering Plasticity (Edited by J. Heyman and F. A. Leckie), Cambridge University Press, 1968, pp. 93—127.

[7.6] K. Kondo and T. H. H. Pian, Large deformations of rigid-plastic circular plates, *Int. J. Solids Structures*, **17**, 1981, pp. 1043—1055.

第八章　矩形板的双向弯曲和冲压

§8.1　小挠度范围内的初等理论

在本书第一章中我们研究了梁(板条)的弯曲的工程理论（即初等理论），在本节中我们将要来检验一下，对于矩形板受到双向弯曲时是否可能建立类似的初等理论．就象研究梁的弯曲是从纯弯曲开始一样，我们现在研究图 8-1 的工况：一块厚度为 h 的矩形板，在其一组对边上受到均布弯矩 M_x 的作用，在另一组对边上受到均布弯矩 M_y 的作用．假设在这些弯矩的作用下板只发生小挠度，即挠度较板厚 h 为小，这时可以期望膜力尚未产生重大影响，因而板内任一微元只受 M_x 和 M_y 的作用，其数值与边缘外加弯矩相等．因此，在这样假定的条件下，可以认为矩形板承受的是双向纯弯曲（biaxial pure bending)．板的双向纯弯曲的初等理论是由 Johnson 和余同希在文献[8.1]—[8.4]中建立的，此处仅作概略的叙述．

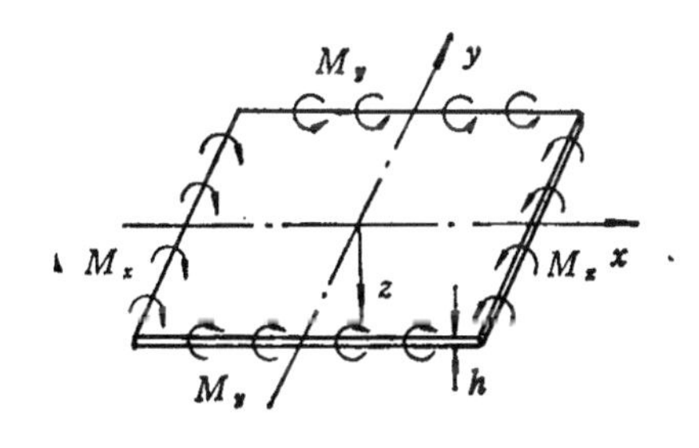

图 8-1　承受双向纯弯曲的矩形板．

8.1.1　理想弹塑性矩形板的双向纯弯曲和回弹

类似于第一章所述的梁的初等弯曲理论，在板的双向纯弯曲的初等理论中我们假定：

(i) 材料是理想弹塑性的；

(ii) 中性面固定在板的几何中面上，且中性面上没有应力；

(iii) 板内任一点的应变的大小正比于该点到中性面的距离．

假设（ii）和（iii）是初等弯曲理论的基础，用于板的双向弯曲时要受到小挠度的限制，其讨论见 8.1.2 节。在 8.1.4 节中放松了假设（i），使初等理论可推广到有应变强化的情形。

取板内两个方向为 x 和 y 方向，并取 z 为由中面量起的法向坐标(见图 8-1)。对于板的双向弹性弯曲，易证明（例如可参见[8.5]）

$$\left.\begin{aligned} M_x &= D(\kappa_x^e + \nu\kappa_y^e), \\ M_y &= D(\kappa_y^e + \nu\kappa_x^e), \end{aligned}\right\} \tag{8-1}$$

其中 $D = Eh^3/12(1-\nu^2)$ 是板的抗弯刚度，$\kappa_x^e = 1/R_x^e$ 和 $\kappa_y^e = 1/R_y^e$ 分别是板在 x 和 y 方向的曲率，R_x^e 和 R_y^e 则为相应的曲率半径。上标 e 表示是弹性弯曲。当

$$M_x > M_e，M_y > M_e \tag{8-2}$$

时，板将承受双向弹塑性弯曲。这里 $M_e = \dfrac{1}{6}Yh^2$ 是板在单位长度上能承受的最大弹性弯矩。

从塑性理论我们知道，材料和结构进入塑性范围之后，其应变和变形不仅同当时的应力状态有关，还与加载历史有关。因此，当 M_x 和 M_y 满足(8-2)式时，为了求出板的变形状态，还必须明确从(0,0)到（M_x,M_y）的加载路径。

若 M_x 和 M_y 是从 0 开始按比例增加的(称为比例加载)，则

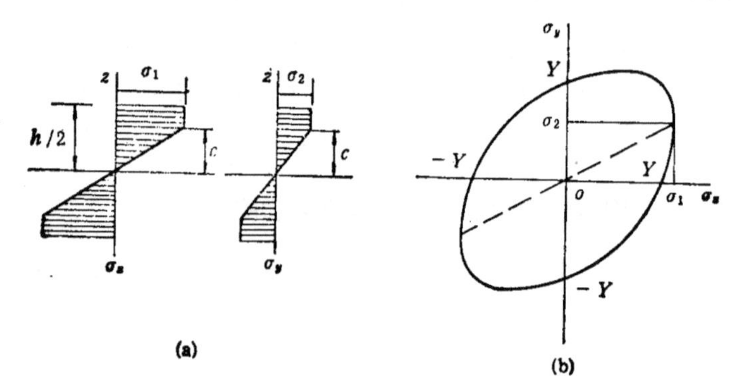

图 8-2　采用 Mises 屈服条件时的应力分析.
(a) 应力分布；(b) 应力剖面.

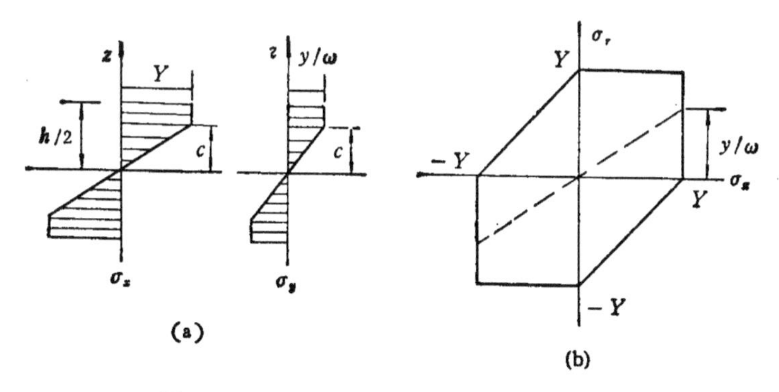

图 8-3 采用 Tresca 屈服条件时的应力分析.
(a) 应力分布; (b) 应力剖面.

x 方向与 y 方向的屈服应同时发生,这样在板内一条法线上,沿 z 方向的应力分布就将如图 8-2(a) 或 8-3(a) 所示. 这二者的不同在于分别对应于 Mises 屈服条件和 Tresca 屈服条件. 注意无论是在 x 方向还是 y 方向,发生塑性的纤维都在 $z \geqslant c$, 而 $z \leqslant c$ 的纤维都仍处于弹性状态.

首先讨论 Mises 屈服条件下的解. 考察 $z = c$ 的纤维易得出

$$\left.\begin{aligned}\sigma_1 &= \frac{Ec}{1-\nu^2}(\kappa_x + \nu\kappa_y),\\ \sigma_2 &= \frac{Ec}{1-\nu^2}(\kappa_y + \nu\kappa_x);\end{aligned}\right\} \tag{8-3}$$

同时,从图 8-2(a) 应力剖面的积分可知

$$\left.\begin{aligned}M_x &= \sigma_1\left(\frac{h^2}{4} - \frac{c^2}{3}\right),\\ M_y &= \sigma_2\left(\frac{h^2}{4} - \frac{c^2}{3}\right).\end{aligned}\right\} \tag{8-4}$$

因此,

$$\omega = \frac{M_x}{M_y} = \frac{\sigma_1}{\sigma_2}, \tag{8-5}$$

这说明 σ_1/σ_2 与外加弯矩的比 M_x/M_y 相同.

代入 Mises 屈服条件(参见图 8-2(b))有

$$\sigma_1^2+\sigma_2^2-\sigma_1\sigma_2=\omega^2\sigma_2^2+\sigma_2^2-\omega\sigma_1\sigma_2=Y^2,$$

即有

$$\sigma_2=\frac{Y}{\sqrt{1-\omega+\omega^2}},\quad \sigma_1=\frac{\omega Y}{\sqrt{1-\omega+\omega^2}}. \tag{8-6}$$

从 (8-4) 解出

$$c=\left[3\left(\frac{h^2}{4}-\frac{M_x}{\sigma_1}\right)\right]^{\frac{1}{2}}=\left[3\left(\frac{h^2}{4}-\frac{M_y}{\sigma_2}\right)\right]^{\frac{1}{2}}; \tag{8-7}$$

同时从 (8-3) 解出

$$\kappa_x=\frac{1}{R_x}=\frac{\sigma_1-\nu\sigma_2}{Ec},\quad \kappa_y=\frac{1}{R_y}=\frac{\sigma_2-\nu\sigma_1}{Ec}. \tag{8-8}$$

一当 M_x 和 M_y 给定，按照 (8-5)—(8-8) 式便可顺次求出 σ_1, σ_2, c, κ_x 和 κ_y。

在 Tresca 屈服条件下的解也可以参照图 8-3 类似得到，结果在形式上更简单,为

$$\left.\begin{aligned}\kappa_x&=\frac{1}{R_x}=\frac{Y}{Ec}\left(1-\frac{\nu}{\omega}\right),\\ \kappa_y&=\frac{1}{R_y}=\frac{Y}{Ec}\left(\frac{1}{\omega}-\nu\right),\end{aligned}\right\} \tag{8-9}$$

其中

$$c=\left[3\left(\frac{h^2}{4}-\frac{M_x}{Y}\right)\right]^{\frac{1}{2}}, \tag{8-10}$$

这里已设 $M_x/M_y=\omega\geqslant 1$。

若板被比例加载至 (M_x, M_y)，再完全卸载，则对于 Mises 和 Tresca 屈服条件同样可以证明(详见[8.1])回弹比为

$$\eta=1-3\rho+4\rho^3, \tag{8-11}$$

其中 η 定义为

$$\eta=\kappa_x^F/\kappa_x=R_x/R_x^F=\kappa_y^F/\kappa_y=R_y/R_y^F, \tag{8-12}$$

这说明 x, y 二方向上回弹比一致. (8-11)式中的 ρ 为

$$\rho=\frac{c}{h}=\frac{YR_x}{Eh}\cdot\frac{\omega-\nu}{\sqrt{1-\omega+\omega^2}}=\frac{YR_y}{Eh}\cdot\frac{1-\nu\omega}{\sqrt{1-\omega+\omega^2}}. \tag{8-13}$$

注意回弹比公式(8-11)在形式上同梁在纯弯曲后的回弹比公式(1-37)是完全一样的。

如果矩形板在两个方向承受的弯矩相等,即 $M_x = M_y = M$,那么可以令

$$m = M/M_e,$$

$$\gamma = c\bigg/\left(\frac{h}{2}\right),$$

且易证明

$$\gamma = \sqrt{3-2m}, \tag{8-14}$$

$$\kappa = \kappa_x = \kappa_y = \frac{Y}{Ec}(1-\nu) = \frac{2Y}{Eh}(1-\nu)\cdot\frac{1}{\gamma}, \tag{8-15}$$

$$\kappa^F = (1-\nu)\frac{2Y}{Eh}\left(\frac{1}{\sqrt{3-2m}} - m\right) = (1-\nu)\kappa_x^F, \tag{8-16}$$

其中 κ_x^F 是当 $0 \leqslant m_y \leqslant 1$, $m_x \geqslant 1$ 时 x 方向的最终曲率,κ^F 是当 $m_x = m_y = m \geqslant 1$ 时 x 和 y 方向的最终曲率。由(8-16)式可见,当板承受$M_x = M_y$ 的双向纯弯曲后的最终曲率较板承受单向纯弯曲后的最终曲率要小一些,前者等于后者乘上因子$(1-\nu)$。

显然,上述关于 $M_x = M_y = M$ 的双向纯弯曲的结果,即(8-14),(8-15),(8-16)式也适用于圆板周边受有均布弯矩M的情形;当然,这只对理想弹塑性圆板的小挠度弯曲有效。

在文献[8.1]中,还讨论了 M_x 与 M_y 先后加载的非比例加载的情形,这时 σ_x 沿 z 的分布和 σ_y 沿 z 的分布一般不具有共同的 c,也就是说对某一范围的 z 值,可能 x 方向的纤维进入塑性而 y 方向的纤维仍为弹性,或反之。在此情况下的弯曲曲率及回弹比的表达式见文献[8.1]。

8.1.2 上述结果的适用范围

8.1.1 节中的假定(ii)仅在板的挠度小于板厚 h 时成立,因为挠度达到板厚量阶时板的几何中面的应变就与弯曲引起的应变

同阶，就没有理由再假设几何中面就是中性面了．对于在 $M_x=M_y$ 作用下的圆板，这一问题已在第六章和第七章中有所说明．对于 $M_x\neq M_y$，因而板变形为更为复杂的曲面的情形，Calladine[8.6] 指出，曲面的膜应变同总 Gauss 曲率的改变之间有着直接的联系．这里所谓总 Gauss 曲率，就是指曲面上一点的两个主曲率的乘积

$$K=\kappa_1\kappa_2. \tag{8-17}$$

当一块平板的中面变形为一个可展曲面(例如圆柱面)时，由于 κ_1 与 κ_2 之中有一个保持为 0，因此 $\Delta K=0$，即总 Gauss 曲率不变，这时平板的中面不产生膜应变．但当一块平板的中面在外载的作用下变形为一个不可展曲面(例如矩形板在 M_x, M_y 的作用下其中面变形为双向弯曲的曲面)时，$\Delta K\neq 0$，相应地平板的中面就有膜应变出现，板的几何中面就不再是中性面了．

因此，我们可以按照以下思路来限定 8.1.1 节建立的板的弯曲的初等理论的适用范围：

(i) 对于 $M_x=M_y$ 的情形，根据 8.1.1 节的结果计算出的圆板的中心挠度应小于板厚，即 $\Delta\leqslant h$，由此推出对外载的限制．

(ii) 对于 $M_x\neq M_y$ 的情形，采用板的几何中面的总 Gauss 曲率的改变作为它的膜应变的一个度量，将 (i) 中给出的对外载的限制按照此一度量推广到一般情形．

现在首先考虑受边缘均布弯矩 M 作用的圆板，如图 8-4，这相

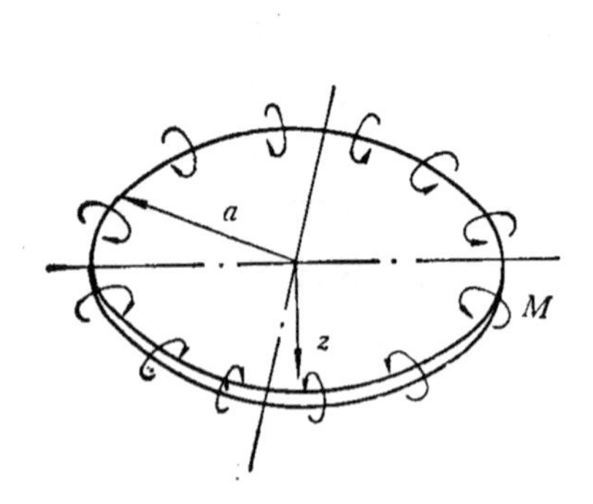

图 8-4 承受边缘均布弯矩作用的圆板．

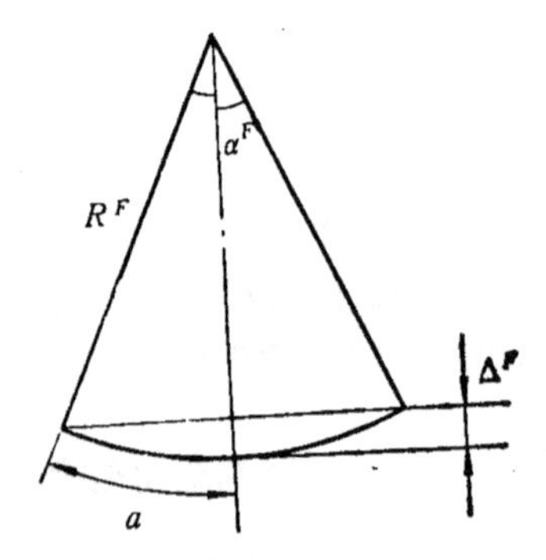

图 8-5 圆板纯弯曲时曲率半径与挠度的关系．

当于 $M_x = M_y = M$ 的情形. 从(8-16)式知，这时圆板变形为曲率为 κ^F 的一块球面. 借助于图 8-5 的几何关系知

$$\kappa^F = \frac{1}{R^F}, \quad R^F\alpha^F = a, \tag{8-18}$$

其中 a 为圆板的半径，R^F 为圆板最终曲率半径. 由几何关系还可求出板中心的最终挠度为

$$\Delta^F = R^F(1 - \cos\alpha^F) \simeq R^F\alpha^{F2}/2 = \frac{1}{2}a^2\kappa^F. \tag{8-19}$$

将(8-16)式的 κ^F 代入(8-19)式得

$$\Delta^F \simeq \frac{a^2(1-\nu)Y}{Eh}\left(\frac{1}{\sqrt{3-2m}} - m\right), \tag{8-20}$$

其中 $m = M/M_e$. 由于限制了圆板只能发生小挠度，m 只能略大于 1，令 $m = 1 + \xi$，则

$$\frac{1}{\sqrt{3-2m}} - m = (1-2\xi)^{-\frac{1}{2}} - (1+\xi) \simeq \frac{3}{2}\xi^2. \tag{8-21}$$

将(8-21)代入(8-20)式，并令 Δ^F 小于板厚，即

$$\Delta^F \leqslant h, \tag{8-22}$$

则可导出

$$m = \frac{M}{M_e} \leqslant 1 + \left[\frac{2E}{3(1-\nu)Y}\right]^{\frac{1}{2}} \cdot \frac{h}{a}. \tag{8-23}$$

对圆板得出的这一结论也可近似适用于边长为 $2a'$ 的方板承受 $M_x = M_y = M$ 的情形，即此时要求

$$m \leqslant 1 + \left[\frac{2E}{3(1-\nu)Y}\right]^{\frac{1}{2}} \cdot \frac{h}{a'}. \tag{8-24}$$

相应地，此时方板在任一方向上的最终曲率是

$$\kappa^F = 1/R^F \simeq \frac{2\Delta^F}{a'^2} \leqslant \frac{2h}{a'^2}, \tag{8-25}$$

于是总 Gauss 曲率是

$$K^F = \kappa^F \cdot \kappa^F \leqslant \left(\frac{2h}{a'^2}\right)^2. \tag{8-26}$$

当一块方板承受双向纯弯曲但 $M_x \neq M_y$ 时，令 $M_x/M_e =$

$m_x = 1 + \xi_x$，$M_y/M_e = m_y = 1 + \xi_y$，且采用(8-21)式那样的近似，则双向纯弯曲的结果可以改写成

$$\left.\begin{aligned}\kappa_x^F &\simeq \frac{3Y}{Eh}(\xi_x^2 - \nu\xi_y^2),\\ \kappa_y^F &\simeq \frac{3Y}{Eh}(\xi_y^2 - \nu\xi_x^2).\end{aligned}\right. \tag{8-27}$$

要求这时的总 Gauss 曲率仍满足(8-26)式便有

$$K^F = \kappa_x^F\kappa_y^F = \left[\frac{3Y}{Eh}\right]^2(\xi_x^2 - \nu\xi_y^2)(\xi_y^2 - \nu\xi_x^2) \leqslant \left(\frac{2h}{a'^2}\right)^2. \tag{8-28}$$

若记 $\beta = \xi_y/\xi_x$，最后得出对外载的限制

$$\left.\begin{aligned}m_x &\leqslant 1 + [(1-\nu\beta^2)(\beta^2-\nu)]^{-\frac{1}{4}}\left(\frac{2E}{3Y}\right)^{\frac{1}{2}}\cdot\frac{h}{a'},\\ m_y &\leqslant 1 + \beta[(1-\nu\beta^2)(\beta^2-\nu)]^{-\frac{1}{4}}\left(\frac{2E}{3Y}\right)^{\frac{1}{2}}\cdot\frac{h}{a'}.\end{aligned}\right\} \tag{8-29}$$

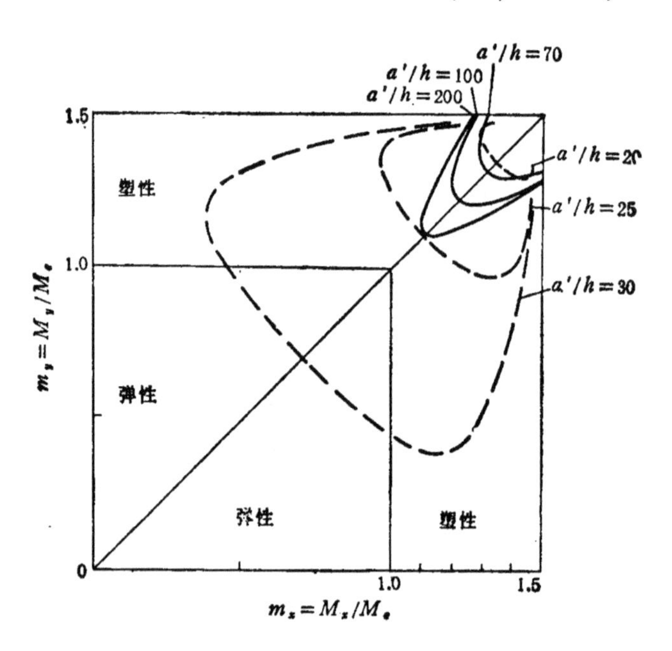

图 8-6 不同 a'/h 值下双向纯弯曲初等理论的适用范围.
——按最终状态 $\Delta^F \leqslant h$ 提出的限制； ---按弯曲状态 $\Delta \leqslant h$ 提出的限制.

作为数值例子，取 $E/Y=500$ 和 $\nu=0.3$，对若干 a'/h 取值得出的限制曲线如图 8-6 中的实线所示。只要 m_x 和 m_y 的组合所对应的点落在曲线的左下方时，8.1.1 节的结果在 $\Delta^F \leqslant h$ 的意义下就是可用的。

还可以对 8.1.1 节的结果提出更加严格的限制，即要求板在回弹前的挠度小于板厚 ($\Delta \leqslant h$)。这样计算出的对外载 m_x, m_y 也有强得多的限制，数值结果如图 8-6 中的虚线所示。我们看到，对于薄板(例如 $a'/h>25$)，板的双向纯弯曲的初等理论只在一个非常狭小的范围内能够应用。

8.1.3 用初等理论计算板的双向弯曲和回弹的例子

为了演示如何应用 8.1.1 节中建立的板的双向纯弯曲的初等理论及 8.1.2 节中对它给出的限制，下面举两个数值的例子。

例 1.

要将一块厚为 1.25cm，边长为 50cm 的正方形软钢板成形为最终平均曲率半径 $R_x^F=1500\text{cm}$ 和 $R_y^F=1000\text{cm}$ 的曲板，若这一成形由双向纯弯曲来实现，问边缘弯矩 (M_x, M_y) 应为多大?

解. 由 (8-12) 式知

$$\frac{\kappa_y}{\kappa_x}=\frac{R_x}{R_y}=\frac{R_x^F}{R_y^F}=\frac{1500\text{cm}}{1000\text{cm}}=1.5; \tag{8-30}$$

同时由 (8-8) 式和 (8-6) 式得

$$\frac{\kappa_y}{\kappa_x}=\frac{\sigma_2-\nu\sigma_1}{\sigma_1-\nu\sigma_2}=\frac{1-\nu\omega}{\omega-\nu}. \tag{8-31}$$

比较 (8-30) 和 (8-31) 式可知

$$\omega=\frac{1+1.5\nu}{1.5+\nu}=0.806, \tag{8-32}$$

这里已取 $\nu=0.3$. 代回 (8-6) 和 (8-8) 式得

$$\sigma_1/Y=0.878, \quad \sigma_2/Y=1.089, \tag{8-33}$$

$$R_x=Ec/0.551Y=1134\text{cm}\cdot\rho, \tag{8-34}$$

其中已取 $E/Y=500$ 及 $c=\rho h=1.25\text{cm}\cdot\rho$。

根据回弹比公式(8-11)及(8-12)，有

$$R_x=R_x^F\cdot\eta=R_x^F(1-3\rho+4\rho^3)=1500\text{cm}\cdot(1-3\rho+4\rho^3) \tag{8-35}$$

将(8-35)式与(8-34)式比较可得关于 ρ 的方程

$$1-3.756\rho+4\rho^3=0。 \tag{8-36}$$

此方程在 $0\leqslant\rho\leqslant0.5$ 范围内的根为

$$\rho=0.293。 \tag{8-37}$$

相应地，$c=\rho h=0.366\text{cm}$。 将此值和(8-33)式代回(8-4)式求出

$$M_x=1.164M_e,\ M_y=1.444M_e, \tag{8-38}$$

其中 $M_e=\dfrac{1}{6}Yh^2$。此式意味着

$$m_x=1.164,\ m_y=1.444。 \tag{8.39}$$

由于在本例中，方板的边长厚度比为 $a'/h=25\text{cm}/1.25\text{cm}=20$，查对图 8-6 可知，按照 $\Delta^F\leqslant h$ 的限制，对于 $(m_x,m_y)=(1.164,1.444)$ 的外载，小挠度初等理论是适用的。

例 2.

一块厚为 2cm，直径为 80cm 的圆板在均布边缘弯矩的作用下成形为任意方向都具有最终平均曲率半径 $R^F=2500\text{cm}$ 的(近似)球壳的一部分，试求回弹前的曲率半径和中面应变。

解。由(8-16)式知无量纲弯矩 m 须满足

$$\frac{1}{\sqrt{3-2m}}-m=\frac{Eh}{2Y}\cdot\frac{1}{1-\nu}\cdot\frac{1}{R^F}=0.2857,$$

解出 $m=M/M_e\doteq1.301$ 及 $\gamma=c\Big/\left(\dfrac{h}{2}\right)=0.631$。进而根据(8-15)式算出回弹前的曲率半径为

$$R=450\text{cm},$$

于是板在回弹前的挠度为

$$\Delta=a^2/2R=1.78\text{cm}<h=2\text{cm}。$$

本例的回弹比是

$$\eta = \kappa^F/\kappa = R/R^F = 450/2500 = 0.18.$$

Timoshenko（见 [8.5]，pp. 47—49）曾指出，圆板变形为球面时中面上产生周向压应变，其绝对值在板周边上为最大，为

$$\varepsilon_m = \frac{\frac{1}{3}\Delta}{R}. \tag{8-40}$$

对于本例，算出 $\varepsilon_m = 1.32 \times 10^{-3}$，于是板中面的平均周向应变的绝对值为

$$\bar{\varepsilon}_m = \frac{1}{2}\varepsilon_m = 0.66 \times 10^{-3}.$$

另一方面，最大弯曲应变值为

$$\varepsilon_b = h/2R = 2.22 \times 10^{-3}.$$

相比可知，$\bar{\varepsilon}_m : \varepsilon_b \simeq 0.3$，这说明中面应变仍较弯曲应变为小，小挠度的初等理论仍近似可用。

8.1.4 弹-应变强化板的双向纯弯曲和回弹

在文献 [8.3] 中，8.1.1 节关于理想弹塑性板的双向纯弯曲和回弹的结果被推广到了材料具有线性应变强化的情形。其基本思路同 § 1.7 中对弹-线性强化梁的单向纯弯曲的处理一样。随后，在文献 [8.4] 中，仿照 8.1.2 节的思路，对 [8.3] 的结果给出了适用范围。

这里，我们仅以受边缘均布弯矩的圆板为例，来看看强化对板的弯曲和回弹的影响。这相当于双向纯弯曲中两对弯矩相等的情形，记 $m_x = m_y = m$. [8.3] 的分析给出

$$\kappa = \frac{1}{R} = \frac{2Y}{Eh}(1-\nu)\frac{1}{\gamma}, \tag{8-41}$$

其中 κ 为弯曲时板的曲率，R 为弯曲时的曲率半径，而 γ 满足

$$\gamma^2 - \mu\left(\frac{2}{\gamma} - 3 + \gamma^2\right) = 3 - 2m, \tag{8-42}$$

其中 $\mu = E_p/E$ 是材料的强化系数。与 § 1.7 比较，容易发现方

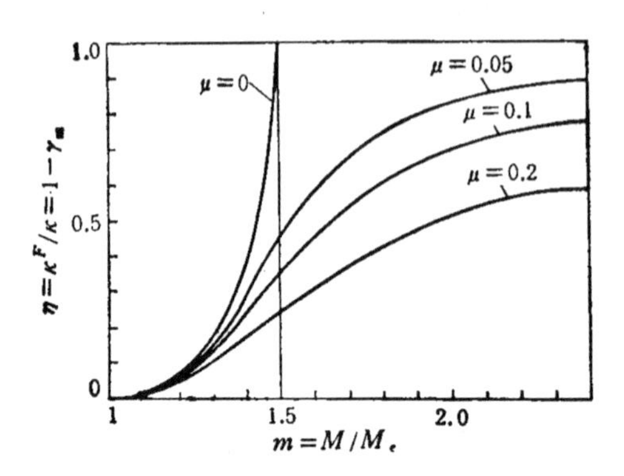

图 8-7 承受边缘均布弯矩作用的应变强化的圆板的回弹比.

程(8-42)同§1.7中的(1-80)是完全相同的. 考虑回弹，也类似地有

$$\kappa^F=\frac{1}{R^F}=\frac{2Y}{Eh}(1-\nu)\left(\frac{1}{\gamma}-m\right), \tag{8-43}$$

及回弹比公式

$$\eta=\frac{\kappa^F}{\kappa}=\frac{R}{R^F}=1-\gamma m=(1-\mu)(1-\gamma)^2\left(1+\frac{\gamma}{2}\right), \tag{8-44}$$

其中的 γ 由方程(8-42)决定之. 对于各种强化系数 μ，回弹比 η 随边缘弯矩 m 的变化如图 8-7 所示.

8.1.5 板的双向纯弯曲的初等理论小结

本节介绍的板的双向弹塑性纯弯曲的初等理论是对梁的弹塑性弯曲的初等理论(即工程理论)的直接拓广；但由于将一维应力状态拓广到了二维(平面)应力状态，板弯曲的初等理论又与梁弯曲的初等理论有以下几点明显的不同:

(i) 板的双向纯弯曲的变形和回弹不仅与所施加的边缘弯矩 M_x, M_y 有关,还与加载路径有关;

(ii) 板的弯曲变形和回弹的计算公式与所选取的屈服条件有关;

(iii) 板的弯曲的初等理论仅在小挠度 ($\Delta \leqslant h$) 的范围内适用,这是由于即使板在周边上没有受到面内位移约束,当 Δ 达到 h 量质时膜力仍将起到重要作用,这是同梁的情形很不同的.

在上述条件下建立的板的双向纯弯曲的初等理论，可以应用于圆板承受均布边缘弯矩的弹塑性小挠度变形问题，也可以没有原则困难地推广到材料具有线性强化的情形.

§8.2 矩形板在双向曲模中的冲压：实验

8.2.1 工程背景

在许多制造部门,采用先将板料冲压成具有双向曲率(即两个

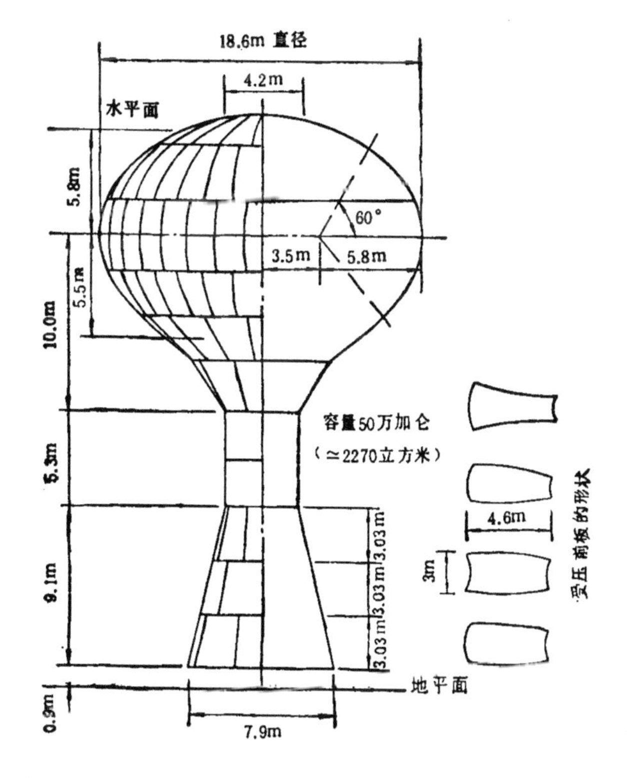

图 8-8　由许多块钢板冲压后焊接而成的 50 万加仑的水塔

主曲率都不为0)的曲板然后拼装或焊接起来制成大型金属壳体结构.一个典型的例子是在中东地区使用的大型金属壳体水塔.图8-8是50万加仑的水塔的外形示意图.水塔由一个约15m高的支撑结构和一个贮水的壳体组成,壳体的直径约18.6m,高约12m,它是由100多块钢板焊接起来的.每块钢板略呈矩形(见图8-8右下角的小图),尺寸约为4.6×3m,厚度为9—30mm.先在制造厂里把这些钢板按设计要求在双向曲模中冲压成具有双向曲率的曲板,然后运往现场吊装、焊接.由于这么大的工件不可能在现场重新加工,必须要求钢板在双向弯曲后的几何形状十分准确.于是,设计模具时必须对回弹予以仔细的考虑和补偿.同时,制造时也发现,由于双向受弯,即使对于12mm厚的钢板,也往往会出现皱曲现象,既影响拼焊,又影响外观.这里提出的这些问题都是前人尚未研究过,也都是没有现成理论答案的.

矩形板在双向曲模中的冲压同第七章讨论的圆板在半球形模中的冲压有所不同,板在凹模中的支承不仅不再是轴对称的、而且可能是离散的即只支承在若干个点上(见8.2.2节),因而变形和回弹的规律也复杂得多.§8.1中对矩形板的双向纯弯曲建立的初等理论也不能简单地应用到冲压问题上来,因为板在双向曲模中受冲压时加载条件同纯弯曲相差很远,而且有实际意义的冲压问题都是挠度大于板厚的大挠度问题,小挠度初等理论肯定不能应用.因此,我们先来看一下实验能告诉我们些什么.

8.2.2 实验的描述

实验是将矩形板试件在一对互相匹配的冲模和凹模中进行冲压.冲模和凹模分别固定在万能试验机的活动横梁和底座上,靠横梁向下移动来加载,基本装置图类似于§4.1中的图4-2.最大的不同在于,现在的凹模具有双向曲率,见图8-9,两个方向的曲率半径分别为 R_1^D 和 R_2^D.冲模则与凹模相匹配,即满足

$$R_1^P = R_1^D - h,\quad R_2^P = R_2^D - h, \tag{8-45}$$

其中 $h = 1.6\text{mm}$ 为矩形板试件的厚度.

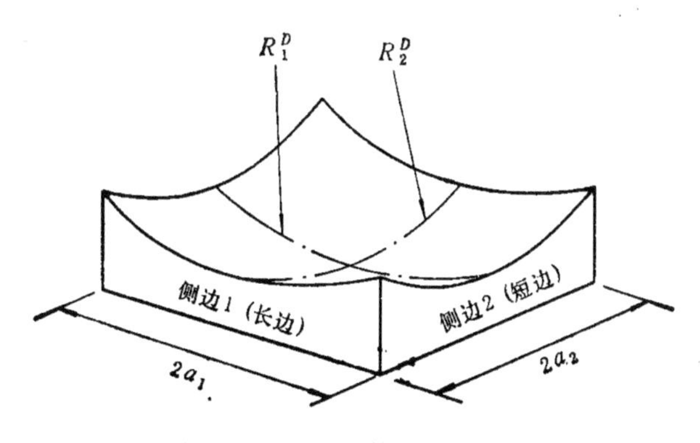

图 8-9　双向曲模的几何尺寸.

在实验中，采用了三套不同的模具，其主曲率比分别为

$$\omega = \kappa_1^D/\kappa_2^D = R_2^D/R_1^D = 1, 2/3, 1/2; \tag{8-46}$$

同时为了加强可比性，保持主曲率之和对每一凹模都相同，即

$$\kappa_1^D + \kappa_2^D = 6.945\text{m}^{-1}. \tag{8-47}$$

模具的具体尺寸见表 8-1。

表 8-1. 模具的几何尺寸

模具 No.	1	2	3
R_1^D/mm	288	360	432
R_2^D/mm	288	240	216
R_1^P/mm	286.4	358.4	430.4
R_2^P/mm	286.4	238.4	214.4
κ_1^D/m^{-1}	3.472	2.778	2.315
κ_2^D/m^{-1}	3.472	4.167	4.630
$\omega = \kappa_1^D/\kappa_2^D$	1/1	2/3	1/2
$(\kappa_1^D + \kappa_2^D)/\text{m}^{-1}$	6.945	6.945	6.945
$K^D = \kappa_1^D \cdot \kappa_2^D/\text{m}^{-2}$	12.05	11.57	10.72
$2a_1^D$/mm	200	300	200
$2a_2^D$/mm	200	250	150

在实验中采用了各种不同尺寸的矩形板试件. 所有的试件，无论大小，初始时都水平地、对称地搁置于凹模上，并使板的对称中心同冲模的端部相接触. 实验加载是以大约 5mm/min 的缓慢

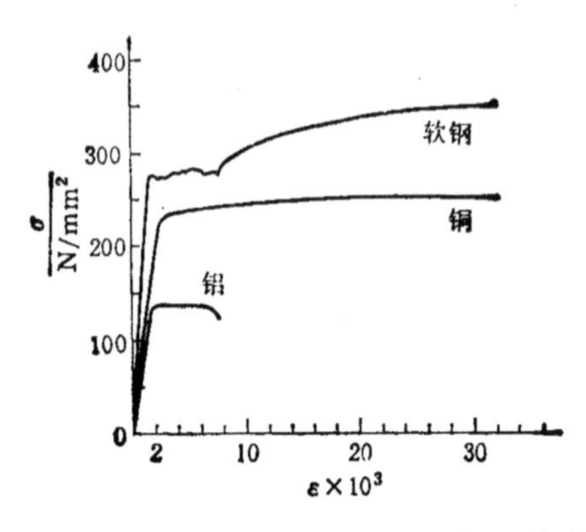

图 8-10　厚为 1.6mm 的、三种不同材料的板材沿辊压方向的应力-应变曲线.

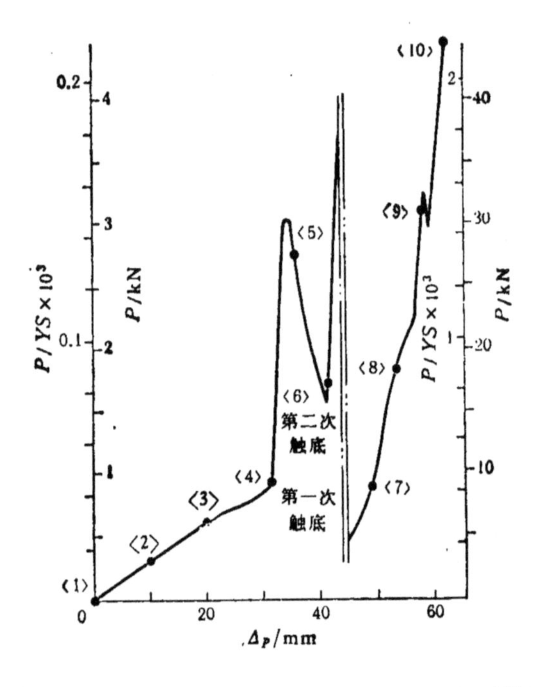

图 8-11　300×250×1.6mm 的软钢板在 $\omega=2/3$ 的模具中冲压时的冲压力-冲模位移曲线.〈 〉中的数字与图 8-12 照片的编号相对应. 注意左半部曲线与右半部曲线(以双点划线分开)有不同的载荷尺度.

速度下移冲模来实现的，没有润滑。

下面报告的实验结果大多都有很好的可重复性：只要实验条件相同，实验结果便相同。

大多数试件的材料是软钢，也做了一些铜和铝的试件。这些试件都是在冷轧板上剪切下来的，未经过退火处理。经测量，试件的初始的相对不平度（指试件表面相对于基准平面的跳动对试件短边边长之比）在 3×10^{-4} 的范围之内；试件厚度的不均匀度小于 0.001mm，即 0.0006h。

对沿冷轧板的轧制方向取下的拉伸试件进行拉伸试验所得的应力-应变曲线见图 8-10。其中，软钢的初始屈服应力约为 275N/mm²；由于应变强化，到 $\varepsilon=2\%$ 时流动应力增至 335N/mm²。板在冲压时的应变范围约为 $\varepsilon=0—5\%$，因此 335N/mm² 可以被取为“平均的”屈服应力。

沿板的不同方向取下的试件的拉伸试验结果表明，软钢板的面内各向异性小于 2%。厚向异性指标 R（参见 [8.7] 关于 R 的定义）为 $R=1.26$。

8.2.3 实验结果[8.8]

1）变形过程

为了弄清矩形板在冲压中的变形过程，对 300 × 250×1.6mm 的软钢板作了特别仔细的实验观察，所用的模具是表 8-1 中的 No.2，即 $\omega=\kappa_1^D/\kappa_2^D=2/3$，所得到的冲压力-冲模位移（$P$-$\Delta_P$）曲线见图 8-11。同时，从冲模的两个侧边（侧边 1 是较长的侧边，侧边 2 是较短的侧边，见图 8-9）拍下试件边缘的形状，见图 8-12。图 8-12 中各图的序号（1,2,3,……）与图 8-11 中用〈1〉，〈2〉，〈3〉……注出的点相对应。

从图 8-11 和 8-12 中我们可以看到：

(i) 在板的长边（侧边 1）中点在凹模上发生第一次触底（见图 8-12 中的 No. 4A）之前，板的弯曲主要沿长边发生，此时板的短边几乎仍保持为直的（见图 8-12 中的 No. 4B）；也就是说，在这

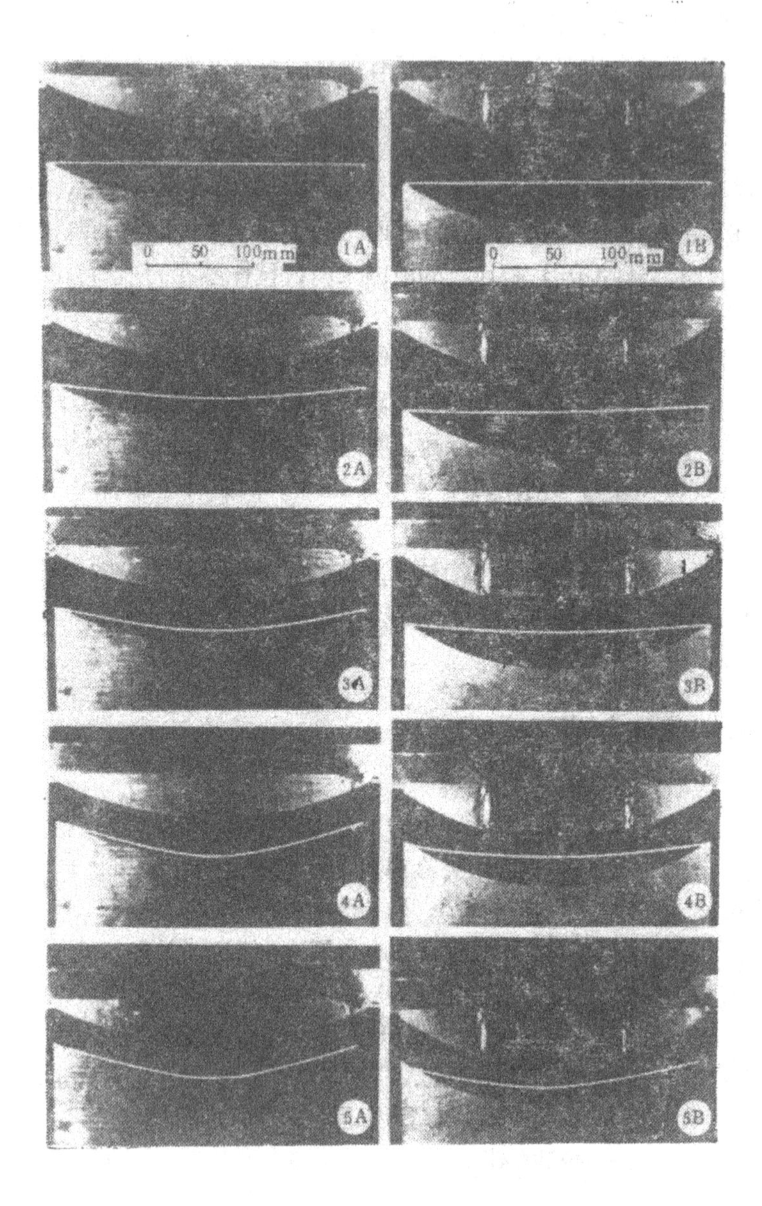

图 8-12 300×250×1.6mm 的软钢板在 $\omega = 2/3$ 的模具中冲压时的变形
在图 8-11 的〈2〉点同时从板的长边和

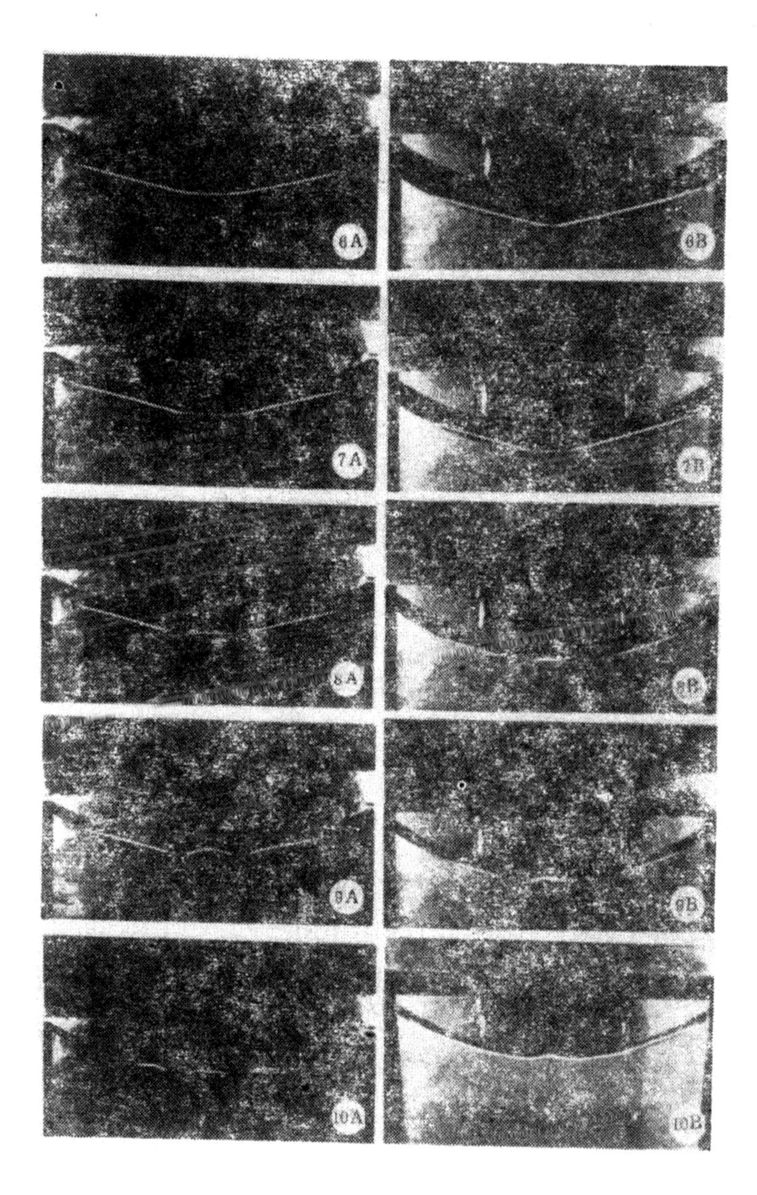

过程．边 1 和边 2 分别表示板的长边和短边，参见图 8-9．照片 2A 和 2B 是短边拍摄的；依此类推．

个阶段板基本上是在作圆柱形弯曲。注意，这个结果来自边长相差不大（$2a_1=300\text{mm}, 2a_2=250\text{mm}$）的试件，令人注目。从图8-11来看，从原点到长边中点触底的〈4〉点，P-Δ_p 曲线几乎保持为直线。

(ii) 在板的长边中点在凹模上发生第一次触底之后，板的弯曲更多地出现在短边上(见图8-12中的 No. 5B)，与此同时长边与凹模的接触区逐渐从中点向外扩展(图8-12的 No. 5A)。在图8-11上从〈5〉点到〈6〉点冲压力的下降暗示着此时长边中点附近已开始产生皱曲。

(iii) 在板的短边中点也发生触底(称为第二次触底)之后，由于板在凹模上的支承点的增加，板的承载能力有了急剧的增加。注意图8-11图的左半部和右半部(相互间用双点划线分开）采用的 P 的标尺是不一样的，从〈6〉点到〈7〉点再到〈9〉点，P 是连续迅速

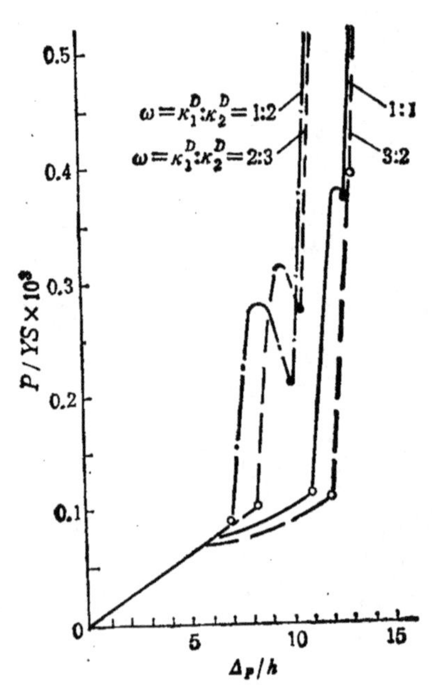

图8-13 模具的曲率比 $\omega=\kappa_1^D:\kappa_2^D$ 对 200×150×1.6mm 的软钢板的 P-Δ_p 曲线的影响。○第一次触底；●第二次触底。

增长的．虽然从图 8-12 的 No. 7—9 可以看到长边中部、短边中部均已发生明显皱曲，P 的增加速率仍越来越快．

(iv) 当冲压力 P 进一步增加时，板的各边上出现越来越多的皱曲波．例如图 8-12 的 No. 10 显示板的短边中部有一个波，而长边中部已产生了三个波．

其它矩形板试件的冲压实验表明，上面描述的板的变形过程是具有典型性的，但具体的 P-Δ_P 曲线可以因板的尺寸和模具的尺寸的不同而异，见下．

2) 冲压力-冲模位移曲线

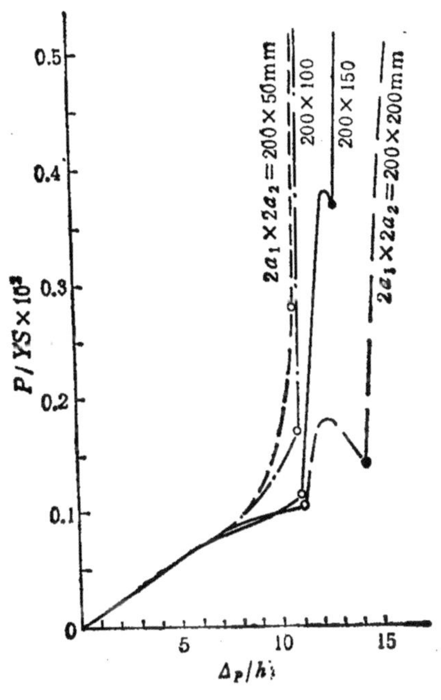

图 8-14　不同尺寸的矩形板在 $\omega=1/1$ 的模具中冲压时的 P-Δ_P 曲线之比较．○第一次触底；●第二次触底．

冲压力-冲模位移曲线的形状与模具的主曲率比 $\omega=\kappa_1^D/\kappa_2^D$ 有关．图8-13 得自同样尺寸的软钢板试件($200\times150\times1.6$mm)，但采用不同 ω 的模具，所得的 P-Δ_P 性态就有很大不同．图中 P 采用了无量纲尺度 P/YS，这里 Y 是材料的屈服应力，S 是板的单侧表面积(对这个试件就是 $200\times150\text{mm}^2$)．P/YS 这个无量纲冲压力我们在第七章(§ 7.1)中对圆板也曾用过．

从图 8-13 中看到，当 ω 增大时，第一次触底和第二次触底所对应的 Δ_P 向右移，同时两次触底之间的冲压力先增后降的现象减弱．由于冲压力的这种先增后降是同板的皱曲相关的，所以 ω 较大时皱曲倾向较弱．

冲压力-冲模位移曲线也随试件尺寸而变化． 采用同一套模

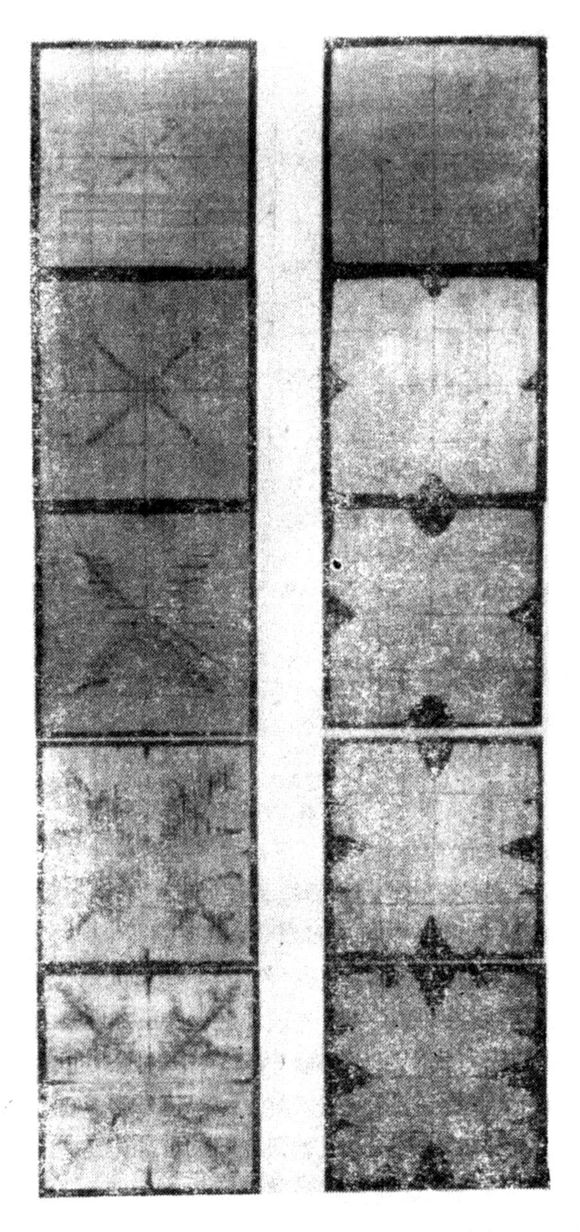

图 8-15　200×200×1.6mm 的软钢板在 $\omega = 1/1$ 的模具中冲压时与模具间的接触区的演化.

具(表 8-1 中的 No. 1，即 $\omega=1/1$ 的那套)来冲压各种边长比的矩形板，所得的 $P-\Delta_P$ 曲线汇总于图 8-14. 从这个图看到，200 × 200mm 的方板有着明显的冲压力先增后降现象，这意味着方板易于皱曲；而 200 × 50mm 的狭长矩形板的 $P-\Delta_P$ 曲线呈光滑上升，这暗示着它的变形模式将与方板有明显不同. 这一点我们后面还要再深入讨论.

3）接触区域的演化

对于 §4.1 报道的板条在圆柱形模中的弯曲，板条与模具的接触点的演化是易于观察和拍照的，如图 4-3. 但对矩形板在双向曲模中的冲压，就不可能直接做到了. 但接触区域在冲压过程中的演化，对于建立变形模型又有极大的价值，因此我们采用下述方法来加以确定.

在冲压试验之前，先将板试件的表面清理干净、刷成白色，并在两面轻轻粘上高灵敏度的复写纸. 在冲压过程中，模具的压力将使板的凹面以兰黑色的压痕记载下冲模与板的接触区，同时板的凸面的压痕记载下凹模与板的接触区. 在不同的冲压力值时取下试件拍摄压痕的照片，就得到了板与模具接触区域的演化史.

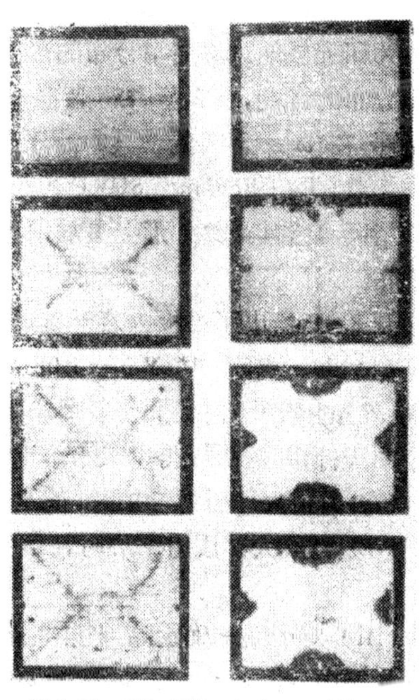

图 8-16　200×150×1.6mm 的软钢板在 $\omega=1/1$ 的模具中冲压时与模具的接触区的演化.

图 8-15 和图 8-16 分别得自方板（200 × 200 mm）和矩形板（200×150mm）在 $\omega=1/1$ 模具中的冲压实验. 从这些图

我们看到接触区的演化史可以大体分成三个阶段:

(i) 当冲压力相对较小时(如 $P^*/YS \leqslant 0.5 \times 10^{-3}$),板与冲模的接触区在板的对称中心附近,若是矩形板 (图 8-16),这个接触区通常沿较长的那条中线延伸;同时,板与凹模的接触区集中在板的四边的中点附近。

(ii) 当冲压力增大时,板与冲模的接触区沿着板的四个角的角平分线由中间向外延伸;同时,板与凹模的接触区在板四边的中点附近扩大,这暗示着已有皱曲发生。

(iii) 当冲压力进一步增大时 (如 $P^*/YS \geqslant 3 \times 10^{-3}$) 凹面上的接触区出现更多的分叉, 同时凸面上沿板的边缘出现许多小的接触区. 对于较大的板,这些现象更为明显,意味着有许多皱曲沿板边缘发生。

4) 最大冲压力对板的最终曲率的影响

为研究板的最终曲率分布的情况以及所施加的最大冲压力对曲率分布的影响,在实验中安排了一批 200 × 150 × 1.6mm 的钢板试件,在 $\omega = 2/3$ 的模具中冲压至几种不同的最大冲压力 P^* 然后卸载;再在 Ferranti SURFCOM 仪器上沿平行于板边的若干直线精确测量其最终外形, 最后用差分法计算出沿这些直线的曲率分布。

图 8-17 绘出了沿板内若干直线的曲率分布,相应的冲压力为 $P^* = 89$kN, 或即 $P^*/YS = 1.08 \times 10^{-3}$. 图 8-18 则绘出了在几种 P^* 的情况下沿板的长中线和短中线的最终曲率分布。对这两个图进行审视,可以得出以下结论:

(i) 当最大冲压力增加时,试件的最终曲率趋近模具曲率;

(ii) 当最大冲压力增加时, 试件的 κ_1 和 κ_2 均变得更加均匀;

(iii) 对于某一确定的 P^*,κ_2 的分布不如 κ_1 的分布均匀(注意在本例中 $\kappa_2^D > \kappa_1^D$, 因为 $\omega = 2/3$);

(iv) κ_2 分布的高峰值 (见图 8-17(b) 和 8-18(b)) 意味着板的长边中点附近发生了皱曲。

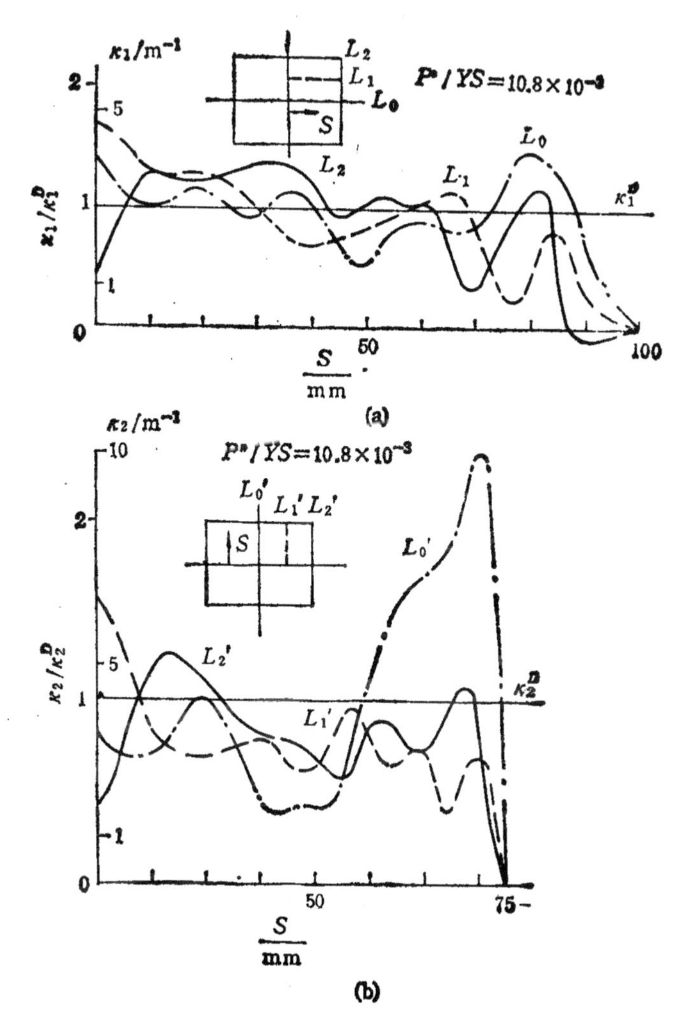

图 8-17　200×150×1.6mm 的软钢板在 $\omega=2/3$ 的模具中冲压至 $P^*/YS=10.8\times10^{-3}$ 后的最终曲率分布.
(a) 沿与长边平行的直线上的 κ_1 分布;
(b) 沿与短边平行的直线上的 κ_2 分布.

为了弄清最大冲压力 P^* 对试件总体形状的影响，我们在上述曲率测量的基础上计算了平均曲率 $\bar{\kappa}_1$, $\bar{\kappa}_2$ 及相应的标准差 ξ_1, ξ_2. 仍以在 $\omega=2/3$ 模具中冲压的 $200\times150\times1.6$mm 的钢板

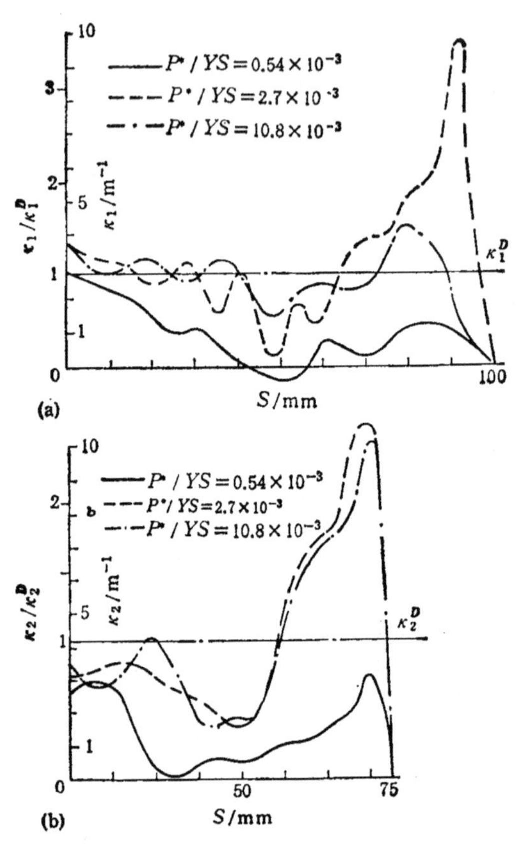

图 8-18　最大冲压力对 200×150×1.6 mm 软钢板在 $\omega=2/3$ 模具中冲压后的最终曲率分布的影响.

(a) κ_1 沿长中线 L_0 的分布;

(b) κ_2 沿短中线 L_0' 的分布.

试件为例，$\bar{\kappa}_1,\bar{\kappa}_2,\xi_1,\xi_2$（均除以相应的模具曲率以规范化）随 P^* 的变化如图 8-19 所示.

不难看出，$(\bar{\kappa}_1+\bar{\kappa}_2)$ 和 $(\bar{\kappa}_1\cdot\bar{\kappa}_2)$ 两个值都具有物理意义. 板在弹性弯曲时的应变能为

$$V_b=\frac{1}{2}\iint(M_x\kappa_x+M_y\kappa_y)dxdy. \tag{8-48}$$

当曲率主轴与 x,y 轴重合时便有

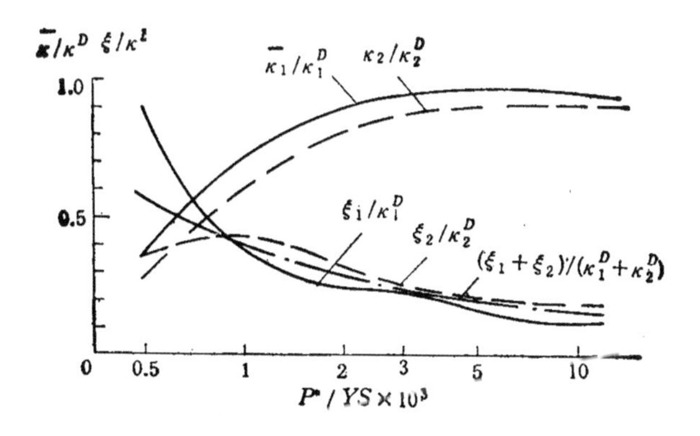

图 8-19 200×150×1.6mm 的软钢板在 $\omega=2/3$ 模具中冲压后的平均最终曲率及其标准差对最大冲压力的依赖关系.

$$V_b=\frac{1}{2}\iint(M_1\kappa_1+M_2\kappa_2)dxdy. \tag{8-49}$$

当板发生显著的双向塑性弯曲时，可以期望两个主方向上的弯矩均趋于板的塑性极限弯矩，即

$$M_1\to M_0,\ M_2\to M_0, \tag{8-50}$$

其中 $M_0=\frac{1}{4}Yh^2$；因而相应地就有

$$V_b\to\frac{1}{2}M_0\iint(\kappa_1+\kappa_2)dxdy=\frac{1}{2}M_0S(\bar{\kappa}_1+\bar{\kappa}_2), \tag{8-51}$$

其中 S 为板的面积，而 $\bar{\kappa}_1$ 和 $\bar{\kappa}_2$ 是 κ_1 和 κ_2 在整个面积上的平均值.

另一方面，按照 Calladine[8.6] 的论述，板的总 Gauss 曲率的变化标志着膜力作用的效应，因此 $\bar{K}=\bar{\kappa}_1\cdot\bar{\kappa}_2$ 可以被认为是与膜力相关联的应变能的一个指标.

因而，我们可以采用两个指标：

$$\mu_b\equiv(\bar{\kappa}_1+\bar{\kappa}_2)/(\kappa_1^D+\kappa_2^D), \tag{8-52}$$

$$\mu_m\equiv(\bar{\kappa}_1\cdot\bar{\kappa}_2)/(\kappa_1^D\cdot\kappa_2^D), \tag{8-53}$$

它们分别表示在板的回弹过程中有多大比例的弯曲能（下标 b）

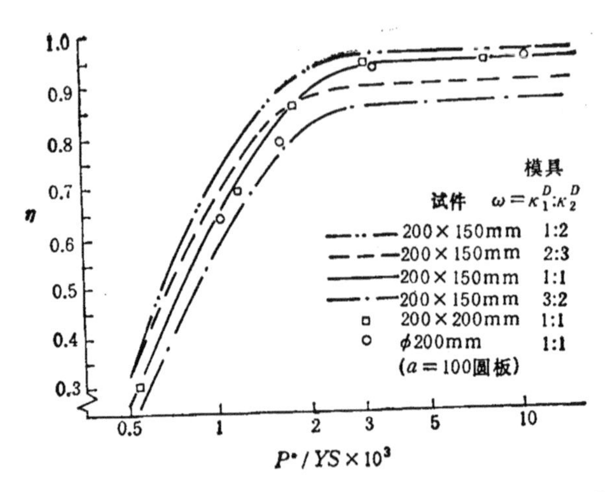

图 8-20 广义回弹比 η 对无量纲最大冲压力 P^*/YS 的依赖关系.

和膜力能(下标 m) 能保留下来. 进而,比值

$$\eta = \mu_m/\mu_b \tag{8-54}$$

代表着板在回弹后膜力能与弯曲能之比.

在双向等曲率冲压(即 $\omega = \kappa_1^D/\kappa_2^D = 1/1$) 中, $\eta = \bar{\kappa}/\kappa^D$ 正是"回弹比" (springback ratio); 因此在一般的双向冲压中, η 可以被视为广义的回弹比. 采用 η, 可以将各种 ω 的模具、各种不同尺寸的试件的冲压实验结果紧缩在一起. 例如,图 8-20 显示了 η 与最大冲压力 P^* 的关系,我们看到:

(i) 对于所试验的 1.6mm 厚的钢板, η 随 P^* 的增加而增加, 但到 $P^*/YS \simeq 3\times10^{-3}$ 之后 η 几乎不再变化, 这与圆板冲压实验结果 (7.1.3 节)是完全一致的.

(ii) 无论是矩形板、方板还是圆板,只要其主要尺寸相同, 所受的冲压力 P^*/YS 又相同的话, 广义回弹比 η 的值就没有太大差异.

(iii) 模具的曲率比 $\omega = \kappa_1^D/\kappa_2^D$ 对 η-(P^*/YS) 曲线有着影响. 现在还未能完全理解为什么 $\omega = 1/2$ 的曲模产生较高的 η 值(与 $\omega = 1/1$ 的曲模相比). 此一现象经重复实验仍被证实.

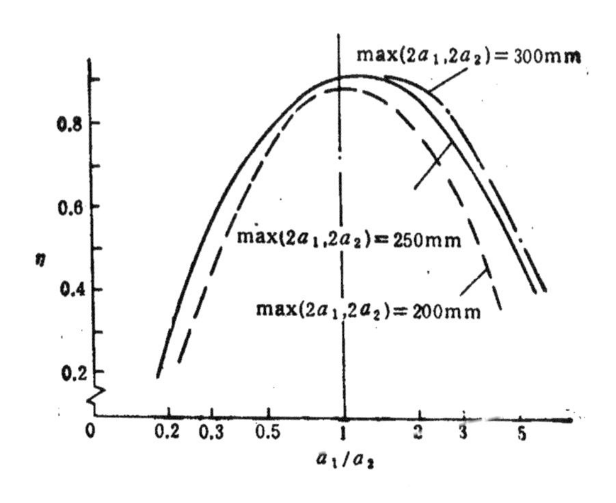

图 8-21　采用 $\omega=2/3$ 的模具时，广义回弹比 η 随板的边长比 a_1/a_2 的变化.

5）板的尺寸对回弹的影响

在 $\omega=2/3$ 的曲模中对一系列不同尺寸的矩形板冲压至 $P^*/YS=3.24\times10^{-3}$（略大于上面提到的使 η 接近不变的 3×10^{-3}）然后卸载。按照上述方法测算出回弹后的各试件的广义回弹比 η 后，可以得出图 8-21。图中每条曲线代表长边相同、短边不同的一组试件的结果。这几条曲线看来都接近于抛物线，其顶点在 a_1/a_2 取值 1—2 之间，这似乎同 $\omega=2/3$ 有关。若取定长边 $2a_1=200$mm，则 ω 对 η-(a_1/a_2) 曲线的影响如图 8-22 所示。

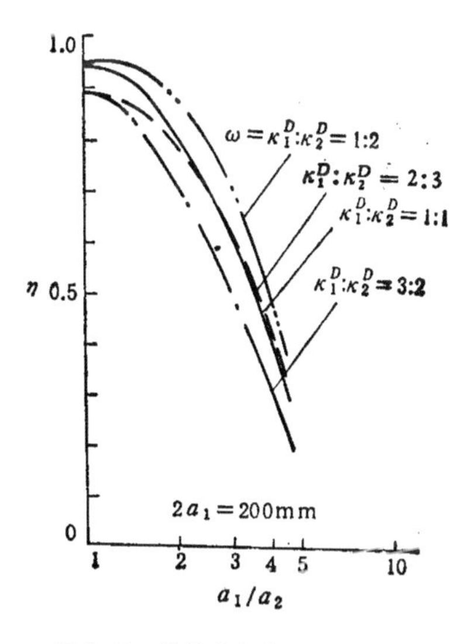

图 8-22　模具曲率比 ω 对 η-a_1/a_2 关系的影响.

6）材料和板厚的效应

表 8-2 列出了三种不同材

料、每种有两种板厚的试件的一些实验结果．从中看到，当最大冲压力 P^* 由 22.3kN 增加至 44.5kN 时，软钢板的最终曲率的变化比铝板、铜板要更显著一些；3.2mm 厚的板的最终曲率的变化比 1.6mm 厚的板要显著一些． 事实上，前述使 η 趋于不变的 $P^*/YS = 3 \times 10^{-3}$ 只对 1.6mm 的板试件有效，对 3.2mm 的板此值也应相应提高．在研究圆板冲压后的回弹（7.3.5 节）时已指出，更合理的无量纲冲压力应取为 p/α，其中 $p = P/P_0$，P_0 是刚塑性板的极限载荷，$\alpha = a^2/Rh$．因此 p/α 与 P/YS 的关系由（7-50）式给出，即有

$$p/\alpha = (P/YS) \cdot (2R/h). \tag{8-55}$$

对 1.6mm 的钢板 $P/YS = 3 \times 10^{-3}$ 对应于 $p/\alpha \simeq 1$；于是，对任意厚度的板，使 η 趋于常数的冲压力值应满足

$$P^*/YS = h/2R, \tag{8-56}$$

这里 R 是半球形模具的半径，推广到普遍情形可取 $R = 2/(\kappa_1^D + \kappa_2^D)$．

表 8-2 不同材料板在冲压后的最终平均曲率

材料	E/Y	h / mm	P^* / kN	$P^*/YS \times 10^3$	$\bar{\kappa}_1/\kappa_1^D$	$\bar{\kappa}_2/\kappa_2^D$	μ_g	μ_m	η
铝	580	1.6	22.3	5.3	0.882	0.736	0.794	0.649	0.817
			44.5	10.6	0.886	0.740	0.798	0.656	0.822
		3.2	22.3	5.3	0.842	0.765	0.796	0.644	0.809
			44.5	10.6	0.855	0.779	0.809	0.666	0.823
铜	460	1.6	22.3	3.2	0.898	0.719	0.790	0.646	0.818
			44.5	6.4	0.901	0.725	0.795	0.653	0.821
		3.2	22.3	3.2	0.809	0.772	0.787	0.625	0.794
			44.5	6.4	0.849	0.805	0.823	0.683	0.830
软钢	750	1.6	22.3	2.7	0.907	0.814	0.851	0.738	0.867
			44.5	5.4	0.927	0.848	0.880	0.786	0.893
		3.2	22.3	2.7	0.768	0.689	0.721	0.529	0.734
			44.5	5.4	0.827	0.839	0.834	0.694	0.832

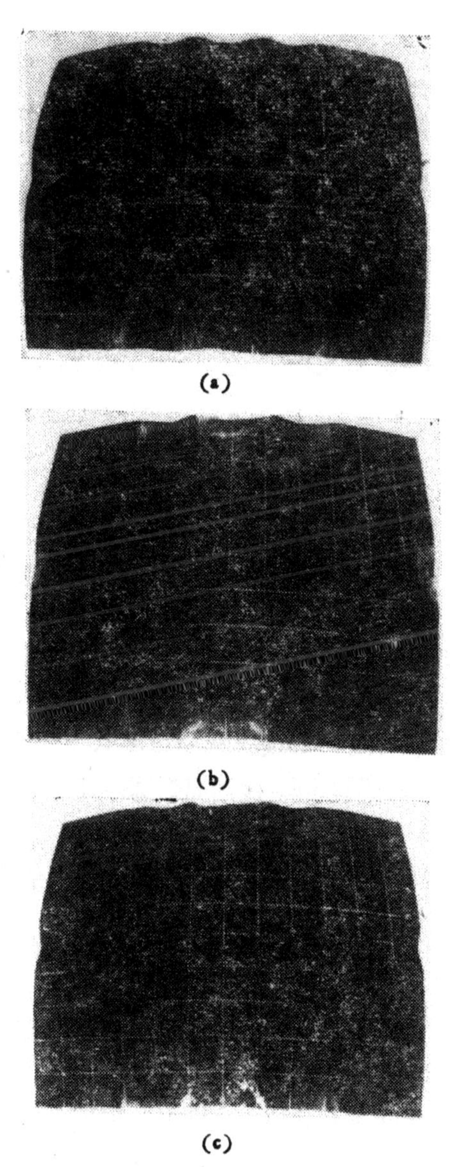

图 8-23　在 $\omega = 2/3$ 的模具中冲压出来的 300×250×1.6mm 的矩形板的照片.

(a) 软钢板；(b) 铜板；(c) 铝板.

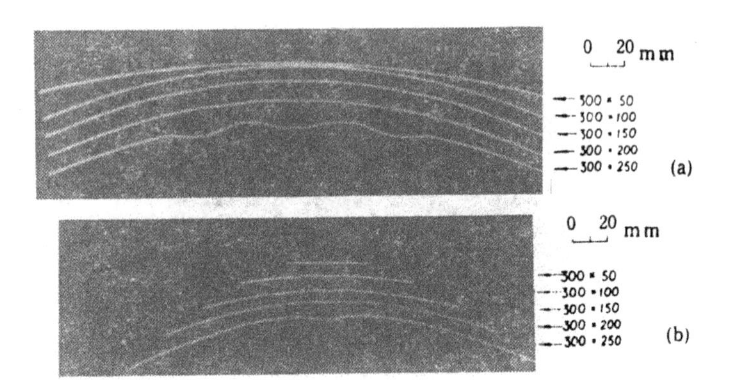

图 8-24 在 $\omega=2/3$ 的模具中冲压出来的某些软钢板的边缘形状．注意皱曲波纹．

(a) 长边边缘形状；(b) 短边边缘形状．

从表 8-2 中还可以看到，当其他条件相同时，铝板和铜板的回弹要比钢板来得大，这可以归因于前者的 Y/E 值较后者大．

7）皱曲现象

在本实验中，许多试件、特别是尺寸较大的试件在冲压过程中沿边缘产生了皱曲．图 8-23 是 300 × 250 × 1.6mm 的钢板、铜板和铝板试件冲压结束后的照片． 它们都是在 $\omega=2/3$ 的模具中冲压出来的．从这些照片中看到：

(i) 每个试件沿长边（$2a_1=300$mm）都有 3 个波，沿短边（$2a_2=250$mm）只有 1 个波；

(ii) 在长边上的 3 个波中，中间的一个波幅值最大、波长也最长；

(iii) 软钢试件上的皱曲区域略呈三角形，而钢板上的皱曲区域略成弓形．

图 8-24 是将一系列长边为 300mm、短边长各不相同的软钢板试件用 $\omega=2/3$ 的模具冲压后，其长边和短边的边缘形状．可以看到狭长试件没有皱曲；接近正方形的试件皱曲后，皱曲波纹类似于正弦波形．

§ 8.3 矩形板在双向曲模中的冲压：理论模型

为了解释矩形板在双向曲模中冲压实验的主要特征，有必要进行理论分析；但由于板在冲压过程中逐渐从弯曲为主转化为以中面膜变形为主，要建立统一的分析模型是困难的. 我们仍将逐阶段地建立一系列变形模型来描述板承受冲压的历史;并且,我们将采用刚塑性理想化来简化问题. 下面可以看到，这些简化的变形模型仍能体现受冲压的板的主要特征，如冲压力-冲模位移曲线,接触区域的演化以及皱曲的产生与发展,等等.

8.3.1 初始流动机构

开始冲压时,板放置在凹模上,只有四角接触，同时冲模的冲压力仅作用在板的对称中心上,如图 8-25. 因此可以看作是四角简支的矩形板受中心集中力的问题，而且由于问题的对称性可以只考虑 $a_1 \geqslant a_2$ 的情形,即以下总认为 a_1 是较长的边而 a_2 是较短的边.

板已被假设为刚塑性的,于是可以提出若干种初始流动机构,即破坏机构,比较其破坏载荷之后发现,对应于最低破坏载荷的机构是沿板的短中线(平行于短边的中线)有一条塑性铰线，此时有

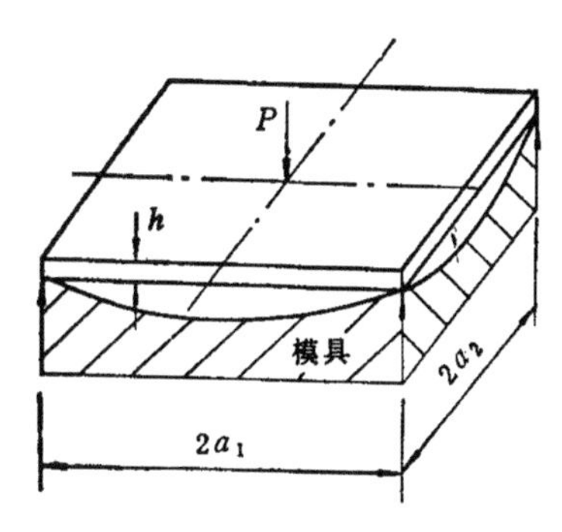

图 8-25 搁在凹模上的矩形板的初始状态.

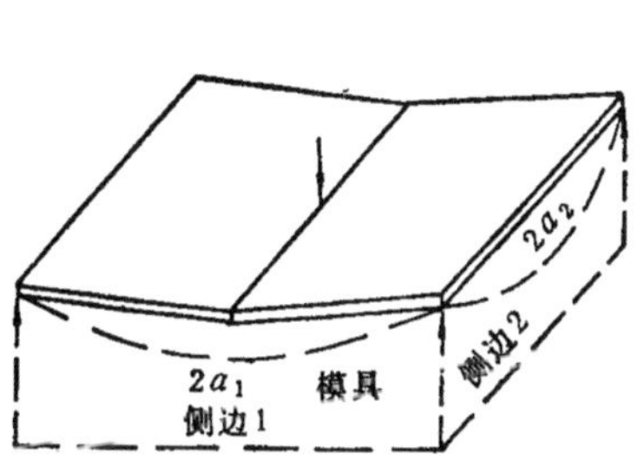

图 8-26 矩形板的初始流动机构.

$$P_0/4M_0 = a_2/a_1 \leqslant 1, \tag{8-57}$$

其中 P_0 代表初始破坏载荷，$M_0 = \frac{1}{4}Yh^2$ 是板的塑性极限弯矩，Y 是材料的平面应变屈服应力，h 是板厚．这个初始流动机构如图 8-26 所示．容易看出，这恰恰与一个长为 $2a_1$、宽为 $2a_2$ 的简支梁受集中力时的初始流动机构相同．

8.3.2 第 I 阶段：柱形弯曲模型

在矩形板冲压实验中已经观察到［见 8.2.3 节的 1)]，在板的长边中点触底之前，板的弯曲主要沿长边发生，此时板的短边几乎仍保持为直的；这就是说，在第一次触底之前板近似地经历着柱形弯曲，即弯曲为某个母线平行于短边的柱面．因此，图 8-26 表示的机构不仅提供了最低的(因而是实际的)初始破坏载荷，而且也为板变形的第 I 阶段（即从开始变形到长边中点第一次触底）提供了变形模型．按照这个模型，板仅在与长边平行的方向上具有曲率；由于采用了刚塑性理想化，这种曲率又仅集中于短中线以塑性铰的形式出现．如若材料不是刚塑性而是弹塑性的，那么板在这种柱形弯曲模式下的行为就与 § 4.2 中所分析的板条的弹塑性弯曲行为完全相同．

事实上，对于在一对较短的边上简支的矩形板承受中心集力中 P 而发生弹性柱形弯曲的情形，弹性板壳理论（参考[8.5])给出其中心弹性挠度为

$$\Delta_e = \frac{Pa_1^3/a_2}{12D}, \tag{8-58}$$

其中 $D = Eh^3/12(1-\nu^2)$ 是弹性板的抗弯刚度．(8-58) 式的适用范围到板的表面上的应力达到屈服应力为止，此时的外力为

$$P_1 = \frac{4M_e a_2}{a_1} = \frac{8}{3}M_0 \cdot \frac{a_2}{a_1}, \tag{8-59}$$

其中 $M_e = \frac{1}{6}Yh^2 = \frac{2}{3}M_0$ 是板的最大弹性弯矩．于是可求出

板中心的最大弹性挠度为

$$\Delta_1 = \Delta_{e\max} = \frac{P_1 a_1^3/a_2}{12D} = \frac{2}{3} \cdot \frac{Y(1-\nu^2)}{E} \cdot \frac{a_1^2}{h}. \tag{8-60}$$

将(8-59)同(8-57)式相比较可知 $P_1 = \frac{2}{3}P_0$，这里 P_0 是初始破坏载荷．当冲压力介于 P_1 与 P_0 之间，即 $P_1 \leqslant P \leqslant P_0$ 时，可以应用 4.2.2 节中对第 Ib 阶段(弹塑性三点弯曲)的分析，从而得出如同图 4-15 所示的非线性 P-Δ_P 关系，并有 $P = P_0$ 时

$$\Delta_0 = \frac{20}{9}\Delta_1, \tag{8-61}$$

其中 Δ_1 由(8-60)式决定．§4.2 的分析还给出了板条中点第一次触底(这正相当于矩形板长边中点的触底)时的 P 和 Δ_P 的值 $\bar{P}$ 和 $\bar{\Delta}_P$．于是，在 $P_0 \leqslant P \leqslant \bar{P}$ 时的 P-Δ_P 关系可以用内插法近似得到。

上面这些分析使我们有可能在图 8-26 的刚塑性变形模式的基础上近似地计入弹性效应，成为一种近似的弹塑性分析。

8.3.3 第 II 阶段：第一次触底之后

变形的第 II 阶段指的是矩形板的长边（即边长为 $2a_1$ 的边）中点触及凹模之后到板发生皱曲之前的变形阶段．由于长边中点触底，矩形板就有 6 个点支承在凹模上．仍假定板是刚塑性的，那么在图 8-26 的机构的基础上可以有不止一种的变形模型，现分别讨论如下。

1）具有多条铰线的柱形弯曲模型

回顾§4.2 对板条作刚塑性分析时的图 4-19，可知在第一次触底后柱形弯曲模型仍有可能继续下去，不过这时必须在平行短中线的方向上生成新的铰线，形成具有多条平行铰线的柱形弯曲模型，如图 8-27 所示．图 8-27 中的三条铰线正相当于图 4-19 中的三个塑性铰 (B, C_0, C_0')．这种模式继续下去的话，还可以有更多的平行铰线出现。

2）四块变形模型（Four-segment deformation model）

刚塑性矩形板在6点支承的条件下继续变形的另一种可能模式是：板的长中线和短中线都形成塑性铰线，如图8-28(a)所示．由于这时全板分成四块作相对运动，所以可以叫四块模式．不难看出，在多铰柱形弯曲模型中被塑性铰隔开的诸板块总 Gauss 曲率仍为0，因此板块均没有中面膜变形，或者说，每个板块都是刚性的．但四块模型就不是这样，它的每个板块必定要经历中面膜变形，才能实现整体的变形过程．

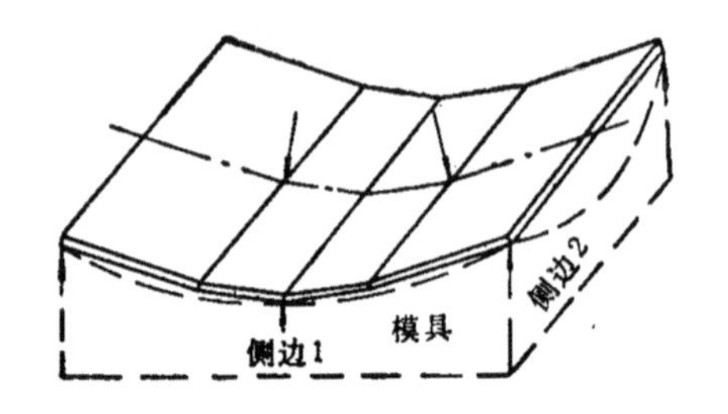

图8-27 具有三条平行铰线的柱形弯曲模式．

根据几何曲面的理论，总 Gauss 曲率同角亏损(angular defect）的概念是相联系的，请参看文献[8.6,8.9,8.10,8.11]．如图8-28(b)所示，考察由四个板块的对角线组成的菱形为底的、以板中点位移后的位置 O' 为顶点的四棱锥，则

$$f^2 = c^2 + d^2 - 2cd\cos\psi$$
$$= V^2\left\{\frac{1}{\sin^2\alpha} + \frac{1}{\sin^2\beta} - 2\frac{\cos\psi}{\sin\alpha\sin\beta}\right\},$$

其中 f 是菱形的边长（AB），V 为 $\overline{OO'}$，即中点的位移量，α 和

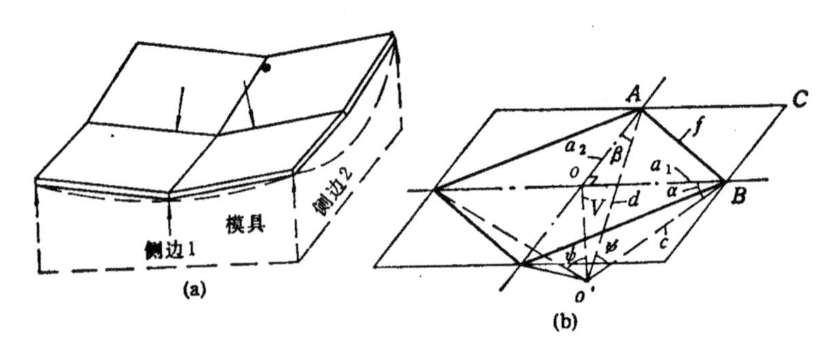

图8-28 (a) 四块变形模式；(b) 以菱形为底的四棱锥中的几何关系．

β 代表 $\angle O'BO$ 和 $\angle O'AO$，$\psi = \angle AO'B$. 同时在菱形平面内又可写出

$$f^2 = a_1^2 + a_2^2 = V^2(\cot^2\alpha + \cot^2\beta).$$

将关于 f^2 的二式作比较后得出

$$\cos\psi = \sin\alpha\sin\beta. \tag{8-62}$$

角亏损 γ 定义为 2π 减去在一个顶点相遇的诸面上被包含的角之和(参见[8.11]). 于是，在图 8-28(b) 的情形下就有

$$\gamma = 2\pi - 4\psi. \tag{8-63}$$

当 α,β,γ 均为小角时，将 (8-62) 式在 $\psi = \pi/2$ 附近作 Taylor 展开，再利用(8-63)式得到

$$\psi = \frac{\pi}{2} - \alpha\beta, \tag{8-64}$$

$$\gamma = 4\alpha\beta. \tag{8-65}$$

从力学观点来看，角亏损 $\gamma = 4\alpha\beta > 0$ 的存在意味着板的中面必定要经受弹性或塑性的膜变形，因而要求提供额外的膜应变能。

从 § 4.2 对板条弯曲的分析中已得出了在第一次触底时的 α 和 Δ_P 值，令它们分别为 $\bar{\alpha}$ 和 $\bar{\Delta}_P$; 则在板的变形的第 II 阶段新产生的板中心位移为

$$\Delta_P^{II} = \Delta_P - \bar{\Delta}_P, \tag{8-66}$$

则从图 8-28(b) 的几何关系知

$$\beta = \Delta_P^{II}/a_2. \tag{8-67}$$

代入 (8-65) 式得到四块模式的总角亏损为

$$\gamma = 4\bar{\alpha}\Delta_P^{II}/a_2, \tag{8-68}$$

因而每一块板块的角亏损是

$$\gamma/4 = \bar{\alpha}\Delta_P^{II}/a_2. \tag{8-69}$$

这就表明，每一板块都要经历剪应变恰为 $\gamma/4$ 的剪切变形. 于是，若板是理想弹塑性的，且屈服应力为 Y，则全板的膜应变能为

$$E_s = 4 \cdot a_1 a_2 \cdot h \cdot \frac{Y}{2} \cdot \frac{\gamma}{4} = \frac{1}{2} a_1 a_2 h Y \gamma; \tag{8-70}$$

以(8-68)式代入后得

$$E_s = 2a_1 hY \bar{\alpha} \Delta_P^{II}. \tag{8-71}$$

在(8-70)和(8-71)式中剪切屈服应力用的是 $Y/2$，这相当于采用了 Tresca 屈服条件的结果。E_s 的脚标 s 表示剪切。

这样，根据变形能估计出的板的承载能力为(忽略了4条铰线所吸收的变形能)

$$P = \frac{\partial E_s}{\partial \Delta_P^{II}} = 2a_1 hY\bar{\alpha} \simeq 2Yh\Delta_P, \tag{8-72}$$

或其无量纲形式

$$p = \frac{P}{P_0} = \frac{2a_1 hY\bar{\alpha}}{4M_0 a_2/a_1} = \frac{2a_1^2}{a_2 h}\bar{\alpha} \simeq 2 \cdot \frac{a_1}{a_2} \cdot \frac{\Delta_P}{h}. \tag{8-73}$$

这一表达式极其简单，但证明了四块模型所对应的外载(冲压力)正比于板的边长比 a_1/a_2。由于我们前面已设定 $a_1 \geqslant a_2$，所以 $a_1/a_2 \geqslant 1$。当板比较接近于正方形，从而 a_1/a_2 较小时，四块模型对应的冲压力 P 较小，因而它是现实出现的变形模式；而若板很狭长，从而 a_1/a_2 很大时，四块模型对应的 P 太大，现实出现的变形模式就不会是它，而会是柱形弯曲模式。这一理论推断是符合实验观察的。

3) 六块变形模型 (Six-segment deformation model)

8.2.3 节的实验结果表明，在第一次触底之后，长边中部将出现一个变平的区域。这可以从图 8-12 的照片 5A 上看出来。同时，实验结果还表明，此时板与冲模的接触区主要沿板的内角的角平分线从原接触区向四角延伸。综合这两项实验事实，可以提出如图 8-29 所示的六块变形模型。在这个模型中，长中线为一固定铰线；原先的短中线铰线则一分为二，呈交叉状向两侧扩展，这可以由图 8-29(b) 中 e 值的逐渐增长来描述。取出 1/4 块板，如图 8-29(c)，可以建立诸量之间的几何关系，进而求出 O 点位移继续增加时所需要的塑性功 W 以及相应的承载能力 (冲压力) 的变化，

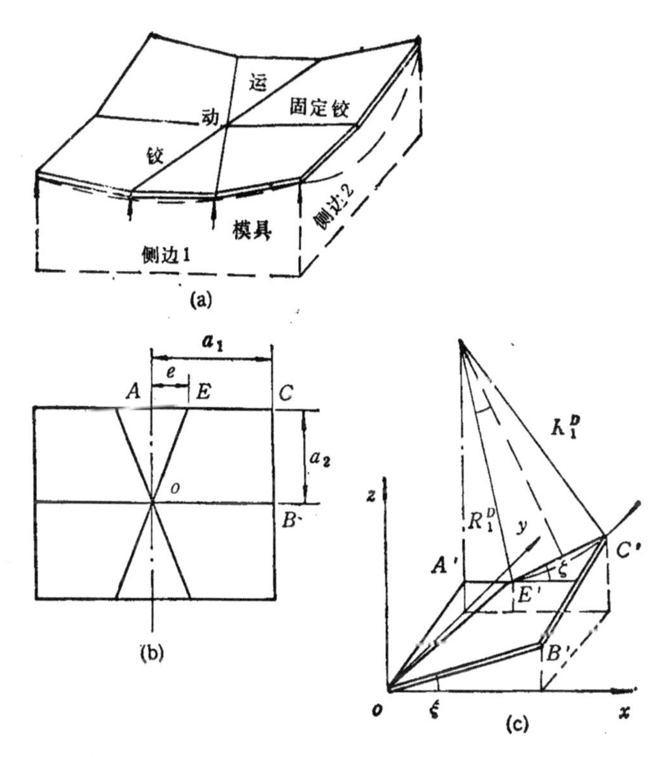

图 8-29 (a) 六块变形模式；(b) 展平的六块模式；(c) 1/4 板的变形几何关系.

详尽的分析参见[8.8]，此处从略.

如前所述，当 a_1/a_2 很大时，在第 II 阶段发生的是柱形变形模式；当 a_1/a_2 接近于 1，发生的是四块变形模式，且迅速转化为六块变形模式. 为取得实验证据，可以考察冲模在试件上的压痕. 事实上，沿长中线延伸的压痕对应于柱形弯曲模式；沿对角线延伸的压痕对应于四块变形模式；沿内角平分线延伸的压痕对应于六块变形模式. 检查各试件的压痕演化情况，证实了前述理论预测是正确的. 例如图 8-11 是方板的情形，完全为四块模式；图 8-12 是边长比为 4:3 = 1.33 的情形，可看到柱形模式转化为六块模式的过程.

8.3.4 第 III 阶段：长边局部屈曲

对于十分狭长的矩形板，其变形行为完全类似于在柱形模中弯曲的板条，因而其理论分析同于 § 4.2，此处无须重复。

对于不太狭长的矩形板，则如上面所述，迟早要转化为六块变形模式。但是，典型计算实例表明，表征中部平坦区的尺度 e 不可能无限地增加，当它增加到某一值 e^* 之后六块模式便不能提供进一步的板中心位移，因而它必须被另一种变形模式所替代。我们把六块模式终结之后的变形称为第 III 阶段。从图 8-12 中已

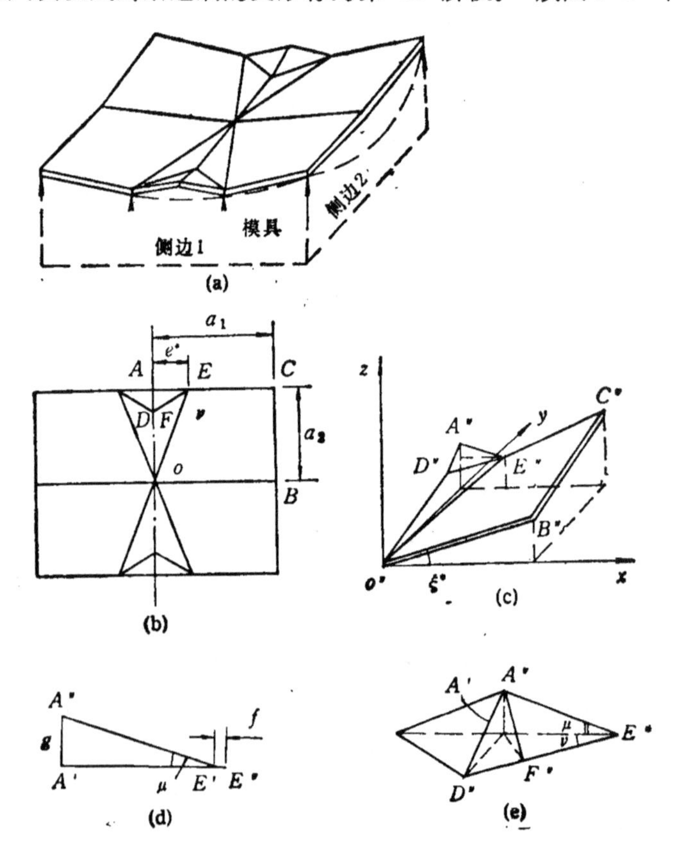

图 8-30 局部屈曲模式.

经看到，在长边的平坦段延展到一定长度之后将在这一区段内出现局部屈曲。受实验结果的启发，我们可以提出图 8-30 的局部屈曲模型。

在这个模型中，e^* 假定为常数，但标志屈曲区范围的角度 ν 是待定的。在文献[8.8]中，利用此一构形的空间几何关系，将在各条塑性铰线上消耗的塑性功W写成 ν 的函数，取极值 $\partial W/\partial \nu = 0$ 可以确定出 ν 应满足

$$\sin \nu^* = 1/\sqrt{3},$$

从而定出使W取极小的 ν 为

$$\nu^* = 35.26°, \tag{8-74}$$

相应的W为

$$W(\nu^*) = W_{\min} = 8\sqrt{2}\, M_0 g \simeq 11.3 M_0 g, \tag{8-75}$$

其中 $g = \overline{A'A''}$，见图 8-30(d)，是局部屈曲的皱高。g 和其他几何量的计算确定方法见[8.8]。

这个模型预测的皱曲区是底角为 35.26° 的三角形区域，这同实验观测大体相符。

8.3.5 第 IV 阶段：剪切膜变形和第二次局部屈曲

如前所述，在变形的第 III 阶段，矩形板与凹模有 8 个接触点：4 角和 4 个类似于图 8-31 中的E点。当板的变形继续发展，

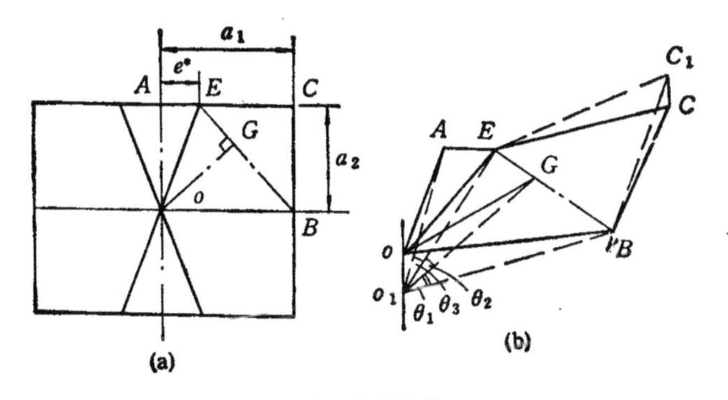

图 8-31　剪切变形模式.

因而短边的中点也发生触底之后，板将与凹模有 10 个接触点；这时如图 8-31 所示，由于 B,E 两点都处于凹模上，BE 线不再能运动，O 点的任何位移都将导致板的膜变形。此一膜变形所要求的能量不难从图 8-31 的几何关系导出，因而 $P\text{-}\Delta$ 关系也可近似求出，见 [8.8]。

不难看出，板块 $OBCE$ 变形为 O_1BC_1E 须经历一种导致 $\angle BOE$ 减小的剪切变形；在此过程中，OC 方向受拉而 BE 方向受压，后者最终会引起 B 点和 E 点附近的区域产生第二次局部屈曲，这就是在图 8-12 的照片 10A 和 10B 上观察到的长边 3 个波、短边 1 个波的缘由。第二次局部屈曲缓解了 $OBCE$ 板块内的剪切膜变形，从而使 $P\text{-}\Delta$ 曲线的斜率有所减小。这也是与实验观测一致的。

8.3.6 理论模型的预测与实测之比较

在 8.2.3 节中我们曾给出 300 × 250 × 1.6mm 软钢板在 $\omega=2/3$ 的模具中冲压的实验结果，其中 $P\text{-}\Delta$ 曲线见图 8-11。由于软钢的屈服应力为 $Y=275\text{N/mm}^2$，易算出对于此板 $M_0=\frac{1}{4}Yh^2=176\text{N}$，$P_0=4M_0a_2/a_1=587\text{N}$。再由(8-59)和(8-60)式算出弹性阶段结束时 $P_1=391\text{N}$，$\Delta_1=11.5\text{mm}$。后继的第 II，III，IV 阶段的 $P\text{-}\Delta$ 关系可依照前述分析顺次作出，最后归结为图 8-32 中的虚线，可以看到它与实验结果(图中的实线)符合得很好。

在计算中得到，对于本例，六块模式的平坦区的最大长度 $2e^*=60\text{mm}$，这也同图 8-12 中 No. 7A 量得的长度很符合。这表明，理论假设的六块变形模式及在其基础上产生的局部屈曲模式都是有实验根据的。

此外，还对 200 × 150 × 1.6mm 软钢板在 $\omega=2/3$ 模具中冲压的 $P\text{-}\Delta$ 曲线作了理论计算，发现也同实验符合得较好。

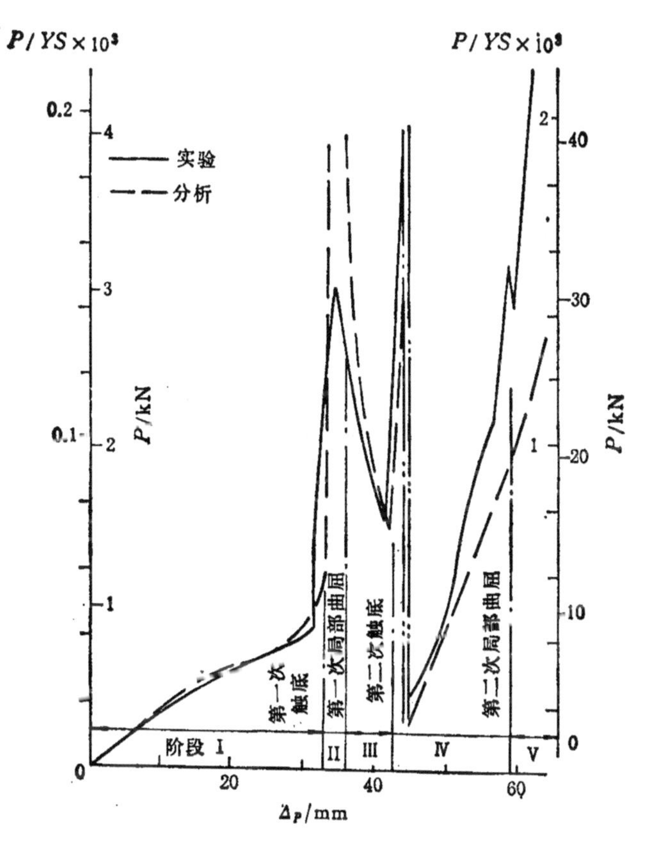

图 8-32 在 $\omega = 2/3$ 的模具中冲压 $300\times250\times1.6$mm 软钢板的冲压力-冲模位移曲线：理论与实验的比较．

8.3.7 结论

(i) 实验表明矩形板在双向曲模中的冲压过程具有比较明显的阶段性；据此提出一系列理想刚塑性的变形模型，能够成功地跟踪板的变形过程并体现各变形阶段的主要特征，包括 P-Δ 关系、接触区的演化以及局部屈曲现象等．

(ii) 实验和理论分析都表明，在板的长边中点触底之前，板所经历的基本上是柱形弯曲，也就是同板条的行为相似．在第一次触底之后板的变形状态主要取决于边长比 a_1/a_2：狭长的板继续作柱形弯曲；较方的板则出现六块模式，具有两个逐渐展宽的平坦区。

(iii) 随着板的挠度的增大，上述平坦区内可能发生局部屈曲，这种趋势对于薄板 (a_2/h 大)和较方的板 ($a_1/a_2 \sim 1$) 尤为明显。在理论上，成功地采用了一个包含若干固定塑性铰线的模式来预报了局部屈曲的产生条件和皱曲区域。

(iv) 从实验结果的分析中归纳出一个表征广义回弹比的参数 η (见(8-54)式)，并归纳出 η 随最大冲压力 P^* 变化的规律。当 P^*/YS 大于一定数值 (此数值依赖于材料和板厚) 时 η 几乎不再变化。这一结论对于选择最大冲压力和预测板的回弹都具有重要实用意义。

参 考 文 献

[8.1] W. Johnson and T. X. Yu, Springback after the biaxial elastic-plastic pure bending of a rectangular plate——I, *Int. J. Mech. Sci.*, **23**, 1981, pp. 619—630.

[8.2] W. Johnson and T. X. Yu, On the range of applicability of results for the springback of an elastic/perfectly plastic rectangular plate after subjecting it to biaxial pure bending——II, *Int. J. Mech. Sci.*, **23**, 1981, pp. 631—637.

[8.3] W. Johnson and T. X. Yu,On springback after the pure bending of beams and plates of elastic workhardening materials——III, *Int. J. Mech. Sci.*, **23**, 1981, pp. 687—695.

[8.4] W. Johnson and T. X. Yu, On the range of applicability of results for the springback of an elastic/work-hardening rectangular plate after subjecting it to biaxial pure bending——IV, *Int. J. Mech. Sci.*, **23**, 1981, pp. 697—701.

[8.5] S. Timoshenko and S. Woinowsky-Krieger, Theory of Plates and Shells, 2nd ed., McGraw-Hill, New York, 1959.

[8.6] C. R. Calladine, Theory of Shell Structures, Cambridge University Press, Cambridge, 1983.

[8.7] W. A. Backofen, Deformation Processing, Addison-Wesley, Reading, Mass., 1972.

[8.8] T. X. Yu, W. Johnson and W. J. Stronge, Stamping rectangular plates into doubly-curved dies, *Proc Instn Mech Engrs*, **198c** (8), 1984, pp. 109—125.

[8.9] D. Hilbert and S. Cohn-Vosshen, Geometry and Imagination, Chelsea Pub Co., New York, 1952.
[8.10] D. L. D. Caspar and A. Klug, Physical principles in the construction of regular viruses, *Cold Spring Harbour Symposia on Quantitative Biology*, **27**, 1962, pp. 1—24.
[8.11] C. R. Calladine, The static-geometric analogy in the equations of thin steel structures, *Math Proc. Camb. Phil. Soc.*, **82**, 1977, pp. 335—351.

第九章　双向弯曲问题的数值解法

§9.1　概　　述

从第六至第八各章对理论研究及实验分析这二个方面的初步论述和总结已经看到，对于双向弯曲问题，由于物理与几何非线性的耦合作用，解析研究方法通常会遇到很大的数学困难。而实验研究则又常因各种因素，如实验条件、模型尺度率以及经费等的限制难以很系统地进行。

随着计算机的普及发展和一系列有效近似算法的应用，上述矛盾得到了很大程度的缓解。如，有限差分法、有限元法、加权残数法、优化方法及边界元方法等的应用，解决了大批理论和实验难以甚至是无法解决的问题。并行算法的发展和应用，可望更大地提高求解效率。

有限差分方法和有限元方法是二种最早用于求解板的双向弹塑性分析的数值方法，如 Frieze 等[9.1]和 Turvey[9.2] 分别用有限差分法求解了矩形板和圆板的弹塑性弯曲问题。Bäcklund[9.3] 和 Dobashi[9.4] 用有限元法跟踪了板的双向弯曲过程。由于有限元方法有应用的通用性等优点，几十年来有限元法较之有限差分法受到更为普遍的重视。有关有限元方法的专题论文和著作很多，参考文献中列出的文集和专著可从某些侧面反映其发展和应用[9.5,9.6]。文献[9.7—9.9]是用其他数值方法求解的一些例子。

用上述数值方法求解非线性问题时会出现以下几个主要困难：

(i) 需要有大容量的计算机来求解高阶联立方程组，具有高应力集中或高度非线性等问题尤其如此；

(ii) 解非线性方程组时的收敛性和数值稳定性需要得到保证。

§ 9.2 动力松弛方法

9.2.1 动力松弛方法的特点

动力松弛方法 (Dynamic Relaxation Method, 简称为 DRM) 可在很大程度上克服 § 9.1 中提出的几个困难，是一个日益受到重视的、很有前途的方程组求解方法。

我们知道，在应用通常的方法处理静力问题时，认为受载结构的内力大小与时间无关，即认为外载荷是非常缓慢地加到结构上，因此我们可以不去考虑加载过程而仅去求解最后已经达到的静平衡状态。Rayleigh 在十九世纪曾提出过另一种解静力问题的思想（参见 [9.10]），认为静力问题的解也可看成是结构在阶跃载荷作用下瞬态响应的稳态部分。他的这一思想在 1965 年前后由 Otter[9.11-9.13] 和 Day[9.14]首先在线弹性问题中得以实现，并称之为动力松弛方法，简称为 DRM。该术语的来源大约是因为该方法将静力问题"放松"成了动力问题。

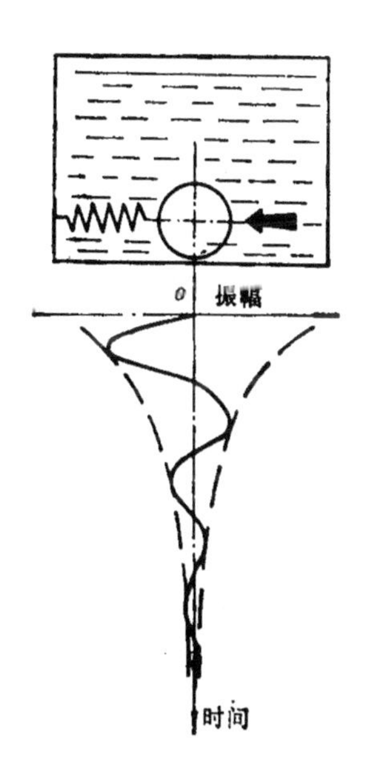

图 9-1　小球的阻尼振动.

Day 和 Otter 等提出的原始的 DRM 的求解过程可以用图 9-1 的简单力学模型作比拟。

小球弹簧系统的初始位置为 0，如果突然受一水平方向的冲击载荷作用，小球就会产生振动，但由于容器中阻尼液的作用，振幅越来越小，最后稳定于原来的平衡位置。

应当说明的是，尽管原始的 DRM 来自直观的结构力学动静力分析概念，但并非所有问题都可以有这种直观比拟，如多个场耦合的非线性系统。但是，DRM 目前已被证明是一种普遍适用的方程组求解方法，可以从纯数学的途径推演出来，并可由它派生出其他的数值方法。这方面的工作可参见相关的计算数学文献，如[9.11—9.14]。

经过二十多年的发展和应用，人们发现 DRM 具有很多独特的优点、给予了较高的评价，并预计 DRM 型方法及其派生方法将在今后的非线性问题计算中起重要作用[9.15—9.17]。DRM 的主要优点如下[9.15—9.30]

(i) 算法格式固定；

(ii) 避免了直接求解联立方程组而代之以显式迭代；

(iii) 程序简单，数据存贮量少，可在小计算机上求解大型问题；

(iv) 收敛性质异常稳定。用其他方法难以收敛的问题，DRM 常能给出精确的结果。

DRM 当前存在的一个主要缺点是收敛速度较慢。

9.2.2 常用的 DRM 的算法

设由某种力学分析方法得出的某问题的平衡方程为

$$\underline{P}(\underline{x}^*) = \underline{F}, \tag{9-1}$$

这里 $\underline{x}^*$ 和 $\underline{F}$ 分别为广义位移和广义力向量。如果不是以真实解 $\underline{x}^*$ 代入(9-1)式，就有不平衡力

$$\underline{R} = \underline{F} - \underline{P}(\underline{x})$$

产生，认为该不平衡力引起了系统的运动，就得出一组相应于(9-1)的动力方程

$$\underline{M}\ddot{\underline{x}} + \underline{c}\dot{\underline{x}} = \underline{R}, \tag{9-2}$$

这里 $\underline{M}$ 和 $\underline{c}$ 分别为质量矩阵和阻尼矩阵，因为我们只关心(9-2)动力解的稳态部分，即(9-1)的解。因此 $\underline{M}$ 和 $\underline{c}$ 就可以是非真实的质量与阻尼；或者说是虚拟的，其选值原则是能够在尽可能短的时间内得到稳态解，并使数值求解过程稳定。(9-2)中的 $\ddot{\underline{x}}$ 和 $\dot{\underline{x}}$ 则可相应地说成是虚加速度和虚速度向量。

设 t 代表时间变量(也可认为 t 是虚拟的非真实时间)，上标“n”表示 t 的第 n 次迭代，τ^n 表示第 n 次迭代时的时间增量.为了得出显式的迭代格式,取 $\underline{M}$ 为对角阵,且令

$$\underline{c} = c\underline{M}。\tag{9-3}$$

我们这里假定外力向量 $\underline{F}$ 是不随 t 而变的，引用关于时间 的中心差分:

$$\dot{\underline{x}}^{n-1/2} = (\underline{x}^n - \underline{x}^{n-1})/\tau^n,$$

$$\ddot{\underline{x}}^n(\dot{\underline{x}}^{n+1/2} - \dot{\underline{x}}^{n-1/2})/\tau^n,\tag{9-4}$$

并假定

$$\dot{\underline{x}}^n = \frac{1}{2}(\dot{\underline{x}}^{n-1/2} + \dot{\underline{x}}^{n+1/2}),\tag{9-5}$$

即可由(9-2)推得

$$\begin{cases} \dot{\underline{x}}^{n+1/2} = \dfrac{2 - c\tau^n}{2 + c\tau^n}\dot{\underline{x}}^{n-1/2} + \dfrac{2\tau^n}{2 + c\tau^n}\underline{M}^{-1}\underline{R}^n, & (9\text{-}6a) \\ \underline{x}^{n+1} = \underline{x}^n + \tau^{n+1}\dot{\underline{x}}^{n+1/2}, & (9\text{-}6b) \end{cases}$$

其中

$$\underline{R}^n = \underline{F} - \underline{P}(\underline{x}^n).\tag{9-7}$$

显然,因为 $\underline{M}$ 是对角矩阵,因此 (9-6 b) 中只有关于 $\underline{x}^n$ 的各分量各自独立的代数运算。初值条件

$$\dot{\underline{x}}^{0} = \underline{0} \quad 和 \quad \underline{x}^{0} = 某初向量\tag{9-8}$$

是与实际系统的真实响应相容的。故当 $n = 0$ 时，代替 (9-6 a) 式的是

$$\dot{\underline{x}}^{1/2} = \frac{1}{2}\tau^{0}\underline{M}^{-1}\underline{R}^{0}.\tag{9-6c}$$

因此，DRM 的算法可写为:

1）选择参数：阻尼系数 c，质量矩阵 $\underline{M}$;

2）给定初始广义位移 $\underline{x}^0$，令 $\dot{\underline{x}}^0 = \underline{0}$;

3）计算不平衡力 $\underline{R}^n$;

4）若 $\underline{R}^n \approx \underline{0}$，停，表明已求得近似解 $\underline{x}$，否则,继续下步;

5）求新的速度:

若 $n=0$,

$$\dot{\underset{\sim}{x}}^{1/2}=\frac{1}{2}\tau^{0}\underline{M}^{-1}\underline{R}^{0},$$

否则,

$$\dot{\underset{\sim}{x}}^{n+1/2}=\frac{2-c\tau^{n}}{2+c\tau^{n}}\dot{\underset{\sim}{x}}^{n-1/2}+\frac{2\tau^{n}}{2+c\tau^{n}}\underline{M}^{-1}\underline{R}^{n};$$

6) 求新的广义位移向量:

$$\underset{\sim}{x}^{n+1}=\underset{\sim}{x}^{n}+\tau^{n+1}\dot{\underset{\sim}{x}}^{n+1/2};$$

7) 作用边界条件;

8) 令 $n=n+1$, 并转步(iii).

在上列算法中,为保证迭代过程的稳定和使 $\underline{R}^{n}$ 尽快趋于 $\underline{0}$,参数 τ^{n},$\underline{M}$ 和 c 的选择是很重要的.

关于 $\underline{M}$ 的选择,通常有以下几种做法:

(1) 取 $\underline{M}$ 为单位阵[9.22];

(2) 沿广义位移各分量的相应方向计算不同的质量系数[9.23];

(3) 取质量阵的元素与相应的刚度阵 $\underline{K}$ 的元素相等或成比例[9.24,9.25], 即取 $m_{ii}=k_{ii}$, 或 $m_{ii}=\alpha k_{ii}$, 这里 α 为一比例常数,而

$$\underline{K}=\frac{\partial\underline{P}}{\partial\underset{\sim}{x}}. \tag{9-9}$$

(4) 根据特征值的圆盘定理(Gerschgörin 定理)[9.26]取:

$$m_{ii}\geqslant\frac{1}{4}(\tau^{n})^{2}\sum_{j}|k_{ij}|. \tag{9-10}$$

在这几种做法中,(4)较为合理,因为它通过 Gerschgörin 定理对系统的最大特征值作了估计,从而可直接确定出保证迭代过程稳定的临界时间步长(具体推导见[9.26])。例如,若取 $\tau^{n}=1$,则

$$m_{ii}\geqslant\frac{1}{4}\sum_{j}|k_{ij}|,$$

保证了迭代的稳定性。

我们希望选择恰当的阻尼系数 c 达到在尽可能少的迭代步数

内获得满足要求的稳态解。目前常见的做法主要有：

(i) 先使系统作无阻尼自由振动，再根据最大动能与基频的关系求出基频 ω_0，取 $c=2\omega_0$[9.1,9.23]；

(ii) 取 $m_{ii}=\alpha k_{ii}$，若在迭代过程中

$$\lambda=\frac{\|\underline{x}^{n+1}-\underline{x}^{n}\|}{\|\underline{x}^{n}-\underline{x}^{n-1}\|}$$

趋于常数，则取 $c=2\omega_\lambda$，这里 ω_λ 为与 λ 对应的基频（具体计算过程见[9.25]）；

(iii) 根据线性问题中按 Rayleigh 商求基频的类似方法，取第 n 步的当步阻尼为[9.26]

$$c^n=2\left\{\frac{(\underline{x}^n)^T\,{}^l\underline{K}^n\underline{x}^n}{(\underline{x}^n)^T\underline{M}\underline{x}^n}\right\}^{1/2},\tag{9-11}$$

其中的 ${}^l\underline{K}^n$ 为对角阵，诸元素为

$${}^lk_{ii}^n=\frac{p_i(\underline{x}^n)-p_i(\underline{x}^{n-1})}{\tau^n\dot{x}_i^{n-1/2}}.\tag{9-12}$$

这里 p_i 为(9 1)式中 $\underline{P}$ 的元素，$\dot{x}_i$ 为 $\dot{\underline{x}}$ 的元素；

(iv) 取[6.24,9.19,9.27]

$$c^n=2\left\{\frac{(\underline{x}^n)^T\underline{P}(\underline{x}^n)}{(\underline{x}^n)^T\underline{M}\underline{x}^n}\right\}^{1/2}\tag{9-13}$$

显而易见，以上的方法 (i) 难以在解非线性问题时采用，因为由该法求基频首先要定出动能最大值，而非线性问题的动能一般是多峰函数，最大值的确定较困难。方法 (ii) 在 λ 达到常数值之前的运算中 c 的选择也是盲目的，会浪费不少计算工作量，并且须存贮三个时间步的向量 $\underline{x}^{n-1}$，$\underline{x}^n$，$\underline{x}^{n+1}$。方法 (iii) 和 (iv) 是较为方便和合理的方法。因为一般认为，振动系统在临界阻尼下达到稳态的时间最短。(9-11)和(9-13)正是由这一力学比拟思想来选择当步临界阻尼 c^n 的。事实上，方法 (iv) 是在 (iii) 的基础上加以改进得到的。因为若用(9-11)计算 c^n，每次迭代都要计算 ${}^lK^n$，并需额外存贮 $\underline{x}^{n-1/2}$，$\underline{P}(\underline{x}^{n-1})$ 和 $\dot{\underline{x}}^{n-1/2}$。而且根据应用比较，(9-13)中用 $\underline{P}(\underline{x}^n)$ 代替(9-11)的 ${}^l\underline{K}^n\underline{x}^n$ 后加快了收敛速

度并提高了算法的数值稳定性．这一方法也被称为修正的自适应动力松弛方法(Modified Adaptive Dynamic Relaxation Method，简称为 MADRM)。

考虑了收敛准则后的 MADRM 的完整算法为[9.27]

a）置初值：$\underset{\sim}{x}^{\circ}=$ 某初向量，$\dot{\underset{\sim}{x}}^{\circ}=\underset{\sim}{0}$，$c^{\circ}=0$；

b）根据式(9-10)计算质量阵 $\underset{\sim}{M}$；

c）由(9-7)求 $\underset{\sim}{R}^{n}$；

d）若 $|R_i^n|\leqslant\varepsilon_1$，停；否则，继续下步；

e）计算新的速度：

若 $n=0$，由 (9-6c) 求 $\dot{\underset{\sim}{x}}^{1/2}$；否则由(9-6 a)求 $\dot{\underset{\sim}{x}}^{n+1/2}$；$c^n$ 由(9-13)式确定；

f）若

$$\sum_i(\dot{x}_i^{n+1/2})^2\leqslant\varepsilon_2,\tag{9-14}$$

停；否则，继续下步；

g）由 (9-6b) 式计算 $\underset{\sim}{x}^{n+1}$；

h）作用各种边界条件；

i）令 $n=n+1$；若 $n\geqslant N$，停；否则转步 b)。

在算法(9-14)中，ε_1 和 ε_2 是事先给定的小正数，N为给定正整数．在文献 [9.27] 中还介绍了为加快收敛选择初向量 $\underset{\sim}{x}^{\circ}$ 的方法。 Alwar，Chan 和 Frieze 等[9.28−9.30] 曾采用经验性的方法来选择系数 c，但都缺乏通用性和方便性，这里不再赘述．

应当指出，尽管动力松弛法可用来求解由各种各样的数值分析途径得到的方程组(9-1)． 但已经证明[6.24,9.15,9.26]与有限差分法相结合的动力松弛法最为有效。

§9.3 圆板在锥形模中的冲压

9.3.1 模型及分析方法

图 9-2 a 所示的是在金属薄板冲压工程中用来评估板材可成

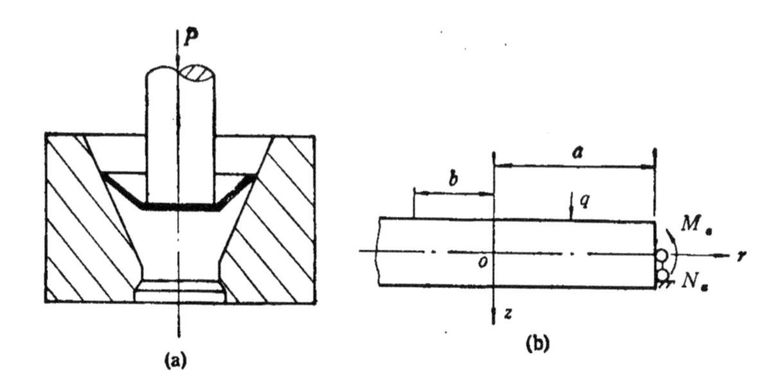

图 9-2 （a）圆板在锥面模中的冲压；（b）板的受载及边界条件.

形性的一种标准试验示意图. 该试验的目的之一是测试冲头外侧的板产生皱曲的各种影响因素. 设冲头的半径为 b，所加的载荷为 P，并设板厚为 h，半径为 a，锥形凹模的半锥角为 φ. 冲头的作用可以近似为作用板面的强度为 $q=P/(2\pi b)$ 的环形线布载荷. 凹模对板的支承可通过静力等效近似转化为对板中面边界的作用，见图 9-2（b）. 设板与凹模表面的摩擦力可用简单的库伦摩擦规律来近似，则作用于中面边界上的径向膜力 N_a 和径向弯矩 M_a 分别为

$$N_a=-\frac{qb(\cos\varphi-\mu\sin\varphi)}{(a+u_a)(\sin\varphi+\mu\cos\varphi)}, \tag{9-15a}$$

$$M_a=\frac{1}{2}hN_a. \tag{9-15b}$$

这里 μ 为库伦摩擦系数，u_a 为板的底面周边的径向位移.

我们用 MADRM 来分析这种板的变形. 很显然，在没有出现皱曲之前，板的变形是完全轴对称的. 为了用增量方法和 MADRM 求解，我们先将(6-3)和(6-7)改写为增量形式，并用有限差分方法离散化，与(6-3)相对应，有

$$\left\{\frac{\partial\delta N_r}{\partial r}+\frac{1}{r}(\delta N_r-\delta N_\theta)=0,\right.$$

$$
\left\{
\begin{aligned}
&\frac{\partial^2 \delta M_r}{\partial r^2} + \frac{1}{r}\left(2\frac{\partial \delta M_r}{\partial r} - \frac{\partial \delta M_\theta}{\partial r}\right) + N_r \frac{\partial^2 \delta w}{\partial r^2} \\
&\qquad + \delta N_r \frac{\partial^2 w}{\partial r^2} + \delta N_r \frac{\partial^2 \delta w}{\partial r^2} + \frac{1}{r}\left(N_\theta \frac{\partial \delta w}{\partial r}\right. \qquad \text{(9-16a)} \\
&\qquad \left. + \delta N_\theta \frac{\partial w}{\partial r} + \delta N_\theta \frac{\partial \delta w}{\partial r}\right) + \delta q = 0,
\end{aligned}
\right.
$$

及其差分形式(差分网格见图 9-3)

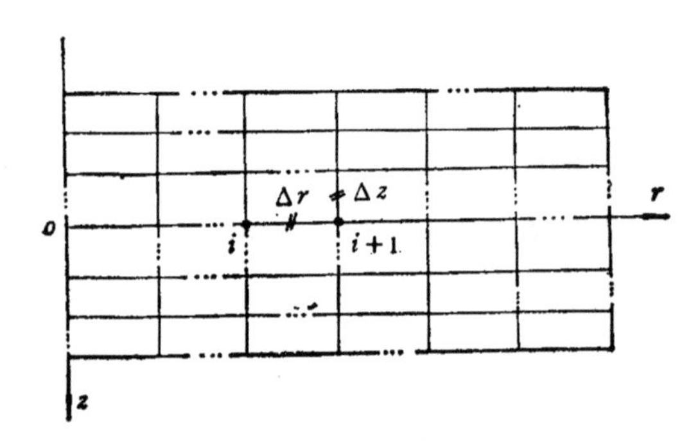

图 9-3　圆板径向截面上的差分网格.

$$
\left\{
\begin{aligned}
&\Delta r^{-1}(\delta N_{ri+1} - \delta N_{ri}) + r_i^{-1}(\delta N_{ri} - \delta N_{\theta i}) = 0, \\
&\Delta r^{-2}(\delta M_{ri+1} - 2\delta M_{ri} + \delta M_{ri-1}) + \frac{1}{2} r_i^{-1}\Delta r^{-1}[2(\delta M_{ri-1} \\
&\qquad - \delta M_{ri-1}) - (\delta M_{\theta i+1} - \delta M_{\theta i-1})] + N_{ri}\Delta r^{-2}(\delta w_{i+1} \\
&\qquad - 2\delta w_i + \delta w_{i-1}) + \delta N_{ri}\Delta r^{-2}(w_{i+1} - 2w_i + w_{i-1}) \\
&\qquad + \frac{1}{2} r_i^{-1}\Delta r^{-1}[N_{\theta i}(\delta w_{i+1} - \delta w_{i-1}) + \delta N_{\theta i}(w_{i+1} \\
&\qquad - w_{i-1}) + \delta N_{\theta i}(\delta w_{i+1} - \delta w_{i-1})] + \delta q_i = 0,
\end{aligned}
\right.
\qquad \text{(9-16b)}
$$

与(6-7)对应,有

$$
\left\{
\begin{aligned}
&\delta \varepsilon_r^0 = \frac{\partial \delta u}{\partial r} + \frac{\partial w}{\partial r}\frac{\partial \delta w}{\partial r} + \frac{1}{2}\left(\frac{\partial \delta w}{\partial r}\right)^2, \\
&\delta \varepsilon_\theta^0 = \frac{\delta u}{r},
\end{aligned}
\right.
$$

$$\begin{cases}\delta\kappa_r = -\dfrac{\partial^2\delta w}{\partial r^2}, \\ \delta\kappa_\theta = -\dfrac{1}{r}\dfrac{\partial\delta w}{\partial r},\end{cases} \tag{9-17a}$$

及其差分形式

$$\begin{cases}\delta\varepsilon^\circ_{r\,i} = \Delta r^{-1}(\delta u_i - \delta u_{i-1}) + 0.25\Delta r^{-2}(w_{i+1} - w_{i-1}) \\ \qquad \cdot (\delta w_{i+1} - \delta w_{i-1}) + 0.125\Delta r^{-2}(\delta w_{i+1} - \delta w_{i-1})^2, \\ \delta\varepsilon^\circ_{\theta_i} = r_i^{-1}\delta u_i, \\ \delta\kappa_{r_i} = -\Delta r^{-2}(\delta w_{i+1} - 2\delta w_i + \delta w_{i-1}), \\ \delta\kappa_{\theta_i} = -0.5\Delta r^{-1} r_i^{-1}(\delta w_{i+1} - \delta w_{i-1}).\end{cases} \tag{9-17b}$$

在上式中，若 $r_i = 0$，则须以

$$\delta\varepsilon^\circ_{\theta_i} = \Delta r^{-1}(\delta u_i - \delta u_{i-1})$$

和 (9-17c)

$$\delta\kappa_{\theta_i} = -\Delta r^{-2}(\delta w_{i+1} - 2\delta w_i + \delta w_{i-1})$$

来代替相应的表达式,以消除奇异性。

9.3.2 结果分析

在 [9.31] 文中，作者利用 (9-16b), (9-17b), (9-17c) 及 (6-10)式，按 MADRM 的算法(9-14)分析了图 9-2 中板轴对称变形的全过程。他们的程序主要由内外两个大循环组成，见图 9-4。内循环为 MADRM 的迭代过程，迭代对虚拟时间 t 进行，每

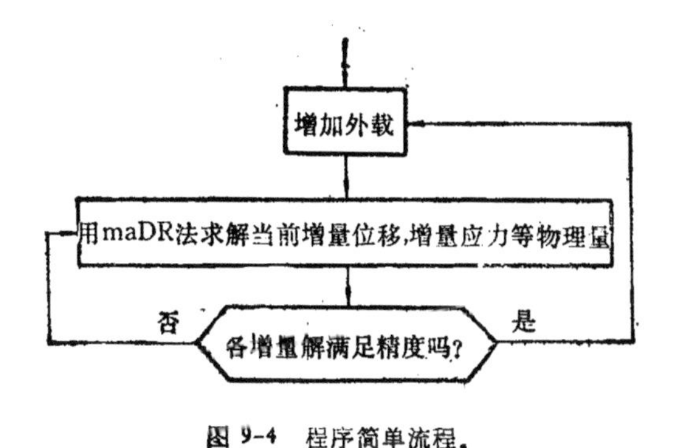

图 9-4 程序简单流程。

一步迭代都须判别各差分节点的加卸载状态，记录在指示数组内，并记算弹塑性应力等．外循环为载荷增量循环，每次增加一外载增量，直至总载荷达到要求的水平为止．

板材的单向拉伸应力-应变曲线见图 9-5．为方便起见，认为板材是各向同性的．因此计算中采用与轧制板料的辗压方向成 0°，45° 和 90° 方向的三条单向拉伸应力-应变曲线的平均曲线，并进一步将平均曲线简化为双线性模型，即取

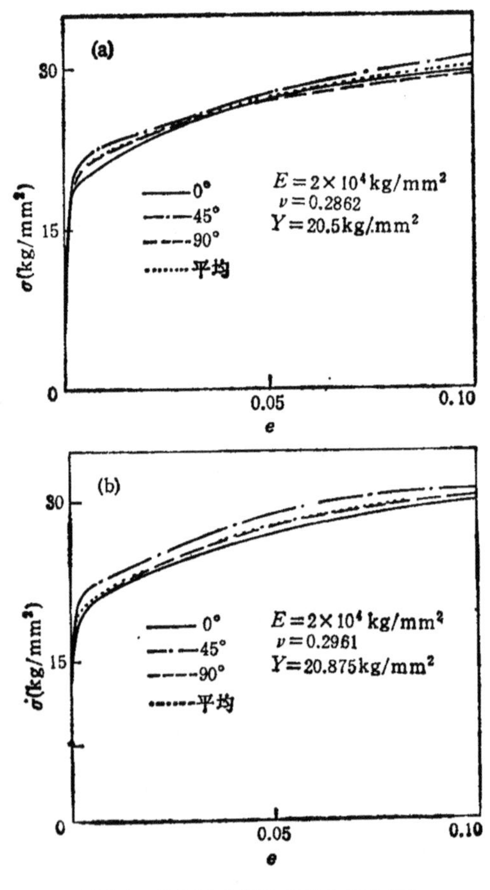

图 9-5　板材的单向拉伸应力应变曲线．

(a) 厚度为 2 mm 的板；(b) 厚度为 1.5 mm 的板．

(i) 对于 1.5 mm 厚的板

$$E_i^\circ = \begin{cases} 145.0, & 当\ Y \leqslant \sigma \leqslant 27.5, \\ 62.2, & 当\ \sigma > 27.5; \end{cases} \quad (\mathrm{kgmm^{-2}})$$

(ii) 对于 2.0 mm 厚的板

$$E_i^\circ = \begin{cases} 151.1, & 当\ Y \leqslant \sigma \leqslant 28.1, \\ 53.7, & 当\ \sigma > 28.1; \end{cases} \quad (\mathrm{kgmm^{-2}})$$

这里 Y 为双线性模型的屈服应力，E_i° 为相应的线性强化模量。

为叙述讨论方便，我们定义下面有关板尺寸的记号：

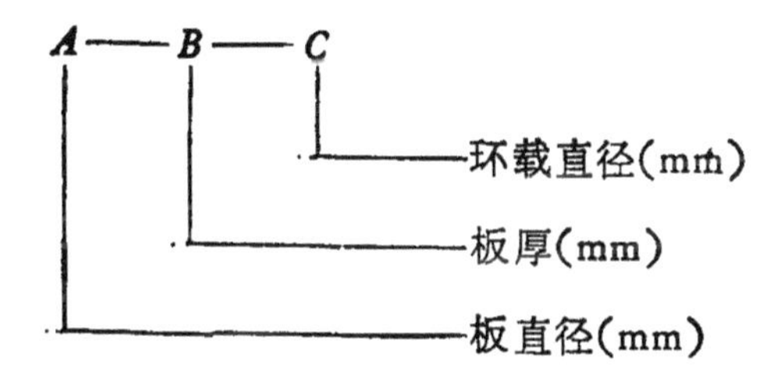

如 150-2-45 代表板厚为 2 mm，直径为 150 mm，板面上作用的环载直径为 45 mm。

图 9-6 (a, b) 给出 150-2-45 和 120-1.5-45 板的完整加卸载循环。从该两图可以看出，双向弯曲时板的回弹量比单向弯曲时的回弹量小得多。

图 9-7 (a,b) 揭示了板 150-2-45 和 150-2-65 在加载过程中内部塑性区发展变化的情况。可以明显看到，在不同的处载作用半径下，板内塑性区的发展过程是不同的。对于 150-2-45 板，近上表面($z = -h/2$)处的塑性区开始时出现于近中心区，当外载增加时，该塑性区向边界方向扩展，而中心区反而逐渐卸载成为弹性区。但对于 150-2-65 板，这个塑性区的变化过程有所不同。它最初出现于载荷作用半径处，然后迅速向板边界方向扩展。尽管也有同时向板中心扩展的过程，但未达中心就开始收缩。此后塑性区的扩展变化过程两者大致类似：上下表面的塑性区均以倾斜的角度扩展，最终会合。值得注意的是，载荷作用半径外侧的板元进入塑性后不再出现卸载，而载荷作用半径以内的板元则经历了较

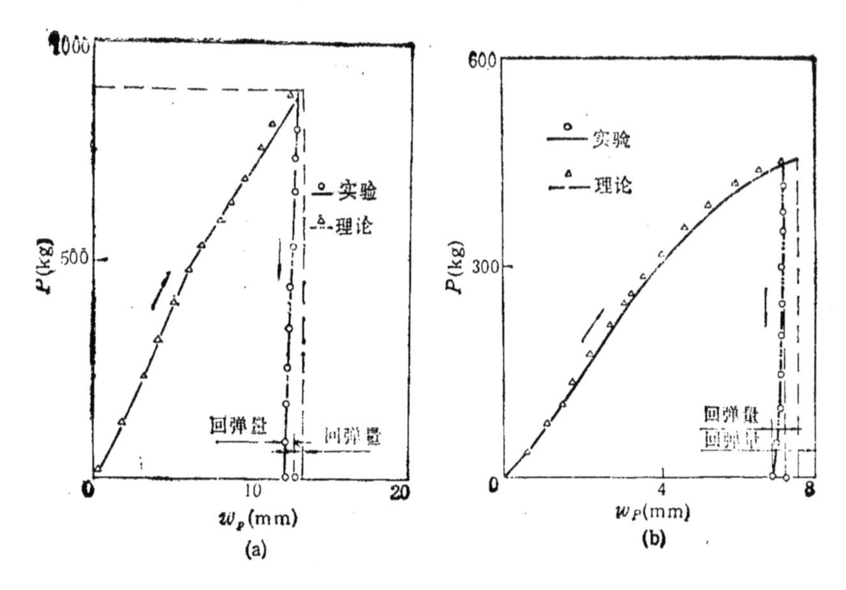

图 9-6 板的载荷-挠度曲线.
(a) 150-2-45 板; (b) 120-1.5-45 板.

为复杂的加卸载过程.

周向膜力 N_θ 在环载作用半径附近的变化非常剧烈，见图 9-8(a,b). N_θ 在环载外侧形成一条很宽的压力带. 这条压力带是最终造成板边沿圆周方向皱曲的根本因素. 一个值得注意的现象是，当外载增加到一定程度后，N_θ 的最大负值点位置会随外载的进一步增加而向板的中心方向移动，从而使 N_θ 的分布曲线在边界内侧形成一负值波峰. 这一现象将影响板的皱曲波形状分布，对此我们将在下一章作出解释.

这一类板的弯曲问题可以作为大位移小应变问题来处理. 这一点可由图 9-9 的应变分布得到证实. 我们可以看到，板的上下表面的应变只是在环载作用半径附近的狭窄区域内才出现较大值. 由此还可以推论，若板面只作用变化梯度不太剧烈的分布载荷，小应变分析更为合理.

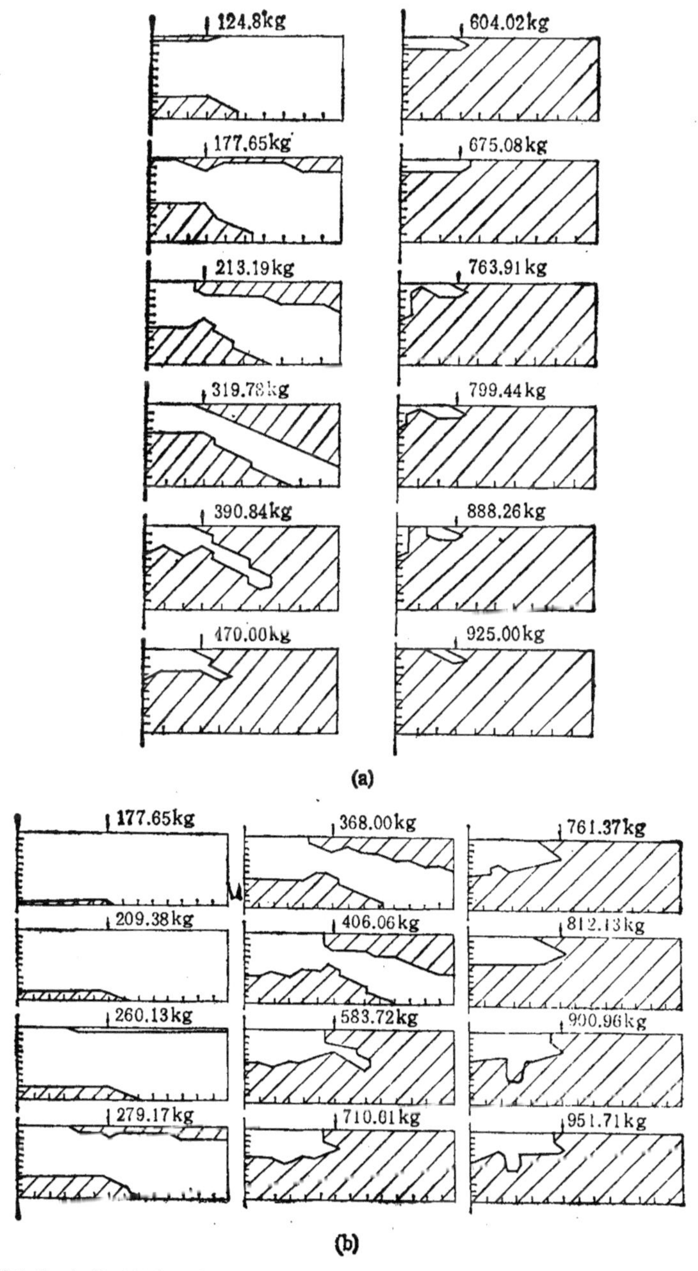

图 9-7 加载过程中板内塑性区的变化. (a) 150-2-45 板; (b) 150-2-65 板.

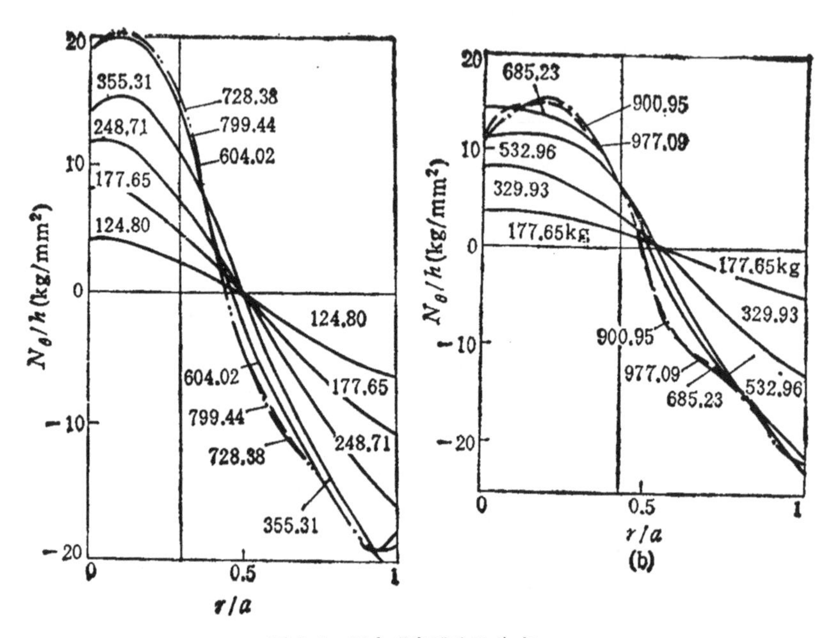

图 9-8 板内周向膜力的分布.
(a) 150-2-45 板；(b) 150-2-65 板.

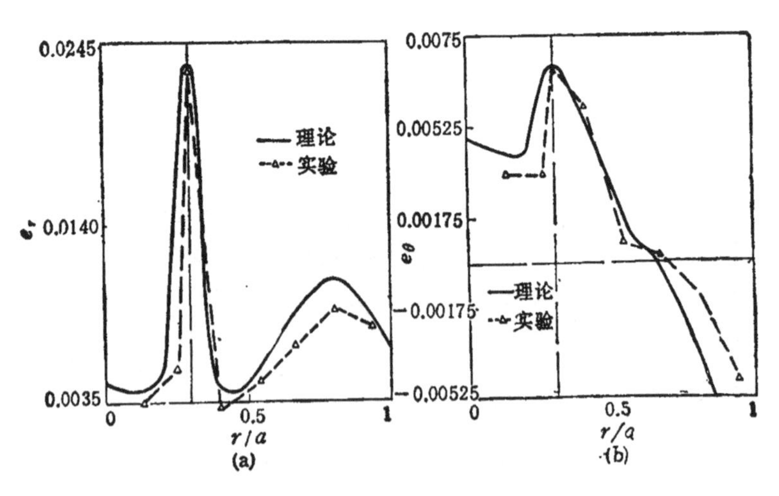

图 9-9 外载 $P = 800$ kg 时圆板 150-2-45 下表面($z = h/2$)上的应变分布.
(a) 径向应变 e_r；(b) 周向应变 e_θ.

§9.4 全量理论的适用性

9.4.1 概述

从§9.2的求解过程可以看到,尽管用增量方法在理论上是合理的,但由于必须按外载的小增量分级加载,故须花费大量的计算机时间. 例如,在 VAX-11/750 型计算机上完成 150-2-45 板经历外载为 0→925 kg→0 的循环过程,约需用 CPU 时间 10 小时. 这一点通常难以为工程技术人员所接受. 因此寻找一种较为简便的方法是很有必要的.

全量理论是长期以来受人们注目的简单理论之一. 尽管在理论上来看它只能适用于比例加载等特殊情形,但应用潜力似乎还不小.特别是板壳塑性屈曲的佯谬(增量理论求出的屈曲载荷远大于实验值,而全量理论得出的相应临界载荷却与实验值高度吻合,详见本书附录)提出以后,人们对全量理论的可用性更是刮目相看. 这也促使很多学者重新去研究它的适用范围.其中Budiansky的论文是这方面较为杰出的理论文献[6.25],他将全量理论的应用范围从以前的比例加载路径拓广到完全加载路径. 但从对一些具体问题的研究来看,全量理论的适用范围似乎还可以超出完全加载路径的限制. 如 Hodge 和 White[9.32] 对受内压作用厚壁圆筒的分析、Greenberg 等[9.33]对正方形截面杆的扭转的分析、Miller 和 Malvern[9.34] 对正方形截面杆的弯扭的分析,以及 Ohashi 等[6.11] 对均布压力作用下简支和固支圆板的分析,都取得了与流动理论或与实验结果的高度一致. 因此目前人们的看法似乎是:只要在加载过程中不发生局部卸载,那么即使加载路径与比例加载路径的偏离较大,全量理论也可得出较好的结果[9.35].

因此,我们有必要讨论全量理论在板的弯曲成形问题的分析中的应用范围. 为此,我们先用上节介绍的增量理论的方法来考察. 150-2-45,150-2-65,250-10-70 和 250-10-UC[1] 板上若干点

1) 这里的UC表示全板上表面($z=-h/2$)受均布横向载荷作用,而边界为固支边.

处的加载路径，见图 9-10. 不难看出，250-10-UC 板内各点的加载路径很接近于比例加载. 250-10-70 内的各点与比例加载有一定程度的偏离. 而 150-2-45 和 150-2-65 板内各点的加载路径则远远偏离比例加载路径. 此外，250-10-UC 及 250-10-70 在图示的载荷范围内没有出现加载过程中的局部卸载，而 150-2-45 及 150-2-65 则在加载过程中出现局部卸载. 因此，我们可以用全量理论对这几种情况进行比较研究.

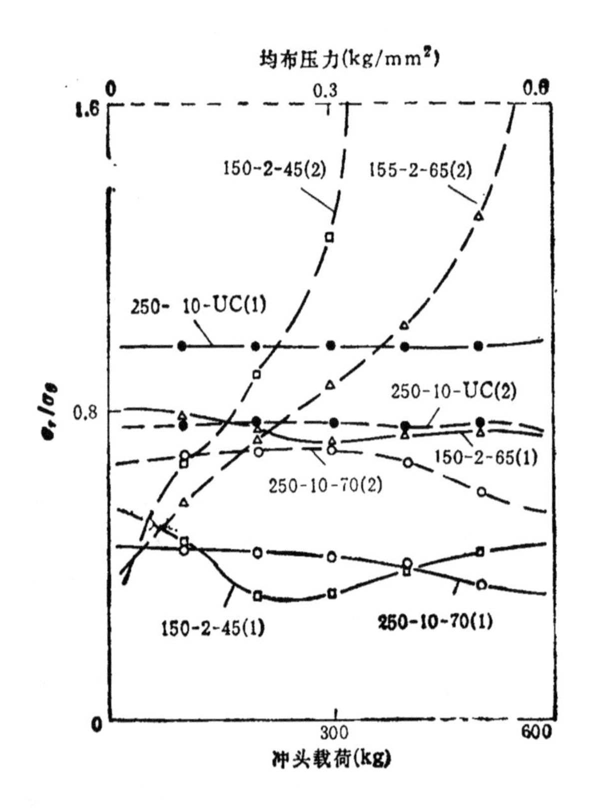

图 9-10 板内各点上的主应力比随外载的变化. 各点坐标 (r, z) (mm): 150-2-45(1): (37.5,-1) 150-2-45(2): (60,1) 150-2-65(1): (42.875,-1) 150-2-65(2): (58.929,1) 250-10-UC(1): (50,-5) 250-10-UC(2): (25,5) 250-10-70(1): (87.5,-5) 250-10-70(20): (62.5,5)

9.4.2 分析

1) 加载过程

(6-3), (6-7)和(6-11)给出了求解轴对称变形薄板问题的全量型平衡方程、几何方程和本构方程. 我们将板的径向载面按塑性区的分布划分为四个区段,见图 9-11. 区 I 为完全弹性区, 区 II 和 IV 为单侧进入塑性的区段, 区 III 为双侧进入塑性的区段.

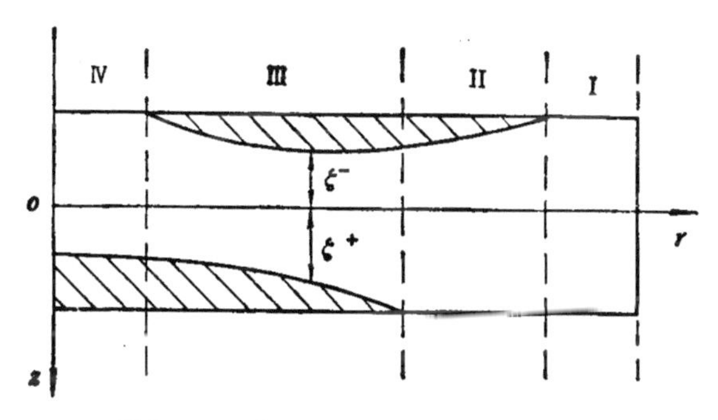

图 9-11 板内弹塑性变形区的划分.

我们假定在外载单调增加时板内的塑性区也单调扩展. 那么,若设弹塑性区的交界面可由 $z = \zeta$ 表示,则根据跨过该面时的应力连续条件、Mises 屈服条件以及本构方程(6-11)得到

$$A_1\zeta^2 + A_2\zeta + A_3 = 0, \tag{9-18}$$

其中

$$\begin{cases} A_1 = B_1(\kappa_r^2 + \kappa_\theta^2) + B_2\kappa_r\kappa_\theta, \\ A_2 = \varepsilon_r^0(2B_1\kappa_r + B_2\kappa_\theta) + \varepsilon_\theta^0(B_2\kappa_r + 2B_1\kappa_\theta), \\ A_3 = B_1(\varepsilon_r^{0^2} + \varepsilon_\theta^{0^2}) + B_2\varepsilon_r^0\varepsilon_\theta^0 + B_3, \end{cases}$$

而这里的

$$\begin{cases} B_1 = \nu^2 - \nu + 1, \\ B_2 = -\nu^2 + 4\nu - 1, \\ B_3 = -[Y(1 - \nu^2)/E]^2. \end{cases}$$

方程(9-18)的两个实根确定了弹塑性区的分界面位置(见图9-11):

$$\zeta^{\pm} = -\frac{A_2}{2A_1} \pm \left[\left(\frac{A_2}{2A_1}\right)^2 - \frac{A_3}{A_1}\right]^{1/2}. \tag{9-19}$$

因此,由(6-2)式,板的内力分量可表示为

$$(N_r, N_\theta, M_r, M_\theta) = \int_{-h/2}^{\zeta^-} \underline{\sum}_p^T dz + \int_{-\zeta^-}^{\zeta^+} \underline{\sum}_e^T dz + \int_{\zeta^+}^{h/2} \underline{\sum}_p^T dz, \tag{9-20}$$

这里

$$\underline{\sum}^T = (\sigma_r, \sigma_\theta, \sigma_r z, \sigma_\theta z),$$

而下标 e 代表(6-11)中的弹性应力表达式, p 代表取(6-11)中的塑性应力表达式。

在一般情况下,由于本构方程(6-11)中的 E_s 是随板内各点的位置不同而改变的,因此我们难以将(9-20)直接积分得出显式的解析表达式,通常只能借助于数值积分。但若设材料为理想弹塑性的,则因

(i) 当 $z \leqslant \zeta^-$ 时,

$$\sigma_r = \frac{E}{1-\nu^2}\left[\varepsilon_r^0 + \nu\varepsilon_\theta^0 + \zeta^-(\kappa_r + \nu\kappa_\theta)\right],$$

$$\sigma_\theta = \frac{E}{1-\nu^2}\left[\varepsilon_\theta^0 + \nu\varepsilon_r^0 + \zeta^-(\kappa_\theta + \nu\kappa_r)\right];$$

(ii) 当 $z \geqslant \zeta^+$ 时,

$$\sigma_r = \frac{E}{1-\nu^2}\left[\varepsilon_r^0 + \nu\varepsilon_\theta^0 + \zeta^+(\kappa_r + \nu\kappa_\theta)\right],$$

$$\sigma_\theta = \frac{E}{1-\nu^2}\left[\varepsilon_\theta^0 + \nu\varepsilon_r^0 + \zeta^+(\kappa_\theta + \nu\kappa_r)\right];$$

我们可以很容易积分(9-20)得到

$$\begin{cases} N_r = \dfrac{E}{1-\nu^2}\left\{A_4 h + A_5\left[h(\zeta^- + \zeta^+) - (\zeta^{+2} - \zeta^{-2})\right]\right\}, \\ N_\theta = \dfrac{E}{1-\nu^2}\left\{A_6 h + A_7\left[h(\zeta^- + \zeta^+) - (\zeta^{+2} - \zeta^{-2})\right]\right\}, \end{cases}$$

$$
\begin{cases}
M_r = \dfrac{A_5 E}{1-\nu^2}\left[\dfrac{1}{4}h^2(\zeta^+ - \zeta^-) - \dfrac{1}{3}(\zeta^{+^3} - \zeta^{-^3})\right], \\
M_\theta = \dfrac{A_7 E}{1-\nu^2}\left[\dfrac{1}{4}h^2(\zeta^+ - \zeta^-) - \dfrac{1}{3}(\zeta^{+^3} - \zeta^{-^3})\right],
\end{cases} \quad (9\text{-}21)
$$

其中

$$
\begin{cases}
A_4 = \varepsilon_r^0 + \nu\varepsilon_\theta^0, \quad A_5 = \dfrac{1}{2}(\kappa_r + \nu\kappa_\theta), \\
A_6 = \varepsilon_\theta^0 + \nu\varepsilon_r^0, \quad A_7 = \dfrac{1}{2}(\kappa_\theta + \nu\kappa_r).
\end{cases}
$$

这样，利用(6-3)，(6-7)和上面得到的(9-21)式就可由§9-2给出的动力松弛方法求得解答。当然，对于一般材料，须用(9-20)式代替(9-21)式。

2）卸载过程

设板内某点在加载终了时处于应力应变加载曲线上的 o^* 点，见图 9-12。我们以 o^* 为原点设立相应的卸载坐标系 $\varepsilon^* o^* \sigma^*$，使卸载坐标轴与加载坐标轴的方向相反。设 $\bar{w}$ 为在加载坐标系

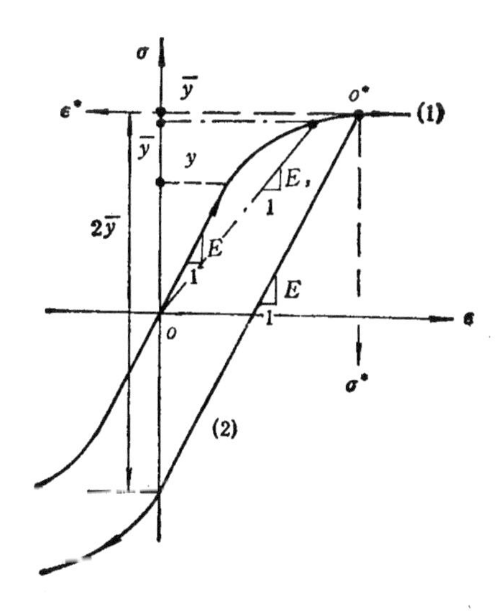

图 9-12　σ-ε 面上的加卸载坐标系

中度量的挠度，w^* 为在卸载坐标系中度量的挠度，$\tilde{w}$ 为在加载坐标系中度量的加载终了时的挠度。其余各量，如应力、应变等亦采用类似记号。这样，由于在轴对称变形过程中，加卸载的应力应变主轴方向一致，故有下列关系

$$\begin{cases}\bar{w}=\tilde{w}+w^*, & \bar{u}=\tilde{u}+u^*,\\ \bar{\varepsilon}_r=\tilde{\varepsilon}_r+\varepsilon_r^*, & \bar{\varepsilon}_\theta=\tilde{\varepsilon}_\theta+\varepsilon_\theta^*,\\ \cdots\cdots, & \cdots\cdots.\end{cases}\tag{9-22}$$

成立。显然，$\bar{w}$ 和 $\tilde{w}$ 等均应满足加载过程的相应基本方程。将(9-21) 代入这些方程，我们就得到卸载过程的基本方程。这些方程与 (9-16 a) 及 (9-17 a) 形式相同，只须将其中的 w 和 N_r 等改为 $\tilde{w}$ 和 $\tilde{N}_r$ 等，而将 δw 和 δN_r 等改为 w^* 和 N_r^* 等就可以了。相应的本构方程也只须将(9-20)或(9-21)中的 N_r 等加上"*"号即可得到。这一组卸载过程的基本方程仍可用动力松弛法求解。

9.4.3 算例和讨论

根据图 9-10 所示的各种加载条件下板内各点加载路径的复杂程度，用上列全量理论公式由最接近比例加载的 250-10-UC 板开始依次分析了这些板的变形。并与相应的增量理论解作了比较。

容易看到，当加载路径偏离比例加载不多时(250-10-UC板)，全量与增量理论的结果非常吻合，见图 9-13 (a) 和图 9-14 (a)。但对于 250-10-70 板，尽管在外载单调增加的过程中并未出现局部卸载(这一点可以由增量理论的求解过程看出)，也没有严重偏离比例加载，但这时全量理论解与增量理论解之间已经出现较大差异，见图 9-13 (b) 和 9-14 (b)。而 150-2-45 和 150-2-65 板的全量理论解已极大偏离实际情况。这些问题的增量理论解的正确性已经被我们的实验所证实；因此我们可以肯定，在板的弹塑性大变形问题上，全量理论没有太大的应用潜力，起码在局部集中载荷作用下的弯曲问题上是这样。

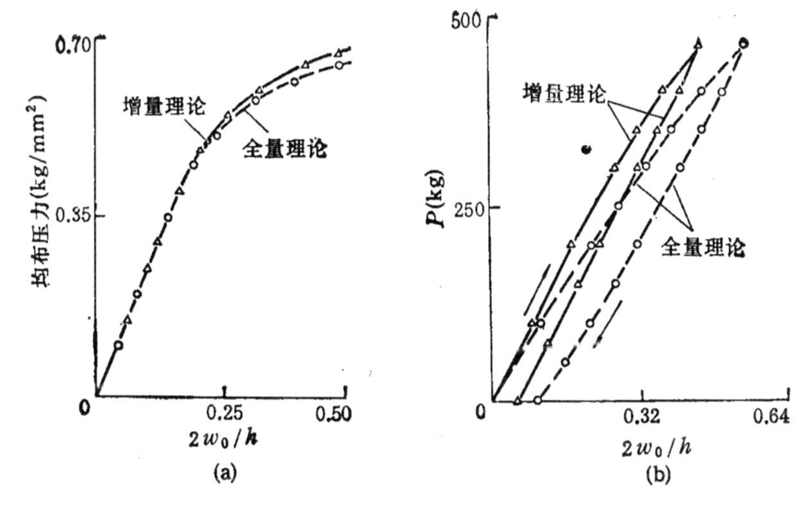

图 9-13 (a) 250-10-UC 板的外载-中心挠度曲线；(b) 250-10-70 板的外载-中心挠度曲线.

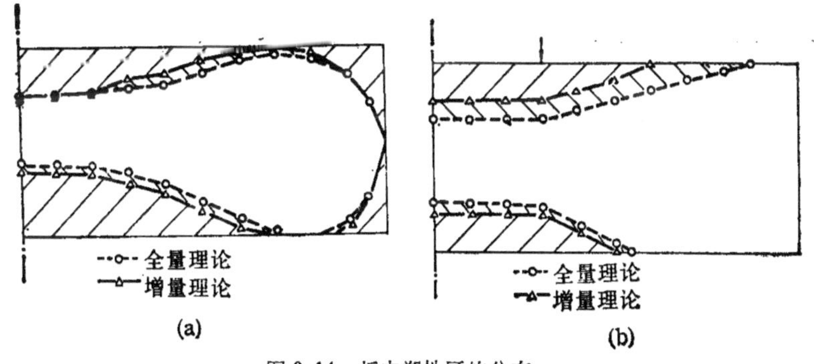

图 9-14 板内塑性区的分布.
(a) 250-10-UC 板(外载 0.653 kg/mm²)；(b) 250-10-70 板(冲压力 450 kg).

§9.5 加权残差方法

9.5.1 方法简述

加权残差方法已经用于分析各类结构变形问题[9.36]、流体力学问题[9.37]和金属成形问题[9.38]。我们在第五章中求解柱面曲模单向弯曲成形问题时已经应用该方法．下面来叙述一般的解法，更详细的介绍可参考[9.36—9.38]．

假定我们要求满足下列方程的未知函数 $f(\underline{x})$

$$D_1[f(\underline{x})] = f_1(\underline{x}),\quad 在变形体 V 内, \tag{9-22 a}$$

$$D_2[f(\underline{x})] = f_2(\underline{x}),\quad 在边界 S 上, \tag{9-22 b}$$

这里 D_1 和 D_2 是微分算子，f_1 和 f_2 是确定的空间坐标 $\underline{x}$ 的函数．设 $f^*(\underline{x})$ 是上列方程的一个近似解，具有如下形式

$$f^*(\underline{x}) = \sum_{i=1} A_i\phi_i(\underline{x}), \tag{9-23}$$

且严格满足边界条件 (9-22 b)，则有残差

$$E(\underline{x}) = \sum_i A_iD_1[\phi_i(\underline{x})] - f(\underline{x}). \tag{9-24}$$

我们现在要设法选取(9-23)中的系数 A_i 使 $E(\underline{x})$ 在某种平均的意义下等于零．为此，我们取权函数 w_i 使

$$\int_V w_i(\underline{x})E(\underline{x})dV = 0. \tag{9-25}$$

最简便的途径之一是用最小二乘方法，即取

$$w_i(\underline{x}) = \frac{\partial}{\partial A_i}[E(\underline{x})].$$

9.5.2 在板的轴对称变形分析上的应用

为简单起见，我们现在认为材料是理想刚塑性的，并只考虑小挠度轴对称变形．由不可压条件及(6-7)式，有

$$\delta\varepsilon_r + \delta\varepsilon_\theta + \delta\varepsilon_z = \frac{\partial\delta u}{\partial r} + \frac{\delta u}{r} + \frac{\partial\delta w}{\partial z} = 0. \tag{9-26}$$

为了获得板内的应力状态全貌，我们可以直接求解各应力分量 σ_r, σ_θ 和 τ_{rz}，而不是求解与它们相应的广义应力 M_r, M_θ 和 Q_r．因此对于轴对称变形，我们有平衡方程

$$\begin{cases} \dfrac{\partial\sigma_r}{\partial r} + \dfrac{\partial\tau_{rz}}{\partial z} + \dfrac{1}{r}(\sigma_r - \sigma_\theta) = 0, \\ \dfrac{\partial\tau_{rz}}{\partial r} + \dfrac{\partial\sigma_z}{\partial z} + \dfrac{1}{r}\tau_{rz} = 0. \end{cases} \tag{9-27}$$

我们可以取流函数ψ使

$$\delta u = \frac{1}{r}\frac{\partial \psi}{\partial z}, \quad \delta w = -\frac{1}{r}\frac{\partial \psi}{\partial r}, \tag{9-28}$$

则方程(9-26)满足;取ϕ和x为

$$\begin{cases} \sigma_r = \dfrac{1}{r}\dfrac{\partial^2 \phi}{\partial z^2} + \dfrac{1}{r}x, \\ \sigma_\theta = \dfrac{\partial x}{\partial r}, \\ \sigma_z = \dfrac{1}{r}\dfrac{\partial^2 \phi}{\partial r^2}, \\ \tau_{rz} = -\dfrac{1}{r}\dfrac{\partial^2 \phi}{\partial r \partial z}, \end{cases} \tag{9-29}$$

满足平衡方程(9-27). 若将这些函数具体表达为

$$\begin{cases} \psi = \psi_0 \dfrac{r^2}{a^2} + (r-a)^2 \sum\limits_i \sum\limits_j A_{ij} r^{2i+2} z^{j+1}, \\ \phi = \sum\limits_k \sum\limits_l B_{kl} r^{2k+3} z^l, \\ x = \sum\limits_p \sum\limits_q C_{pq} r^{2p+1} z^q, \end{cases} \tag{9-30}$$

其中a为板的半径, ψ_0为常数 ψ, ϕ, x 也称为试函数.(9-30)可用来解一定边界条件下的问题,如固支边界问题.其中的系数A_{ij}, B_{kl}, C_{pq} 可用最小二乘法来求解. 例如,若材料满足 Levy-Mises 流动法则[6.26],则在径向有

$$\frac{1}{\lambda}\delta e_r = \sigma_r - \sigma,$$

因此当将(9-28)和(9-29)代入时就有残差(类似于方程(9-24)):

$$E_r = (\sigma_r - \sigma) - \frac{1}{\lambda}\delta e_r.$$

类似地可以得到其他方向的残差 E_z 和 E_θ.然后求解方程(9-25)即可得到系数 A_{ij} 等,从而求得近似解.

参 考 文 献

[9.1] P. A. Frieze, et al, Application of dynamic relaxation to the large deflection elastic-plastic analysis of plates, *Comput. and Struct.*, **8**, 1978, pp. 301—310.

[9.2] G. J. Turvey, Axisymmetric elasto-plastic flexure of circular plates in the large deflection regime, *Proc. Inst. Civil Engr., Part 2*, **69**, 1979, pp. 81—92.

[9.3] J. Bäcklund, Mixed finite element analysis of elasto-plastic plates in bending, *Arch. Mech.*, **24**, 1972, pp. 319—335.

[9.4] Y. Dobashi, et al, Elasto-plastic analysis of large deflection of plates, *Proc. 27th Japan Nat. Congr. Appl. Mech.*, **27**, 1979, pp. 169—177.

[9.5] N. M. Wang and S. C. Tang, Computer modelling of sheet metal forming process, The Metallurg. Society, 1985.

[9.6] O. C. Zienkiewicz, The Finite Element Method, 3rd edn., McGraw-Hill, London, 1977.

[9.7] S. Mukherjee, Time-dependent inelastic deformation of metals by boundary element methods, Developments in Boundary Element Methods——2, edited by P. K. Banerjee and R. P. Shaw, Applied Science Publishers, London, 1982.

[9.8] 何广乾等，边界积分方程法在任意形状和边界条件薄板弹塑性弯曲分析问题中的应用，中国建筑科学研究院报告，1983.

[9.9] T. R. G. Smith, The finite strip analysis of thin-walled structures, Developments in Thin-Walled Structures——3, edited by J. Rhodes and A. C. Walker, Elsevier Appl. Sci., London, 1987.

[9.10] S. P. Timoshenko, History of Strength of Materials, McGraw-Hill Pub. Comp., 1953.

[9.11] N. S. Bakhvalov, Numerical Methods, Mir Publishers, Moscow, 1975.

[9.12] M. A. Crisfield, Incremental/iterative solution procedures for non-linear structural analysis, Numerical Methods for Nonlinear Problems, V. **1**, edited by C. Taylor, et al, Pineridge Press, Swansea, UK, 1980.

[9.13] C. A. Felippa, Dynamic relaxation and quasi-Newton method, Numerical Methods for Nonlinear Problems, V. **2**, endited by C. Taylor, et al, Pineridge Press, Swansea, UK, 1984.

[9.14] M. A. Crisfield, Numerical analysis of structures, Developments in Thin-Walled Structures——1, edited by J. Rhodes and A. C. Walker, Applied Science Publishers, London, 1982.

[9.15] 章亮炽，动力松弛型方法及其应用前景，待发表.

[9.16] O. C. Zienkiewicz, Numerical methods for nonlinear problems——a look at future prospects, Numerical Methods for Nonlinear Problems, V. 2, edited by C. Taylor, et al, Pineridge Press, Swansea, UK, 1984.

[9.17] O. C. Zienkiewicz and R. Löhner, Accelerated 'relaxation' or direct solution? Future prospects for FEM, *Int. J. Num. Meth. Engng.*, **21**,1985.

[9.18] S. W. Key, et al, Dynamic relaxation applied to the quasi-static, large deformation, inelastic response of axisymmetric solids, Nonlinear Finite Element Analysis in Structural Mechanics, edited by W. Wunderlich, et al, Springer-Verlag, London, 1981.

[9.19] 章亮炽，动力松弛方法求解任意轴对称载荷作用下弹性圆板的大挠度 问题，浙江大学学报，23，1989，714—721 页.

[9.20] G. J. Turvey and N. G. V. Der Avanessian, DR analysis of beams using graded finite difference, *Comput.* and *Struct.*, **22**, 1986, pp. 737—742.

[9.21] 邵文蛟，解非线性结构问题的有效方法——动力松弛法，上海船舶运输科学研究所学报，(1)，1984，26—36 页.

[9.22] K. R. Rushton and L. M. Laing, A digital computer solution of the Laplace equation using the dynamic relaxation, *Aeronaut. Quart.*, **19**, 1968, pp. 375—387.

[9.23] K. R. Rushton, Large deflexion of variable-thickness plates, *Int. J. Mech. Sci.*, **10**, 1968, pp. 723—735.

[9.24] J. S. Brew and D. M. Brotton, Nonlinear structural analysis by dynamic relaxation, *Int. J. Num. Meth. Engng.*, **3**, 1971, pp. 145—147.

[9.25] M. Papadrakakis, A method for the automatic evaluation of the dynamic relaxation parameters, *Comput. Meth. Appl. Mech. Engng.*, **25**, 1981, pp. 35—48.

[9.26] P. Underwood, Dynamic relaxation technique for non-linear structural analysis, Lockheed Palo Alto Res. Lab, LMSC-D678265, 1969.

[9.27] L. C. Zhang and T. X. Yu, Modified adaptive dynamic relaxation method and its application to elastic-plastic bending and wrinkling of circular plates, *Comput.* and *Struct.*, **33**, 1989, pp. 609—614.

[9.28] R. S. Alwar, et al, An alternative procedure in dynamic relaxation, *Comput.* and *Struct.* **5**, 1975, pp. 271—274.

[9.29] P. Chi Chan and L. Wu, A dynamic relaxation finite element method for metal forming processes, *Int. J. Mech. Sci.*, **28**, 1986, pp. 231—250.

[9.30] P. A. Frieze and A. Sachinis, Buckling analysis of singly-and doubly-curved shells using dynamic relaxation, The 1st Int. Num. Meth. Conf., Univ. Swansea, Sept. 1980.

[9.31] L. C. Zhang, T. X Yu and R. Wang, Investigation of sheet metal forming by bending——Part I: Axisymmetric elastic-plastic bending of circular sheets pressed by cylindrical punches, *Int, J. Mech.*

Sci., **31**, 1989, pp. 285—300.

[9.32] P. G. Hodge and G. N. White, A quantative comparison of flow and deformation theories of plasticity, *Trans. ASME, J. Appl. Mech.*, **17**, 1950, pp. 180—184.

[9.33] H. J. Greenberg, et al, A comparison of flow and deformation theories in plastic torsion, Plasticity, edited by E. H. Lee and P. S. Symonds, Oxford, Pergamon Press, 1960.

[9.34] P. M. Miller and L. E. Malvern, Numerical analysis of combined bending and torsion of a work-hardening square bar, *Trans. ASME, J. Appl. Mech.*, **34**, 1967, pp. 1005—1010.

[9.35] 北川浩，塑性力学基础，刘文斌，张宏译，王仁校，高等教育出版社，1986.

[9.36] 章亮炽，丁浩江，横观各向同性轴对称问题的加权残数法及其工程应用，力学学报，(5)，1987.

[9.37] B. A. Finlayson and L. E. Scriven, The method of weighted residuals—— a review, *Appl. Mech. Rev.*, **19**, 1966, pp. 735—748.

[9.38] E. Stech, Numerische Behandlung von Verfahren der Umformtechnik, *Bericht*, **22**, Inst. Umf. Univ. Stuttgart, 1971.

第十章　圆板和圆环板在成形过程中的皱曲

§ 10.1　皱曲产生的原因、判别准则及研究的主要困难

所谓皱曲是指在原为光滑的平面或曲面上出现折皱的现象．当我们用手拉一块平铺于桌面上的手帕两边时，手帕就会起皱．在金属薄壁构件的成形过程中，也经常会出现类似的现象．例如，冲压成形一个薄壁筒体，板的法兰圈部分会起皱；圆板在横向载荷作用下弯曲，板边会起皱；冲压薄壁杆件，薄壁翼缘也会起皱；见图 10-1。

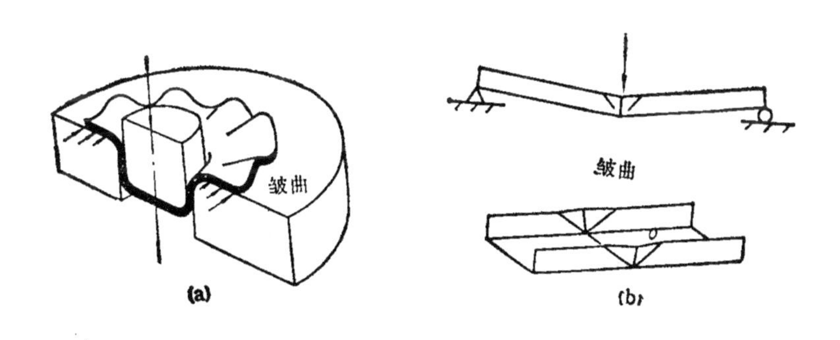

图 10-1　弯曲过程中的皱曲．
(a) 深拉延时法兰圈的皱曲；(b) 槽钢梁的皱曲．

从力学分析的角度来看，皱曲是板块或壳体在某种局部压应力作用下产生屈曲并出现后屈曲大变形的外部宏观表现．上述法兰圈起皱，是由于周向压应力作用的结果，薄壁杆件翼缘起皱，是由于弯曲压应力作用的结果．“皱曲”一词颇具形象性，因此压力加

工工程师一般乐于采用“皱曲”而不采用“屈曲”和“后屈曲”。

在金属成形的工艺过程中一般不希望出现皱曲，因为皱曲的出现通常会使加工过程中断，轻则出现废品，重则使成形模具遭受严重损坏。所以皱曲的预报和预防是人们长期致力研究的重要课题之一。应当指出，尽管皱曲包含了屈曲和后屈曲，但一般工程中所说的皱曲载荷和皱曲预报只是指屈曲载荷和屈曲点的预报，并不包含后屈曲过程。因此我们在以后的叙述中如无特别说明，均指与屈曲点相对应的皱曲性质研究。

我们先来明确一些与皱曲研究相关的概念。

经典的稳定性定义： 在外载不变的情况下，若经过一个微小的扰动，结构从一个平衡状态转到另一个相邻的平衡状态，则原来的平衡状态就是不稳定的。这表明屈曲(皱曲)与稳定性不是同一概念，前者是指结构几何形态的变化，后者是指力的平衡状态的性质。

平衡路径： 以载荷参量和变形参量为坐标形成一个空间，一个平衡状态则可由该空间上的一个点表示。随着载荷的变化各个平衡状态的连线称为平衡路径，见图 10-2。

平衡状态的分叉： 若某一载荷状态可对应于两个或更多个不同的平衡路径上的点，则称平衡状态出现了分叉。通常只关心最低分叉点，它是基本平衡路径(从零载荷开始的路径)与一个或多个屈曲(皱曲)路径(次级平衡路径)的交点，见图 10-2。

极值点失稳： 一个初始稳定的平衡路径随着载荷的增长而变化，载荷达到一个局部最大值。在这个载荷作用下，结构将丧失稳定性，称为极值点失稳(见图 10-3)。

皱曲的判定目前主要有以下几种常用准则：

(i) 静力准则。静力准则认为，结构在一定载荷作用下，其平衡状态的邻域中若存在其它平衡状态，则原平衡状态就是不稳定的。具有上述性质的最小载荷为临界载荷。这个准则将平衡的分叉和失稳视为同一个概念。对于进入塑性变形阶段的结构，这种概念会导致错误结论。但由于该准则易于应用，因此也常应用。

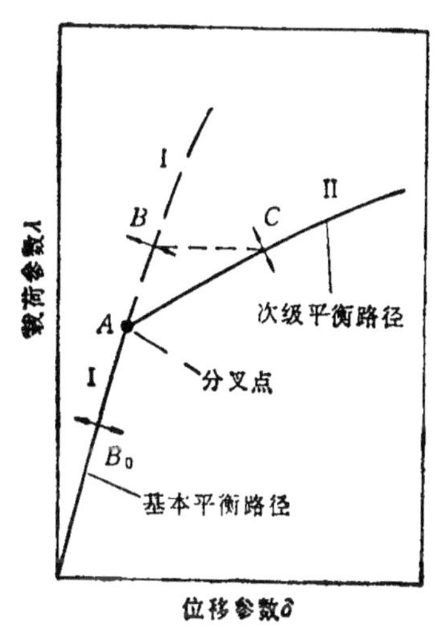

图 10-2 平衡路径的分叉.

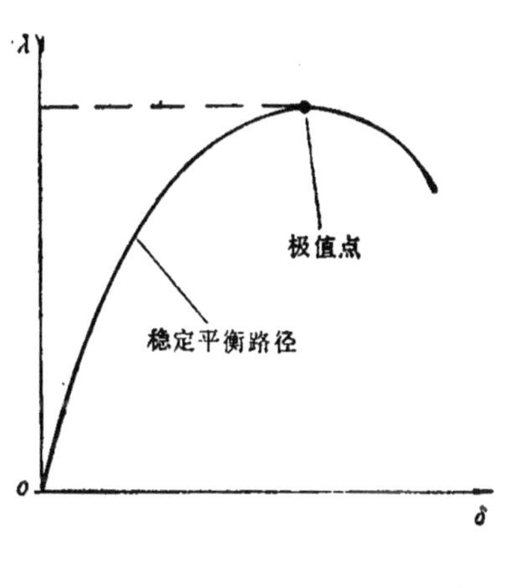

图 10-3 极值点失稳.

(ii) 能量准则. 结构在一定载荷作用下，若对其所处的平衡状态给予一个可能位移（与初条件及边界运动学条件相协调的运动），都将导致系统总势能的增大，也即内能的增量超过外力在这个位移上所做的功，则系统所处的平衡状态是稳定的，否则是不稳定的，对于静力保守系统，它等价于静力准则.

(iii) 动力准则. 一个处于静态或动态平衡的系统受到一个任意微小扰动后，若始终在原状态附近的一个小邻域内保持小速度的运动，则这个系统是稳定的，丧失这种性质的最小载荷为临界载荷. 这个准则也可更简单地叙述为：若由扰动引起的全部运动的最大幅度随着挠度的趋于零而减少到零，则平衡是稳定的. 下列关于动力准则的描述更适合在数值分析时应用.

在有限 n 维空间内建立某力学系统的动力平衡方程，设 $u_i(i=1,\cdots,n)$ 代表系统的广义位移，$\dot{u}_i(i=1,\cdots,n)$ 为相应的广义速度. 若对于广义位移和广义速度在某幅度范围内的任意初始值，求解初值问题得到的所有时刻下的 $|u_i|$ 和 $|\dot{u}_i|$ 都小于某指定值 $\bar{u}_i$ 和 $\bar{\dot{u}}_i$，则系统是平衡稳定的.

人们已经证明，对于保守系统，静力准则、能量准则和动力准则是等价的。但对于像塑性屈曲这样的非保守问题，只有动力准则才是正确的，前两个准则使用不当都会导致错误的结论。但如果统计一下几十年来求解屈曲问题的数以千计的文献，可以发现采用动力准则的研究工作很少，主要原因是使用动力准则会有下面两个困难[6.24,10.1]：

(i) 动力准则要求解的是动力平衡方程的初值问题，而通常的静力问题解法中要附设这一功能较困难。此外，动力准则要求考虑任意形式的初扰动以及当时间 $t\to\infty$ 情形下平衡的有界性。

(ii) 由于任意扰动所引起的运动的多种多样而造成加卸载规律的复杂性，给实际计算造成很大困难。

静力和能量准则的使用却很方便，只要有一定的实验结果在个别问题上证明了分析结果的可用性，则一般认为对于同一类问题，这两个准则都能给出合理的结论。

作者用动力松弛方法结合动力准则解决了圆板弯曲过程中的塑性皱曲问题[10.3]，并使动力准则的应用难度大大降低。在板的塑性屈曲问题上，还有很多重大问题有待于解决。详细情况可见文献[10.2]及本书附录 A。

我们在本章将详细介绍如何利用不同的方法来求解不同类型的问题。

§10.2 深拉延过程中法兰圈的皱曲

当圆薄板在模具中受轴对称深拉延时，其法兰圈部分会产生皱曲，见图 10-1 (a)。如果将法兰圈部分作为一个隔离体分离出来，我们可以近似地将该法兰圈看作为一个内边界受均布面内拉应力作用的环板，见图 10-4。

设该环板的内半径为 b，外半径为 a，厚度为 h，内边界的均布拉应力为 σ_b，则在弹性阶段，板内的应力为

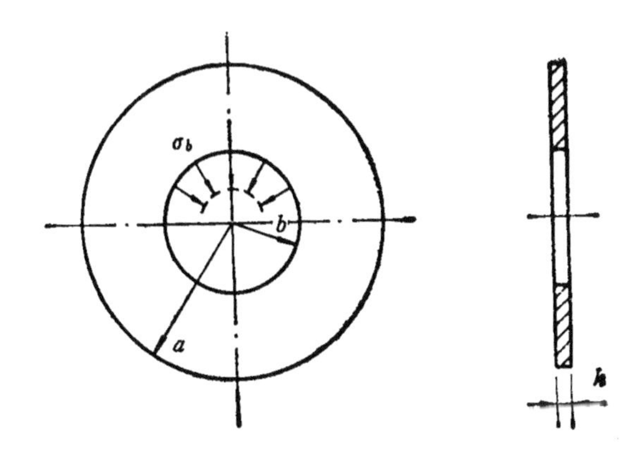

图 10-4 法兰圈简化后的受力模型.

$$
\left\{
\begin{aligned}
\sigma_r &= \frac{\sigma_b b^2}{a^2 - b^2}\left(\frac{a^2}{r^2} - 1\right), \\
\sigma_\theta &= -\frac{\sigma_b b^2}{a^2 - b^2}\left(\frac{a^2}{r^2} + 1\right), \\
\tau_{r\theta} &= 0.
\end{aligned}
\right.
\tag{10-1}
$$

如果设材料是弹-理想塑性的，则当全板均进入塑性时，板内的应力分布为(应用 Tresca 条件)

$$
\left\{
\begin{aligned}
\sigma_r &= Y \ln\left(\frac{a}{r}\right), \\
\sigma_\theta &= Y\left[\ln\left(\frac{a}{r}\right) - 1\right], \\
\tau_{r\theta} &= 0.
\end{aligned}
\right.
\tag{10-2}
$$

可见无论是弹性还是塑性状态，近外边界区内总有周向应力

$$\sigma_\theta < 0.$$

因此当边界力 σ_b 达到某一量值时，法兰圈就会沿圆周方向皱曲．图 10-5 是某实际工件法兰圈皱曲后的照片． 皱曲的波纹是规则均匀的，因此在近似分析中可认为是正弦或余弦波．

10.2.1 能量方法[10.4]

我们现在用能量方法来确定皱曲临界状态．

图 10-5 深拉延中法兰圈皱曲时的形态[10-14]

1）弹性皱曲

如果板尚未进入塑性变形就出现了皱曲，则皱曲前的应力可由(10-1)来表示．设环板的皱曲挠度为

$$w = c(r-b)(1+\cos n\theta) \tag{10-3}$$

这里 c 为常数．显然，上式满足 $r=b$ 时 $w=0$ 以及对于 $r>b$ 和任意 θ，$w>0$ 的条件．因此，皱曲产生的弯曲应变能为[10.5]

$$\begin{aligned}\delta U^e = \iint \Big\{ & \frac{D^e}{2}\left(\frac{\partial^2 w}{\partial r^2}+\frac{1}{r}\frac{\partial w}{\partial r}+\frac{1}{r^2}\frac{\partial^2 w}{\partial \theta^2}\right)^2 \\ & - D^e(1-\nu)\frac{\partial^2 w}{\partial r^2}\left(\frac{1}{r}\frac{\partial w}{\partial r}+\frac{1}{r^2}\frac{\partial^2 w}{\partial \theta^2}\right) \\ & + D^e(1-\nu)\left(\frac{1}{r}\frac{\partial^2 w}{\partial r\partial\theta}-\frac{1}{r^2}\frac{\partial w}{\partial\theta}\right)^2\Big\} r\,dr\,d\theta \\ = & \frac{\pi}{2}D^e c^2 F(n,\rho_1) \end{aligned} \tag{10-4}$$

其中

$$\begin{aligned} F(n,\rho_1) = & [2+(n^2-1)^2]\ln\frac{1}{\rho_1}+n^2(1-\rho_1) \\ & \times\left[(1+\rho_1)\left(\frac{n^2}{2}+1-\nu\right)-2(n^2-1)\right], \end{aligned} \tag{10-5}$$

$$\rho_1 = b/a,\ D^e = Eh^3/12(1-\nu^2).$$

在(10-3)的皱曲状态下，板内的应力所做的功(利用(10-1)的应力表达式)为[10.6]

$$\delta T^e = -\frac{1}{2}\iint\left\{\sigma_r h\left(\frac{\partial w}{\partial r}\right)^2 + \sigma_\theta h\left(\frac{1}{r}\frac{\partial w}{\partial \theta}\right)^2\right\} r\,dr\,d\theta$$

$$= \frac{\pi}{2} hc^2\sigma_b a^2 G(n,\rho_1), \tag{10-6}$$

其中

$$G(n,\rho_1) = \frac{\rho_1^2}{1-\rho_1^2}\left\{3\left[\frac{1}{2}(1-\rho_1^2) - \ln\frac{1}{\rho_1}\right] + n^2\left[-1+\rho_1^2+(1+\rho_1^2)\ln\frac{1}{\rho_1}\right]\right\}. \tag{10-7}$$

根据 § 10.1 的能量准则，在临界皱曲状态有

$$\delta T^e = \delta U^e$$

因此可得临界皱曲载荷为

$$\sigma_b^* = \frac{1}{12(1-\nu^2)}\left(\frac{h}{a}\right)^2\frac{F(n,\rho_1)}{G(n,\rho_1)} \tag{10-8}$$

图 10-6 给出了由上式确定的无量纲皱曲载荷随环板的几何尺寸参数 ξ 及皱曲模态波数 n 的变化而变化的情况。

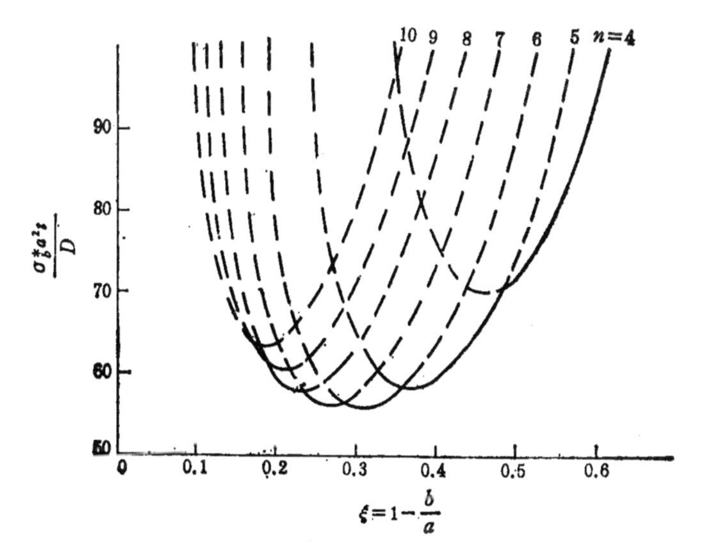

图 10-6　弹性临界皱曲载荷.

弹性皱曲一般只在半径大、厚度小的情况下才发生。对于较厚而半径较小的板，往往在弹性皱曲出现前就已进入塑性变形阶段。由 Tresca 屈服条件知

$$(\sigma_r - \sigma_\theta)|_{r=b} = \sigma_b^Y \frac{2a^2}{a^2 - b^2} = \sigma_b^Y \frac{2}{1 - \rho_1^2} = Y \tag{10-9}$$

这里 σ_b^Y 是使板的内边界进入塑性状态的最小边界拉应力 σ_b。因此，(10-9) 是对用 (10-8) 来判别弹性皱曲载荷的限制条件，即当(10-9)成立时，就不能再应用(10-8)式。利用(10-8)式，(10-9)的限制也可表达为

$$\frac{a}{h} \geqslant \left[\frac{F(n,\rho_1)}{G(n,\rho_1)} \cdot \frac{E}{Y} \cdot \frac{1}{6(1-\nu^2)(1-\rho_1^2)}\right]^{1/2} \tag{10-10}$$

例如，若取 $E/Y = 500$，$\nu = 0.3$ 以及 $\rho = 0.6$，则 (10-10) 给出 $a/h \geqslant 92$。这表明，对于上述给定条件下的板，若 $a/h \geqslant 92$，则会在塑性变形前产生弹性皱曲，而若 $a/h < 92$，则不可能出现弹性皱曲。这时，我们必须要寻求进入塑性变形后的皱曲判别式。

2）塑性皱曲

为简单计，我们假定全板在皱曲前均已进入塑性状态。设塑性皱曲挠度仍由(10-3)来表示，则容易推出类似于(10-4)的由于皱曲而产生的弯曲应变能

$$\delta U^p = \frac{\pi}{2} D^p c^2 F^p(n,\rho_1) \tag{10-11}$$

其中

$$D^p = E_0 h^3/12(1-\nu^2),$$

$$E_0 = 4EE_t/(\sqrt{E} + \sqrt{E_t})^2,^{1)}$$

而

$$F^p(n,\rho_1) = [2 + (n^2-1)^2] \ln \frac{1}{\rho_1} + n^2(1-\rho_1)$$

1) 这里采用的屈曲模量 E_0，E_t 为材料的切线模量，详细讨论见[10.7]。

$$\times\left[\frac{1}{2}(1+\rho_1)(n^2+1)-2(n^2-1)\right]. \tag{10-12}$$

利用(10-2)，板内应力所做的功为

$$\delta T^p=\frac{\pi}{8}hYc^2a^2H(n,\rho_1) \tag{10-13}$$

其中

$$H(n,\rho_1)=(n^2-3)\left(1-\rho_1^2-2\rho_1^2\ln\frac{1}{\rho_1}\right)-2n^2\rho_1^2\left(\ln\frac{1}{\rho_1}\right)^2. \tag{10-14}$$

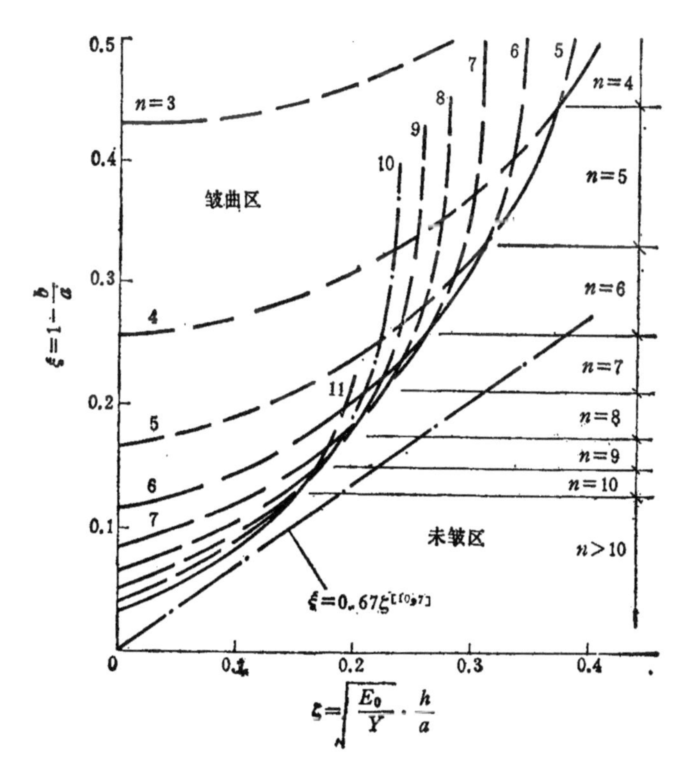

图 10-7 塑性临界皱曲载荷.

由能量准则知 $\delta U^p=\delta T^p$，从而有

$$\zeta = \sqrt{\frac{E_0}{Y}} \cdot \frac{h}{a} = \frac{3}{2}\sqrt{\frac{H(n,\rho_1)}{F^p(n,\rho_1)}}$$

因此，当

$$\zeta < \frac{3}{2}\sqrt{\frac{H(n,\rho_1)}{F^p(n,\rho_1)}} \tag{10-15}$$

时，就会发生塑性皱曲．图 10-7 给出了由（10-15）确定的临界皱曲曲线．Geckeler[10.7] 曾经采用非常粗略的一维模型，即将环板看作为在一定压力作用下的直杆，求得

$$\xi = 0.67\,\zeta$$

由图 10-7 可见，这种一维模型只能给出很粗略的估计．

10.2.2 Kantorovich-Galerkin 方法

1）弹性皱曲[10.8]

在极坐标下的弹性皱曲方程[10.6]为

$$D^e\nabla_r^4 w - h\left[\sigma_r \frac{\partial^2 w}{\partial r^2} + 2\tau_{r\theta}\frac{\partial}{\partial r}\left(\frac{1}{r}\frac{\partial w}{\partial \theta}\right)\right.$$
$$\left. + \sigma_\theta\left(\frac{1}{r}\frac{\partial w}{\partial r} + \frac{1}{r^2}\frac{\partial^2 w}{\partial \theta^2}\right)\right] = 0, \tag{10-16}$$

其中

$$\nabla_r^4 = \left(\frac{\partial^2}{\partial r^2} + \frac{1}{r}\frac{\partial}{\partial r} + \frac{1}{r^2}\frac{\partial^2}{\partial \theta^2}\right)^2.$$

将表达式(10-1)代入(10-16)，并令 $\rho = r/a$ 及

$$\xi_1 = -\frac{a^2 b^2 h \sigma_b}{D^e(a^2 - b^2)} \tag{10-17}$$

可以得到

$$\nabla^4 w + \xi_1\left(\frac{1}{\rho^2}\nabla_1^2 w - \frac{1}{\rho^2}\nabla^2 w\right) = 0, \tag{10-18}$$

其中

$$\nabla^2 = \frac{\partial^2}{\partial \rho^2} + \frac{1}{\rho}\frac{\partial}{\partial \rho} + \frac{1}{\rho^2}\frac{\partial^2}{\partial \theta^2},$$

$$\nabla_1^2 = \frac{\partial^2}{\partial\rho^2} - \frac{1}{\rho}\frac{\partial}{\partial\rho} - \frac{1}{\rho^2}\frac{\partial^2}{\partial\theta^2},$$

$$\nabla^4 = \nabla^2 \cdot \nabla^2.$$

为了求得方程(10-18)的近似解，我们采用 Kantorovich 方法[10,9]，令

$$w = w_0(\rho,\theta) = f_0(\rho)g_0(\theta). \tag{10-19}$$

我们仍假定 $g_0(\theta)$ 为一周期函数. 先来讨论环板的内周边为简支而外周边为自由时的情形. 此时取

$$g_0(\theta) = \cos(n\theta)(n = 0,1,2,\cdots). \tag{10-20}$$

将(10-20)代入(10-19)，再将(10-19)代入方程(10-18)，利用 Kantorovich 方法可得

$$f_0^{(4)} + \frac{2}{\rho}f_0''' + \left(\frac{\xi_1 - 2n^2 - 1}{\rho^2} - \xi_1\right)f_0'' - \frac{1}{\rho}\left(\frac{\xi_1 - 2n^2 - 1}{\rho^2} - \xi_1\right)f_0' + \frac{n^2}{\rho^2}\left(\frac{\xi_1 + n^2 - 4}{\rho^2} + \xi_1\right)f_0 = 0 \tag{10-21}$$

若 $n = 0$ 或 $a \to \infty$，上列方程可得出精确解[10,8]. 对于其他情形，我们再用 Galerkin 方法[10,9]求其近似解。

环板的边界条件可以表示为：

在 $\rho = \rho_1$，　　$f_0 = 0$，　　(10-22 a)

在 $\rho = 1$ 和 ρ_1，　　$f_0'' + \dfrac{\nu}{\rho}f_0' - \dfrac{\nu n^2}{\rho^2}f_0 = 0$　　(10-22b)

在 $\rho = 1$，　　$f_0''' + \dfrac{1}{\rho}f_0'' - [(1 + 2n^2 - \nu n^2)/\rho^2]f_0' + [n^2(3 - \nu)/\rho^3]f_0 = 0$　　(10-22c)

由板的受力状态知，板内的径向弯矩应当为零，因此我们可取

$$f_0(\rho) = \rho^{\psi}[c_1\cos(\omega\ln\rho) + c_2\sin(\omega\ln\rho)], \tag{10-23}$$

其中

$$\psi = \frac{1}{2}(1 - \nu) \quad 而 \quad \omega = \frac{1}{2}\sqrt{4\nu n^2 - (1 - \nu^2)}, \tag{10-24}$$

上式中 ν 为材料的 Poisson 比。因此对于一般金属材料（$\nu \geqslant 0.17$），ϕ 和 ω 都是正常数。(10-23)自动满足（10-22b）式。将其代入（10-22 a）式可得

$$c_2 = \chi c_1$$

其中

$$\chi = -\operatorname{ctg}[\omega \ln(\rho_1)].$$

因此(10-23)成为

$$\begin{aligned} f_0(\rho) &= c_1 \rho^{\phi}[\cos(\omega \ln \rho) + \chi \sin(\omega \ln \rho)] \\ &= c_1 \Phi_0(\rho). \end{aligned} \tag{10-25}$$

为方便起见，我们先放松条件（10-22c）。因此由 Galerkin 方法得

$$\int_{\rho_1}^{1} [L_1 \Phi_0 + \xi_1 (L_2 \Phi_0)] \Phi_0 d\rho c_1 = 0.$$

要得到非零解，上述方程的积分必须为零，故

$$\xi_1 = -\frac{\int_{\rho_1}^{1} (L_1 \Phi_0) \Phi_0 d\rho}{\int_{\rho_1}^{1} (L_2 \Phi_0) \Phi_0 d\rho} \tag{10-26a}$$

或

$$\frac{\sigma_b^* a^2 h}{D^e} = \frac{a^2 - b^2}{b^2} \frac{\int_{\rho_1}^{1} (L_1 \Phi_0) \Phi_0 d\rho}{\int_{\rho_1}^{1} (L_2 \Phi_0) \Phi_0 d\rho} \tag{10-26b}$$

在上列方程中，L_1 和 L_2 是下述形式的微分算子

$$\begin{cases} L_1 = \dfrac{d^4}{d\rho^4} + \dfrac{2}{\rho} \dfrac{d^3}{d\rho^3} - \dfrac{2n^2+1}{\rho^2} \left(\dfrac{d^2}{d\rho^2} - \dfrac{1}{\rho} \dfrac{d}{d\rho} \right) \\ \qquad + \dfrac{n^2(n^2-4)}{\rho^4}, \\ L_2 = \left(\dfrac{1}{\rho^2} - 1 \right) \dfrac{d^2}{d\rho^2} - \dfrac{1}{\rho} \left(\dfrac{1}{\rho^2} + 1 \right) \dfrac{d}{d\rho} + \dfrac{n^2}{\rho^2} \left(\dfrac{1}{\rho^2} + 1 \right). \end{cases} \tag{10-26c}$$

(10-26 b)给出了临界皱曲应力与材料常数及几何尺寸间的关系。在求（10-26 b）时，我们实际上应用了 § 10.1 中的静力准则。

对于深拉延过程中的环板，边界条件（10-22 c）不再成立，但皱曲挠度必须满足条件 $w \geqslant 0$. 因此我们取

$$w_0 = f_0 g_0^{\wedge} = f_0(\rho)(1 + g_0(\theta)), \tag{10-27}$$

其中

$$1 + g_0(\theta) = 1 + \cos(n\theta) \geqslant 0,$$

且可证明 $f_0(\rho) \geqslant 0$[10.8]. 通过类似的运算可以得到与(10-26)形式相同的临界皱曲载荷表达式，只是其中的 L_1 和 L_2 现在须分别用 $L_1^{\wedge}$ 和 $L_2^{\wedge}$ 来替换：

$$\begin{cases} L_1^{\wedge} = 2\dfrac{d^4}{d\rho^4} + \dfrac{6}{\rho}\dfrac{d^3}{d\rho^3} - \dfrac{2n^2+3}{\rho^2}\left(\dfrac{d^2}{d\rho^2} - \dfrac{1}{\rho}\dfrac{d}{d\rho}\right) \\ \qquad + \dfrac{n^2(n^2-4)}{\rho^4}, \\ L_2^{\wedge} = 2\left(\dfrac{1}{\rho^2} - 1\right)\dfrac{d^2}{d\rho^2} - \dfrac{2}{\rho}\left(\dfrac{1}{\rho^2} + 1\right)\dfrac{d}{d\rho} \\ \qquad + \dfrac{n^2}{\rho^2}\left(\dfrac{1}{\rho^2} + 1\right). \end{cases} \tag{10-28}$$

图 10-8 (a),(b),(c)分别给出了由 (10-26) 求得的分别对应于 (10-26c) 和 (10-28) 的皱曲临界载荷曲线. 其中图 10-8(c)中的曲线 Γ_1 为图 10-8 (a) 中临界曲线的包络线，Γ_2 为图 10-8 (b) 中临界曲线的包络线,而 Γ_3 为 10.2.1 节中用能量法得到的由方程 (10-8) 确定的临界曲线(见图 10-6)的包络线. 从 Γ_3 与 Γ_2 的比较可见，Kantorovich-Galerkin 法的结果比能量法合理. Γ_3 表明,当 $\xi < 0.3$ 时临界皱曲载荷反而升高,这是不合理的.其原因在于应用能量法时，对皱曲模态的径向分布的假定太粗糙.

深拉延过程中不希望出现弹性皱曲,图 10-8 (c) 中的虚线给出了不同尺寸板的临界屈服曲线(取 $E/Y = 500, \nu = 0.3$). 当 $\dfrac{\sigma_b^* a^2 h}{D^e}$ 的值落在某虚线下方，则说明相应尺寸的板会在屈服前产生弹性皱曲。例如,当 h/a 分别为 0.025 和 0.020 时,深拉延时不会出现弹性皱曲. 而对 $h/a = 0.015$ 的情形,仅当 $0<\xi \leqslant \zeta^*$ 和 $\zeta^{**} \leqslant \xi < 1$ 时才不出现弹性皱曲. 可见 h/a 越小越容易出现

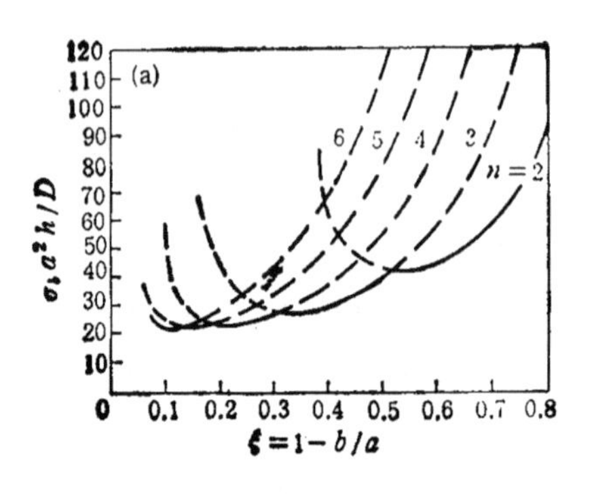

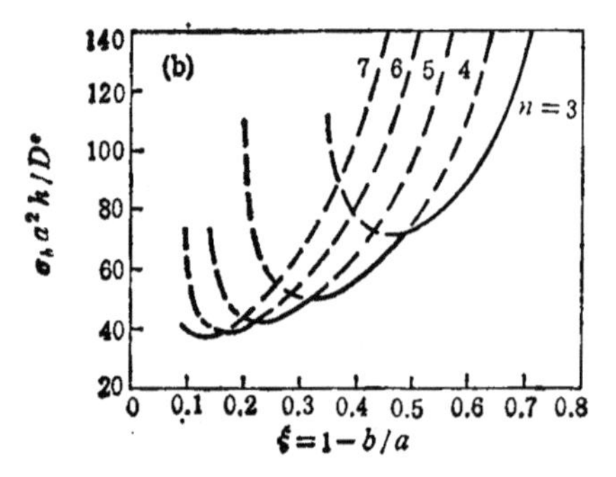

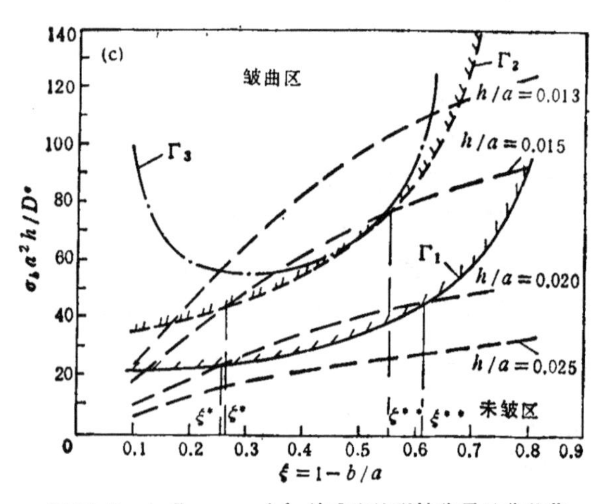

图 10-8 由 Kantorovich 法求出的弹性临界皱曲载荷.

弹性皱曲。

另一方面，我们还可以看到，图 10-8 (c) 中曲线 Γ_1 和 Γ_2 间的距离相当大。这说明由于模具对环板下表面的支承作用（使 $w \geqslant 0$），使皱曲临界载荷大大提高。

要得出更为精确的临界皱曲载荷，还可以使用下面的方法：

(i) 取 $f_0(\rho) = c_0\Phi_0 + c_1\Phi_1 + \cdots + c_m\Phi_m$，这里 $\Phi_i(i = 0,1,\cdots,m)$ 须满足一定的条件[10.9]。

(ii) 采用推广的 Kantorovich 方法的循环迭代法[10.10]求更为准确的皱曲模态表达式。

(2) 塑性皱曲[10.11]

设 $\bar{\varepsilon}$ 和 $\bar{\sigma}$ 分别为等效应变和等效应力，则一般应力状态下的割线模量定义为

$$E_s = \frac{\bar{\sigma}}{\bar{\varepsilon}}.$$

它与单向应力-应变曲线中的割线模量 E_s° 的关系可表达为

$$\frac{1}{E_s^\circ} = \frac{1}{E_s} + \frac{1-2\nu}{3E}.$$

由于在环板的外边界 $|\sigma_\theta|_{\rho=1}$ 最大，因此皱曲总是先发生于 $\rho = 1$ 处。因此为方便起见，我们近似认为 $E_s^\circ = E_s^\circ|_{\rho=1}$。这样，环板的皱曲方程可表达为

$$D^\Delta\nabla^4 w + \ln(\rho)\nabla^2 w + \square w = 0, \tag{10-29}$$

其中

$$\square = \frac{1}{\rho}\frac{\partial}{\partial\rho} + \frac{1}{\rho^2}\frac{\partial^2}{\partial\theta^2},$$

$$D^\Delta = h^2/[6Ya^2(1+\phi E_s^\circ)\psi],$$

而

$$\phi = (1-2\nu)/E, \quad \psi = (3-\phi E_s^\circ)/(2E_s^\circ).$$

法兰圈的边界条件可表达为

$$\begin{aligned} &w \geqslant 0, \qquad \rho_1 < \rho \leqslant 1 \\ &w = 0, \qquad \rho = \rho_1 \end{aligned} \tag{10-30}$$

$$\frac{\partial^2 w}{\partial \rho^2} + r\Box w = 0, \quad \rho = \rho_1, 1$$

其中

$$r = \frac{1}{2}(1 - \phi E_s^\circ).$$

我们用 Kantorovich-Galerkin 法求解(10-29)。仍设 w_0 为(10-27)的形式且 $g(\theta) = 1 + \cos n\theta$，则 Kantorovich 方法给出

$$D^\Delta L_1(f_0) - L_2(f_0) = 0 \tag{10-31}$$

其中 L_1 和 L_2 为如下形式的微分算子

$$L_1 = 3\frac{d^4}{d\rho^4} + \frac{6}{\rho}\frac{d^3}{d\rho^3} - \frac{3+2n^2}{\rho^2}\frac{d^2}{d\rho^2} + \frac{3+2n^2}{\rho^3}\frac{d}{d\rho} + \frac{n^2(n^2-4)}{\rho^4},$$

$$L_2 = -\left\{3\ln(\rho)\frac{d^2}{d\rho^2} + \frac{3}{\rho}[1 + \ln(\rho)]\frac{d}{d\rho} + \frac{n^2}{\rho^2}[\ln(\rho) - 1]\right\}.$$

取

$$f_0(\rho) = c(\rho^{\lambda_1} - \rho_1^{\lambda_3}\rho^{\lambda_2}) \tag{10-32}$$

其中

$$\begin{cases} \lambda_1 = \dfrac{1}{2}(1 - r + \lambda_3), \\ \lambda_2 = \dfrac{1}{2}(1 - r - \lambda_3), \\ \lambda_3 = \left[(1-r)^2 + \dfrac{4}{3}rn^2\right]^{1/2}. \end{cases}$$

(10-32) 满足边界条件 (10-30 a，b)，在 Kantorovich 条件下满足 (10-30 c)。因此 Galerkin 方法给出

$$\zeta = \sqrt{\frac{E_s^\circ}{Y}} \cdot \frac{h}{a} = \Big[3(1 + \phi E_s^\circ)(3 - \phi E_s^\circ)$$

$$\times \frac{\int_{\rho_1}^{1} L_2(\rho^{\lambda_1} - \rho_1^{\lambda_3}\rho^{\lambda_2})(\rho^{\lambda_1} - \rho_1^{\lambda_3}\rho^{\lambda_2})d\rho}{\int_{\rho_1}^{1} L_1(\rho^{\lambda_1} - \rho_1^{\lambda_3}\rho^{\lambda_2})(\rho^{\lambda_1} - \rho_1^{\lambda_3}\rho^{\lambda_2})d\rho}\Bigg]^{1/2} \tag{10-33}$$

这就是判别塑性皱曲的临界条件，但该方程关于 E_s^0 是非线性的，须用数值方法来求解.

图 10-9 是取 $h/a = 0.02$ 时的结果，可以看到波数 n 较小的皱曲模态只可能发生于法兰圈宽度较大(即($a - b$)较大)的情形.

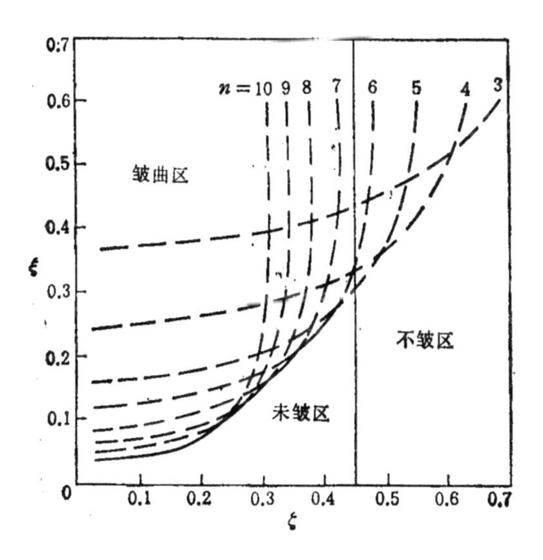

图 10-9 Kantorovich 法求出的塑性临界皱曲载荷.

10.2.3 压边圈的作用[10.8]

在实际生产过程中发现，深拉延时采用压边圈有利于延缓皱曲的发生（参见图 10-10）. 我们现在用能量法来研究其力学机理.

设压边圈的压力是由弹性系数为 k 的弹簧作用下产生的. 根据(10-3)的假定，最大皱曲波高度为

$$w_{\max} = w\big|_{\substack{r=a\\ \theta=0}} = 2c(a-b)$$

因此，由于皱曲使压边圈弹簧贮存的能量为

$$\delta U^k = \frac{1}{2} k \cdot w_{\max}^2$$

$$= \frac{2}{\pi} c^2 s \frac{1 - \rho_1}{1 + \rho_1}$$

这里 $s = \pi k(a^2 - b^2)$ 为弹簧总体刚度．因此临界条件应当由

$$\delta U^p + \delta U^k = \delta T^p$$

来确定，由此可得出

$$\zeta = \sqrt{\frac{E_0}{Y}} \cdot \frac{h}{a} = \frac{3}{2} \left\{ \frac{H(n,\rho_1)}{F^p(n,\rho_1) + \left(\frac{2}{\pi}\right)^2 \frac{s}{D^p} \frac{1 - \rho_1}{1 + \rho_1}} \right\}^{1/2} \tag{10-34}$$

图 10-11 清楚地揭示了压边圈的作用．可以看到，在压边圈作用下，皱曲区明显变小(图 10-11 (a))，但相应的皱曲波数也明显增多(图 10-11 (b))．图中的实验结果引自[10.12]．

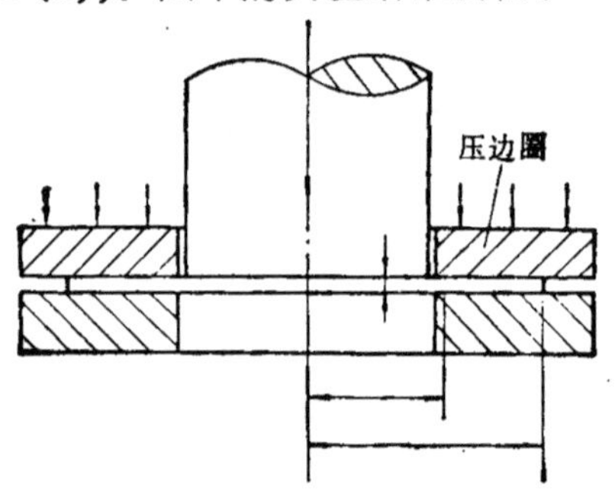

图 10-10 有压边圈的深拉延示意图．

§ 10.3 圆板在边缘弯矩作用下的皱曲[10.13]

10.3.1 内力分布

在 § 6.2 中，我们求解了弹-理想塑性板在边缘均布弯矩作用下的大挠度弯曲．现在我们来求解这种外载条件下板的皱曲，但

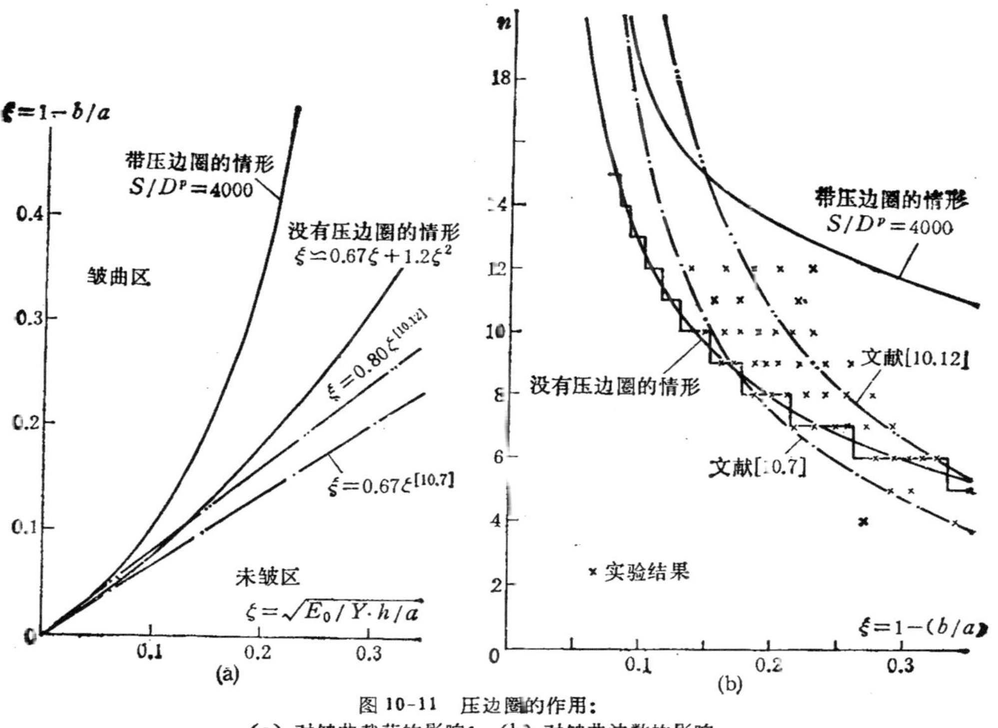

图 10-11 压边圈的作用：

（a）对皱曲载荷的影响；（b）对皱曲波数的影响。

为了考察材料的强化性质对临界皱曲载荷的影响，我们现在假定材料为弹-线性强化的，即应力-应变关系为

$$\sigma = \frac{\varepsilon}{|\varepsilon|}\left[Y + E_t(|\varepsilon| - \varepsilon_Y)\right] \qquad (10\text{-}35)$$

这里 E_t 为线性强化模量，ε_Y 为屈服时的应变． 此外，除了与§6.2中采用同样假定外，我们还认为在外载单调增加时板内不出现局部卸载，从而在皱曲产生的瞬时服从一致加载条件[10·14]．(6-13,15)的几何关系仍然成立．应力分布也可类似地归纳为以下三种类型(参图10-12)：

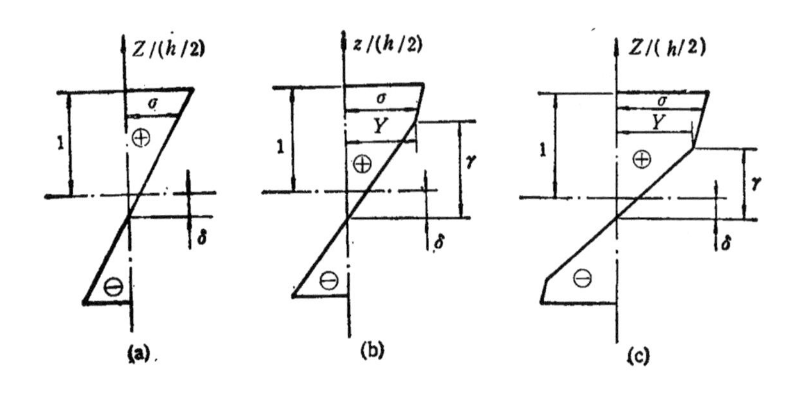

图 10-12　圆板径向截面上的应力分布：
(a) 完全弹性；(b) 单侧塑性；(c) 双侧塑性．

(i) 弹性应力分布(图10-12(a))． 此时有

$$\begin{cases}\gamma_j - |\delta_j| \geqslant 1 \\ n_j = \dfrac{\delta_j}{\gamma_j},\ m_j = \dfrac{1}{\gamma_j};\end{cases} \qquad (j = r, \theta) \qquad (10\text{-}36)$$

(ii) 单侧进入塑性变形．此时板内的应力分布见图10-12(b)，并有

$$\begin{cases}\gamma_j - |\delta_j| < 1,\quad \gamma_j + |\delta_j| \geqslant 1, \\ n_j = \dfrac{\delta_j}{|\delta_j|}\left[1 - \dfrac{1}{4}\left(\dfrac{\Phi_j^2}{\gamma_j} - e\,\dfrac{\Psi_j^2}{\Phi_j}\right)\right],\end{cases}$$

$$m_j = \frac{1}{4}\left(\frac{\psi_j^2\psi_j^*}{\gamma_j} + e\frac{\Psi_j^2\Phi_j^*}{\Phi_j}\right), \qquad (j=\gamma,\theta) \quad (10\text{-}37)$$

其中

$$\begin{cases} \psi_j = 1 - |\delta_j| + \gamma_j, & \Psi_j = 1 + |\delta_j| - \gamma_j, \\ \Phi_j = |\beta_j| - |\delta_j| + \gamma_j, & e = E'/E, \\ \psi_j^* = 2 + |\delta_j| - \gamma_j, & \Phi_j^* = 2 - |\delta_j| + \gamma_j, \end{cases}$$

(iii) 当板的上下表面均进入塑性变形时，板内应力分布见图10-12(c)。此时有

$$\begin{cases} \gamma_j + |\delta_j| < 1, \\ n_j = \delta_j\left[1 + e\frac{1-\gamma_j}{\Phi_j}\right], \\ m_j = \frac{3}{2}\left[1 - \delta_j^2 - \frac{1}{2}\gamma_j^2 + \right. \\ \qquad \left. + e\frac{1 + \frac{1}{2}\gamma_j(\gamma_j^2 + 3\delta_j^2 - 3)}{\Phi_j}\right], \quad (j=\gamma,\theta). \end{cases} \quad (10\text{-}38)$$

显然，在上列各式中若令 $e=0$，就得出 § 6.2 中弹-理想塑性假定下的各相应内力公式(6-21)—(6-24)。这样，利用上面的各内力显表达式和 § 6.2 中的相应平衡方程及边界条件即可求得轴对称状态下的弹塑性解。

10.3.2 皱曲载荷的确定

根据[10·15]给出的以内力表示的虚功原理，很容易推得我们现在所讨论的问题的皱曲判别式为

$$\delta I = \int_A (\dot{M}_r\delta\dot{\kappa}_r + \dot{M}_\theta\delta\dot{\kappa}_\theta + 2\dot{M}_{r\theta}\delta\dot{\kappa}_{r\theta} + N_r\dot{w}_{,r}\delta\dot{w}_{,r}$$
$$+ N_\theta\gamma^{-2}\dot{w}_{,\theta}\delta\dot{w}_{,\theta})dA = 0 \qquad (10\text{-}39)$$

其中记号 $(\dot{x})$ 表示由于皱曲而产生的某量 (x) 的增量，$\delta(\dot{x})$ 表示 $(\dot{x})$ 的虚变化，A 为板的中面面积。在(10-39) 中我们已经忽略了高阶小量。

假定皱曲模态具有如下分离变量的形式：[1]

$$\dot{w}(\gamma,\theta)=f(\gamma)g(\theta)=c_{\dot{w}}\sin\frac{\pi\gamma}{2a}(1+\cos n\theta) \qquad (10\text{-}40)$$

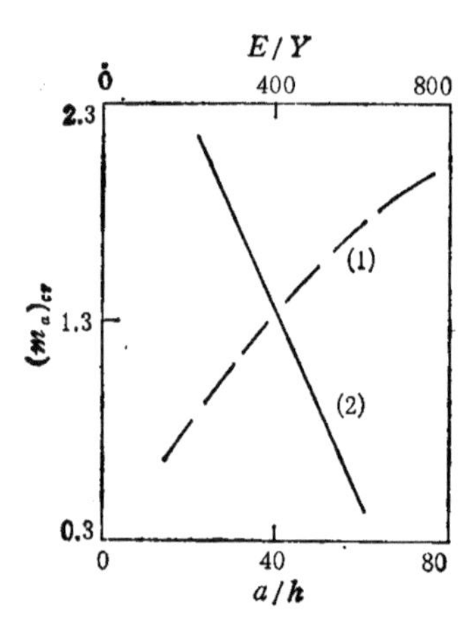

图 10-13 皱曲载荷与 E/Y 和 a/h 的关系.
(1) $(m_a)_{cr}$-E/Y 曲线.
(2) $(m_a)_{cr}$-a/h 曲线.

这里 $c_{\dot{w}}$ 为一常数，n 为沿圆周方向的皱曲波数.因此,利用(10-35)-(10-38)式我们可以对每一皱曲发生之前的变形状态进行判别,一旦条件(10-39)得到满足,就求得了皱曲载荷.

现在所讨论的线性强化材料板的内力分布与§6.2中讨论理想弹塑性材料的情形相似，参见图6-6. n_θ 在板边附近为负值，形成一压力带. 而且当 a/h 增大时,压力峰值也增大. 所以最终必然导致局部压力作用的周向皱曲.

图10-13的曲线(1)和(2)分别说明了临界皱曲弯矩 $(m_a)_{cr}$ 随材料常数 E/Y 及几何参数 a/h 的变化而变化的情况.在求曲线(1)时,a/h固定为40,而在求曲线(2)时,E/Y 固定为400.曲线(1)表明，对于同样几何尺寸的板,屈服应力Y的提高会使板的抗皱能力大大下降,而曲线(2)却说明,厚度一定直径越大,或直径一定厚度越小的板抗皱性越差.

§10.4 冲压过程中圆板皱曲的实验研究[6.24,9.27,10.17—10.21]

10.4.1 实验装置及测量方案

1) 旋转锥面底模的情形

1) 这种假定基于一定的实验结果[10.11,10.16]和§10.4的结果.

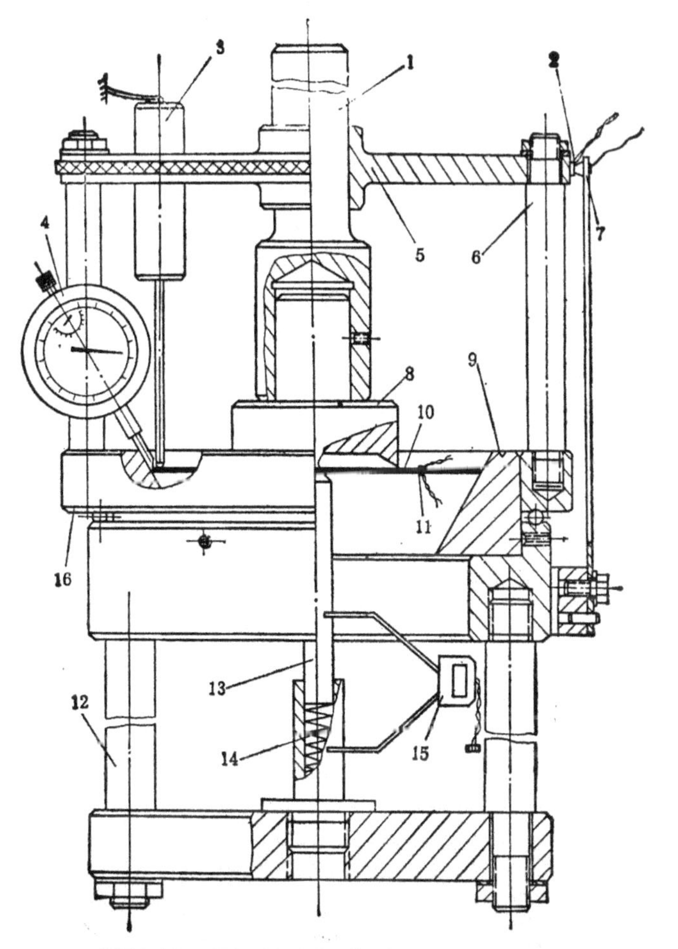

图 10-14　圆板压弯成形实验模具总装配图.

图 10-15　模具外观.

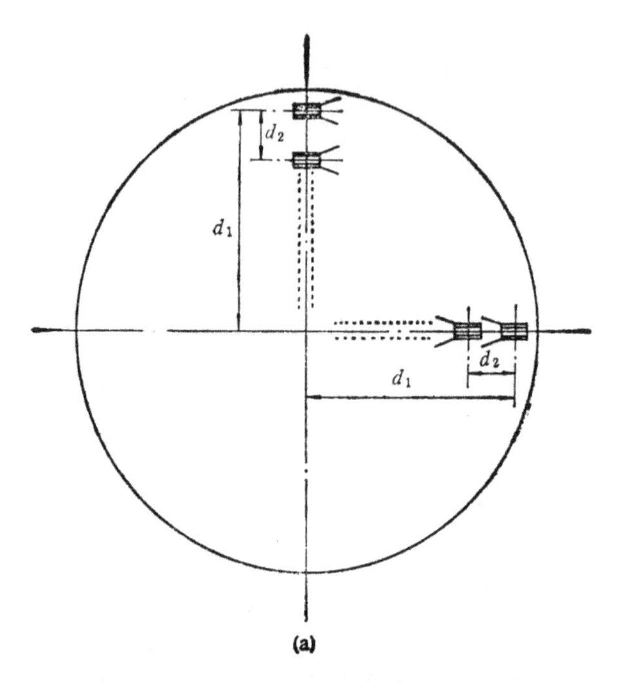

(a)

(b)

图 10-16 试件表面应变片的布置.
(a) 应变片的布置; (b) 贴好应变片的试件.

图 10-17 各种形状的冲头和凹模.

图 10-18 DSS-25^{T} 试验机.

图 10-14 是实验装置机械加载部分模具的总装配图. 其实际外形见照片图 10-15. 压力机的压力通过压杆 1 经冲头 8 作用在圆板试件 10 上，试件水平放置于锥面底模 9 上. 试件的上下表面按一定的规律贴有应变片（见图 10-16）. 因此当圆板被压弯时，上下表面若干点上的应变值就可由应变仪和自动数据记录仪记录下来. 电阻环 2 与触头 7 构成了一个角位移传感器，并与固定在花盘 5 上的线位移传感器 3 相配合来测量皱曲产生时沿圆板周向的皱曲波形，这是因为由花盘 5 、支杆 6 及护圈 16 组成

的套架整体在整个加载过程中始终可以绕加载杆作同心转动．这二种位移传感器的信号被直接送到 X-Y 记录仪上绘制曲线．千分表 4 用来测量板的刚体位移．导杆 13 与位移传感器 15 一道用于测量板的中心挠度．冲头位移与所加总外载的关系由试验机本身配备的传感及绘图系统给出载荷-位移曲线． 冲头 8 和底模 9 是可更换的，因此可以采用不同尺寸和形状的冲头及不同尺寸的底模(见图 10-17)．

试验机为日本岛津的 DSS-25T 电子万能试验机（见图 10-18)．其载荷测量范围为 1 kg—25 T，载荷精度为 ±1%，最小分辨率为 10 g．试验中采用的加载速度为 3 mm/min，近似认为是静态加载．模具与试件间不加任何润滑剂．

图 10-19 为用千分表制作的曲率计，用于测量卸载后板的残余曲率．设沿某方向的曲率为

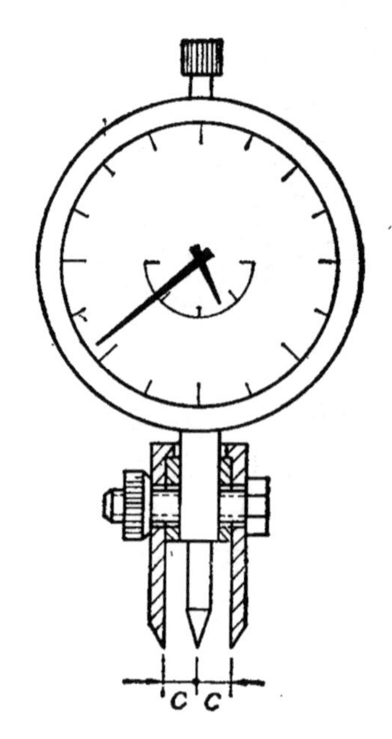

图 10-19 曲率计．

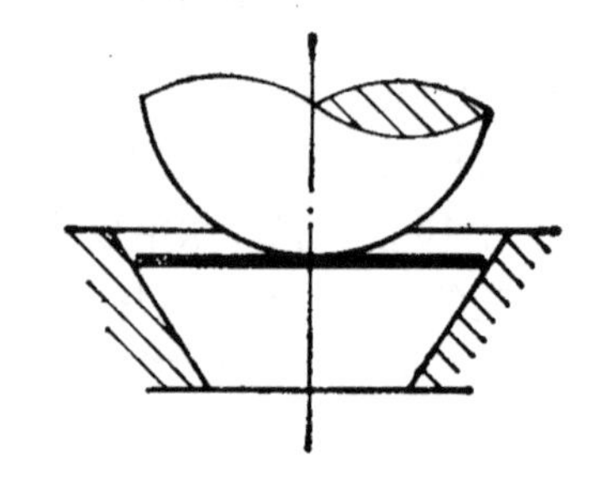

图 10-20 情形 1) 的加载简化模型．

$$\kappa_l = \frac{d^2y}{dl^2}$$

则由差分方法知 $\kappa_l \approx \Delta l^{-2}(y_0 - 2y_1 + y_2)$.设曲率计的固定半跨距为 c，即 $\Delta l = c$。又因 $y_0 = y_2 = 0$，因此可得 $\kappa_l \approx -2y_1/c^2$。这里 y_1 即为千分表读数。

该试验中板的受载方式可简化成图 10-20 的形式。

2）球面底模的情形

此时实验原理及测量方法与前相同，但实验装置形式略有改变，见图 10-21。在底模为球面的情形下，也只考虑冲头为球面情形，冲头球面与底模球面的半径相同。在这组实验中我们将考察不同球面半径（160 mm，216 mm）的情形。该试验中板的受载方式可简化成图 10-22 的形式。

图 10-21 情形 2）的测量装置.

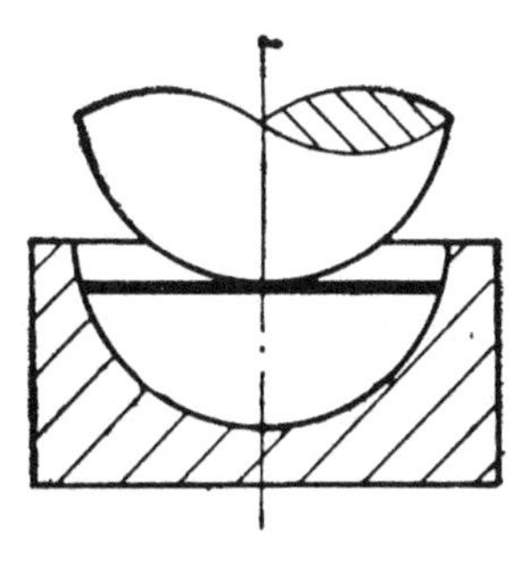

图 10-22 情形 2）的加载简化模型.

3）试件

对锥面底模的情形（情形 1)），试件材料为软钢，对球面底模的情形（情形 2)），试件材料分别为软钢和 HS 30 铝合金，与板的轧制方向成 0°，45° 和 90° 三个方向上的简单拉伸应力-应变曲线表明，这些板材的面内各向异性性质并不显著，见图 10-23（情形 1）试件材料的单向拉伸应力应变曲线见图 9-5）。

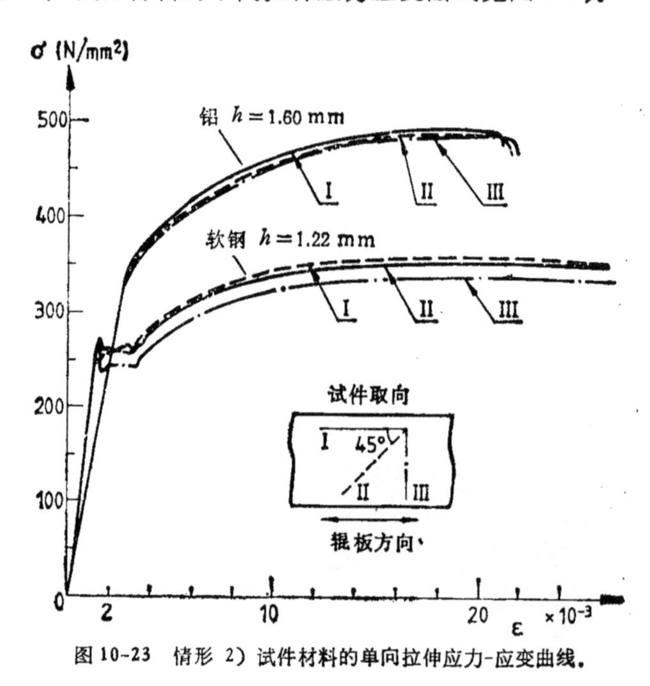

图 10-23 情形 2）试件材料的单向拉伸应力-应变曲线.

10.4.2 主要实验结果及讨论

1）载荷挠度曲线(图 10-24)

根据曲线的斜率变化规律，可大致分为四个阶段：A，斜率逐渐增加；B，斜率变化很少可近似认为是常数；C，斜率急剧变小曲线上出现“小平台”；D，斜率继续变大. 在A阶段，圆板抵抗外载的刚度不断增加，§ 9.3 的理论分析表明，该阶段内弹性变形是主要变形. 当塑性变形发展到一定程度后，这种刚度出现变小的趋势，但基本上保持不变，这就是B阶段. 在该阶段，板边区域上的周向压应力 σ_θ 越来越大，因此最终出现皱曲变形，进入C阶段，由于皱曲，导致板抵抗横向变形的能力在一个小范围内变得较低，

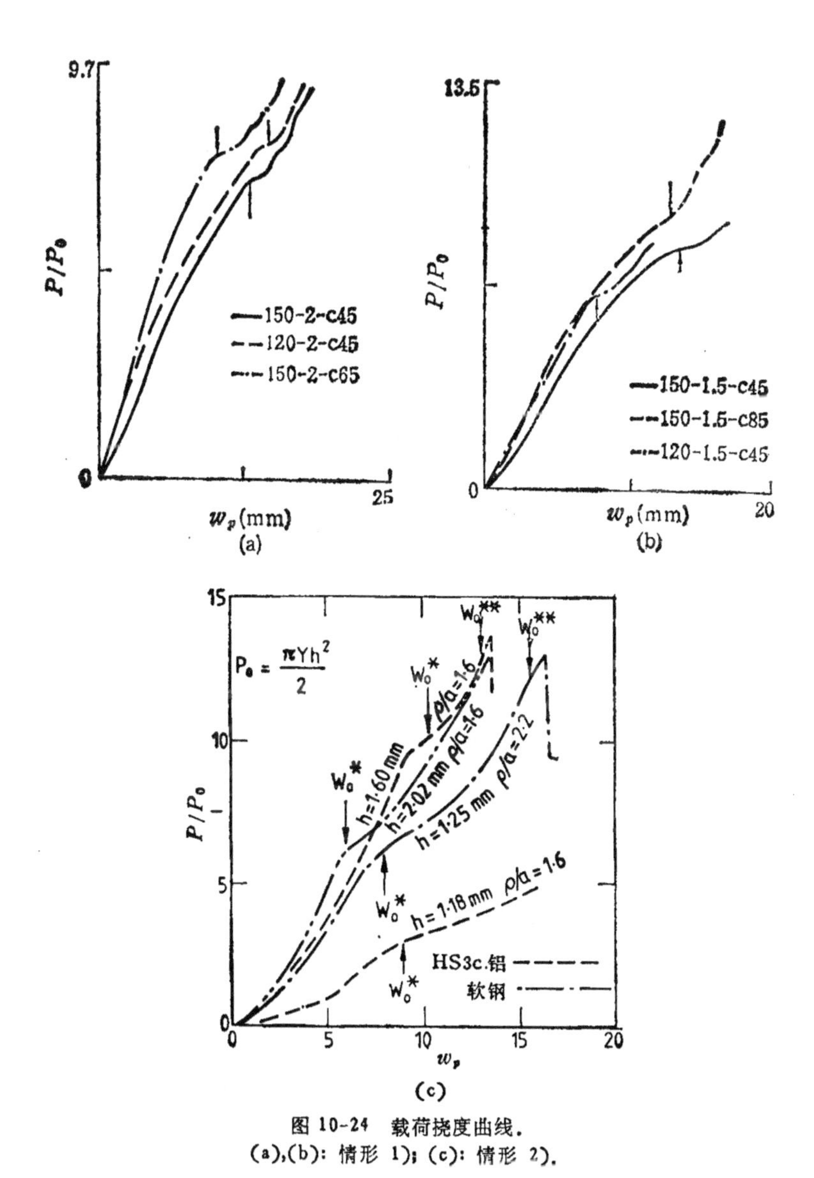

图 10-24 载荷挠度曲线.
(a),(b): 情形 1); (c): 情形 2).

因此出现了C阶段的“小平台”。当皱曲发展到一定程度后，板抗外载刚度又继续变大，进入D阶段，由§9.3的理论计算可知，进入B阶段后，塑性变形占据主要地位，在皱曲出现前板边界附近没有卸载现象，因此皱曲是塑性皱曲．各图中的单箭头所指处为第一分叉点，双箭头所指处为第二分叉点．

在图中我们采用了与§9.3类似的记号来区别板的几何尺寸及冲头类型：

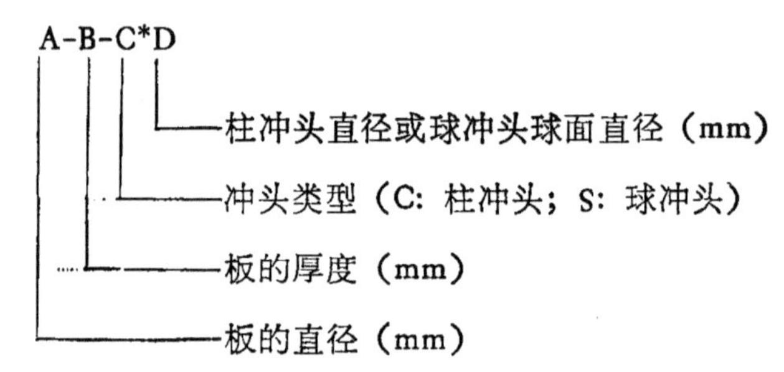

“*”表示底模为球面的情形，没有“*”则是底模为锥面的情形，图中 $P_0=\frac{1}{2}\pi Y h^2$．

2）皱曲模态

几乎所有的实验结果都表明在皱曲刚发生时（皱曲分叉点附近）的皱曲模态为沿周向四个波形的变形，见图 10-25 的波形曲线，图 10-26 的皱曲后试件照片以及图 10-27 的板与冲头间接触面形状．当进入D阶段变形后，皱曲模态会出现进一步分叉，普遍地由四个波形分为八个波形，见图 10-25．

3）板与冲头接触面的扩展

在底模为锥面模且采用球冲头加载时，可以用比较板的中心挠度及冲头顶点位移的办法来检验冲头与板面的接触情况．结果表明，在变形阶段A，接触面内的冲头与板元轻微脱开，故此时可认为全部外载均加在接触面边界附近的环形区内，进入B阶段时，这种间隙消失，此时接触压力的分布是很复杂的．但可以给出总外力与接触面外径之间的变化关系，见图 10-28．如果用抛物线来近似图中的 P-d 曲线，那么 P 与接触面面积 S 将为线性关系[10.19]．

4）临界皱曲载荷

如果将柱冲头作用下圆板的无量纲临界皱曲载荷$\tilde{P}_c = 2PE^{1/2}/(\pi Y^{3/2}h^2)$对板的无量纲厚度 $\tilde{h} = [hE^{1/2}/(2aY^{1/2})]$作图，就能得出图 10-29 的简单结果. 该图说明随薄板径厚比的增大，板的抵抗皱

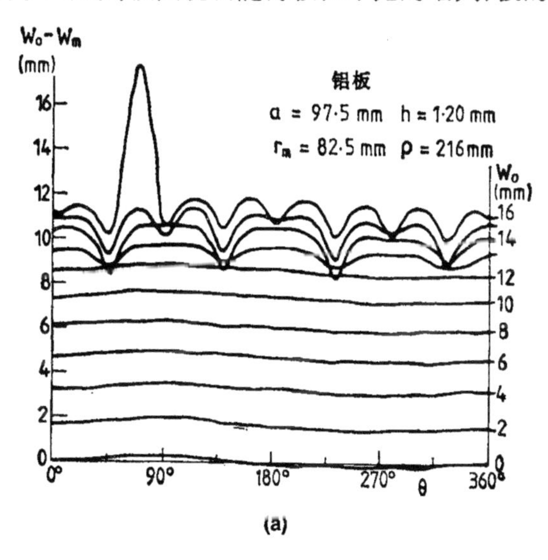

(a)

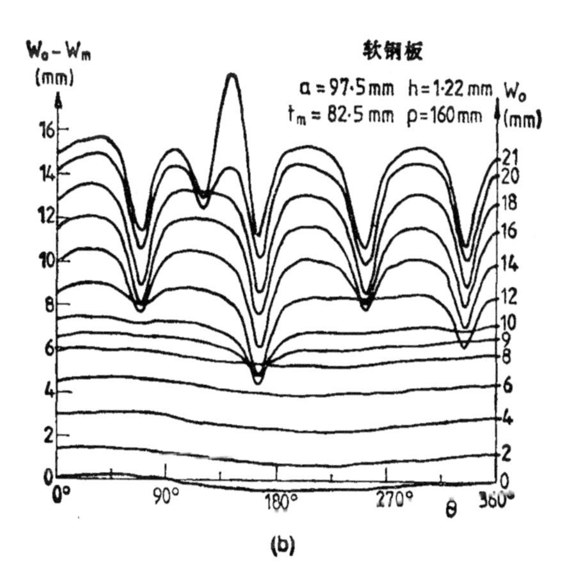

(b)

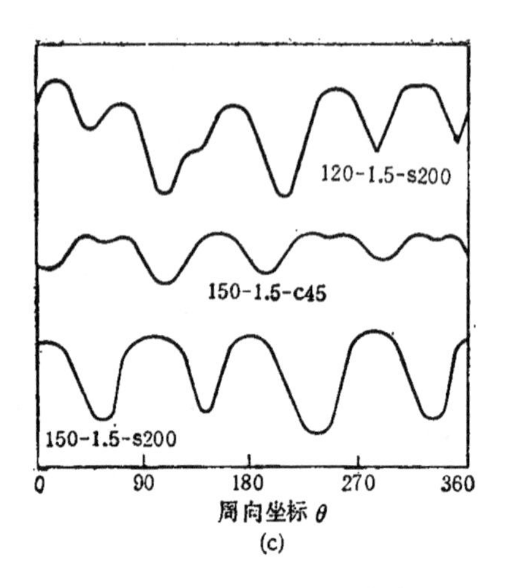

图 10-25 皱曲后的波形曲线.

曲的能力将降低. 如果我们认为 $\tilde{P}_c$ 为无量纲量 $\left(\frac{hE^{1/2}}{2aY^{1/2}}\right)$和$\left(\frac{\beta_c}{2a}\right)$的函数,则可得

$$\tilde{P}_c \approx c \cdot \left(\frac{hE^{1/2}}{2aY^{1/2}}\right)^{3/20} \cdot \left(\frac{\beta_c}{2a}\right)^{1/5} \tag{10-41}$$

其中 c 为常数, β_c 为柱冲头的直径. 这一近似关系在实际估算临界载荷时是很有用的.

对球冲头作用下的板,可用 $\tilde{P}_s = \frac{2PE^{1/2}}{\pi Y^{3/2}h^2} \cdot \frac{(\beta_s h)^{1/2}}{(2a)}$ 作为无量纲临界皱曲载荷. 这时可得单一的临界曲线. 这里 β_s 为球冲头的球面半径.

5) 应变分布

图 10-30 给出了试件 150-1.5-C45 上下表面的应变分布变化. 径向应变 ε_r 的变化告诉我们, 圆板在弯曲过程除载荷作用半径处会出现高曲率弯曲外, 在冲头外侧与板边界之间还会形成另一高曲率区 ($r \approx 0.8a$). 在板的上表面 ($z = -h/2$), 边界附近的 ε_r 为很小的正值. 这与 § 9.3 的理论分析结果一致. 这说明在边界附近的一个小区域内,板的上表面在径向是受拉的.周

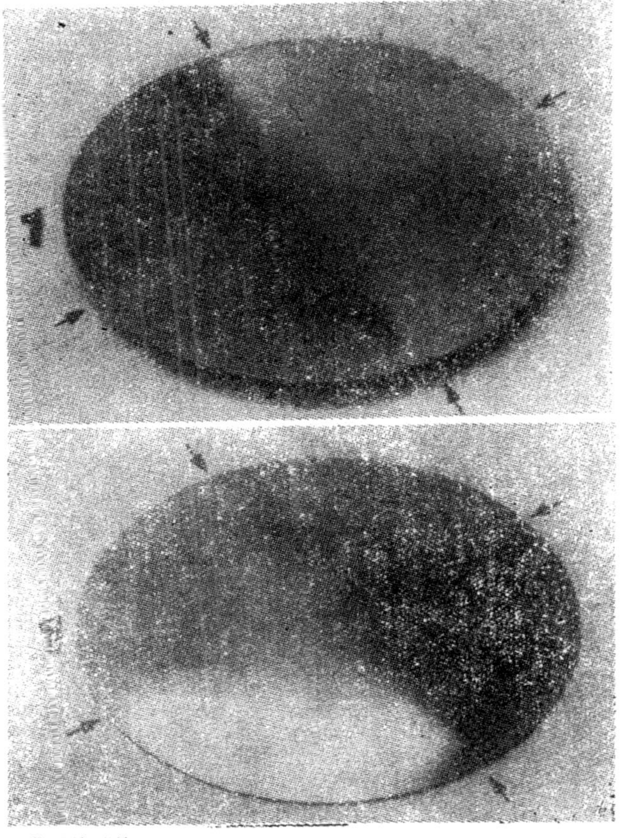

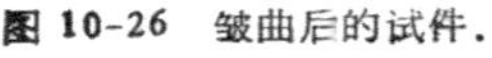

图 10-26 皱曲后的试件.

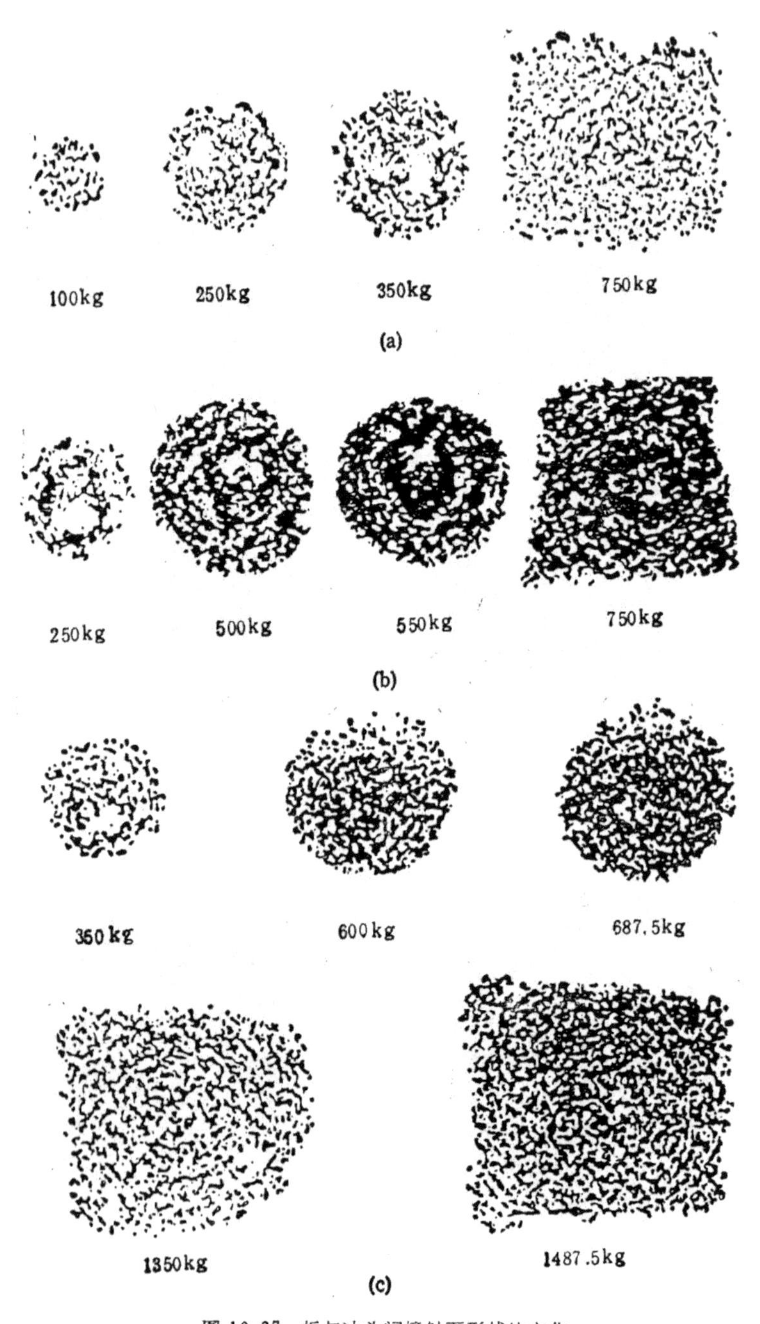

图 10-27　板与冲头间接触面形状的变化.
(a) 120-1.5-S200；(b) 150-1.5-S200；(c) 150-2.0-S200，

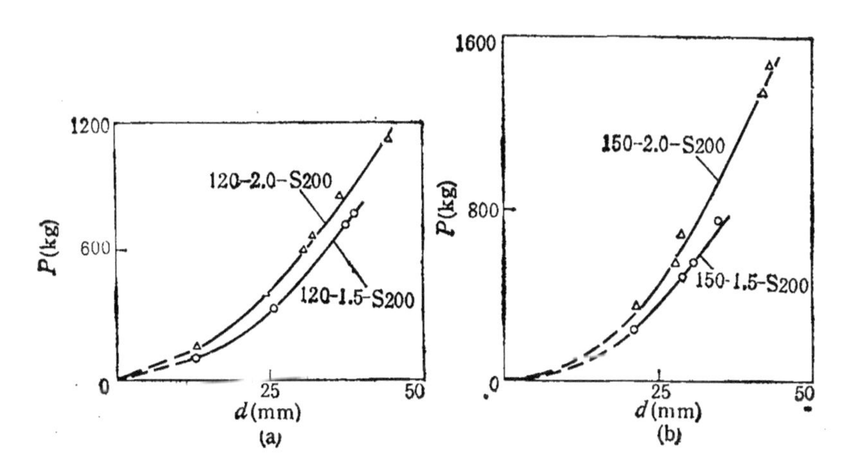

图 10-28 冲压力 P 与板同冲头接触面直径 d 的关系.

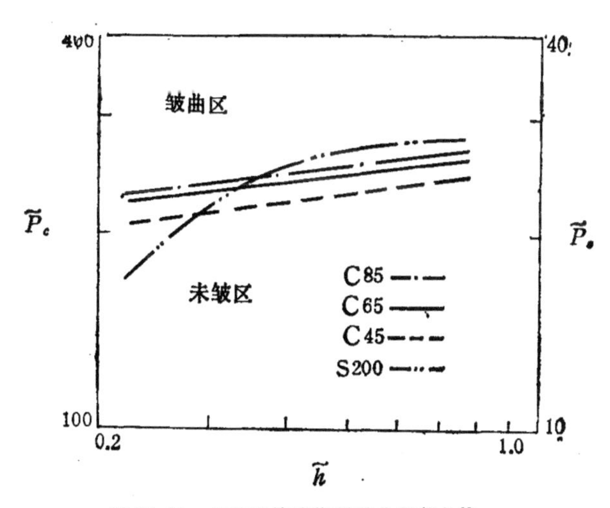

图 10-29 各种试件的临界皱曲载荷曲线.

向应变 ε_θ 在板边界附近形成很宽的负值带。这也与§9.3理论分析得到的周向膜力的压力带一致。还注意到,板下表面的 ε_θ 与§9.3的 N_θ 分布非常相似。

6）卸载后的残余曲率分布

无论是用球冲头还是柱冲头冲压，板的径向曲率分布都是极不均匀的。对于浅球壳的冲压问题，若在成形前板已产生皱曲，那么即使加很大的冲压力使板与模具充分贴合，撤去冲头后板的残余曲率分布仍将是极不均匀的，见图 10-31。

§10.5　圆板在冲压过程中皱曲的近似分析[10.17]

从上节的实验中发现，皱曲发生前，冲头与板的接触面之外部分的板元的变形形态与图 10-32 所示的中心区受均布载荷作用的简支圆板的 $b < r \leqslant a$ 部分的板元变形形态非常相近。这里 b 为冲头与板的接触区边界。因此在下面的近似分析中我们假定在球形模内受冲压板的 $b < r \leqslant a$ 部分的板元的内力分布与图 10-32 条件下相应的板元的内力分布一致。由此可得[10.22]

$$N_r = \begin{cases} N_0\tilde{w}_0\left[1 - \dfrac{r}{a} - \dfrac{a}{4r}\left(1 - \dfrac{1}{\tilde{w}_0}\right)^2\right], \\ \qquad\qquad \text{当} \quad \dfrac{a}{2} \leqslant r \leqslant \dfrac{a}{2}\left(1 + \dfrac{1}{\tilde{w}_0}\right) \\ N_0\left(\dfrac{a}{r} - 1\right), \text{当} \quad \dfrac{a}{2}\left(1 + \dfrac{1}{\tilde{w}_0}\right) \leqslant r \leqslant \dfrac{a}{2} \end{cases} \tag{10-42}$$

$$N_\theta = \begin{cases} N_0\tilde{w}_0\left(1 - \dfrac{2r}{a}\right), \quad \text{当} \quad \dfrac{a}{2} \leqslant r \leqslant \dfrac{a}{2}\left(1 + \dfrac{1}{\tilde{w}_0}\right) \\ -N_0, \qquad\qquad \text{当} \quad \dfrac{a}{2}\left(1 + \dfrac{1}{\tilde{w}_0}\right) \leqslant r \leqslant a \end{cases} \tag{10-43}$$

其中 $N_0 = Yh$，$\tilde{w}_0 = w_0/h$，w_0 为板的中心挠度。

其次，由极限分析方法可知，板的周向膜力在极限状态下以图 10-33 的形式分布。即负值 N_θ 仅出现在 $\dfrac{1}{2}a < r < a$ 的范围内。因此我们进一步假定，皱曲挠度只出现在 $\dfrac{a}{2} \leqslant r \leqslant a$ 内，且

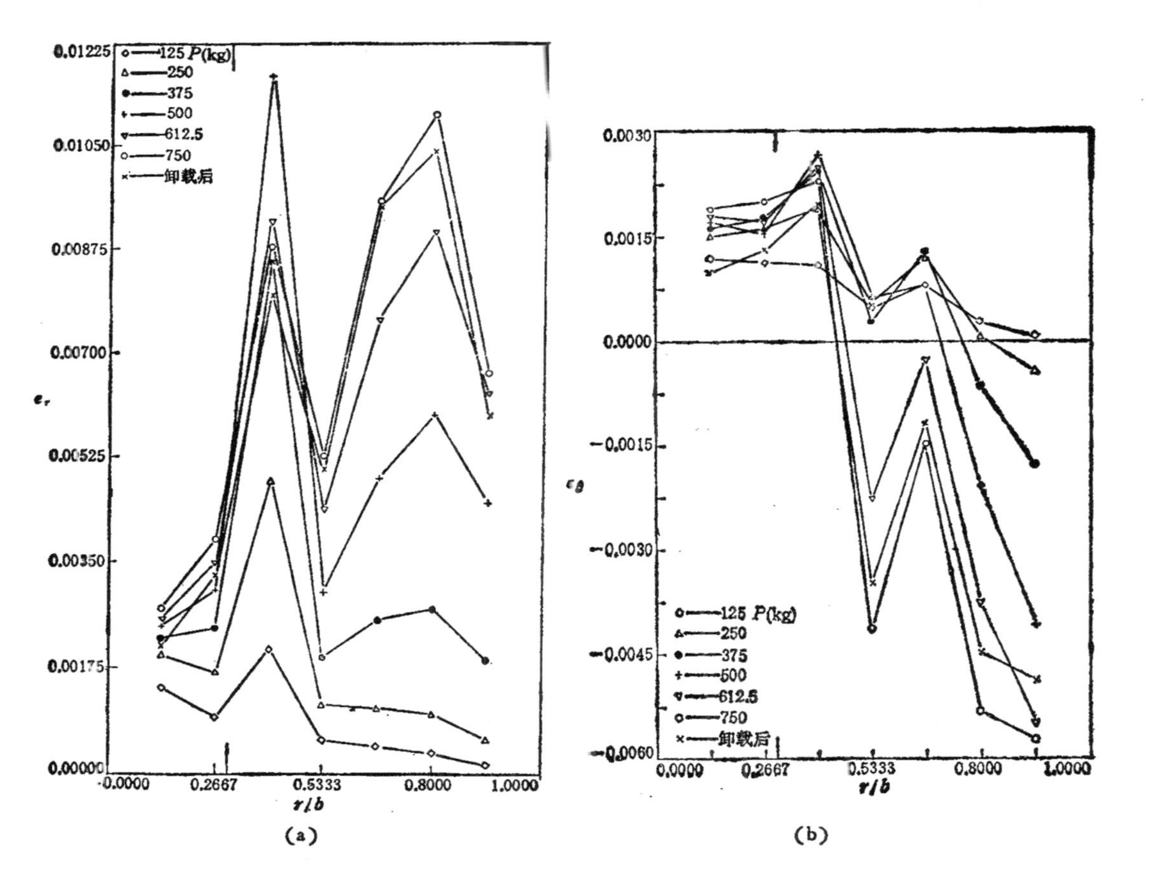

125 P(kg)
250
375
500
612.5
750
卸载后
0.01225
0.01050
0.00875
0.00700
0.00525
0.00350
0.00175
0.00000
e_r
-0.0000
0.2667
0.5333
0.8000
1.0000
r/b
0.0030
0.0015
0.0000
-0.0015
-0.0030
-0.0045
-0.0060
ϵ_θ
0.0000

(a) (b)

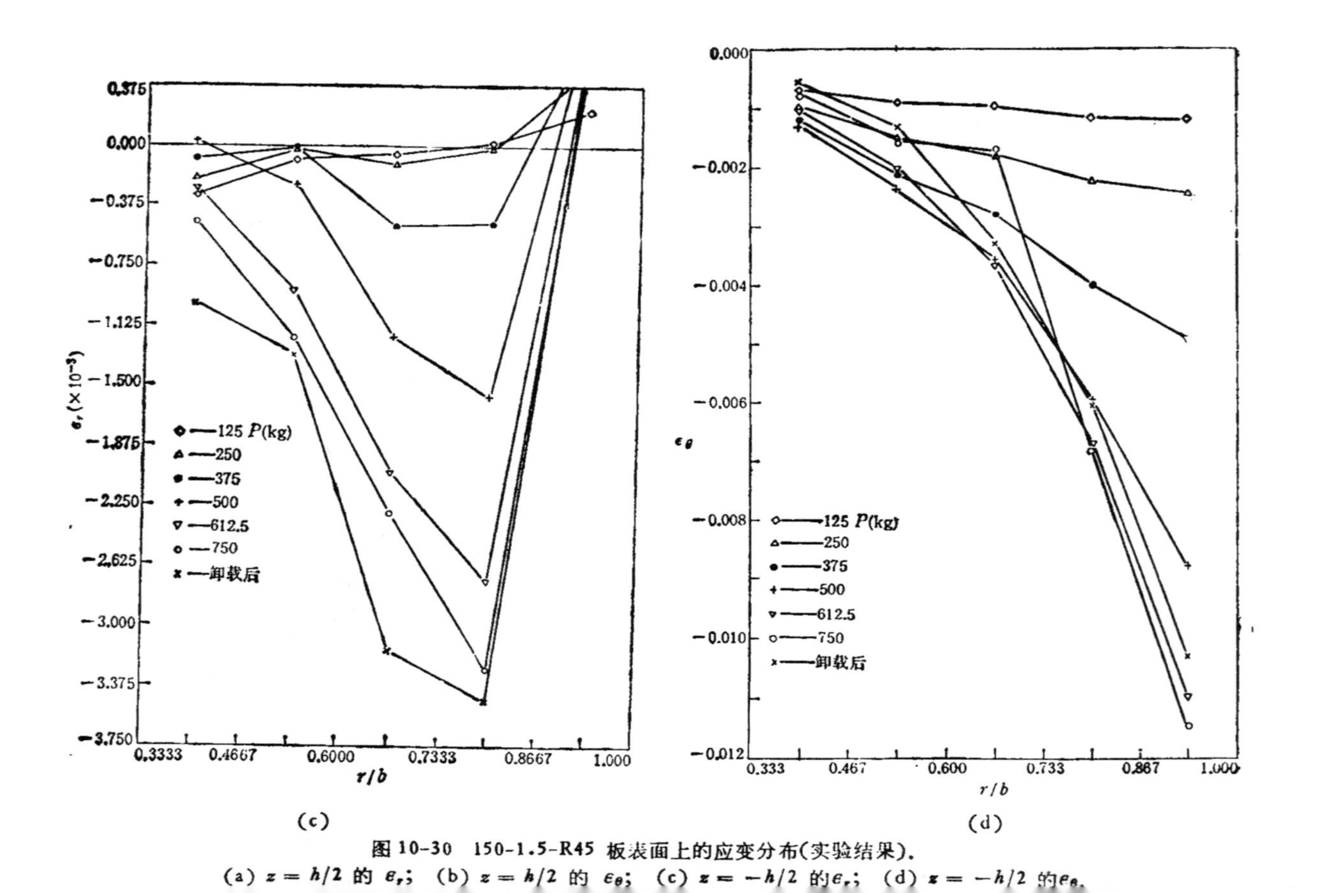

图 10-30 150-1.5-R45 板表面上的应变分布(实验结果).

(a) $z=h/2$ 的 ε_r; (b) $z=h/2$ 的 ϵ_θ; (c) $z=-h/2$ 的 ε_r; (d) $z=-h/2$ 的 e_θ.

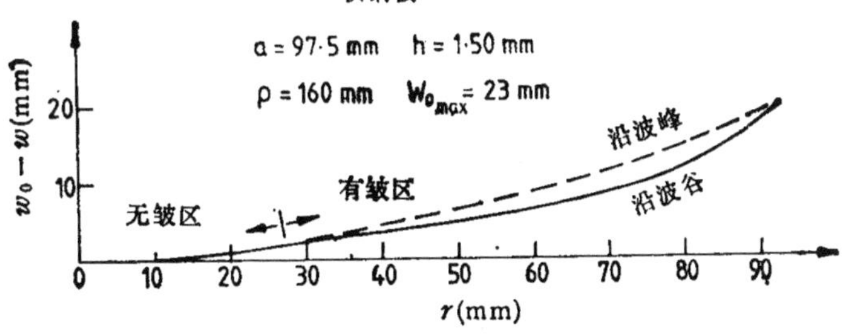

图 10-31 冲压后板的径向残余变形分区.

具有形式

$$w=\begin{cases}c\left(r-\dfrac{a}{2}\right)\sin n\theta, & \dfrac{a}{2}\leqslant r\leqslant a,\\ 0, & 0\leqslant r\leqslant\dfrac{a}{2}.\end{cases} \tag{10-44}$$

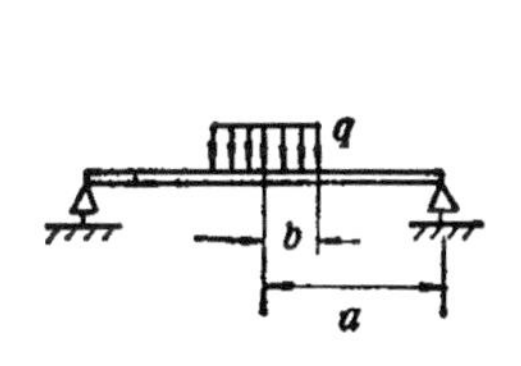

图 10-32 受局部均布载荷作用的简支圆板.

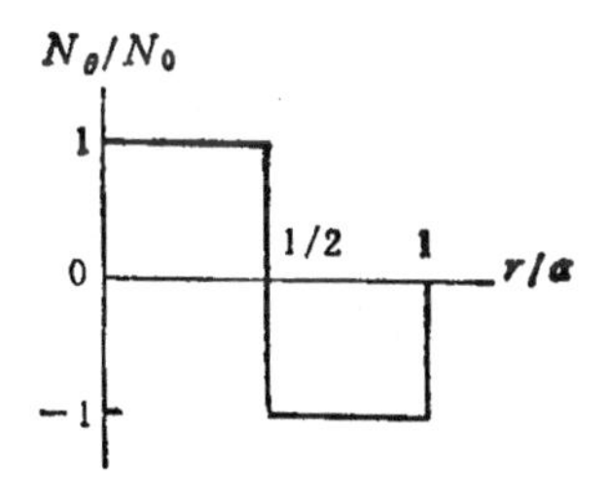

图 10-33 极限状态下圆板内的周向膜力分布.

因此,利用 § 10.1 的能量准则及表达式(10-42)和(10-43)可得

$$\zeta=\sqrt{\frac{E_0}{Y}}\cdot\frac{h}{a}=3\sqrt{\frac{G(n,\tilde{w}_0)}{F(n)}}, \tag{10-45}$$

其中

$$G(n,\tilde{w}_0)=\frac{n^2}{4}\left[1+\ln 2-(1+\tilde{w}_0)\ln\left(1+\frac{1}{\tilde{w}_0}\right)\right]$$
$$-\frac{1}{8}(n^2+1)+\frac{n^2}{8\tilde{w}_0}-\frac{1}{24\tilde{w}_0^2}(n^2-1),$$

$$F(n)=\left(\ln 2-\frac{5}{8}\right)n^4-\left(2\ln 2-\frac{11}{8}\right)n^2+\ln 2.$$

§ 10.6 圆板在任意载荷作用下产生横向弯曲时其皱曲问题的解法[10.3,10.20,10.21]

前几节介绍的求解皱曲问题方法都基于能量准则或静力准则，并针对不同的受载条件、结构类型和边界条件，采用了相应的近似分析技巧，作了适当的简化和假定才得到最终解答。在§10.1 中我们已经指出，静力和能量准则对于非保守问题有时会导致不正确的结果。本节我们介绍一种求解复杂结构屈曲分叉问题普遍适用的方法，它基于动力准则和第九章中介绍的 MADRM. 这种方法最终须由计算机通过数值求解来实现，因此原则上不受结构类型、受载条件和边界条件的限制；但作为例子，我们仅介绍环载作用下的圆板在弯曲过程中的皱曲.

10.6.1 分叉点的确定

我们在§10.1 中曾经指出，应用动力准则有两个主要困难. 但如果利用§9.2 给出的 MADRM，恰好能方便而自然地应用动力准则. 首先，MADRM 本身就是将静力问题转化为动力问题来求解的，因此不存在通常的静力解法中附加动力扰动的困难. MADRM 产生的扰动具有相当的任意性，这种扰动是由事先未知的不平衡力引起的，振动的时间也可人为控制，甚至可以人为额外输入各种形式的扰动. 其次，MADRM 一旦用于求解弹塑性问题，首先要解决的就是振动迭代时的加卸载问题. 因此，应用动力准则的两点困难都得到了很好地克服.

图 10-2 清楚地描述了利用 MADRM 按动力准则求出近似分叉点的过程.

图中横坐标为变形特征参数，纵坐标为载荷特征参数. 曲线 I 的实线部分为某系统受载变形的基本平衡路径，曲线 II 为次级平衡路径，也是分叉后的稳定平衡路径．曲线 I 的虚线部分为不稳定平衡路径．在变形较小时，系统的状态处于曲线 I 的实线部分某点上，如 B_0 点，系统是稳定的．故此时 MADRM 的虚拟振动也是绕稳定平衡位置的振动．随着外载的增加，系统的状态点也沿曲线 I 上升，当超过分叉点 A 后，设达到了 B 点，这时路径 I 成为不稳定的，MADRM 的虚振动也就成为不稳定的，从而会使系统的平衡状态产生一个跳跃，成为围绕次级平衡路径 II 上稳定状态点 C 的稳定振动．一旦连续探测到曲线 II 上两个或两个以上像 C 这样的点，分叉点 A 的位置就可以由这些点通过外插的方法得到． 分叉点的位置精度将随分析中所取的载荷特征参量的增量 $d\lambda$ 的减少而增高．

10.6.2 横向环形载荷作用下圆板弯曲过程中的皱曲分析

我们仍然考虑 § 9.3 中讨论的板的弯曲问题．§ 9.3 给出了该问题的轴对称变形解答，即已获得了图 10-2 的基本平衡路径曲线 I．我们知道，在板的轴对称变形状态中，周向位移 v 始终为零，而在皱曲后的非轴对称变形状态中，周向位移 v 就不再为零了．因此，对于该问题，由基本平衡路径分叉为次级平衡路径的特征是周向位移 v 由零突变为非零．由此，我们不难由前述的分叉点确定方法给出圆板弯曲过程中临界皱曲点的判别算法：

若轴对称平衡状态是稳定的，则 $\delta v=0$；如果在某一载荷增量 δq 下发现 $\delta v \geqslant \bar{v}$（这里 $\bar{v}$ 为事先给定的小正数），则说明已经发生了分叉，记下这一点，并取 $\delta q_{(1)}=\frac{1}{2}\delta q$ 再作计算．如果此时也有 $\delta v_{(1)} \geqslant \bar{v}$，那么分叉点的近似位置就由该两点经线性外插得到．如若 $\delta v_{(1)}<\bar{v}$，表明此时没有分叉，板的状态点仍处于基本平衡路径上．因此须取新的增量 $\delta q_{(2)}>\delta q_{(1)}$ 进行计算，如取 $\delta q_{(2)}=\delta q_{(1)}+\frac{1}{2}\delta q_{(1)}$，直至在某一步得到 $\delta v_{(i)} \geqslant \bar{v}$ 为止．图 10-34 给出了上述算法的详细流程．

在执行上述算法时，必须采用考虑了非轴对称变形的、增量形式的基本方程．本构方程须采用(6-10)．平衡和几何方程应分别采用(6-1)和(6-5)的增量形式，即平衡方程

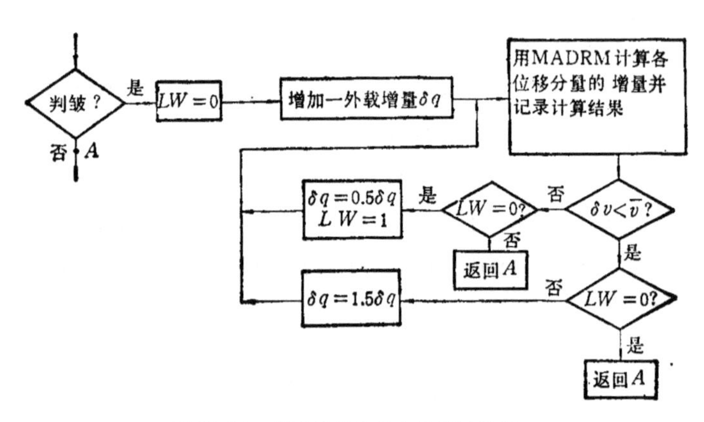

图 10-34　判别皱曲分叉点的算法流程．

$$
\begin{cases}
\dfrac{\partial \delta N_r}{\partial r}+\dfrac{1}{r}\dfrac{\partial \delta N_{r\theta}}{\partial \theta}+\dfrac{1}{r}(\delta N_r-\delta N_\theta)=0, \\
\dfrac{\partial \delta N_{r\theta}}{\partial r}+\dfrac{1}{r}\dfrac{\partial \delta N_\theta}{\partial \theta}+\dfrac{2}{r}\delta N_{r\theta}=0, \\
\dfrac{\partial^2 \delta M_r}{\partial r^2}+\dfrac{2}{r}\dfrac{\partial \delta M_r}{\partial r}-\dfrac{1}{r}\dfrac{\partial \delta M_\theta}{\partial r}+\dfrac{2}{r}\dfrac{\partial^2 \delta M_{r\theta}}{\partial r\partial \theta} \\
\quad +\dfrac{2}{r^2}\dfrac{\partial \delta M_{r\theta}}{\partial \theta}+\dfrac{1}{r^2}\dfrac{\partial^2 \delta M_\theta}{\partial \theta^2}+\left\{\dfrac{\partial^2 \delta w}{\partial r^2}(N_r+\delta N_r)\right. \\
\quad +\dfrac{\partial^2 w}{\partial r^2}\delta N_r+\dfrac{2}{r}\left[\dfrac{\partial^2 \delta w}{\partial r\partial \theta}(N_{r\theta}+\delta N_{r\theta})+\dfrac{\partial^2 w}{\partial r\partial \theta}\delta N_{r\theta}\right] \\
\quad -\dfrac{2}{r^2}\left[\dfrac{\partial \delta w}{\partial \theta}(N_{r\theta}+\delta N_{r\theta})+\dfrac{\partial w}{\partial \theta}\delta N_{r\theta}\right] \\
\quad +\left(\dfrac{1}{r}\dfrac{\partial w}{\partial r}+\dfrac{1}{r^2}\dfrac{\partial^2 w}{\partial \theta^2}\right)\delta N_\theta+\left(\dfrac{1}{r}\dfrac{\partial \delta w}{\partial r}+\dfrac{1}{r^2}\dfrac{\partial^2 \delta w}{\partial \theta^2}\right) \\
\quad \left.\times(N_\theta+\delta N_\theta)\right\}+\delta q=0,
\end{cases}
\tag{10-46}
$$

和几何方程

$$
\left\{
\begin{aligned}
&\delta\varepsilon_r^0=\frac{\partial\delta u}{\partial r}+\frac{\partial w}{\partial r}\frac{\partial\delta w}{\partial r}+\frac{1}{2}\left(\frac{\partial\delta w}{\partial r}\right)^2,\\
&\delta\varepsilon_\theta^0=\frac{\delta u}{r}+\frac{1}{r}\frac{\partial\delta v}{\partial\theta}+\frac{1}{r^2}\frac{\partial w}{\partial\theta}\frac{\partial\delta w}{\partial\theta}+\frac{1}{2}\left(\frac{1}{r}\frac{\partial\delta w}{\partial\theta}\right)^2,\\
&\delta\gamma_{r\theta}^0=\frac{1}{r}\frac{\partial\delta u}{\partial\theta}+\frac{\partial\delta v}{\partial r}-\frac{\delta v}{r}+\frac{1}{r}\frac{\partial\delta w}{\partial r}\left(\frac{\partial w}{\partial\theta}+\frac{\partial\delta w}{\partial\theta}\right)\\
&\qquad\quad+\frac{\partial w}{\partial r}\left(\frac{1}{r}\frac{\partial\delta w}{\partial\theta}\right),\\
&\delta\kappa_r=-\frac{\partial^2\delta w}{\partial r^2},\\
&\delta\kappa_\theta=-\left(\frac{1}{r}\frac{\partial\delta w}{\partial r}+\frac{1}{r^2}\frac{\partial^2\delta w}{\partial\theta^2}\right),\\
&\delta\kappa_{r\theta}=-\frac{1}{r}\frac{\partial^2\delta w}{\partial r\partial\theta}+\frac{1}{r^2}\frac{\partial\delta w}{\partial\theta},\\
&\delta\varepsilon_r=\delta\varepsilon_r^0+z\delta\kappa_r,\\
&\delta\varepsilon_\theta=\delta\varepsilon_\theta^0+z\delta\kappa_\theta,\\
&\delta\gamma_{r\theta}=\delta\gamma_{r\theta}^0+2z\delta\kappa_{r\theta}.
\end{aligned}
\right.
\tag{10-47}
$$

将上列基本方程用差分法离散，借助于 MADRM 及本节给出的皱曲分叉点确定方法，就很容易求得临界皱曲载荷和皱曲后的变形形态。

对于球冲头冲压下的板，板与冲头接触面的变化，接触面内压力分布的变化等严格说来都应按照接触问题逐步求解。但作为近似分析，也可以采用 § 10.4 的实验结果作适当简化。

§ 10.4 指出，在冲压过程中的很大一段加载范围内，板与冲头的接触面为一宽度极小的圆环，因此我们可以假定板受一加载直径不断变化的环载作用。而直径的变化与外载大小的关系则由图 10-28 的实验曲线来确定。

表 10-1 和图 10-35 分别给出了由本节方法求得的临界载荷及皱曲波形与相应实验结果的比较。理论与实验结果吻合得非常好。这表明，对于这一类圆板，分叉点附近的皱曲模态必定是含四个周向波形的变形，这也进一步证实了 § 10.4 的实验结论。

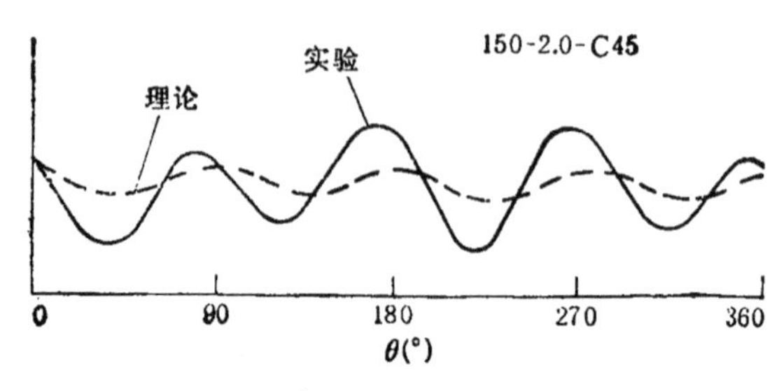

图 10-35 皱曲波形的比较.

应当指出，以往人们采用 J_2 流动理论研究板壳的塑性屈曲问题时，总是得出远高于实验值的临界载荷. 但这里我们却用 J_2 流动理论借助于动力准则得到了与实验一致的结果. 这是有待于作进一步深入研究的重要现象.关于这方面的详细讨论见本书附录.

表 10-1 临界皱曲载荷的比较

试 件 号	理论值 (kg)	实验值 (kg)
150-1.5-C45	622	600
150-2.0-C45	925	900
150-2.0-C65	1031.25	1000
150-1.5-C85	698.5	656.5
120-1.5-C45	500	475
120-2.0-C45	881.25	850

参 考 文 献

[10.1] 王 仁，结构的塑性稳定性，塑性力学进展，王 仁、黄克智、朱兆祥主编，中国铁道出版社，1988，268 页.

[10.2] 章亮炽、余同希、王 仁，板壳塑性屈曲中的佯谬及其研究进展，力学进展，**20**(1)，1990，40—45 页.

[10.3] 章亮炽、余同希、王 仁，预报板壳塑性屈曲分叉点的一条新途径，力学学报(英文版)，**5**(2)，1989，145—151 页.

[10.4] T. X. Yu and W. Johnson, The buckling of annular plates in relation to the deep-drawing process, *Int. J. Mech. Sci.*, **24**, 1982, pp. 175—188.

[10.5] S. Timoshenko and S. Woinowshy-Krieger, Theory of Plates and Shells, McGraw-Hill, New York, 1959.

[10.6] S. Timoshenko and J. M. Gere, Theory of Elastic Stability, McGraw-Hill, New York, 1961.
[10.7] J. W. Geckeler, Plastiche knicken der wandnag van hohlzylindern und einige andern faltungserscheinungen, *Z. Angzwandte Mathematik und Mechanik*, 8, 1928, pp. 341—352.
[10.8] T. X. Yu and L. C. Zhang, The elastic wrinkling of an annular plate under uniform tension on its inner edge, *Int. J. Mech. Sci.*, **28**, 1986, pp. 729—737.
[10.9] L. V. Kantorovich and V. I. Krylov, Approximate Methods of Higher Analysis, Interscience, New York, 1964.
[10.10] 章亮炽、王景美、丁浩江，关于 Courant 建议的一些探讨，工程力学，1(3)，1985.
[10.11] L. C. Zhang and T. X. Yu, The plastic wrinkling of an annular plate under uniform tension on its inner edge, *Int. J. Solids Structures*, **24**, 1988, pp. 497—503.
[10.12] B. W. Senior, Flange wrinkling in deep-drawing operations, *J. Mech. Phys. Solids*, **4**, 1956, pp. 235—246.
[10.13] 章亮炽，边缘均布弯矩作用下圆薄板的弹塑性大挠度弯曲和皱曲，浙江大学学报(自然科学版)，**23**，1989，pp. 714—721.
[10.14] J. W. Hutchinson, Plastic buckling, Advances in Applied Mechanics, edited by C. S. Yih, **14**, 1974.
[10.15] A. Needleman and V. Tvergaard, Aspects of plastic postbuckling behavior, Mechanics of Solids, edited by H. G. Hopkins and M. J. Sewell, 1982.
[10.16] W. M. Baldwin and T. S. Howard, Folding in the cupping operation, *Trans ASM*, **38**, 1947, pp. 757—788.
[10.17] T. X. Yu, W. Johnson and W. J. Stronge, Stamping and springback of circular plates deformed in hemispherical dies, *Int. J. Mech. Sci.*, **26**, 1984, pp. 131—148.
[10.18] W. J. Stronge, M. P. F. Sutcliffe and T. X. Yu, Wrinkling of elastoplastic circular plates during stamping, *Exper. Mech.*, Dec. 1986, pp. 345—353.
[10.19] L. C. Zhang and T. X. Yu, An experimental investigation on stamping of elastic-plastic circular plates, *J. Mech. Working Tech.*, 1991.
[10.20] L. C. Zhang, T. X. Yu and R. Wang, Investigation of sheet metal forming by bending——Part II: plastic wrinkling of circular sheets pressed by cylindrical punches, *Int. J. Mech. Sci.*, **31**, 1989, pp. 301—308.
[10.21] L. C. Zhang, T. X. Yu and R. Wang, Investigation of sheet metal forming by bending——Part IV: bending and wrinkling of circular sheets pressed by a hemispherical punch, *Int. J. Mech. Sci.*, **31**, 1989, pp. 335—348.
[10.22] P. G. Hodge, Plastic Analysis of Structures, McGraw-Hill, London, **1959**.

第十一章　塑性弯曲理论的其他应用

在前面各章中，除了介绍塑性弯曲的基本理论和数值方法以外，也介绍了板条和板在曲模中的冲压等应用实例．本章将再补充一些其他应用实例，以说明塑性弯曲理论在工程中应用十分广泛．在这些例子中还有很多细节有待于进一步的理论分析，也可以说，这些问题仍然是目前生产实际中面临的前沿课题．

§11.1　圆杆的校直[11.1]

11.1.1　问题的提出

生产中用到的金属丝、杆、棒料通常是用拉丝 (drawing) 或挤压(extrusion)等方法制造的，由于工艺上的种种原因，它们(以下统称为圆杆)的轴线很难是完全直的；因此，当对圆杆作进一步的加工(如缠绕、切断等)之前，往往需要加以校直．校直的方法可以是拉直、槌击等，但最有效率的方法是利用多辊校直机．实际应用的校直机可以有许多对辊子，但其基本校直过程可以用两对交叉辊子的作用来代表．如图 11-1 所示，A，B 处的称为支承辊，C，D 处的称为加载辊，它们产生的弯矩图如图 11-2．由于这是典型的 4 点弯曲，在长为 l 的 CD 段将产生一个恒定的弯矩 M^*，这相当于对圆杆的这一段施以纯弯曲．如图 11-2 所示，由于辊子都是斜置的，当辊子转动时就同时推动圆杆(工件)向前运动，工件中的任一段都是先后经历加载 (AC 段)、纯弯曲 (CD 段)和卸载 (DB 段)三个阶段，而且工件在校直过程中将不断旋转．

本节将应用塑性弯曲的工程理论来理解交叉辊校直的机理，回答如何选择 M^*和 l 的问题，并对交叉辊校直后的杆的曲率作出预测．

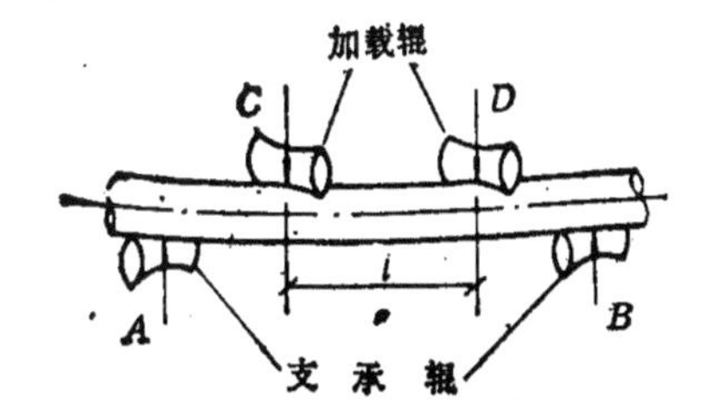

图 11-1 交叉辊校直圆杆.

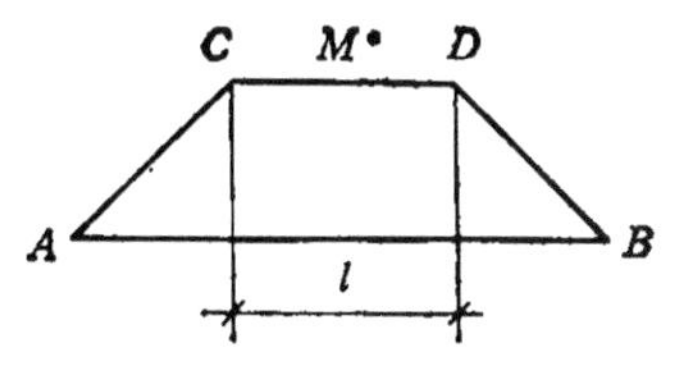

图 11-2 交叉辊对圆杆产生的弯矩分布.

以下分析将基于梁的塑性弯曲的工程理论（参见本书第一章），因而自然地假设平截面假定成立，且弯曲时圆杆的中性轴保持在圆杆的水平直径处. 此外，还假设圆杆的材料是弹-线性强化的，其应力应变关系如图 11-3.

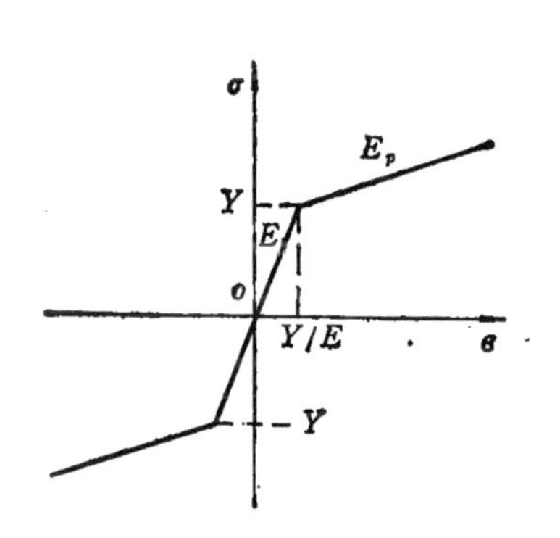

图 11-3 弹-线性强化材料的 σ-ε 关系.

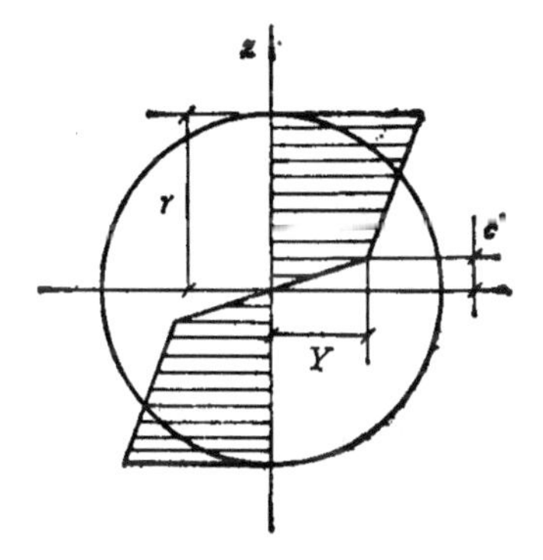

图 11-4 圆杆截面内的正应力分布.

11.1.2 圆杆的弯矩-曲率关系

§1.5 中曾对对称截面的理想弹塑性梁的弯曲作过详尽的分析，并在表 1-1 中给出了理想弹塑性圆截面梁的弯矩-曲率关系式. 现在所不同的是材料具有线性强化，因而截面内的正应力分布如图 11-4 所示，即有

$$\sigma=\begin{cases}Y\cdot\dfrac{z}{c}, & \text{对}\ |z|\leqslant c;\\ (1-\mu)Y+\mu Y\cdot\dfrac{z}{c}, & \text{对}\ z\geqslant c,\end{cases}\tag{11-1}$$

其中 c 为弹塑性交界面的 z 坐标，$\mu = E_p/E$ 是材料的强化系数。

根据截面上的力矩平衡得出

$$\frac{1}{4}M = \int_0^r \sigma\sqrt{r^2 - z^2}\,z\,dz, \tag{11-2}$$

其中 M 为外加弯矩，r 为圆杆的半径. 将(11-1)代入(11-2)后完成积分并无量纲化后可得

$$m = \frac{2(1-\mu)}{3\pi}\cdot\frac{\sqrt{\phi^2-1}(5\phi^2-2)}{\phi^3} + \frac{2}{\pi}(1-\mu)\phi$$

$$\times\sin^{-1}\left(\frac{1}{\phi}\right) + \mu\phi = \Phi(\phi), \tag{11-3}$$

其中 $m = M/M_e$ 为无量纲弯矩，$M_e = \frac{\pi}{4}Yr^3$ 为圆截面的弹性极限弯矩；$\phi = \kappa/\kappa_e$ 为无量纲曲率，$\kappa_e = M_e/EI = Y/Er$ 为最大弹性曲率. 还可以证明

$$\phi = \frac{r}{c} = \frac{Er}{YR} = \frac{E}{Y}r\kappa. \tag{11-4}$$

推导细节请参看文献[11.1].

因为 $\lim\limits_{\phi\to\infty}\frac{dm}{d\phi} = \mu$，且 $\lim\limits_{\phi\to\infty}(m - \mu\phi) = \frac{16}{3\pi}(1-\mu)$，故由(11-3)给出的曲线 $m = \Phi(\phi)$ 具有渐近线

$$m = \mu\phi + \frac{16}{3\pi}(1-\mu) \simeq \mu\phi + 1.70(1-\mu). \tag{11-5}$$

对于任意的 μ 值，由(11-5)式决定的渐近线同直线 $m = \phi$（这代表弹性阶段的 m-ϕ 关系）相交于同一点($\phi = 1.70, m = 1.70$)，如图 11-5. 在图中具体画出了 $\mu = 0, 0.1, 0.2$ 的 m-ϕ 曲线及其渐近线.

11.1.3 被校直的杆的曲率的变化

假定校直前的圆杆具有初始曲率 κ_i，并假定交叉辊产生的弯

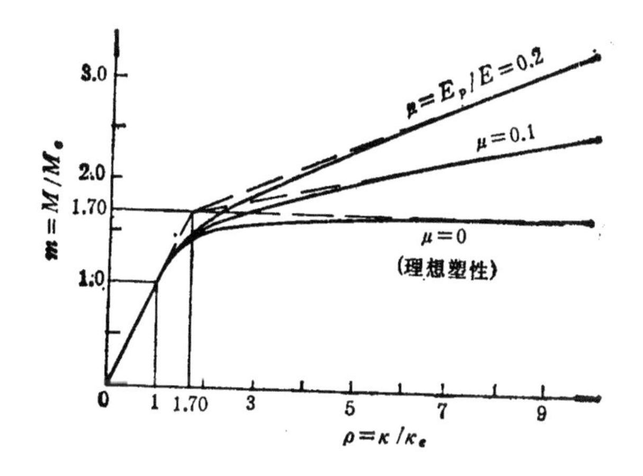

图 11-5 弹-线性强化圆杆的弯矩-曲率关系.

矩 $M^*=M_e=\frac{\pi}{4}Yr^3$; 那么，如果校直段($\overline{CD}=l$)较长，至少有一次机会使 κ_i 处于 M^*的弯曲平面内。由于此时 M^*产生的曲率恰为 $\kappa^*=\kappa_e$,因此圆杆在通过纯弯曲校直段时将经历曲率改变

$$\Delta\kappa=\kappa^*-\kappa_i=\kappa_e-\kappa_i. \tag{11-6}$$

应用圆杆的 M-κ 关系即(11-3)式，可以识别出以下三种不同的情况.

(i) $0\leqslant\kappa_i\leqslant 2\kappa_e$.

这时，$-\kappa_e\leqslant\Delta\kappa\leqslant\kappa_e$,圆杆将处于弹性弯曲状态，并且其最终曲率 κ_f 为

$$\kappa_f=\kappa_i,\quad 当\ 0\leqslant\kappa_i\leqslant 2\kappa_e. \tag{11-7}$$

(ii) $\kappa_i<0$.

这时 $\Delta\kappa/\kappa_e=1-\kappa_i/\kappa_e>1$。如图 11-6 所示，在纯弯曲时 $m=\Phi(\Delta\kappa/\kappa_e)$,其中函数 Φ 由 (11-3) 式定义；在卸载后的最终曲率 κ_f 决定于

$$\frac{\kappa_f}{\kappa_e}=\Phi\left(\frac{\Delta\kappa}{\kappa_e}\right)-1=\Phi\left[\frac{|\kappa_i|}{\kappa_e}+1\right]-1<0,\quad 当\ \kappa_i<0. \tag{11-8}$$

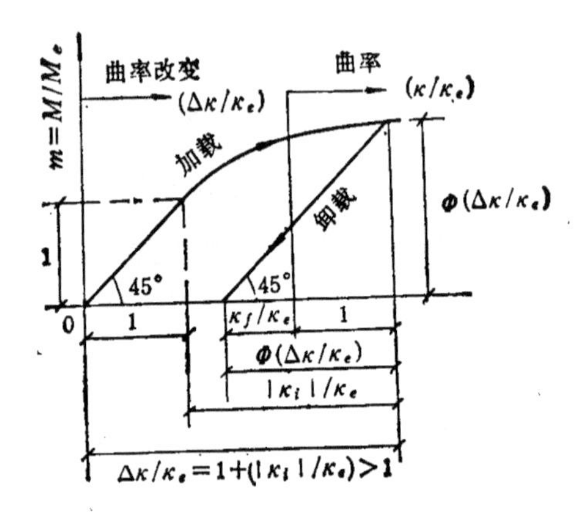

图 11-6 $\kappa_i<0$ 情形的曲率改变过程.

(iii) $\kappa_i > 2\kappa_e$.

这时 $\Delta\kappa/\kappa_e = 1 - \kappa_i/\kappa_e < -1$. 如图 11-7 所示，类似的分析给出

$$\frac{\kappa_f}{\kappa_e} = \Phi\left(\frac{\Delta\kappa}{\kappa_e}\right) + 1 = \Phi\left[\frac{\kappa_i}{\kappa_e} - 1\right] + 1 > 0,\ \text{当}\ \kappa_i > 2\kappa_e. \tag{11-9}$$

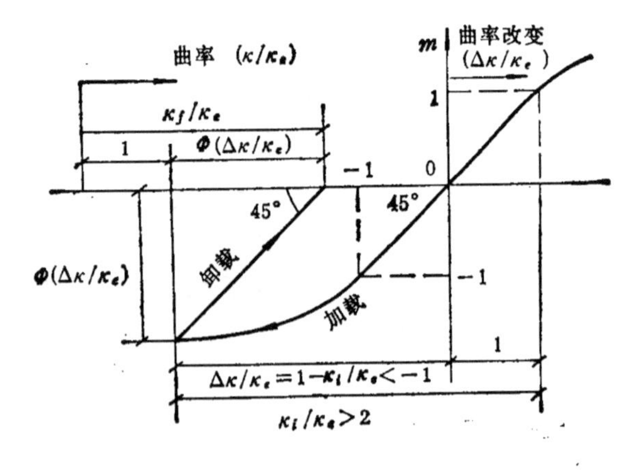

图 11-7 $\kappa_i>2\kappa_e$ 情形的曲率改变过程.

当 κ_i 较大而校直段较长时，杆的曲率将反复经历上述 $\kappa_i \to \kappa_f$ 的变化，其曲率的变化历程如图 11-8 中的 $\kappa_i \to \kappa_1 \to \kappa_2 \to \kappa_3 \to \kappa_4 \to \cdots$所示。图中的曲线(用粗实线画出)来自图 11-5 中的 m-ϕ 曲线。这里已经考虑了杆在校直过程中的旋转，因而 $\kappa_j(j=1,2,3,4,\cdots)$相对于 M^*所在平面不断改变符号(相当于杆每转 180°，κ_j 就改变为 $-\kappa_j$)。

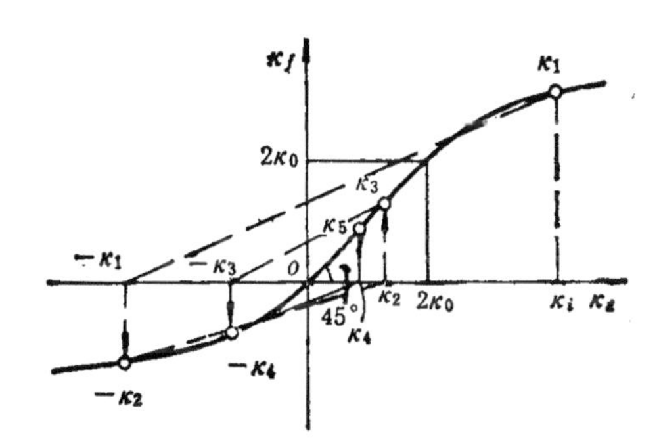

图 11-8　在反复加卸载过程中圆杆曲率的变化历程.

很明显，校直后圆杆的最终曲率依赖于三个因素：a）初始曲率 κ_i；b）材料性质，即 κ_e 和 $\mu=E_p/E$；c）杆在两个加载辊之间旋转的角度.

11.1.4　数值的例子

设杆的材料的强化系数为 $\mu=E_p/E=0.1$，各杆初始曲率分别为 $\kappa_i=0.5\kappa_e, 1\kappa_e, 2\kappa_e, 5\kappa_e$ 和 $10\kappa_e$，利用上述分析算得的结果见表 11-1 和图 11-9。

这表明，即使初始曲率 κ_i 非常大，在校直段旋转了 5 圈之后仍有 $\kappa_f/\kappa_e < 0.3$. 例如，对软钢取 $E/Y=450$，那么 $\kappa_f < 0.3\kappa_e$ 意味着

$$R_f = 1/\kappa_f > Er/0.3Y = 1500r,$$

此式中 R_f 是最终曲率半径，r 是杆自身的半径. $R_f/r > 1500$ 已能达到一般工程上的校直要求。

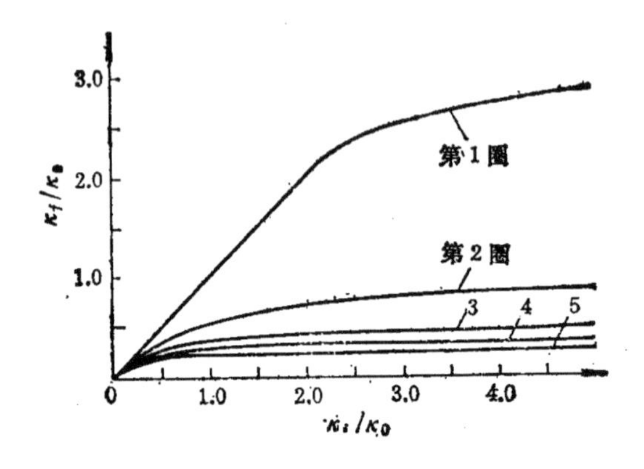

图 11-9 校直后的最终曲率 κ_f 与初曲率 κ_i 的关系．不同的曲线代表杆在加载辊之间旋转不同圈数所得的结果．

表 11-1 圆杆校直后的曲率

κ_i/κ_0	κ_f/κ_0				
	第 1 圈	第 2 圈	第 3 圈	第 4 圈	第 5 圈
0.5	0.5	0.36	0.28	0.23	0.20
1.0	1.0	0.54	0.37	0.29	0.24
2.0	2.0	0.74	0.45	0.34	0.27
5.0	2.9	0.88	0.50	0.36	0.28
10.0	3.4	0.94	0.52	0.37	0.29

上述计算结果还表明，校直的效果主要是在杆旋转头 3 圈内完成的，继续增加校直圈数带来的效果并不显著．这一点，对于选取校直辊的距离 l 是很有意义的．

在这里我们还可以顺便对 M^* 的取法作一讨论．上面的结果是按照 $M^*=M_e$ 得出的．如果取 $M^*=\eta M_e(0<\eta<1)$，那么依照上述分析可以证明，无论经历多少圈的旋转校直，其最终曲率必将大于$(1-\eta)\kappa_e$，即 $\kappa_f\geqslant(1-\eta)\kappa_e$．因为，一旦杆的曲率落入 $(1-\eta)\kappa_e$ 的范围，在 $M^*=\eta M_e$ 的作用下只能发生弹性弯曲，最终曲率便无法进一步减小了．

11.1.5 结论

(i) 提高校直效果的最有效途径是使交叉辊产生的纯弯曲校直段的弯矩M^*尽可能地接近被校直的工件的弹性极限弯矩 M_e.

(ii) 加载辊的间距 l 须为工件提供 3 圈或更多圈的旋转，这对减小最终曲率十分重要.

(iii) 尽管真实材料的 $\sigma-\varepsilon$ 曲线可能比弹-线性强化模型复杂，但参照上述分析方法总可根据材料特性构造图 11-5 和图 11-9 的特性曲线，从而为预测校直后的杆的最终曲率提供理论依据.

§11.2 受压和受拉的圆环的大变形

在本书引言中曾经提到，塑性弯曲作为一种能量耗散机制，在碰撞能量吸收装置中有着广泛的应用. 其中，圆环就是一种研究得最充分、应用得最广泛的能量吸收元件[11.2].

11.2.1 理想塑性圆环受压时的大变形

Hwang[11.3] 最早给出了对径受压(或受拉)的理想弹塑性薄圆环的小变形分析. 他得到圆环内的弯矩分布如图 11-10 所示. 图中 P 为外载，施加在圆环的一条直径的两端上. P_1 是使 A,C 截面(参见右上角附图)达到最大弹性弯矩 M_e 的 P 值. P_2 是使 A,C 截面达到塑性极限弯矩 M_p 的 P 值. 不难证明,

$$P_2 = \frac{\pi M_p}{R}, \tag{11-10}$$

其中 R 为圆环的半径. 当 $P = P_2$ 时，虽然圆环内已有两个塑性铰 (在 A,C 截面)，但这尚不足以使圆环成为机构. 若外载继续增加到

$$P_0 = \frac{4M_p}{R}, \tag{11-11}$$

则 A, B, C, D 四个截面都生成塑性铰，圆环成为机构. 因此,

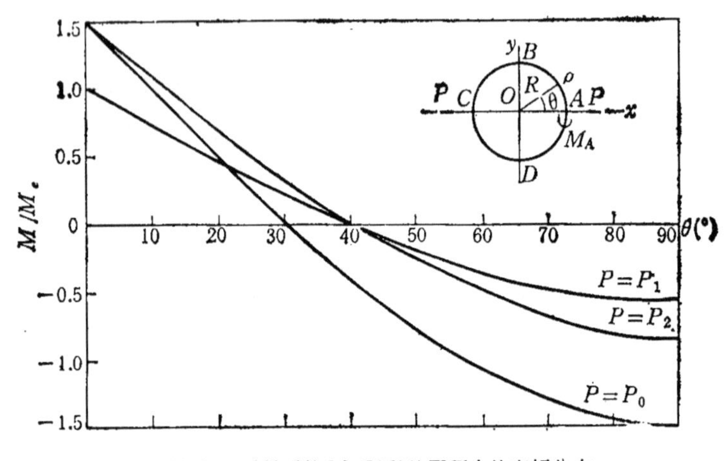

图 11-10 对径受拉(或受压)的圆环内的弯矩分布.

(11-11) 式给出的 P_0 正是圆环受压 (或受拉) 时的塑性极限载荷。

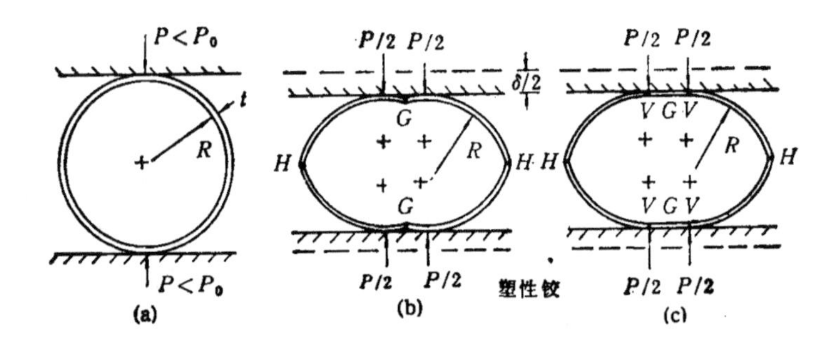

图 11-11 用一对刚性平板加压的理想刚塑性圆环. (a)初始状态; (b) 大变形的四铰机构; (c) 接触面变平的大变形机构.

DeRuntz 和 Hodge[11.4]指出，上述四铰机构不仅是圆环的初始破坏机构，而且也是受压圆环的大变形机构. 他们假定对圆环的加载是通过一对相互平行的光滑的刚性平板进行的(图 11-11 (a)),则在忽略弹性变形的条件下(也就是假定材料为理想刚塑性时),当圆环遵循四铰机构发生塑性大变形时(图 11-11 (b)),由于载荷作用点随挠度的增加而外移，载荷对边铰的力臂减小，因而圆环的承载能力将随变形而增大．事实上，若取出 1/4 圆环如图 11-12，则这段圆弧仅仅作刚性转动．设其转动的角度为 β，则从几何关系易知

$$\delta/2 = R\sin\beta, \tag{11-12}$$

$$a = R\cos\beta, \tag{11-13}$$

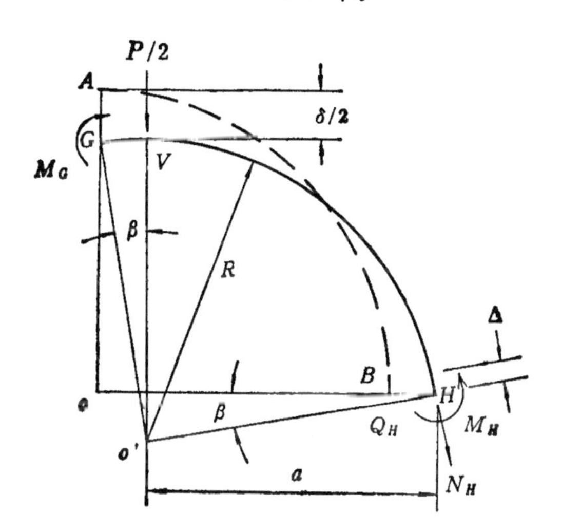

图 11-12　1/4 圆环的受力与转动．

其中 δ 为两平板的相对位移（以相互靠近为正），a 为 $P/2$ 到边铰 (H) 的力臂．为使 G, H 保持为塑性铰，要求 $M_G = M_p$，$M_H = -M_p$，进而易知

$$P = 4M_p/a, \tag{11-14}$$

利用(11-12)及(11-13)式消去 β，并注意(11-11)式定义的 P_0，最后得出

$$P = \frac{P_0}{\sqrt{1-(\delta/d)^2}}, \tag{11-15}$$

其中 $d = 2R$ 是圆环的直径．此式直到上半环的 G 点与下半环的对应点相碰才失效．此时，

$$\beta = \frac{\pi}{4}, \ \delta = d/\sqrt{2}, \ P = \sqrt{2} P_0. \qquad (11\text{-}16)$$

但是,从力矩平衡方程可知，图 11-12 中 GV 段上弯矩不变，都为 M_p,因此塑性区不一定限于G点,也可以是整个 GV 段. 如果采取 GV 段变平的变形机构(图 11-11 (c)),则 δ 和 P 不受(11-16)式的限制.

还应注意,(11-15) 式给出的 P-δ 关系仅对刚性平板加压的圆环成立. 改换加载方式,会影响 P-δ 曲线的状态. 例如，若对圆环始终施加一对集中力 (压力),则如图 11-13 (a)所示，虽然圆环大变形时仍保持为四铰模式，但变形增大时载荷对边铰的力臂增大，因而圆环的承载能力将随变形增大而减小. 事实上，若设 1/4 圆环的刚体转动角为 β,则不难证明 (见图 11-13 (a),可参考[11.5]和[11.6]):

$$P = \frac{P_0}{\cos\beta + \sin\beta}, \qquad (11\text{-}17)$$

$$\delta = d(1 + \sin\beta - \cos\beta), \qquad (11\text{-}18)$$

其中 P_0 和 d 含义同前. 从上二式中消去 β,可得到

$$P = \frac{P_0}{\left[1 + 2\left(\frac{\delta}{d}\right) - \left(\frac{\delta}{d}\right)^2\right]^{1/2}}. \qquad (11\text{-}19)$$

如图 11-13 (b),此式给出一个渐减的 P-δ 关系. 此式也受到上下半环中点相碰的限制,即极限情形为

$$\beta = \frac{\pi}{4}, \ \delta = d, \ P = P_0/\sqrt{2}. \qquad (11\text{-}20)$$

11.2.2 刚-线性强化圆环受压时的大变形

紧接着 DeRuntz 与 Hodge 的工作[11.4],Redwood[11.7]报告了用刚性平板向软钢和铝的圆管加压的试验. 圆管的厚度与直径的比为 0.008—0.054. 在各种情况下,实验所得的载荷-挠度曲线总高于理论曲线,见图 11-14.

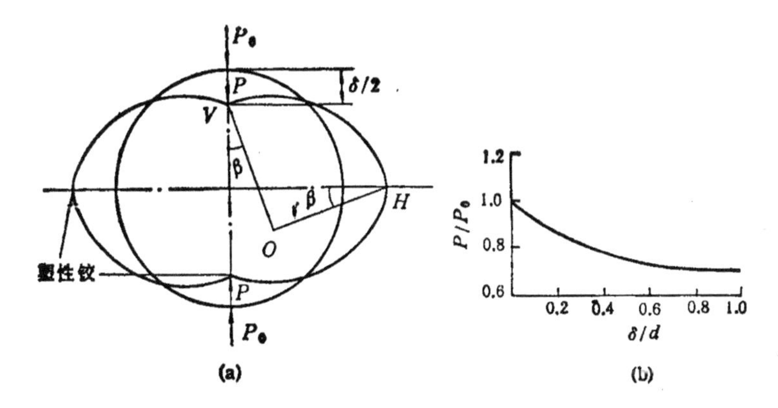

图 11-13　在一对集中压力作用下的圆环.
(a) 大变形模式; (b) P-δ 关系.

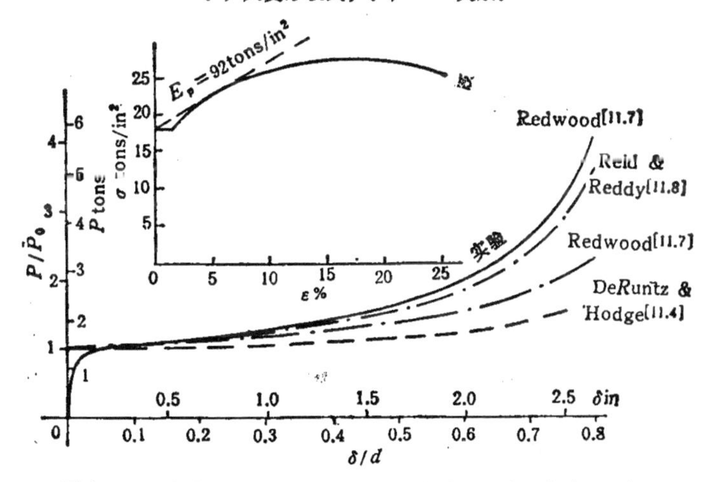

图 11-14　受压圆环大变形的载荷-位移曲线的理论与实验的比较.
(1in = 2.54cm,　1ton = 1000kg)

Redwood[11.7]接着给出了他的近似分析. 如果材料是刚-线性强化的，当一个长度为 ds 的塑性区承受一个均匀的曲率改变 $1/r$ 时，相应的功为

$$U=\frac{M_p}{r}\left(1+\frac{E_p h}{6Yr}\right)ds, \tag{11-21}$$

其中 Y 为材料的初始屈服应力，E_p 为强化模量，h 为环的厚度，

$M_p = Ybh^2/4$ 为与初始屈服应力相应的塑性弯矩.

假定环的上下中部变平(如图 11-11 (c))并根据实验观测取环两侧的铰区长为 $s = 5h$，再应用(11-21)式就可以估算出这些塑性区内吸收的能量. 在计算时，在材料拉伸曲线上取了可能取到的最大的 E_p 值,但算出的 p-δ 曲线仍明显低于实验,如图 11-14 所示.

后来，Reid 和 Reddy 重新仔细研究了应变强化效应[11.8].他们指出,当材料为刚-线性强化时,图 11-11 (c)机构中位于两侧的塑性铰将扩展为塑性区，如图 11-15. 如同本书 4.4.2 节中所指出的那样,刚-线性强化梁在屈服以后的弯曲行为可以同弯曲刚度为 E_pI 的弹性梁的弯曲行为相比拟. 这样,只要应用 Elastica 理论(参见§3.2)求解一段刚度为 E_pI 的曲梁的弹性大变形，并同与之相连的刚性圆弧段相衔接,就能得到 P-δ 曲线，结果同实验符合较好，见图 11-14.

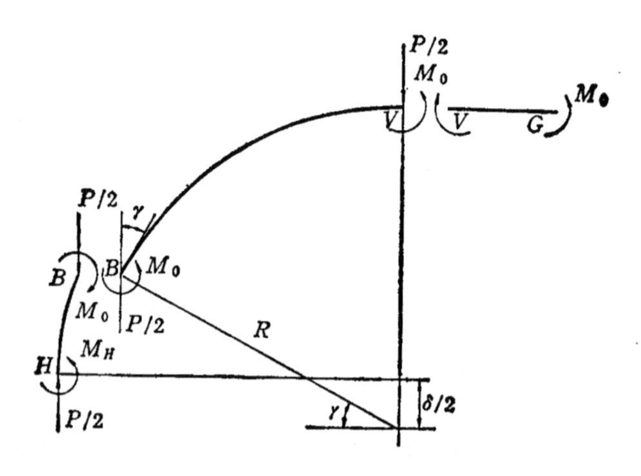

图 11-15 Reid 和 Reddy[11.8]对强化圆环采用的变形模型，两侧的塑性铰扩展为塑性区段 HB.

Reid 和 Reddy 的分析[11.8]与 Redwood 的近似分析[11.7]的重要不同在于,图 11-15 中塑性区 HB 的曲率并非均匀、且随挠度 δ 的增加而增加; 塑性区 HB 的长度也随 δ 的增加而变化. 这些现象在实验中也能观察到．总之，应变强化不仅使塑性区的弯矩增大，而且也影响到变形后的几何构形，这两个因素都导致 $P-\delta$ 曲线的升高．

利用类似的方法，Reid 和 Bell[11.6] 也分析了刚-线性强化圆环承受一对集中压力的问题．这时，图 11-13(a)中所示的四个塑性铰都将扩展为塑性区，都要按照 Elastica 理论求解，然后适当连接，最后得出 $P-\delta$ 曲线．

在[11.8]和[11.6]的分析中，发现 $P-\delta$ 曲线的性态仅只取决于一个参数

$$mR=(6YR/E_ph)^{1/2}, \tag{11-22}$$

强化越强，此值越小．图 11-16 画出了在一对集中压力作用下的圆环的 $P-\delta$ 曲线随 mR 值不同而变化的情况．

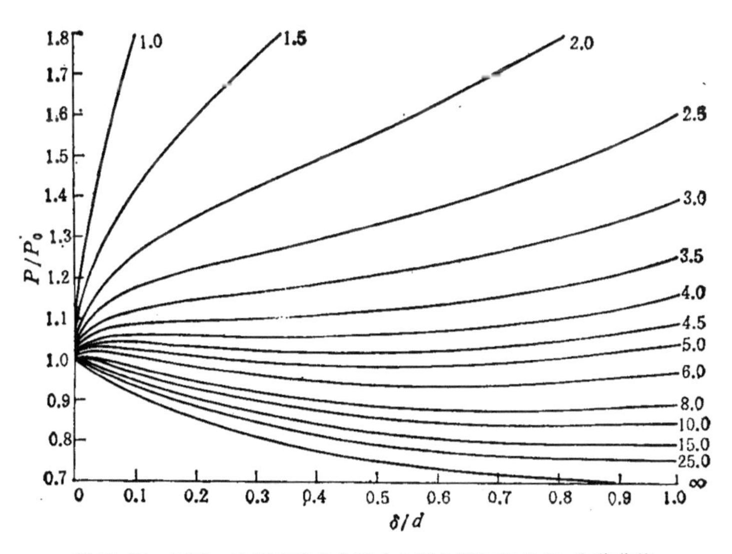

图 11-16 不同 mR 值下受集中压力作用的圆环的载荷-位移曲线．

11.2.3 对径受拉圆环的塑性大变形[11.9]

图 11-17(a)是一对径受拉的圆环．根据 11.2.1 节的讨论，当

外载达到

$$P_0 = 4M_p/R$$

时，圆环按四铰机构发生初始塑性流动。

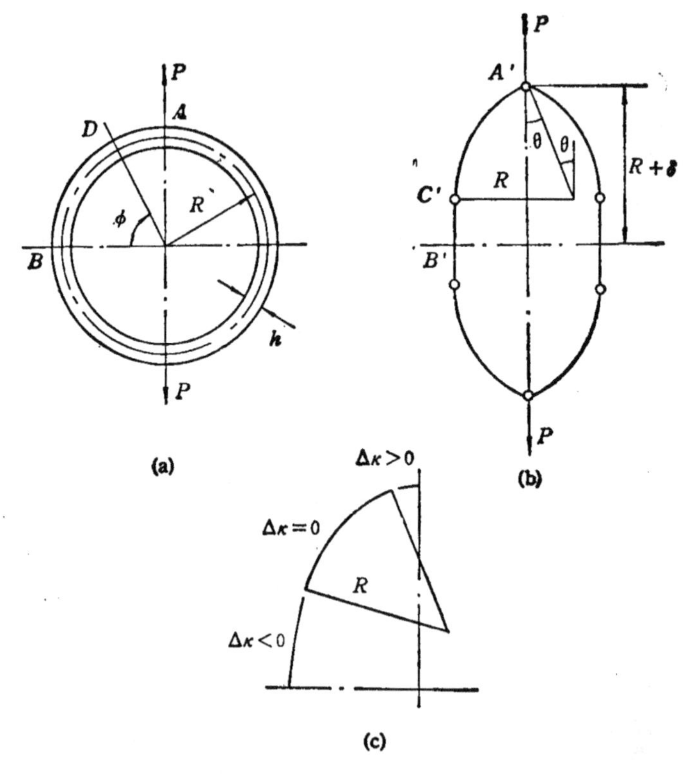

图 11-17 对径受拉的圆环. (a) 初始构形; (b) 理想刚塑性大变形机构，两侧为拉直段; (c) 刚-线性强化情形的大变形机构(1/4圆环).

余同希[11.9]研究了受拉圆环发生大变形的情形，首先指出当材料为理想刚塑性时圆环的大变形机构为图 11-17 (b). 若忽略环中线的伸长及轴力对截面屈服的影响，则从几何关系容易导出

$$\left.\begin{aligned} P &= \frac{P_0}{1-\sin\theta}, \\ \delta &= R(\cos\theta+\theta-1), \end{aligned}\right\} \qquad (11\text{-}23)$$

这实际上是通过参数 θ 表示的 P-δ 关系。

若计及轴力的效应，则应将图 11-17 (b)中的铰 C 看成是弯矩和轴力联合作用形成的广义塑性铰。应用M与N交互作用的极限曲线(参见§1.9)和与之相关连的流动法则，[11.9]中对 P-δ 曲线作出了讨论。其中特别指出，对于 h/R 很小的薄圆环，在 $\theta \to \pi/2$ 时会出现由弯矩为主承载 ($M \simeq M_p$) 到轴力为主承载 ($N \simeq N_0$, $M \simeq 0$)的一种快速过渡。

同样，也可以利用刚-线性强化梁与线弹性梁的比拟来研究刚-线性强化的对径受拉圆环。这时，图 11-17 (b) 中的 A' 铰和 $B'C'$ 段分别被一个曲率增加 ($\Delta\kappa > 0$) 的塑性区和一个曲率减小 ($\Delta\kappa < 0$)的塑性区所替代，如图 11-17(c)。求解这两段塑性区的形状可以用 Elastica 理论；再使之与 $\Delta\kappa = 0$ 的刚性圆弧段相连接，可以得出计及强化的 P-δ 关系。作为近似，将这个刚-线性强化解按与 P_0 对应的弹性位移向右平移，就得到近似的弹-线性强化解。从图 11-18 看到，这个近似理论解同实验符合良好。该实验用的是 $R/h = 23.2$ 的低碳钢圆环。

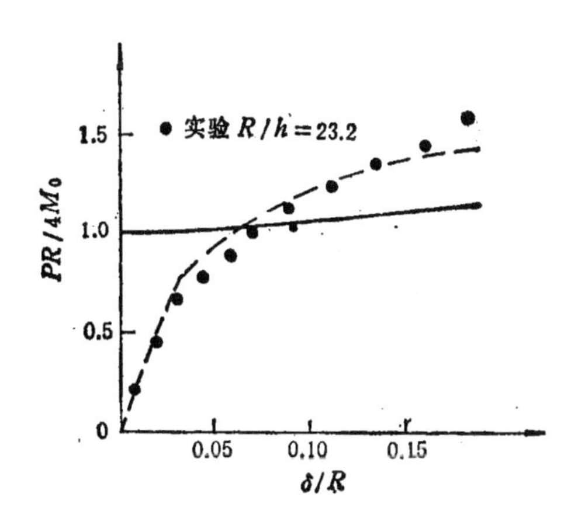

图 11-18 对径受拉圆环的 P-δ 关系的理论与实验的比较。
——理想刚塑性理论解；
----弹-线性强化近似理论解。

§11.3 薄壁杆件的拉弯成形

在薄壁杆件的弯曲成形中的主要问题有三个，一是卸去外载后的回弹量很大，二是薄翼缘在弯曲时起皱，三是截面形状在弯曲过程中产生畸变。由§1.9 的理论分析结果我们已经知道，如果在弯曲过程中施加一轴向拉力可减少回弹量；又由§10.1 的论述知，轴向拉力的作用减少了薄壁翼缘中的压应力，因此也有利于避免起皱。实验还表明，这也会减少截面形状的变化。

我们来简单分析图 11-19 (a) 所示的槽钢的拉弯成形后的回弹量。

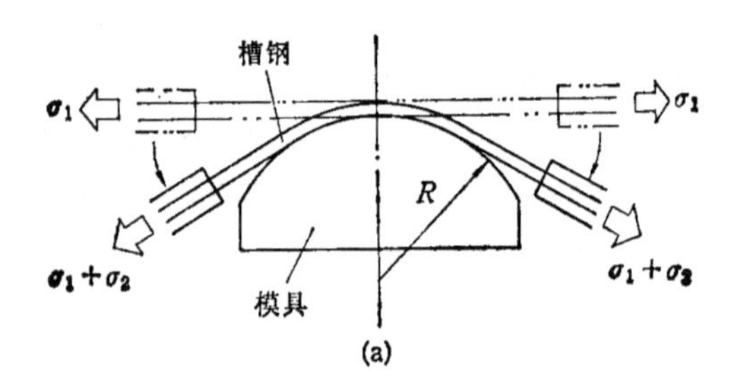

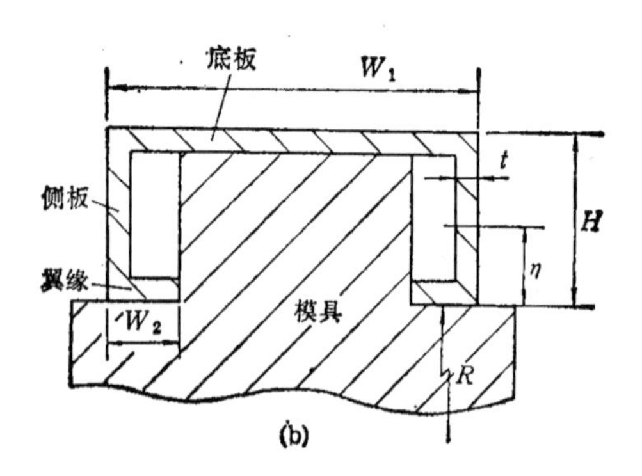

图 11-19 (a) 槽钢在模具上的拉弯，$R=100$mm．(b) 槽钢的截面形状．$t=0.5$mm，$w_1=35$mm，$w_2=3$mm，$H=10$mm．

假定槽钢只承受单向应力的作用，截面形状在弯曲过程中保持不变，材料的 Baushinger 效应可以忽略，且卸载过程是完全弹性的。根据实验结果，材料的单向拉伸应力-应变曲线（SUS 304 不锈钢）可表示为

$$\sigma = \begin{cases} E\varepsilon, & \text{在弹性区,} \\ \tilde{\sigma} + E'(\varepsilon - \tilde{\sigma}/E)^n, & \text{在塑性区,} \end{cases}$$

其中 $E' = 1520\text{MN/m}^2$，$\tilde{\sigma} = 302\text{MN/m}^2$，$n = 0.80$。在图 11-19(b)中，$\eta$ 为中性层与槽钢翼缘底面间的距离。利用§5.2 的分析方法，容易得出图 11-20 的结果。在图 11-20 中，我们用“T-M”和“T-M-T”表示两个不同的拉弯过程。其中 T-M 表示在槽钢弯曲前先作用拉应力 σ_1，弯曲过程中保持 σ_1 不变，然后完全卸载。T-M-T 则表示在 T-M 过程的卸载前先加一个额外拉应力 σ_2，然后再卸载。

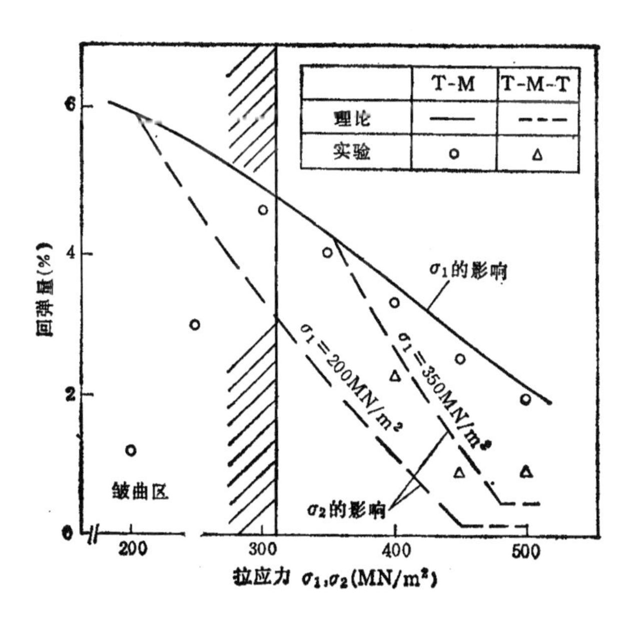

图 11-20 拉应力对回弹量的影响(引自[11.10])。

图 11-20 表明，拉应力 σ_1 和 σ_2 对减少回弹量的作用是非常显著的。值得注意的是，如果在二个 T-M-T 过程中使 σ_2 相同，那

么 σ_1 越小，回弹量也越小．这说明，如果单纯从减少回弹量的角度来考虑，先弯后拉过程(M-T)比先拉后弯过程(T-M)好．但若考虑皱曲等因素，一定量的 σ_1 是很必要的．由图还可以看到，当 σ_2 大到一定值时(如，$\sigma_2 \geqslant 480\mathrm{MN/m^2}$ 而 $\sigma_1 = 350\mathrm{MN/m^2}$)，回弹量基本上保持为常数，这是因为此时梁的全截面都已进入塑性变形．理论和实验结果吻合得很好．图 11-21 给出若干试件成形后的形状．

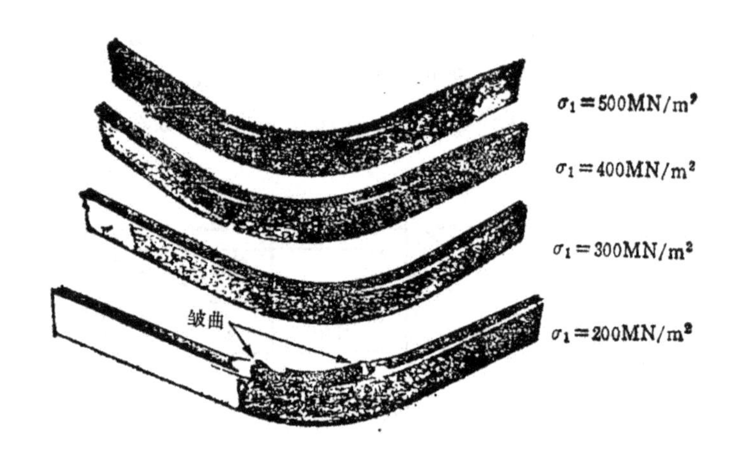

图 11-21　成形后的试件形状(引自[11.10])．

§11.4　薄梁在弯矩和轴力作用下的弹塑性侧屈

考虑图 11-22 所示的薄梁(板条)，长为 L，两端简支，截面为宽 b、高 h 的狭窄矩形．取坐标系如图．对于在 xoz 平面内承受纯弯曲的薄梁的弹塑性侧屈问题，曾被 Kachanov[11.11]讨论过．现在我们来研究梁的两端既有弯矩M又有轴力N作用的情形，这里N可以是拉力($N > 0$)，也可以是压力($N < 0$)．这个问题是由李晖凌、徐昱和余同希[11.12]研究的．

假定：(i) 材料是理想弹塑性的；(ii) 梁的变形符合平截面

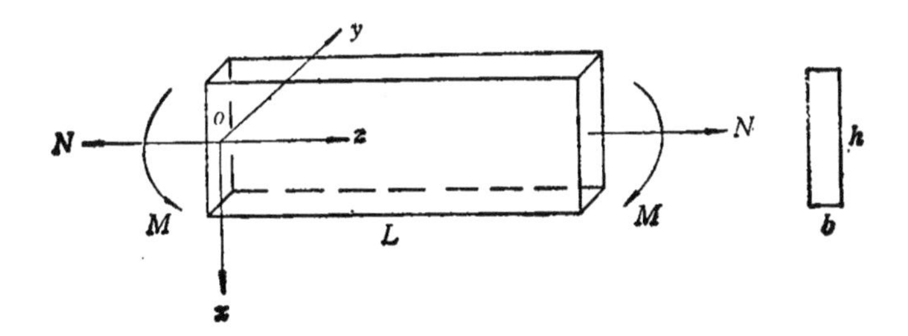

图 11-22　承受弯矩和轴力作用的薄梁.

假定:(iii) M,N 成比例加载;(iv) 在塑性区采用增量理论;(v) 在屈曲分析中采用 Shanley 的全面加载理论.

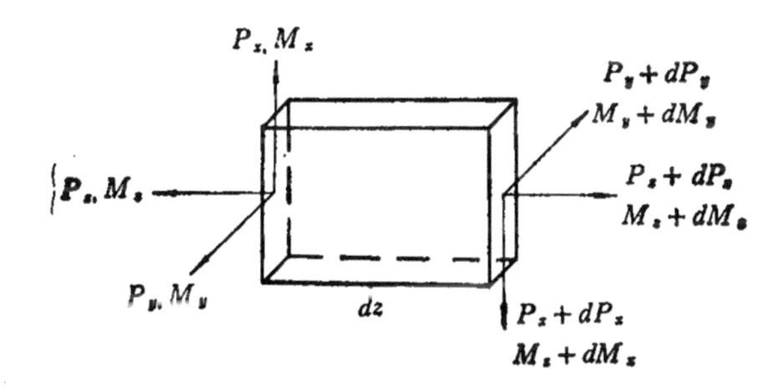

图 11-23　梁中一微段所受的内力和内力矩.

图 11-23 表示梁中任一微段所受的内力和内力矩;图 11-24 表示薄梁截面在侧屈时的形心位移(u,v)和扭转角(θ),且可定义曲率和扭率为

$$\kappa_1 = \frac{d^2u}{dz^2},\ \kappa_2 = -\frac{d^2v}{dz^2},\ \tau = \frac{d\theta}{dz}. \tag{11-24}$$

考虑变形后的微段的力和力矩平衡,可列出平衡方程(详见[11.12]):

$$\begin{cases} \dfrac{dP_y}{dz} - P_z\kappa_2 + P_x\tau = 0, \\ \dfrac{dM_x}{dz} + M_z\kappa_1 - M_y\tau - P_y = 0, \\ \dfrac{dM_z}{dz} + M_y\kappa_2 - M_x\kappa_1 = 0. \end{cases} \tag{11-25}$$

由于外载仅为两端的弯矩(M_y)和轴力(P_z)，因而在初始侧屈时 $M_z \ll M_y$，$M_x \ll M_y$，$P_x \ll P_z$，且 κ_1 和 τ 为小量。在(11-25)式中略去高阶小量 $M_z\kappa_1$，$M_x\kappa_1$ 和 $P_x\tau$ 之后，注意到 $M_y = M$，$P_z = N$，该方程组可简化为

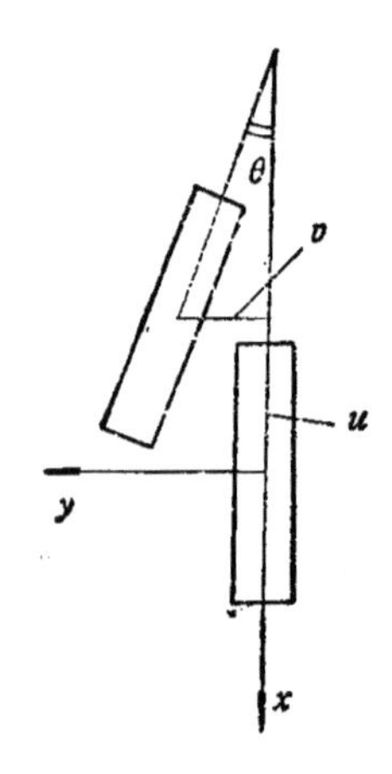

图 11-24 薄梁截面在侧屈时的位移和扭转角.

$$
\begin{cases}
\dfrac{dP_y}{dz} - N\kappa_2 = 0, \\
\dfrac{dM_z}{dz} - M\tau - P_y = 0, \\
\dfrac{dM_x}{dz} + M\kappa_2 = 0.
\end{cases}
\tag{11-26}
$$

在梁发生侧屈之前，M 和 N 的作用只产生应力 σ_z；也就是说前屈曲应力分布有 $\tau_{xz} = \tau_{yz} = 0$. 屈曲发生时，可能产生应力增量 $\delta\sigma_z$，$\delta\tau_{xz}$ 和 $\delta\tau_{yz}$，其中后两者与相应的应变增量的关系是

$$
\begin{cases}
\delta e_{xz} = d\lambda \cdot \tau_{xz} + \dfrac{1+\nu}{E}\delta\tau_{xz} = \dfrac{1+\nu}{E}\delta\tau_{xz}, \\
\delta e_{yz} = d\lambda \cdot \tau_{yz} + \dfrac{1+\nu}{E}\delta\tau_{yz} = \dfrac{1+\nu}{E}\delta\tau_{yz},
\end{cases}
\tag{11-27}
$$

其中 E 和 ν 分别为材料的杨氏模量和 Poisson 比. (11-27) 式表明，屈曲时的附加应变 δe_{xz}，δe_{yz} 与应力增量 $\delta\tau_{xz}$，$\delta\tau_{yz}$ 的关系同弹性柱体扭转时二者的关系是一样的，因而扭矩 M_z 必定与扭率 τ 成正比. 设薄梁截面的弹性扭转刚度为 c_0，则有

$$M_z = c_0\tau. \tag{11-28}$$

再来看 M_x 与 κ_2 的关系. 首先有

$$M_x = \iint \delta\sigma_z \cdot y\,dx\,dy. \tag{11-29}$$

对于弹性区 $\delta\sigma_z = E\kappa_2 y$；而对于塑性区，由于我们采用全面加载理论且材料是理想弹塑性的，则

$$df = \frac{\partial f}{\partial \sigma_{ij}} d\sigma_{ij} = 0, \tag{11-30}$$

其中 $f(\sigma_{ij})$ 是屈服函数。无论采用 Mises 屈服条件还是 Tresca 屈服条件，(11-30)式都导致

$$\delta\sigma_z = 0 \tag{11-31}$$

在塑性区成立。代回(11-29)式可知，M_x 与 κ_2 的关系仅由梁内弹性核的侧向弯曲刚度决定。假若弹性核的高度是 $h_1(\leqslant h)$，则

$$M_x = h_1 \int_{-b/2}^{b/2} E\kappa_2 y^2 dy = \frac{h_1}{h} \cdot \left(\frac{1}{12} Ehb^3\right)\kappa_2,$$

或即

$$M_x = \lambda B_0 \kappa_2, \tag{11-32}$$

其中 $\lambda = h_1/h$ 是弹性核高度在梁高中所占的比例，$B_0 = \frac{1}{12}Ehb^3$ 是全梁的侧向弯曲刚度。

根据余同希和 Johnson 的讨论(参见 § 1.9 及图 1-31)，在 M 和 N 的联合作用下，沿梁高方向（x 方向）上 σ_z 的分布可能有三种类型，即纯弹性应力分布，单侧塑性应力分布(PI)和双侧塑性应力分布(PII)。从图 1-31 可以求出弹性核高度在三种情况下分别为

弹性：$h_1 = h$，

$$\text{PI}:\ h_1 = \frac{h}{2}(1 - \delta + \gamma) = \frac{1}{2}\left(3 - \frac{m}{1 - |n|}\right)h,$$

$$\text{PII}:\ h_1 = h\gamma = \sqrt{3(1 - n^2) - 2m} \cdot h.$$

进而可知(11-32)式中系数 λ 为

$$\lambda = \begin{cases} 1, & 0 \leqslant m \leqslant 1 - |n|, \\ \dfrac{1}{2}\left(3 - \dfrac{m}{1 - |n|}\right), & 1 - |n| \leqslant m \leqslant 1 + |n| - 2n^2, \\ \sqrt{3(1 - n^2) - 2m}, & 1 + |n| - 2n^2 \leqslant m \leqslant \dfrac{3}{2}(1 - n^2). \end{cases} \tag{11-33}$$

在这些公式中我们都取 $m=|M|/M_e\geqslant 0$,因为M反号对问题不会有影响. 至此,本构关系(11-28)和(11-32)已完全确定,将它们代人平衡方程组(11-26)并消去 P_y 和 M_z 后得

$$\frac{d^2M_x}{dz^2}+\frac{1}{\lambda B_0}\left(\frac{M^2}{c_0}-N\right)M_x=0, \tag{11-34}$$

或改写为

$$L^2\frac{d^2M_x}{dz^2}+\frac{\alpha}{\lambda}(\alpha m^2-\beta n)M_x=0, \tag{11-35}$$

其中

$$\left.\begin{aligned} m&\equiv|M|/M_e=|M|\Big/\frac{1}{6}Ybh^2,\\ n&\equiv N/N_e=N/Ybh; \end{aligned}\right\} \tag{11-36}$$

$$\left.\begin{aligned} \alpha&\equiv M_eL/\sqrt{B_0c_0}=\frac{Y}{\sqrt{EG}}\cdot\frac{Lh}{b^2},\\ \beta&\equiv\frac{N_eL^2}{B_0}\Big/\left(\frac{M_eL}{\sqrt{B_0c_0}}\right)=12\frac{L}{h}\sqrt{\frac{G}{E}}. \end{aligned}\right\} \tag{11-37}$$

当 $\alpha m^2-\beta n\geqslant 0$ 时,方程(11-35)有下述形式的解:

$$M_x=c_1\sin\zeta z+c_2\cos\zeta z, \tag{11-38}$$

其中

$$\zeta=\frac{1}{L}\sqrt{\frac{\alpha}{\lambda}(\alpha m^2-\beta n)}. \tag{11-39}$$

从两端简支边条件 $M_x|_{z=0}=M_x|_{z=L}=0$ 推知使(11-38)式具有非零解的条件为

$$\zeta L=k\pi,\quad(k=1,2,\cdots\cdots), \tag{11-40}$$

于是

$$\frac{\alpha}{\lambda}(\alpha m^2-\beta n)=k^2\pi^2,\ (k=1,2,\cdots\cdots), \tag{11-41}$$

这就是侧屈临界载荷m和n应满足的方程,注意λ由(11-33)确定,它也隐含m和n.当k取不同数值时,(11-41)式给出m-n平面

上的不同临界曲线；但由于我们的假定(iii)，与原点出发的射线(代表 m,n 比例加载)最先相交的临界曲线将给出最低的临界载荷组合.

在给出算例前首先注意到大多数工程材料 $\nu \simeq 0.3$，于是(11-37)式进一步化为

$$\alpha = 1.61 \frac{Y}{E} \cdot \frac{Lh}{b^2}, \quad \beta = 7.44 \frac{L}{h}, \tag{11-42}$$

这说明此时 β 仅为几何参数.

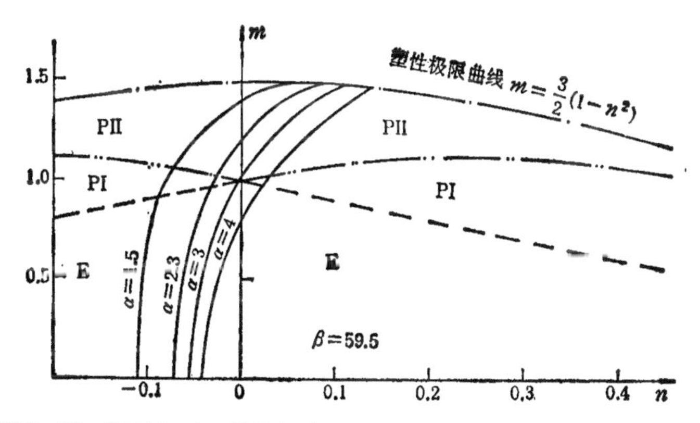

图 11-25 薄梁侧屈临界曲线(粗实线). $\beta = 59.5$; $\alpha = 1.5, 2.3, 3, 4$.

图 11-25 是取定 $\beta = 59.5$ 时对某些 α 取值所得的临界曲线. 显然，当 Y/E 增大或 b 减小(梁宽度减小)时，α 加大，临界曲线将向右移，也就是侧屈易于发生. 图中上方实线是塑性极限载荷曲线(参见 §1.9)

$$m = \frac{3}{2}(1 - n^2), \tag{11-43}$$

它同临界曲线分别代表塑性流动和弹塑性侧屈这样两种不同的失效方式.

图 11-26 是取定 $\alpha = 3$ 时对某些 β 取值的计算结果. 从中看到，当 β 减小(梁变短)时，拉力 $(n > 0)$ 使侧屈临界曲线向内移动，而压力 $(n < 0)$ 使临界曲线向外移动.

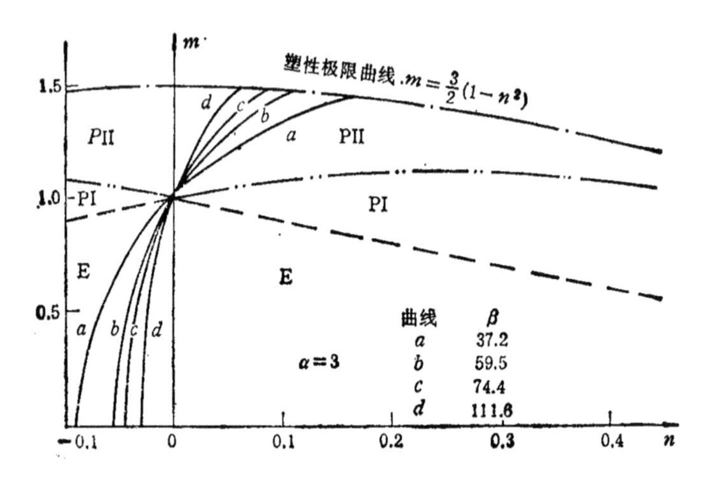

图 11-26 薄梁侧屈临界曲线(粗实线). $\alpha=3$; $\beta=37.2, 59.5, 74.4, 111.6$.

从图 11-25 和 11-26 可以看到，每一条临界曲线与塑性极限曲线都存在一交点，记该点的轴力和弯矩值分别为 n_1 和 m_1. 这一点作为 $\lambda\to 0$ 的极限点应满足

$$\begin{cases}\alpha m_1^2-\beta n_1=0,\\ m_1=\dfrac{3}{2}(1-n_1^2);\end{cases}\tag{11-44}$$

于是 n_1 满足

$$\frac{9}{4}\alpha(1-n_1^2)^2-\beta n_1=0.\tag{11-45}$$

图 11-27 给出了 n_1 随 α 和 β 变化的情况. n_1 对应于可能发生侧向屈曲的最大轴力值. 当 $n>n_1$ 时，梁的失效形式只可能是塑性流动而不可能是侧屈；当 $n<n_1$ 时,即使 n 是拉力，只要 m 足够大,侧向屈曲仍可能发生. 从图 11-27 可见,当 α 增大时，侧屈控制的失效范围增大；而 β 增大时，塑性流动控制的失效范围增大.

对于 $m=0$ 的特殊情形,从上述结果有

$$n_{cr}=\frac{\pi^2}{\alpha\beta}=\frac{\pi^2 B_0}{N_e L^2},\tag{11-46}$$

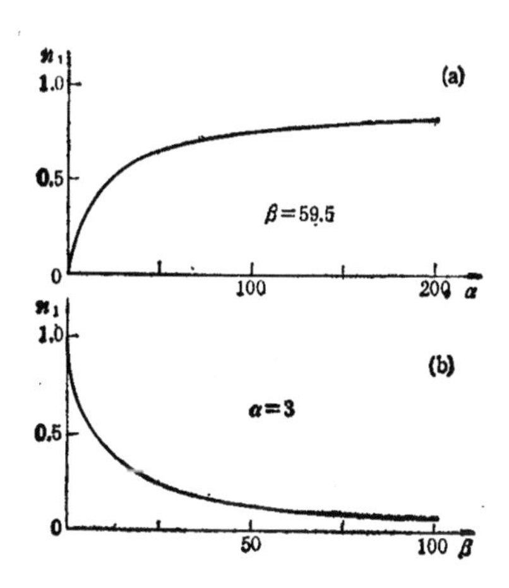

图 11-27 可能引起侧屈的最大拉力 n_1 随 α、β 的变化：(a) 随 α 的变化；(b)随 β 的变化.

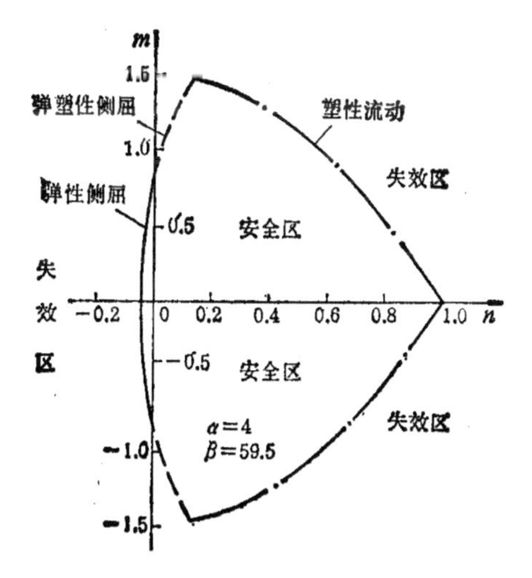

图 11-28 载荷平面上的安全区和失效区. 失效曲线由三种失效形式的区段构成.

这与压杆失稳的临界载荷相符。对于 $n=0$，即纯弯曲的情形有

$$\begin{cases}\alpha m_{cr}=\pi, & \text{当 } m_{cr}<1,\\ \alpha m_{cr}=k\pi\sqrt{3-2m_{cr}}, & \text{当 } m_{cr}>1,\end{cases} \tag{11-47}$$

这与 Kachanov[11.11] 讨论的理想弹塑性板条在纯弯曲条件下的侧屈结果相符.

对于 $\alpha=4$, $\beta=59.5$ 的典型情形, 在载荷平面 m-n 上可以标定失效区和安全区,二者的分界线是一条闭曲线,它包括好几段,分别代表塑性流动、弹性侧屈和弹塑性侧屈, 见图 11-28.

§11.5 非刚性底模的成形

在第四、七、八等章中我们已经看到, 为了对工件(板条或板)施行弯曲和冲压, 通常采用一对尺寸互相匹配的刚性冲模(凸模)和刚性底模(凹模). 与这样的传统方法不同,从 50 年代起便有人建议采用非刚性底模的成形工艺.这时冲模仍为刚性的,对工件最终形状起决定性作用;但刚性底模则用高弹性材料衬垫代替(如见下面的11.5.1节),或用液压腔代替(如见11.5.2节). 我们这里把它们统称为非刚性底模的成形. 与传统成形工艺相比, 它们具有下述优点:

(i) 简化了模具,由于不再需要制造复杂的凹模,模具成本大大降低;

(ii) 提高了零件的成形质量, 包括尺寸精度和表面光洁度等;

(iii) 扩大了零件一次成形的成形极限,并能成形一些形状复杂的零件.

对非刚性底模成形的某些工艺问题, 请参看板料成形方面的书籍, 例如 [11.13]. 本节中我们将结合本书阐述的塑性弯曲理论,对非刚性底模成形中的回弹、皱曲等问题作一个扼要的讨论.

11.5.1 采用弹性底模的板料弯曲

图 11-29 是采用弹性底模对板料工件施加 U 形弯曲的原理图. 代替传统刚性底模的是一块高弹性材料的衬垫, 其材料可以选为氨基甲酸乙脂 ($NH_2CO_2C_2H_5$,英文名 urethane, 中文俗称尿

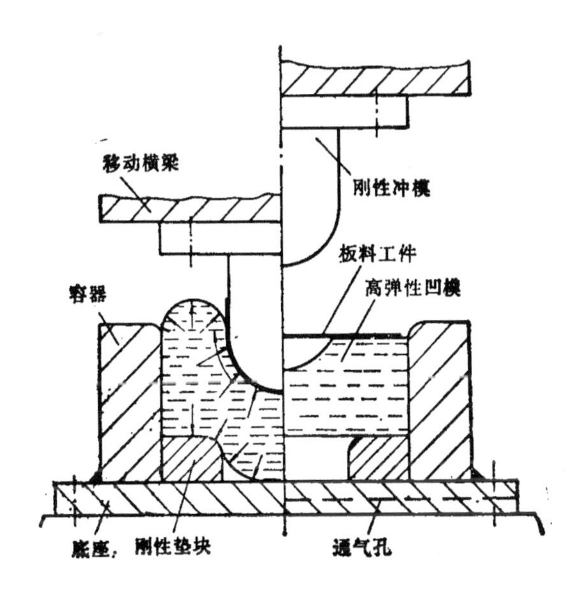

图 11-29 采用弹性凹模的板料U形弯曲装置.

烷),或者是某些其它人造橡胶. 当压力机推动钢制冲模对板料工件施加弯曲时,弹性衬垫也发生很大的变形,这时周围的容器起着限制衬垫变形的作用,同时衬垫下方的刚性垫块起到释放应力的作用.

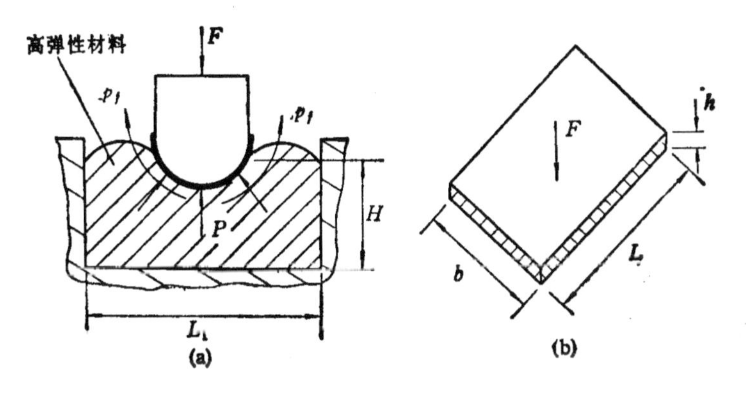

图 11-30 工件的受力和尺寸. (a) 受力; (b) 尺寸.

从被弯曲的工件的受力来看，如图 11-30 (a)所示，一方面弹性衬垫对工件施加法向压力 P，这是有利于工件贴模、因而有利于成形质量的（显然这样的弯曲比第四章中见到的四点弯曲或多点弯曲更为均匀）；另一方面，弹性衬垫与工件之间的摩擦力 p_f 也会大大改变工件内的应力分布. Al-Qureshi[11.14]认为，如果板料工件的尺寸是 $L \times b \times h$（图 11-30 (b)），冲模力为 F，衬垫与工件间的摩擦系数为 μ，则有

$$p_f = \mu F / bL. \tag{11-48}$$

Al-Qureshi 进一步假定：(i)工件材料为理想弹塑性的；(ii)工件弯曲时符合平截面假定；(iii)中性轴始终与工件的几何中轴重合；(iv)接触区为圆弧；(v)在接触弧内摩擦力处处相同. 在这些假定下，Al-Qureshi 认为，由于弹性衬垫与工件间存在粘着，衬垫将对工件造成一个附加的轴向压力. 这样，在工件的凸面，最大拉应力就不是 Y，而是$(Y - p_f)$. 在文献[11.14]中类似于我们在§1.4 中所作的推导，得出回弹比公式

$$\eta \equiv \frac{\kappa^F}{\kappa} = \frac{R}{R^F} = 1 - 3\frac{R(Y - p_f)}{Eh} + 4\left[\frac{R(Y - p_f)}{Eh}\right]^3. \tag{11-49}$$

同 Gardiner 公式(即(1-35)式)相比，差别仅在于用$(Y - p_f)$代替了 Y. 从(11-49)式不难看出，p_f 越大(这只要加大 μ 或加大 F 就可实现)时 η 越接近于 1，也就是弯曲后的回弹量越小. 这说明这种工艺得到的弯曲件保形性好.

虽然[11.14]中得出的上述结论定性上是正确的，并同§1.9 中分析得到的轴力对回弹的影响的结论一致；但是，[11.14]的分析是不够严格的，因为工件的凹面并没有受到衬垫的粘着摩擦，因此假定工件的两表面应力大小各为$\pm(Y - p_f)$是不对的，事实上在存在轴向力的条件下假定中性轴与几何中轴重合就不再正确（参见§1.9）. 事实上，[11.14]的理论分析同本书作者所作的实验符合得也不太好，如图 11-31. 限于篇幅，此处不再对[11.14]作进一步的修正；相信读者在阅读本书之后，都能自行作出比[11.14]更为

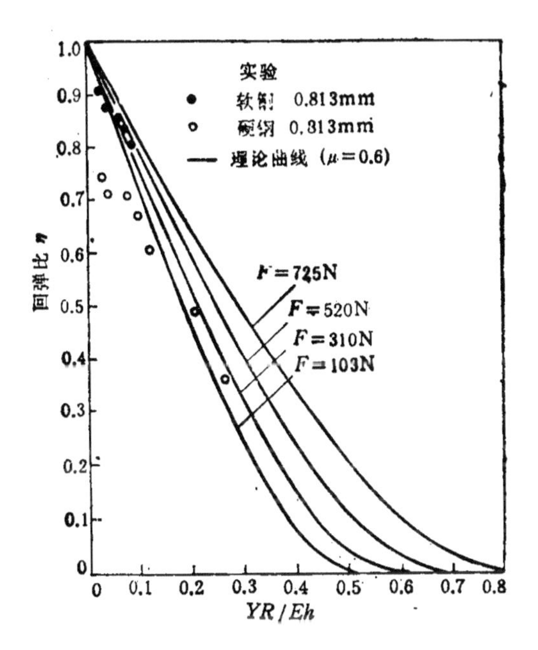

图 11-31 文献[11.14]理论分析与实验得到的回弹比之比较.

合理准确的理论分析.

11.5.2 采用液压腔代替底模的深拉延

图 11-32 是一种非刚性底模的深拉延装置示意图. 这里，压力 p 可控的一个液压腔代替了传统的刚性凹模；在液压腔与工件之间衬垫着一块橡皮膜，以防止液体的泄漏，同时并不妨碍任何成形过程的进行. 这种工艺过程，在有些英文文献中称为 hydroforming process. 它不但具有 §11.5 开始时指出的几项优点，而且特别适合于制作壁厚高度均匀的产品，并可得到较大的极限拉延比(Limit Drawing Ratio, LDR).

但是，如何控制液压的大小是一个十分复杂的问题. 压力太小会出现边圈的皱曲；压力太大时橡皮膜与工件间的摩擦力又会使工件拉伸失稳以至撕裂. 因此，对这两种失效方式都必须作出力学分析. 对此，Yossifon 和 Tirosh 等人[11.15–11.17] 作出了系统

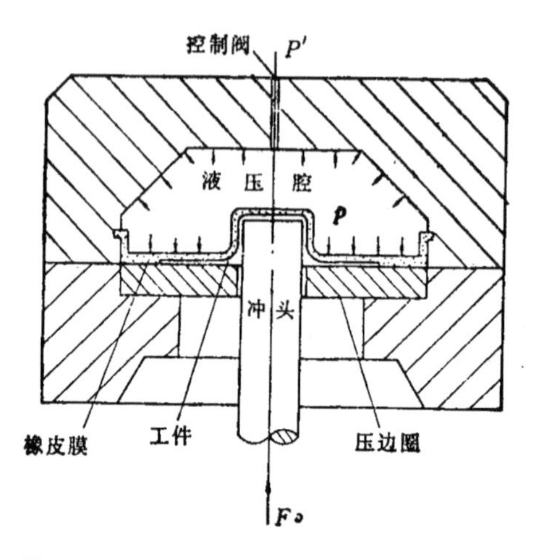

图 11-32 采用液压腔代替底模的深拉延装置.

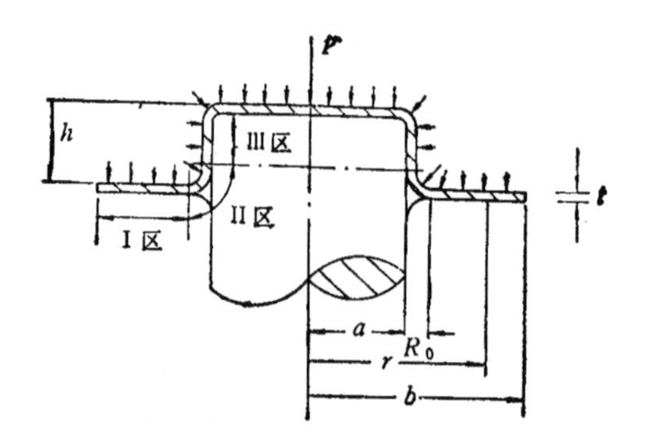

图 11-33 变形过程中工件的尺寸和分区.

的研究.

按照图 11-33，首先可以将变形过程中的工件划分为三个区，即 I 区、II 区和 III 区. I 区和 II 区构成边圈，其中 I 区始终与压边圈相接触，而 II 区没有任何刚性支承. 在常规的深拉延过程中边圈的皱曲通常发生在 I 区（参见§10.2.1 或[10.4]），而在使用液压腔的深拉延中，由于 I 区受到压力的抑制，皱曲的危险大多在于 II 区. 将 II 区割离出来，其受力状况如图 11-34，因此不难求出近似

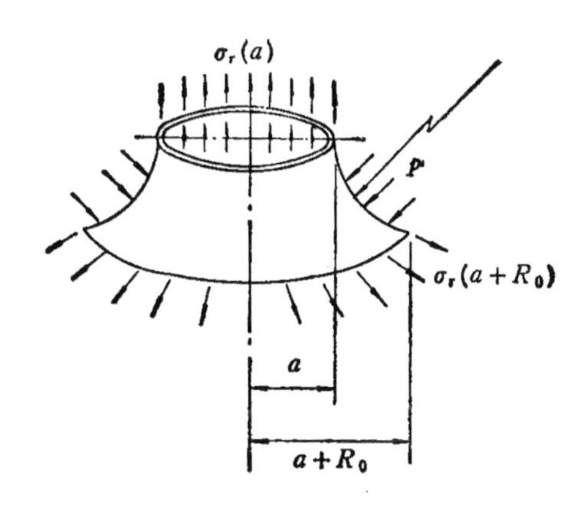

图 11-34 II 区的受力图.

的前屈曲应力场,见[11.15].

在[11.15]中,完全按照余同希和 Johnson 在[10.4]中提出的能量法,求解了形如图 11-34 的旋转壳块的皱曲临界条件. 在 Yossifon 等人的工作中,材料的本构关系取为

$$\sigma_y = \sigma_0 \bar{\varepsilon}^{n_0}, \tag{11-50}$$

这样,皱曲临界条件依赖于以下几个无量纲参数:

$$\frac{E}{\sigma_0},\ n_0,\ \frac{t}{b_0},\ \frac{b_0}{a},$$

其中前两个为材料参数,后两个为几何参数. t, b_0(b 的初始值)和 a 参见图 11-33.

图 11-35 给出坯料厚度与坯料初始直径之比(t/b_0)不同时的皱曲临界曲线. 我们看到,为了使工件不发生皱曲,要求液压腔的压力随冲模行程的加大而适当增加;还看到,t/b_0 越小,可能发生皱曲的区域越大. [11.15]中的算例还表明,当材料的强化较弱(n_0 小)或 b_0/a 较大时,也要求加大 p 才能避免发生皱曲.

关于如何利用液压力来抑制 I 区的皱曲的问题,在[11,16]中也是按照余同希-Johnson 的能量法进行分析讨论的.

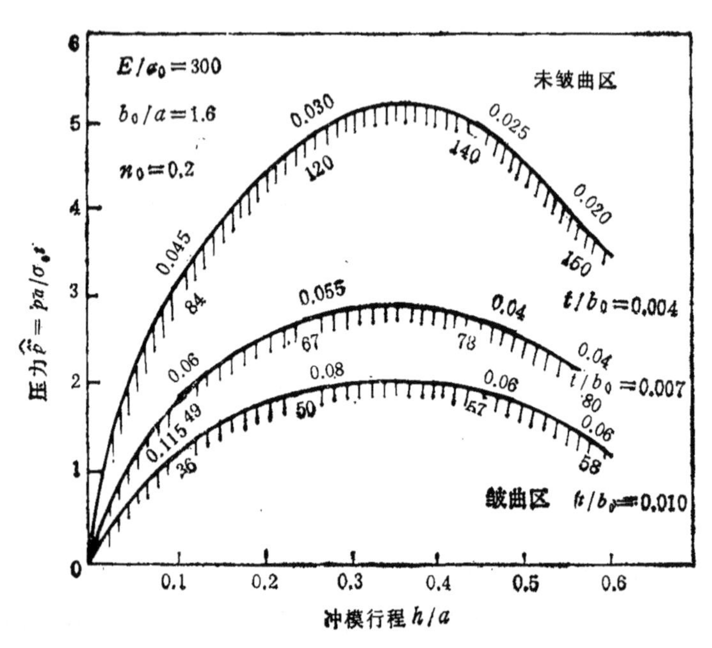

图 11-35　某些 t_0/b 取值时的皱曲临界曲线. 曲线下方的数字为皱曲波数，曲线上方的小字为皱曲时 R_0/b 比值.

仍然采用图 11-32 的深拉延方式，但着重考虑 III 区的受力(如图 11-36)，并考虑材料的厚向异性，Yossifon 等人在[11.17]中按照厚向异性材料拉伸失稳的 Swift 准则(参见[11.18,11.19]）建立了破裂临界条件. 典型的结果如图 11-37 所示，图下部的上凸曲线为皱曲临界曲线，来自[11.15]的分析；图左上部的下凸实线为破裂临界曲线，来自[11.17]的

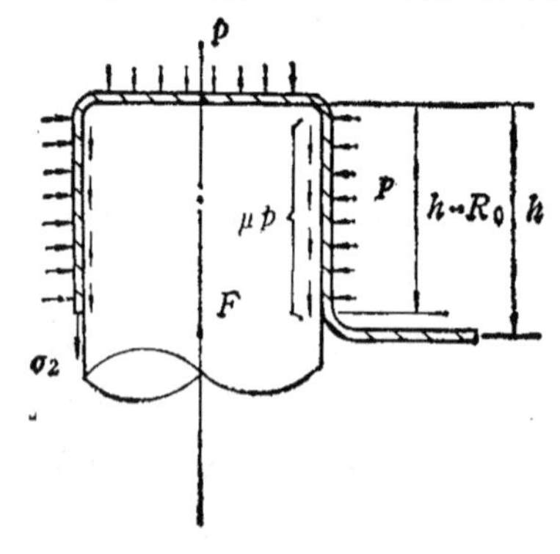

图 11-36　III 区的受力图.

分析. 这两条曲线将 $\hat{p}=\frac{pa}{\sigma_0 t}$-$h/a$ 平面划分为三个区域：下部

为皱曲区，左上部为破裂区，只有两条曲线之间的狭窄区域是既不皱曲又不破裂的安全区．为了得到合格的产品，必须准确地控制压力 p 随冲头行程 h 的变化历史，使 p-h/a 曲线恰从安全区"海峡"通过．当然，这个安全区的宽度同材料性质、工件尺寸以及摩擦系数都有关．在某些情况下，皱曲临界曲线与破裂曲线相交，则此时根本不可能用这种工艺方式得到合格的产品．

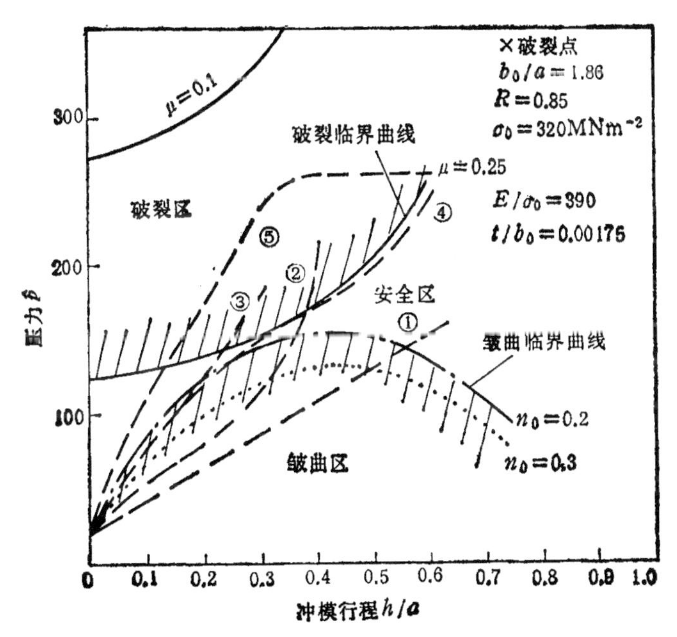

图 11-37 皱曲区、破裂区和安全区．皱曲临界曲线和破裂临界曲线得自理论分析．
--------为实验中采用的加压路径．

为了验证上述理论，Yossifon 等人还采用铜试件做了一系列深拉延实验．试件的主要技术数据都已在图 11-37 的右上角给出．控制液压力随冲模行程作某种预定的变化，便可得出不同的加载路径．实验结果表明，路径①造成试件的 II 区发生皱曲；路径②和③造成试件的 III 区发生破裂；路径④基本上是从安全区通

过，得到了完善的产品。此外，由于采用润滑剂可以减小工件与橡皮膜间的摩擦系数 μ，使得破裂临界曲线上移，所以路径⑤也得到了合格的产品。这些结果表明，Yossifon 等人对皱曲和破裂条件所作的理论预测是相当成功的。

§11.6 圆管的缩口过程

圆管在曲面模中缩口是一种极常见的工艺过程，见图 11-38。外半径为 R_0' 的圆管在轴向力 P 的作用下在曲面模中使管口外半

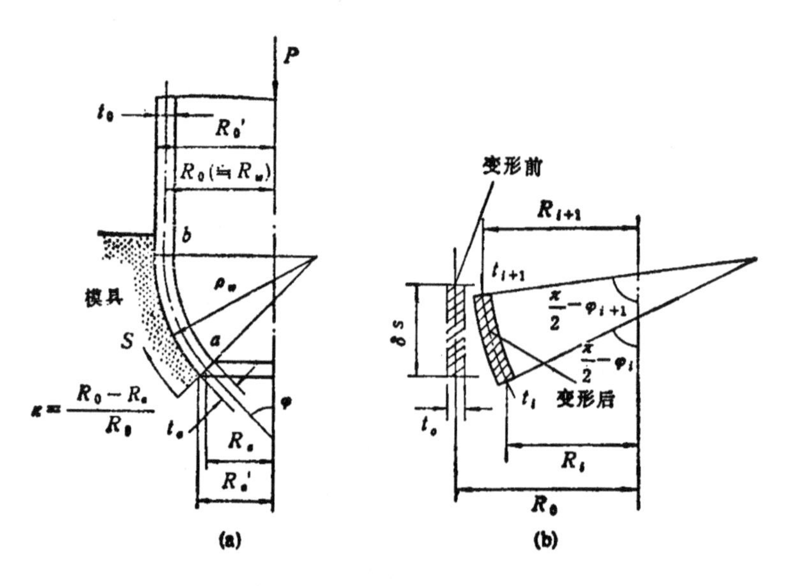

图 11-38 圆管的缩口过程.

径变为 R_a'。很显然，管壁在模具曲面的子午线方向 S 受压应力 σ 的作用，因此在该方向管壁很可能会屈曲。而在管壁的圆周方向，受压应力 σ_θ 作用，因此沿该方向可能出现皱曲，如图 11-39。这些现象的细致分析须借助§9.3 和§10.7 的一般方法，也可用其他的数值方法，如[11.20]的有限元方法。这里我们只介绍极简单的不考虑屈曲的管壁变形分析方法[11,21]。

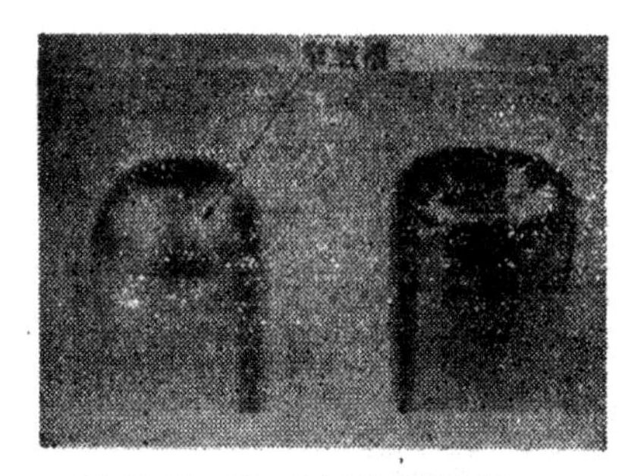

图 11-39 缩口以后的圆管头部.

由图 11-38，缩口区内管壁单元的平衡方程为

$$d(R\sigma t)/\varphi + (\sin\varphi + \mu\cos\varphi)\rho_w t\sigma_\theta + \mu R t\sigma = 0. \tag{11-51}$$

这里已经假定模具的曲面为球面的一部分. 管壁中面的半径变化为

$$R_{i+1}^2 = R_i^2 + 4R_0\delta s\,\frac{t_0}{t_i + t_{i+1}}\sin\left(\frac{\varphi_i + \varphi_{i+1}}{2}\right),$$

根据 Hill[11·22]关于平面应力状态下的塑性各向异性理论，管壁内的应力分量可以表示为

$$\left.\begin{aligned}\sigma_\varphi &= -\frac{1}{\tilde{\lambda}}\left[\frac{r_\varphi}{r_\theta}\varepsilon_\theta + \left(r_\varphi + \frac{r_\varphi}{r_\theta}\right)\varepsilon_t\right],\\ \sigma_\theta &= \frac{1}{\tilde{\lambda}}(\varepsilon_\theta - r_\varphi\varepsilon_t),\end{aligned}\right\} \tag{11-52}$$

其中

$$\tilde{\lambda} = \frac{3r_\varphi[1 + (r_\theta^{-1} + r_\varphi/r_\theta)]}{2[1 + r_\varphi/r_\theta + r_\varphi]}\cdot\frac{\bar{\varepsilon}}{\bar{\sigma}}.$$

这里，等效应力和等效应变为

$$\bar{\sigma} = \left\{\frac{3}{2}\frac{1}{r_\varphi + r_\theta + r_\theta r_\varphi}[r_\theta(1 + r_\varphi)\sigma_\varphi^2 + r_\varphi(1 + r_\theta)\sigma_\theta^2 - 2r_\theta r_\varphi\sigma_\varphi\sigma_\theta]\right\}^{1/2},$$

$$\bar{\varepsilon} = \left\{\frac{2}{3}\frac{r_\theta + r_\varphi + r_\theta r_\varphi}{r_\varphi(1 + r_\theta + r_\varphi)}\left[\frac{r_\varphi}{r_\theta}(\varepsilon_\theta + \varepsilon_t)^2 +\right.\right.$$

$$\left.\left.\varepsilon_\theta^2 + r_\varphi \varepsilon_t^2\right]\right\}^{1/2}.$$

若假定 $\bar{\sigma}$ 与 $\bar{\varepsilon}$ 间满足幂次关系，即

$$\bar{\sigma} = F\bar{\varepsilon}^n$$

则容易得出总外力

$$P = 2\pi R_0 t_b\{\sigma_{\varphi b} + F[(t_a + t_b)/4\rho_w]^{n+1}/2\}, \qquad (11\text{-}53)$$

以及管壁与模具的近似接触压力为

$$p = -t(\sigma_\varphi/\rho_w + \sigma_\theta \cos\varphi/R). \qquad (11\text{-}54)$$

在上列各式中，下标"a"代表相应于模具出口端 a 的量，下标"b"代表相应于进口端的量，r_φ 和 r_θ 为与材料性质相关的常数，见[11.22]；ε_t 为壁厚方向的应变，μ 为管壁与模具间的摩擦系数.

图 11-40 和 11-41 分别给出了外加力 P 与模具曲率半径选择间的关系以及管壁与模具间压力 p 沿子午线 s 方向的变化. 这些结果表明，如果设计中以减少总外力为主要目标，则对于确定的缩口率 κ（见图 11-38），应选模具型面曲率半径使 P 为最小、但图中的结果表明，外力的变化非常平缓. 因此曲率半径有一个相当大的选择范围. 图 11-41 表明，接触压力的最高点出现在近出口处.

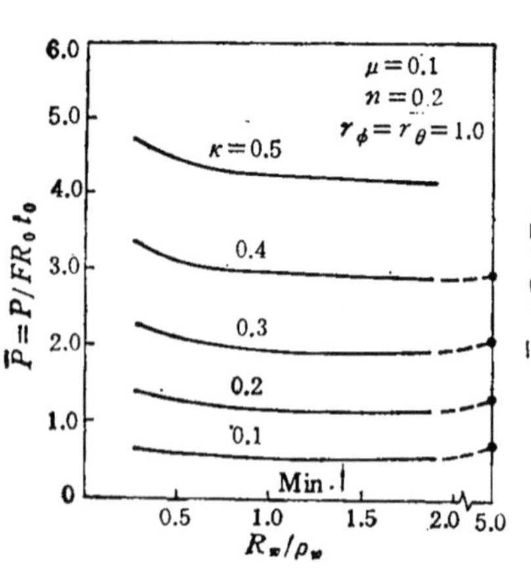

图 11-40 外力的变化

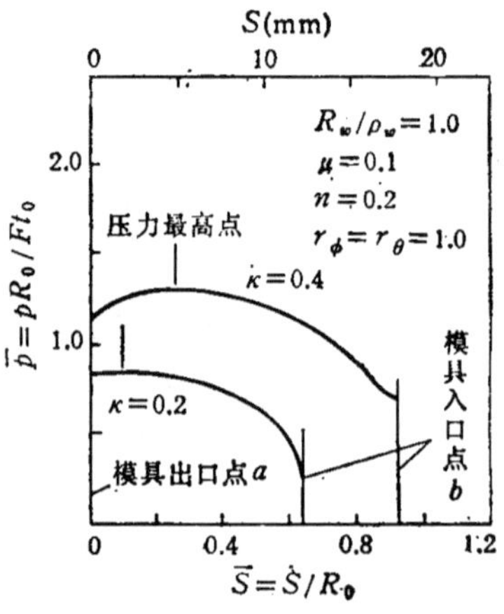

图 11-41 接触压力的变化.

§11.7 圆管弯曲过程中的截面扁化和局部屈曲

Brazier[11.23]在研究弹性圆管的弯曲变形时发现，管截面在弯曲过程中不断变扁，见图 11-42。他因此假定，这种截面的扁化变形随外加弯矩的增加可以一直进行下去，直到管的上下内壁相互接触为止。后人的进一步研究发现，实际情况却要复杂得多。管在弯曲过程中的变形形态与管的尺寸也有很大关系。设圆管的长度为 L，半径为 R，厚度为 t；则对于 $L/R > 10$ 的圆管，若

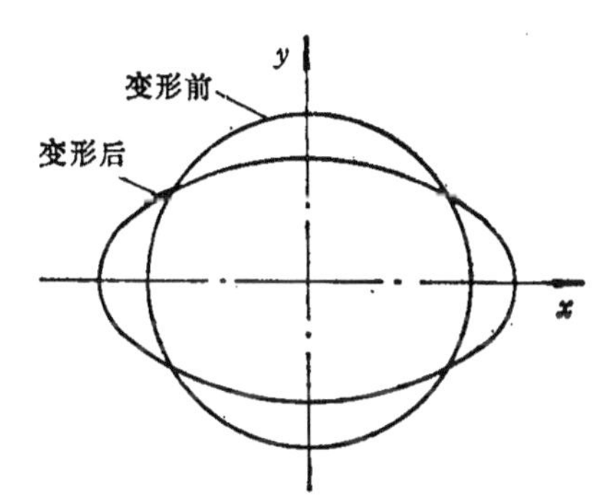

图 11-42 圆管在弯曲时横截面的扁化。

$R/t < 75$，将会在弯曲过程中出现图 11-43 所示的局部屈曲。这是一种截面的扁化变形与局部管壁受压屈曲变形交互作用的结果。因此，圆管受弯曲时真正的临界皱曲弯矩应当低于仅考虑截面扁化而不考虑局部屈曲所得的弯矩。这一观点很好地解释了 Calladine[11.24]根据 Reddy 的实验[11.25,11.26]提出的所谓难以解释的"佯谬"。要严格分析图 11-43 的皱曲与管的几何尺寸及材料性质间的关系必须借助于数值方法。这里我们仅介绍两种简单的近似分析方法。

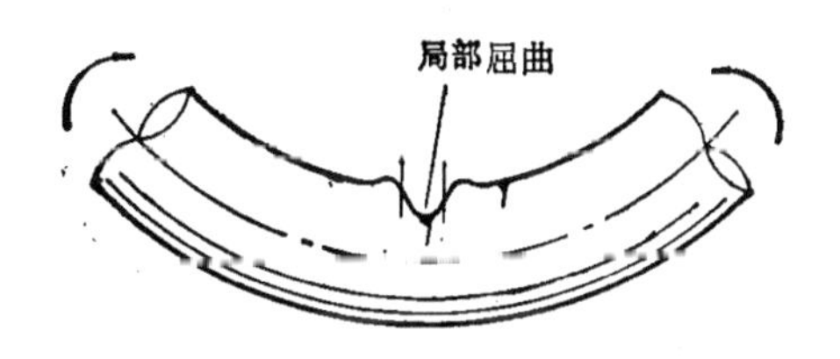

图 11-43 圆管弯曲过程中出现的局部屈曲。

11.7.1 弯曲时截面的扁化变形[11.27]

在一定的条件下，圆管的截面在弯曲过程中只发生与 x 和 y 轴对称的扁化变形(图 11-42)。

考虑两端受弯矩M作用的圆管．设 z 轴为沿管的轴线方向，u, v 和 w 分别为圆管中面上某点的轴向，周向和法向位移．在实验中观察到，对应于图 11-42 变形形态的试件，在 x 轴方向的直径增加量始终近似等于 y 轴方向的直径减少量，并且弯曲前的平截面在弯曲过程中仍保持为平面．因此，在作近似分析时我们假定：(i)普通梁弯曲的平截面假定在本问题中仍然成立；(ii)材料是不可压的，管截面上管壁中线的周向长度在弯曲过程中不变．此外，我们将假定可忽略弯曲过程中管壁局部的卸载现象，并且材料的等效应力与等效应变间满足幂强化规律。

设 s 为沿管壁中面的弧长坐标，则由图 11-44，

$$\begin{cases}\dfrac{dx}{ds}=(1+\varepsilon_s^0)\cos(\theta+\varphi),\\[2ex]\dfrac{dy}{ds}=(1+\varepsilon_s^0)\sin(\theta+\varphi),\end{cases}\tag{11-55}$$

其中 ε_s^0 为中面 s 方向上的应变，θ 为变形前的几何参量，φ 为变形过程中的几何参量，见图 11-44．中面上的轴向应变为

$$\varepsilon_z^0=x/\rho_z-1,$$

而管壁上任意点上的轴向应变为

$$\varepsilon_z=\varepsilon_z^0+\frac{\xi}{\rho_z}\sin(\theta+\varphi),\tag{11-56}$$

其中 ρ_z 为管的现时形心线的曲率半径，ξ 为厚度方向的坐标（原点在中面上，正向为外法线方向)．中面在 s 方向的曲率半径 ρ_s 因此可表示为

$$\rho_s=\frac{\left[\left(\dfrac{dy}{ds}\right)^2+\left(\dfrac{dx}{ds}\right)^2\right]^{3/2}}{\dfrac{dy}{ds}\dfrac{d^2x}{ds^2}-\dfrac{d^2y}{ds^2}\dfrac{dx}{ds}}.\tag{11-57}$$

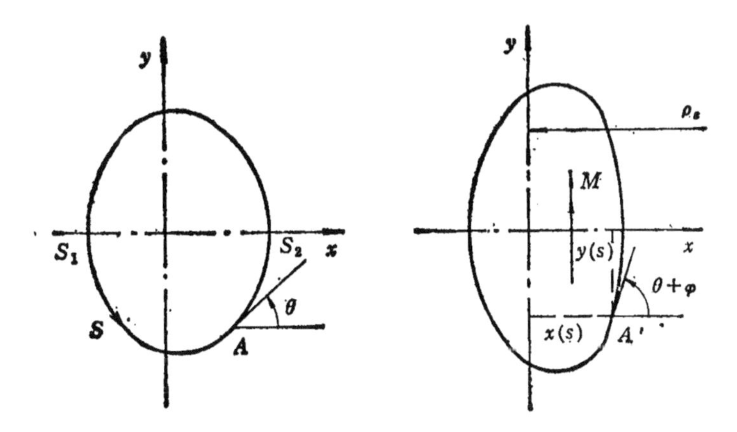

图 11-44 坐标系及几何关系.

利用(11-55),上式简化为

$$\rho_s=(1+\varepsilon_s^0)\Big/\left(\frac{d\theta}{ds}+\frac{d\varphi}{ds}\right). \tag{11-58}$$

又设管壁上变形前长度为 dl 的某周向纤维段变形后成为 dl^*,则

$$dl=ds\left(1+\frac{d\theta}{ds}\xi\right),\ dl^*=(1+\varepsilon_s^0)\left(1+\frac{\xi}{\rho_s}\right);$$

因此任意点的周向应变为

$$\varepsilon_s=\left(\varepsilon_s^0+\xi\frac{d\varphi}{ds}\right)\Big/\left(1+\xi\frac{d\theta}{ds}\right). \tag{11-59}$$

由中面周向不可伸长假定,有 $\varepsilon_s^0=0$;考虑到对于中等厚度圆管

$$\varepsilon_z^0\gg\left|\frac{\xi}{\rho_z}\sin(\theta+\varphi)\right|,\quad\left|\xi\frac{d\theta}{ds}\right|\ll 1,$$

则各应变分量表达式可简化为

$$\varepsilon_z\simeq\varepsilon_z^0,\ \varepsilon_s\simeq\xi\frac{d\varphi}{ds}. \tag{11-60}$$

利用应力-应变关系 $\bar{\sigma}=\sigma_0\bar{\varepsilon}^n$(其中 σ_0 和 n 为材料常数)以及全量理论,管的单位长度上的应变能可表示为

$$U=2\int_{s_1}^{s_2}\int_{-t/2}^{t/2}\left(\int_0^{\varepsilon_z}\sigma_z d\varepsilon_z+\int_0^{\varepsilon_s}\sigma_s d\varepsilon_s\right)d\xi ds$$

$$= 2\int_{s_1}^{s_2}\int_{-t/2}^{t/2}(\omega_1 + \omega_2)d\xi ds, \tag{11-61}$$

其中

$$\omega_1 = \frac{2}{9}\sigma_0\int_0^{\varepsilon_x}\bar{\varepsilon}^{n-1}(2\varepsilon_x - \varepsilon_s)d\varepsilon_x$$

$$+ \int_0^{\varepsilon_s}\bar{\varepsilon}^{n-1}(2\varepsilon_s - \varepsilon_x)d\varepsilon_s,$$

$$\omega_2 = \frac{E}{6(1-2\nu)}(\varepsilon_x + \varepsilon_s)^2 + 2\varepsilon_x\varepsilon_s.$$

现在我们假定中面的法向位移 w 可以表达为

$$w = R\zeta\cos 2\phi, \tag{11-62}$$

这里 ζ 是一无量纲参数,表示截面的扁化程度，或称扁化率; ϕ 为一从 x 轴负方向起始的以逆时针方向为正向的角度。因此，周向曲率变化为

$$\frac{d\varphi}{ds} = \frac{3\zeta}{R}\cos 2\phi \tag{11-63}$$

利用上式及(11-60),应变能 U 就是一个关于 ζ 的函数。ζ 的改变应当使 U 取极小值，故有

$$\frac{\partial U}{\partial \zeta} = 0; \tag{11-64}$$

而 U 与弯矩间的关系为

$$M = \frac{\partial U}{\partial \kappa}, \tag{11-65}$$

这里 $\kappa = 1/\rho_x$ 是圆管弯曲后的轴向曲率。

图 11-45 为取 $\sigma_0 = 895\text{MN/m}^2$, $n = 0.26$, $E = 2.08\times 10^5$ Nmm^{-2}, $R = 33.3\text{mm}$ 及 $t = 9.5\text{mm}$ 时由方程(11-64)求得截面扁化率 ζ 与曲率 κ 间的关系,其中虚线部分为实线部分 $\overset{\frown}{OA}$ 段的放大曲线。可以看到,ζ 的变化在开始阶段非常缓慢，但当 $0.5 < \kappa < 1.5$ 时变化梯度较大,当 $\kappa > 4$ 后又趋平缓。由此可见在圆管的弹性变形阶段,κ 很小,忽略 ζ 的作用将不会导致大的误差；而在弹塑性变形阶段,这种截面的扁化效应就必须加以考虑。

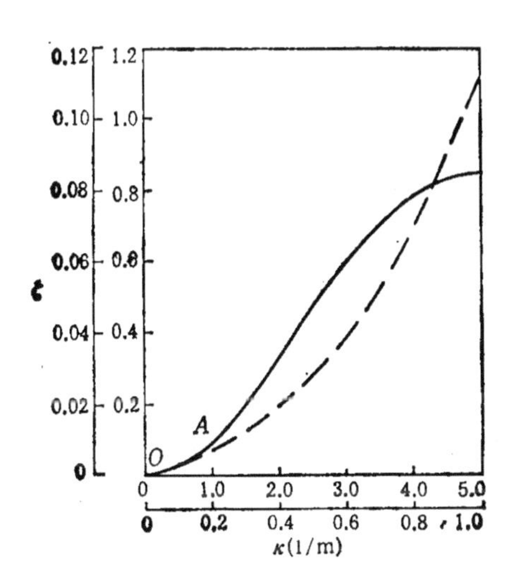

图 11-45　扁化率 ζ 与曲率 κ 的关系.

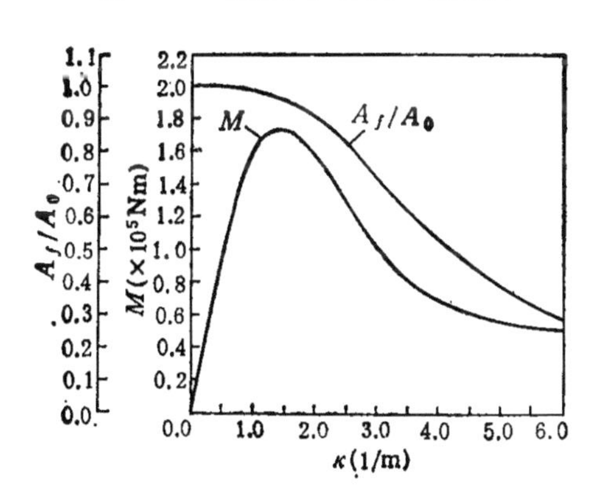

图 11-46　弯矩 M 与曲率 κ 的关系，通流面积 A_f 与 κ 的关系.

图 11-46 的弯矩与曲率关系曲线形状说明，由于截面的扁化效应，圆管被弯曲到一定程度后抗弯能力将明显下降. 如果没有扁化变形，M 在达到极限弯矩后应当保持为常数. 实际上，现在的 $M-\kappa$ 曲线正是我们在 §10.1 中定义的极值点失稳的典型例子. $M-\kappa$ 曲线的最高点就是失稳点.

在核电站及化工厂有许多承受高内压的管道系统. 一旦某根

管子局部出现裂口，高压液(气)喷泄时的反推力往往会使管子迅速大幅度弯曲（甩动现象）[11.28]. 圆管在弯曲过程中截面的变扁减少了通流面积，因此有利于控制事故. 图 11-46 中的 A_f/A_0-κ 曲线说明了通流面积 A_f 与曲率 κ 的关系，这里 $A_0=\pi\left(R-\frac{1}{2}t\right)^2$.

当然，要针对实际情况研究 A_f 的变化，须考虑内压等多种复杂因素的作用. 关于这方面的进一步的研究可参考 [11.29] 及该文所引的一些参考文献.

11.7.2 截面扁化机理的直观力学解释[11.30]

圆管受弯时截面为什么会发生扁化呢？作为近似分析可否不考虑这种扁化而使分析过程大大简化呢？从上面给出的复杂求解过程难以给出直观的回答. 这里我们用一个简单的梁模型来直观地回答这些问题.

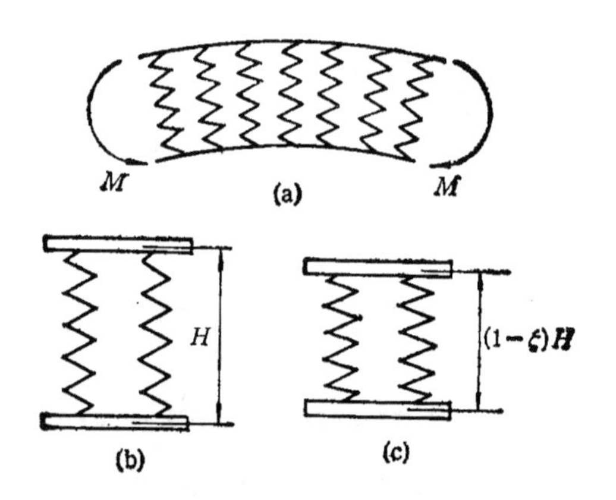

图 11-47 理想化的梁模型. (a) 梁两端受弯矩作用；(b) 弯曲前梁的截面高度 (c) 弯曲后梁的截面高度.

图 11-47 所示的梁由上下二块薄板通过均匀分布的弹簧联接而成，弹簧不能承受水平方向的力. 设梁内没有初应力. 因此，当在梁的两端作用一对弯矩后，上薄板将受拉应力作用，下薄板受

压应力作用，由于板很薄，故可认为板截面上的应力分布是均匀的。

设弯曲前上下板间的距离为 H，弯曲后变为 $H(1-\zeta)$，这里 ζ 是小于 1 的无量纲正数。薄板截面积为 $\frac{1}{2}A$，梁单位长度上的弹簧刚度为 k；故由平截面假定知，若上薄板受拉应力 σ 和拉应变 ε 作用，则下薄板的应力和应变为$(-\sigma)$和$(-\varepsilon)$。设外加弯矩为 M，梁中性层的曲率为 κ，则平衡条件给出

$$M=\frac{1}{2}\sigma AH(1-\zeta), \tag{11-66}$$

$$f=\frac{1}{2}\sigma A\kappa. \tag{11-67}$$

这里 f 为薄板作用于中间弹簧上的压力，这个压力使弹簧缩短，因此是造成梁厚度变小的根本原因。在圆管的弯曲问题中，管壁各层纤维间也有类似的压力，只是关系更为复杂而已，因此圆管弯曲时截面必然会变扁。

由梁的几何协调方程，应变-曲率关系可表示为

$$\varepsilon=\frac{1}{2}\kappa H(1-\zeta);$$

又由薄板及弹簧的应力-应变关系有

$$\sigma=E\varepsilon,$$

$$f=kH\zeta.$$

在上列各方程中消去 f，σ 和 ε 后可得

$$M=\left[\frac{1}{2}H^2(kEA)^{1/2}\right]\frac{c}{(1+c^2)^2}, \tag{11-68}$$

式中 c 为无量纲曲率

$$c=\frac{1}{2}\kappa(AE/k)^{1/2}. \tag{11-69}$$

由(11-69)可见，如果 k 很大，则 c 很小，从而(11-68)中的 $(1+c^2)$ 项可以认为近似等于1，因此通常的不考虑梁厚度变化的理论是准

确可用的($M'-c$ 为线性关系).但若 k 与 AE 相比足够小,(11-68)中的 c^2 项就不能忽略，这时 $M-c$ 关系就是非线性的，因此对于薄壁圆管这样的弯曲问题,就必须考虑扁化效应,否则所得的结果就不会正确.由上列方程不难求得,当M达到M_{max} 时，$\zeta=\frac{1}{4}$;也就是说，此时梁的厚度只有初厚度的 $\frac{3}{4}$.

11.7.3 塑性铰线方法[11,31]

我们来考虑图 11-48 所示的圆管的变形. 实验给出了图 11-43 的变形模态，见图 11-49. 根据这一实验结果，我们假定皱曲后的变形可以由图 11-50 所示的变形机构来近似,其中 $\overline{AE}$,$\overline{AF}$,$\overline{ABC}$ 等为塑性铰线. 在这一变形阶段我们认为材料是理想刚塑性的，而在该机构形成之前的弹性及弹塑性小变形阶段，忽略圆管截面扁化的影响.

因此在弹性弯曲阶段，弯矩与转

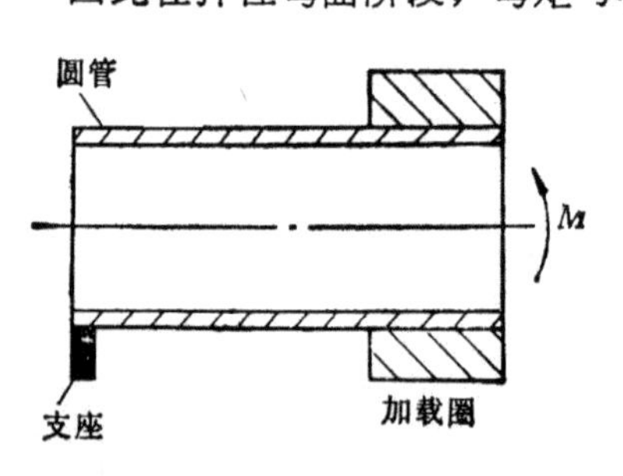

图 11-48 圆管的加载及支承条件.

图 11-49 局部皱曲后的圆管试件.

角 θ 的关系为[10,22]

$$\begin{cases} M=\frac{2}{3}M_0, \\ \theta=\frac{M_0L}{3EI}, \end{cases} \tag{11-70}$$

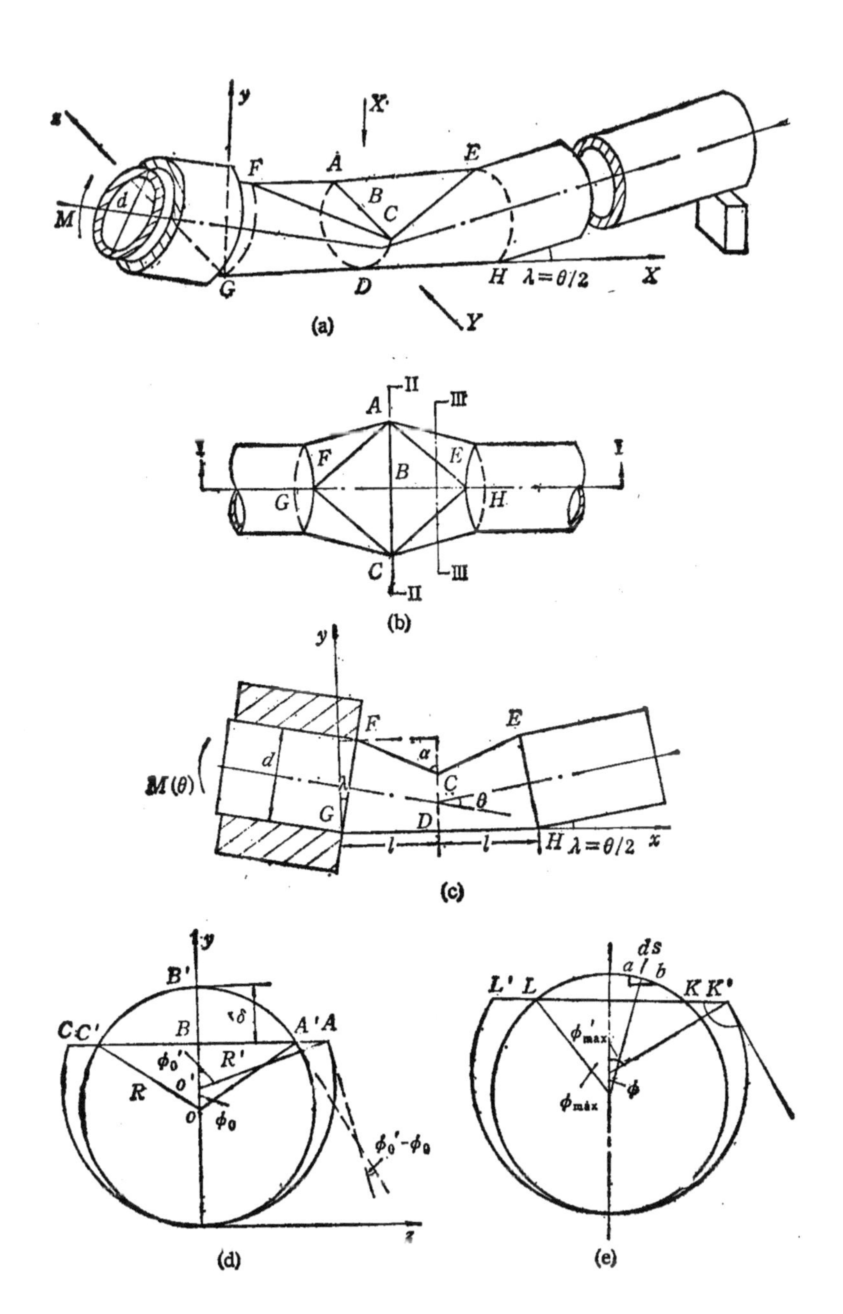

图 11-50 (a) 圆管的变形机构；(b) 图(a)的 x 方向投影；(c) 图(b)的 I-I 剖面；(d) 图(b)的 II-II 剖面；(e) 图(b)的 III-III 剖面.

其中

$$M_0 = \frac{1}{6} Y d^3 \left\{1 - \left(1 - \frac{2t}{d}\right)^3\right\}. \qquad (11\text{-}71)$$

这里 I 是截面的惯性矩，L 是管的长度.

当 $\frac{2}{3} M_0 < M < M_0$ 时，圆管进入弹塑性变形. 当管的全截面均进入塑性变形时有[10,22]

$$\begin{cases} M = M_0, \\ \theta = 2M_0L/(3EL). \end{cases} \qquad (11\text{-}72)$$

现在用图 11-50 的变形机构来模拟 M 达到 M_0 以后的变形. 假定管壁的材料是不可压的.

1）几何关系

由图 11-50 可得：

$$\overline{AC} = 2\phi_0 R = 2[\pi R - (\pi - \phi_0')R'],$$

$$\phi_0 = \cos^{-1}\left(\frac{R-\delta}{R}\right),$$

$$R' = [\pi R - (\pi - \phi_0')R']/\sin\phi_0',$$

$$\sin\phi_0' = \phi_0(\pi - \phi_0')/(\pi - \phi_0).$$

A 点和 B 点的坐标为

$$x_A = x_B = l,$$

$$y_A = y_B = d\sin\lambda - [d\sin\lambda(2l - d\sin\lambda)]^{1/2},$$

其中 $\lambda = \frac{1}{2}\theta$. 中面的连续性条件给出

$$z_A = \pi R\left\{1 - \frac{2\sin^{-1}[(R-\delta)/R] + \pi}{2\pi}\right\},$$

其中 $\delta = d - y_B$. 因此，由管壁纤维的不可伸长假定可得

$$l^2 = (x_A - y_A\sin\lambda)^2 + (y_A - y_A\cos\lambda)^2 + \{z_A - \sqrt{dy_A - y_A^2}\}^2.$$

根据数值计算，对所有的 θ，总近似有

$$l \approx \frac{1}{2} d.$$

2）变形过程中的塑性耗散功

（a）三角形变形区的耗散功

参照图 11-50（e），在弧长 ds 上耗散功为

$$dW = 2m_p\phi ds$$

其中 $m_p = Yt^2/4$ 为单位长度上的塑性弯矩。因此在整段弧长 $\widehat{KL}$ 上的耗散功为

$$W = 2\int_0^s 2m_p\phi ds = 2\int_0^{\phi_{max}} 2m_pR\phi d\phi$$
$$= 2m_pR\phi_{max}^2.$$

假定在长度 l 上 ϕ_{max} 由 0 到 ϕ_0 线性地变化，即 $\phi_{max}(x) = x\phi_0/l$。于是，由上式可得在总长度为 $2l$ 的塑性铰线上的耗散功为

$$W_1 = 4m_pR\phi_0^2. \tag{11-73}$$

（b）圆弧区的耗散功

通过类似分析，可得圆弧区的耗散功为

$$W_2 = 4m_pR(\pi - \phi_0)(\phi_0' - \phi_0). \tag{11-74}$$

（c）　$\overline{AC}$ 铰线上的耗散功

因为（参见图 11-50（c）），

$$\alpha = \sin^{-1}\left(1 - \frac{d}{l}\sin\lambda\right),$$

故

$$W_3 = \overline{AC}\, m_p(\pi - 2\alpha)$$
$$= 2\phi_0Rm_p(\pi - 2\alpha). \tag{11-75}$$

（d）铰线 $\overline{AE}$，$\overline{AF}$，$\overline{CE}$，$\overline{CF}$ 上的耗散功。

与（a）中的计算类似，假定

$$\phi_{max}' = x\phi_0'/l,$$

则

$$W_4 = 4\int_0^{l^*} m_p\frac{x\phi_0'}{l}dx = 2m_p\phi_0'\frac{l^{*2}}{l}, \tag{11-76}$$

其中 l^* 为 $\overline{AE}$ 等铰线的长度。

因此，总的耗散功为

$$W = \sum_{i=1}^{4} W_i, \tag{11-77}$$

由此可得弯矩

$$M(\theta) = \frac{dW(\theta)}{d\theta}. \tag{11-78}$$

图 11-51 为上述理论近似分析结果与实验的比较。所得的 M-θ 曲线与图 11-46 的很类似。

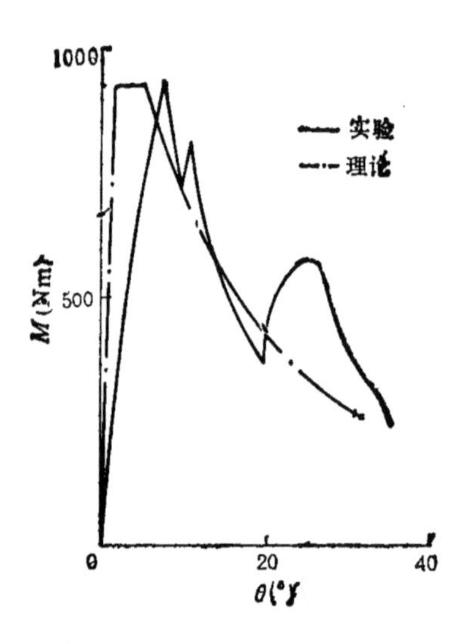

图 11-51 M-θ 曲线. $d = 50.8\text{mm}$, $t = 0.89\text{mm}$, $L = 203.2\text{mm}$.

对于其它截面形状的薄壁管，在弯曲过程中也有类似圆管的上述皱曲问题，也可以用类似的方法来分析，例如 [11.32]。

参 考 文 献

[11. 1] T. X. Yu and W. Johnson, Estimating the curvature of bars after cross-roll straightening, Proc. 23rd Int. Machine Tool Des. and

Res. Conf. (MTDR), Manchester, England, Sept. 1981, pp. 517-521.

[11. 2] S. R. Reid, Laterally compressed metal tubes as impact energy absorbers, Structural Crashworthness, Ed. by N. Jones and T.Wierzbicki, Butterworths, 1983,pp.1—43.

[11. 3] C. Hwang, Plastic collapse of thin rings, *J.Aero. Sci.*, **30**, 1953,pp. 819—826.

[11. 4] J. A. DeRuntz and P. G. Hodge, Crushing of a tube between rigid plates, *ASME J. Appl. Mech.*, **30**, 1963, pp.391—395.

[11. 5] S. H. Ghosh, W.Johnson, S.R.Reid and T.X.Yu, On thin rings and short tubes subjected to centrally opposed concentrated loads, *Int. J. Mech. Sci.*, **23**, 1981, pp.183—194.

[11. 6] S. R. Reid and W. W. Bell, Influence of strain hardening on the deformation of thin rings subjected to opposed concentrated loads, *Int. J. Solids Struct.*, **18**, 1982,pp. 643—658.

[11. 7] R. G. Redwood, Crushing of a tube between rigid plates, *ASME J. Appl. Mech.*, **31**,1964, pp.357—358.

[11. 8] S. R. Reid and T.Y.Reddy, Effect of strain hardening on the lateral compression of tubes between rigid plates, *Int. J. Solids Struct.*, **14**,1978,pp.213—225.

[11. 9] 余同希，对径受拉圆环的塑性大变形，力学学报，**11**(1)，1979,88—91 页.

[11.10] M.Ueda and K.Ueno, A study of springback in the stretch bending of channels, *J. Mech. Working Tech.*, **5**, 1981, pp. 163—179.

[11.11] L.M. 卡恰诺夫，塑性理论基础，第 2 版，周承倜等译，人民教育出版社，1982.

[11.12] 李晖凌、徐昱、余同希，薄梁在弯矩和轴力作用下的弹塑性侧屈，北京大学学报，将发表.

[11.13] 胡世光、陈鹤峥，板料冷压成形原理(修订版)，§6.7，国防工业出版社，1989.

[11.14] H. A. Al-Qureshi, On the mechanics of sheet-metal bending with confined compressible dies, *J. Mech. Working Tech.*, **1**, 1977, pp. 261—275.

[11.15] S. Yossifon, J. Tirosh and E. Kochavi, On suppression of plastic buckling in hydroforming processes, *Int. J. Mech. Sci.*, **26**, 1984, pp. 389—402.

[11.16] S. Yossifon and J. Tirosh, Buckling prevention by lateral fluid pressure in deep-drawing, *Int. J. Mech. Sci.*, **27**,1985, pp. 177—185.

[11.17] S. Yossifon and J. Tirosh, Rupture instability in hydroforming deep-drawing process, *Int. J. Mech. Sci.*, **27**,1985, pp.559—570.

[11.18] H. W. Swift, Plastic instability under plane stress, *J.Mech. Phys. Solids*, **1**, 1952, pp.1—18.

[11.19] G. C. Moore and J. F. Wallace, The effect of anisotropy on instability in steel-metal forming, *J. Inst. of Metals*, **93**, 1965, pp. 33—38.

[11.20] Y. Tomita et al, Nonaxisymmetric bifurcation of perforated circular plate subjected to radial drawing, Proc, 20th Japan Cong. Materials Res., 1982,pp.31—36.
[11.21] K. I. Manake and H. Nishimura, Nosing of thin-walled tubes by circular curved dies, *J. Mechanical Working Tech.*, **10**, 1984, pp. 287—298.
[11.22] R. Hill, The Mathematical Theory of Plasticity, Oxford, 1950. 中译本：R. 希尔，塑性数学理论，王仁等译，科学出版社，1966.
[11.23] L. G. Brazier, On the flexure of thin cylindrical shells and other "thin"structures, Proc. R. Soc. London, **116A**, 1927,pp. 104—114.
[11.24] C. R. Calladine, Plastic buckling of tubes in pure bending, in Collapse: the Buckling of Structures in Theory and Practice, IUTAM Sym, eds. J. M. T. Thompson and G. W. Hunt, Cambridge University Press, Cambridge, 1983.
[11.25] B.D.Reddy, The elastic and plastic buckling of circular cylinder in pure bending, Ph. D. thesis, Cambridge University, UK,1977.
[11.26] B. D. Reddy, An experimental study of the plastic buckling of circular cylinders in pure bending, *Int. J. Solids Struct.*, **15**, 1979, pp.669—683.
[11.27] L. C. Zhang and T. X. Yu, An investigation of the Brazier effect of a cylindrical tube under pure elastic-plastic bending, *Int. J. Pres. Ves & Piping*, **30**, 1987,pp.77—86.
[11.28] 余同希、华云龙，核电站管道破裂后的甩动及其防护，压力容器，**3**(1)，1986 70—76页.
[11.29] E. Corona and S. Kyriakides, On the collapse of inelastic tubes under combined bending and pressure, *Int. J, Solids Struct.*, **24**, 1988, pp.505—535.
[11.30] C. R. Calladine, Theory of Shell Structures, Cambridge University Press, Cambridge, UK,1983.
[11.31] A. G. Mamalis et al, Deformation characteristics of crashworthy thin-walled steel tubes subjected to bending, Proc. Instn. Mech. Engrs., **203C**, 1989, pp.411—417.
[11.32] D. Kecman, Bending collapse of rectangular and square section tubes, *Int. J. Mech. Sci.*, **25**,1983,pp.623—636.

附录　板壳塑性屈曲研究的简单历史回顾及有待进一步研究的问题[6.24,A.1]

在§10.1我们已经指出，皱曲是板在弹塑性变形过程中局部受压屈曲的一种形式。因此要深入研究这一问题，就有必要了解和掌握以往的研究方法和存在的问题。

§A.1　板壳弹塑性屈曲研究的简单回顾

薄板、薄壳结构在许多工程领域中都有重要地位，因此历史上，作为这种结构的主要失效形式之一的“屈曲”就一直受到人们的关注。近一百年来，数以千计的论文从各个角度去研究屈曲的原因、预报方法以及屈曲后的性态等等。直到最近，还有人专门著文强调该领域研究的意义和重要性[A.2]

研究板的弹性屈曲的经典文献是 Bryan 在1891年发表的论文.[A.3] 塑性屈曲的研究工作则是由 Handelmann 和 Prager[A.4] Bijlaard[A.5] 以及 Stowell[A.6]等人在本世纪40年代采用不同的方法各自进行的。此后的发展速度非常快，到70年代，有关的文献数量已非常庞大。Leissa 根据他的统计指出，光是关于板的屈曲，到1982年，文献数已达二千篇左右。难怪 Budiansky 和 Hutchinson[A.7]风趣地说，当前是“人人都爱屈曲问题”。

由于各种理论和方法的不断提出，因此要毫不遗漏地涉猎所有文献是不可能的。几十年来发表的许多专题论文、综述评论、文集和专著基本上反映这一庞大研究队伍的概貌。表 A-1 列出了具有一定代表性的综述文章和专著。同时，也不难将至今有关的研究工作作一很概略的归类。如果按所采用的研究手法来衡量，大致可分为四个方面：

表 A-1 板壳塑性屈曲研究的总结性文献和专著简略介绍

文献发表年代	作者	所论主题的关键词
60 年代	Timoshenko & Gere[10.6]	柱、板、壳、弹性
	Gerard & Becker[A.32]	平板、薄壁结构、屈曲
	Bulson[A.33]	平板，屈曲
	Bleich[A.34]	板、壳、弹塑性、屈曲、工程性
	Hutchinson & Koiter[A.35]	弹性、壳、后屈曲
	Herrmann[A.36]	弹性体系、非保守力
70 年代	Sewell[A.16]	Hill 分叉理论，弹塑性．多种理论的比较
	Budiansky[A.8]	弹性、理论研究
	Hutchinson[10.14]	塑性、理论研究、分叉
	周承倜[A.24]	柱壳、弹塑性、数值法
	Koiter[A.37]	弹性结构、理论、趋向
	Bessling[A.38]	述评、数值法、通用程序
	Tvergaard[A.39]	板壳、塑性、理论
80 年代	王仁[10.1]	塑性、静力、动力、理论
	Tvergaard[A.14]	弹塑性、稳定性、理论
	Bushnell[A.19]	壳、弹塑性
	Leissa[A.40]	板、弹塑性
	Needleman[10.15]	塑性、后屈曲、分叉理论
	中科院力学所[A.41]	加筋板壳、弹塑性、理论、数值
	König & Maier[A.42]	弹塑性
	Бабич & Гузь[A.43]	复合材料、三维
	Babcock[A.44]	壳、弹塑性、静力、动力
	Hunt[A.45]	壳、弹塑性、对称性理论
	Simitses[A.46]	柱壳、非完善

注：讨论稳定性的文章还涉及拉伸失稳的问题．

(1) 模型研究

选用只有几个自由度的简单模型来研究屈曲前、屈曲时和屈曲后的定性性质[10.14,A.7-A.9],所取的模型常有一定的工程背景或抓住了某类问题的本质。

(2) 解析研究

从连续介质力学的观点探讨屈曲产生的机理、条件和屈曲后平衡位形的性质以及诸位形间的转换[10.14,A.10-A.20]。

(3) 数值研究

用数值方法,如有限元法等,研究实际复杂结构在屈曲前、屈曲时和屈曲后的性质[A.21-A.24]。

(4) 实验研究

实验研究一般有两个主要目的: i)校验解析及数值研究时采用了各种假设后所得结果的正确性; ii) 直接获得实际结构(或其相似化模型)在真实(或相似)载荷作用下的屈曲前、屈曲时和屈曲后的实用数据; 或利用计算机将一些基本结构的实验数据做成数据库, 作为预报一些没有直接实验或理论研究结果的复杂结构的屈曲性质的依据[A.25-A.31]。

如果按被研究对象的复杂程度和依次考虑各种因素的历史进展过程来分,又可大致分为三个方面:

(1) 经典的屈曲研究

该研究的主要对象是无初缺陷的矩形板、圆板、柱壳和球壳。

(2)考虑了复杂因素的经典屈曲研究

该研究中考虑的因素包括弹性地基、材料各向异性、变厚度、材料非均匀性及剪切变形等。

(3) 现代的屈曲研究

该研究主要涉及后屈曲性质、非完善结构、随体载荷、动(或冲击)载荷、磁致载荷等。

到目前为止,由于 Koiter, Budiansky, Hutchinson, Thompson 以及其他许多学者的工作, 弹性屈曲的线性和非线性理论已渐趋完善. 但是塑性屈曲的研究却由于所谓的“塑性屈曲中的佯谬”的阻碍，至今在本质上仍陷于困境.几十年来，尽管很多人作了不懈努力，但尚未找到真正的原因.

§A.2　板壳塑性屈曲中的佯谬及几种解释

A.2.1　佯谬的产生

塑性屈曲中的佯谬是从平板的弹塑性受压屈曲的研究中提出来的。40年代末，Handelmann 和 Prager[A.4]采用了一般认为理论和物理上合理的等向强化 J_2流动理论求出了无限长铰支平板弹塑性屈曲问题的解。几乎同时，Bijlaard[A.5]和 Stowell[A.6]则用一般认为理论上不合理的 J_2 形变理论求解了同一问题.两种理论结果的比较很出人意料。认为是不合理的形变理论的结果与实验值符合良好[A.47]，而流动理论预报的临界载荷却反而比实验高很多[A.48]。1956年，Gerard[A.49]重新计算了 Bijlaard 等的问题，也得出了基本相同的结论。Pearson[A.50] 认为，之所以出现这种情况，是由于 Handelmann 和 Prager[A.4]求解时认为板的截面上会出现部分卸载。他说，如果在板的塑性屈曲研究中也采纳 Shanley[A.51]解决杆的塑性屈曲问题时所采用全截面加载，就会降低流动理论所得到的屈曲载荷值。他的结果尽管有所改善，但与实验仍有很大差距。后来 Bijlaard[A.52] 在评论 Pearson 的工作时认为，Pearson 的改善是与他在计算中取弹性变形的 Poisson 比为 0.5 有关。因此 Pearson 的工作说明不了问题的症结。

为了进一步认识这种现象，人们又做了大量的实验，期望从对这两种本构方程的比较研究来解释上述现象。他们将一个圆柱加压进入塑性变形阶段，然后，保持该压力再使圆柱受扭。对于这样的加载方式，Stowell 的形变理论得出的初始等效剪切模量为 GE_t/E，而流动理论给出的值为 G。显然这时增量理论给出了合理的结果。

令人难以理解的事就出在屈曲上。我们知道，弹性简支无限长板的屈曲应力为

$$\sigma = G\left(\frac{h}{b}\right)^2 \tag{A-1}$$

这里 h 为板厚，b 为板宽。因为式中出现的是剪切模量，因而一般就解释为板是在扭转扰动下屈曲的。如果将塑性屈曲的应力表达式也化为 (A-1) 的形式，只须将该式中的 G 改为相应的等效剪切模量 $\overline{G}$。由实验可得，$\overline{G} = GE_s/E$，这与用形变理论给出的

$$\overline{G}_d = \frac{GE_s}{E} \cdot \frac{2(1+\nu)}{3 + (2\nu - 1)\dfrac{E_s}{E}} \tag{A-2}$$

非常接近。但流动理论却给出 $\overline{G}_f = G$。

这样，就提出了所谓的“板的塑性屈曲中的佯谬”——合理的 J_2 流动理论反而得出远不如不合理的形变理论的屈曲载荷。

以后，人们仍希望能找出与佯谬相反的例子。这项工作一直延续至今。但不幸的是，几乎所有的结果都是支持形变理论的[A.22,A.25,A.53,A.54]1)；而且少数文献[10.47,10.72,A.55]还报道，如果板的柔度变小，流动理论给出的值会更差。表 A-2 和表 A-3 列出了最近 El-Ghazaly 等对W形试验所作的比较(W 形试验的试件及加载方式见图 A-1)。表中的数据给出了两种理论结果差别的定量概念。

A.2.2 历史上人们对佯谬的研究和解释

由于佯谬的出现，使塑性屈曲的研究工作受到很大的阻碍。因此研究重点就自然集中到本构方程的选择上[A.14,A.60]。这项工作大大促进了对本构方程的研究深度。几十年来，人们都试图给佯谬以合理的解释。到目前为止，根据我们所查阅的资料，人们对佯谬的看法可大致归纳为以下几点（我们以下所述的流动理论均指等向强化 J_2 流动理论，形变理论亦指 J_2 形变理论）。

---

1) 根据 Batterman[A.56]的报道，Kuranishi[A.57]曾于 1950 年用近似方法考虑卸载后按流动理论给出了与实验一致的结果。但由于我们没有找到原文，无法在此作更细的评论。

表 A-2　W形试验的屈曲载荷比较[A.21]（单位：kN）

试件型号	实　验	形变理论	流动理论
A	370.4	378.0	448.0
H	264.6	288.0	352.0

表 A-3　W形试验的理论结果与实验结果的比较误差[A.34]

与8个试验的比较	形变理论	流动理论
平均误差(%)	+6.2	+33.5
最大误差(%)	+8.8	+62.5

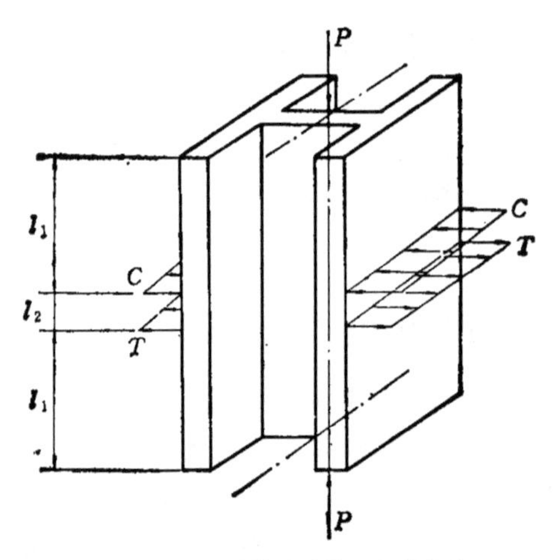

图 A-1　W形试验的试件与加载方式.

(1) Shanley[A.58]认为，流动理论之所以不能很好地预报屈曲载荷，是因为它不能计及由于应力主轴的转动而产生的塑性剪应变．他以十字形截面柱的屈曲为例指出，扭转扰动产生的主轴转动是与扭转剪应力增量 $\delta\tau$ 的大小同量级的，因此必须加以考虑．

Shanley 利用 Mohr 圆指出，如果假定应力与应变主轴始终保持一致，那么形变理论的结果就会包含了这种主轴转动所引起的剪应变，但流动理论却不能。因此他提出，在塑性屈曲的研究中，应优先使用全量理论。Bijlaard[A.5,A.52]提出了与 Shanley 完全相似的解释。他将十字形截面柱在屈曲初始时刻的应力状态与先受压进入塑性而再受扭的圆管的应力状态作了类比，然后也用 Mohr 圆说明了 Shanley 观点的正确性。Bijlaard 还认为，他的分析结果与 Feigen[A.59]的实验结论一致。

若干年后，Dubey 等[A.17,A.60-A.63] 进一步阐述了 Shanley 和 Bijlaard 的观点。他们定性地研究了弹塑性固体中主轴转动对剪切模量的影响[A.63]，并证明考虑主轴转动可使等效剪切模量从原来的弹性值 G 大幅度降低，从而使相应的屈曲应力也降低。Dubey[A.62]的结论可简单地叙述为：流动理论认为塑性应变增量 $\delta\varepsilon_{ij}^{p}$ 是沿着屈服面的法向达到分叉应力水平 σ_{ij} 的；但若考虑由于扰动应力 $\delta\tau_{ij}$ 产生的应力主轴的转动，那么，塑性应变增量就应当指向由 $\sigma_{ij}+\delta\tau_{ij}$ 定义的屈服面的法向。

（2）Batdorf 和 Budiansky[A.64] 认为，佯谬的产生，说明无论是形变理论还是流动理论都有缺陷，因此就有必要提出一个新的理论。根据金属晶体在一定剪应力作用下会产生滑移的现象，他们假定，一切塑性变形均由滑移所引起，而且滑移沿最大剪应力平面发生，并假定某平面某方向上的滑移量仅依赖于该方向上的变形历史。因此应变强化是各向异性的，而且这种各向异性只发生在产生滑移的那些面和方向上。据此，他们提出了加载面出现尖角的理论，即著名的塑性滑移理论（参图 A-2）。他们认为，只要在形变理论和某一流动理论（那怕这种流动理论非常复杂）间能建立联系，那么，形变理论所预报的屈曲载荷就可以用这种相应的流动理论得到。根据他们的理论，Batdorf[A.15]较好地解释了单向受压无限长简支板的屈曲佯谬。后来，Sanders[A.65]用[A.64]的观点讨论了滑移理论与 J_2 形变理论间的关系。

60 年代末到 70 年代初，由 Sewell[A.66-A.68]提出的板的弹性和非弹性屈曲的一般理论实质上是对 Batdorf 理论的发展。他结合滑移理论以及 Hill[A.10,A.11]关于弹塑性固体的稳定性理论，在一般的情形下研究了屈曲。他指出，屈曲应力对局部加载面(图 A-2)

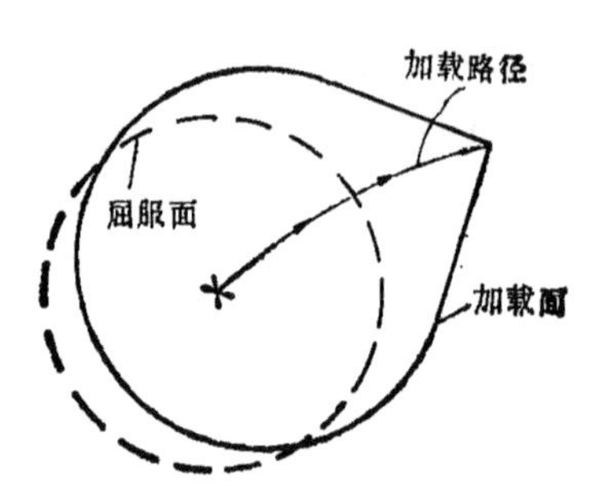

图 A-2 应力空间中带尖角的加载面.

的法线方向非常敏感。他对单向受压四边简支板的计算结果表明，带尖角的 Tresca 型加载面的结果可比 Mises 型的光滑加载面的屈曲载荷低10—30%。图 A-3 显示了 Sewell 的这些结

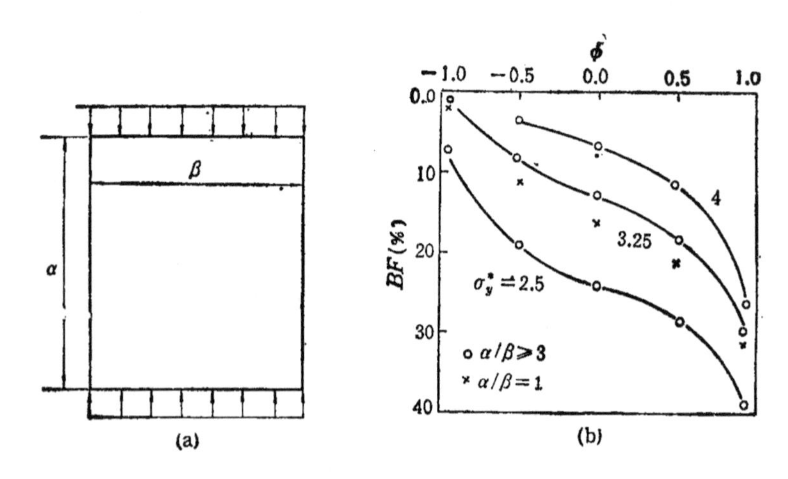

图 A-3 单向受压矩形板当考虑加载面出现尖角时的屈曲应力的降低情况(取自[A. 68]). BF: 降低百分率; ϕ: 与尖角形状相关的系数.

果[A.68].图中符号 BF 代表 Tresca 型加载面的结果与 Mises 型加载面的结果相比较的减少百分比. Sewell 由此认为,由于上述敏感性的存在,实验测量屈曲载荷也要注意这一点,因此,以前的理论结果与没有考虑该因素的实验结果的比较是没有多大意义的.他还认为,Shanley 所作的关于在塑性屈曲研究中应优先使用形变理论的结论未免为时过早.在这里须特别提出的是,在 Sewell 的理论中,所用的等效剪切模量仍然是弹性值 G. 70 年代末,Christofferson 和 Hutchinson[A.69] 在前述基础上发展了更为一般的唯象角加载面理论.作为特殊情况,他们推导出了所谓的 J_2 角加载面理论.但他们却没有用人所关心的板的受压屈曲问题作为算例,而是求解了板条的拉伸失稳问题,从结果来看较为令人满意.

(3) Lay[A.70]建议,在按简单的 J_2 流动理论求解塑性屈曲载荷时,应采用如下形式的等效剪切模量来使结果更近于实验结果:

$$\bar{G} = \frac{2G}{(1 + E/\{4E_t(1 + \nu)\})}. \tag{A-3}$$

Lay 采用了类似于 Batdorf 等所用的滑移面的概念来推导 $\bar{G}$. 因此他所采用的增量剪应力与增量剪应变之间的关系为

$$\delta\tau = \bar{G}\delta\gamma. \tag{A-4}$$

以后,Dawe 和 Kulak[A.71]以及 El-Ghazaly[A.72]都曾采用 Lay 的公式计算薄壁梁柱结构的塑性屈曲载荷.取得了与实验相近的结果.

但是,Bushnell[A.23]在用该公式分析了大批问题后发现,对于单向受压长板,十字形截面柱等屈曲模态中包含有扭转扰动的这一类问题,用 $\bar{G}$ 来代替流动理论中的 G 会有一定效果.但对于那些屈曲前和屈曲时都不涉及截面内剪应力的问题,这样的做法是徒劳的. Hutchinson[A.73]给出的球壳轴对称屈曲的结果就是一个例子. Dawe 和 Grondin[A.25]在将腹板和翼板的屈曲实验与 Lay 的理论作了大量比较后也指出,Lay 的这种修正做法的结果与实验数据间的误差范围为22.5—137%.可见这样的修正没有普遍意义.

（4）Амбарцумян[A.74]在考虑了横向剪切变形的条件下用流动理论求解非弹性简支长板的屈曲后指出，这时的结果可以比没有考虑剪变形作用的相应结果降低 13%左右.后来，Shrivastava[A.55]也从这一观点出发研究了各种尺寸的矩形板在不同边界条件下的单轴受压问题. 结果表明，这样做尽管使临界载荷有所降低，但却普遍高于全量理论的结果，而对于低柔度的板，流动理论仍给出高得多的值.

（5）另外一种观点，也是目前被广泛采用的初缺陷说. 这是 Onat 和 Drucker[A.75]于 1953 年首先提出来的. 他们研究的就是在塑性屈曲中较为著名的例子——受压十字形截面柱. 他们的结果表明，只要考虑了微小初缺陷，那么由流动理论得出的屈曲载荷就会大幅度下降. 这一观点后来也得到了 Hutchinson[A.76]，Hutchinson 和 Budiansky[A.77]的支持.

由于在实际结构中初缺陷的确是难以避免的，因此这一观点一般认为很合理，也乐于在实际中应用（如[A.24，A.41]）. 但随着研究的深入，人们又发现了一些无法解释的现象：

i）对于一些相对较厚的板壳，屈曲载荷不具有这种对初缺陷的敏感性；或者采用精心加工的（如用电镀法）几乎没有缺陷的薄壳，流动理论给出的屈曲载荷仍比实验高得多[A.56，A.78，A.79]；

ii）尽管考虑初缺陷后可降低某些问题的屈曲载荷. 但这时理论屈曲模态却与实验观察到的不一致. 而不计初缺陷的理论屈曲模态反而与实验现象一致[A.19].

此外，结构上的初缺陷分布形式是随机的. 即使是缺陷敏感结构，要清楚屈曲载荷对于初缺陷的依赖性，首先须清楚这种随机分布的影响.

（6）章亮炽、余同希和王仁[10.2，10.3]分析研究了以上五种观点后认为，Onat 和 Drucker 的初缺陷观点、Амбарцумян 和 Shrivastava 考虑横向剪切的观点、以及 Lay 用等效剪切模量 $\overline{G}$ 来取代流动理论中的 G 的观点都没有从本质上去研究佯谬. 尽管他们的做法在某些特定问题上有一定效果，但都是从一些次要因素的考虑上来调和流动理论与形变理论间出现的矛盾，有时甚至会导致新的矛盾，所以这些做法不具有普遍意义。

他们认为，Dubey, Batdorf 和 Budiansky 的看法是较为涉及本质性的。因为这些研究者是从本构方程本身是否完善来进行研究的。特别是由于 Sewell 以及 Christofferson 和 Hutchinson 等人的工作，使该观点在 Hill 的弹塑性稳定性理论的基础上得到了应用。特别有意义的是，Sewell 在使用弹性剪切模量 G 的情况下取得了比光滑加载面低的临界载荷值。这实际上说明，采用等效剪切模量的办法是一种治表的办法。但是他们认为，Batdorf 等的滑移理论目前还不能从本质上完全解释佯谬。因为该理论在应用中还存在下列重要问题：

i）滑移理论的结果是否已与实验或形变理论的结果取得了完全的一致？

ii）有些屈曲问题对是否采用尖角加载面并不敏感，这如何解释？

iii）滑移理论的出发点是晶体的滑移，这在微观范围内是可以理解的。但这种晶面滑移在加载面局部形状上的宏观反映是否一定出现尖角还难以肯定。如，理想弹塑性材料的加载面就不会出现尖角。

他们注意到，在以往的塑性屈曲分析中大都是采用静力准则和能量准则来判别屈曲的发生。而实际上，对于塑性屈曲这样的非保守系统的稳定性问题，只有动力准则才是正确的。人们很少用动力准则的原因是由于该准则应用起来很困难（见 §10.1）。因此他们根据当前已有的研究结果来看，产生塑性屈曲的佯谬可能有以下两个主要原因：

i）以往使用的 J_2 流动理论过于简单，无法准确反映塑性屈曲发生时的应力状态变化。如果采用适当复杂的流动理论，这一缺陷有望得到弥补。滑移理论取得的应用效果已经展示了这一前景。

ii）静力和能量准则可能会导致不当的结果。

那么,为什么形变理论反而会给出较好的结果呢?他们认为,这并非形变理论本身比流动理论具有更大的潜在合理性,而是由于在采用形变理论的那些例子中,屈曲发生时各应力分量增量的微小变化的总体效应恰好与该理论所能描述的物理性质相近.Bijlaard[A.5,A.52]用 Mohr 圆对形变理论的描述以及 Sanders[A.65]通过复杂加载面来联系流动与形变理论的论证实际上正好说明了这一点.他们认为,形变理论也必定会在某些问题上出现与实验结果的不一致.

针对他们提出的第二个产生佯谬的可能性,他们采用 MADRM 克服了动力准则应用中的主要困难[10.3],研究了板在横向弯曲过程中的皱曲问题[10.20,10.21].尽管他们在研究中仍采用 J_2 流动理论,但却得到了与实验相当吻合的结果.这一结果具有重要意义,因为它表明,J_2 流动理论并非不能得出好的临界载荷.诚然,他们的研究还有待于进一步深化.

参 考 文 献

[A. 1] 章亮炽、余同希、王 仁,板壳塑性屈曲中的佯缪及其研究进展,力学进展,**20**(1),1990,40—45 页.

[A. 2] R. Bjorhorde, Research needs in stability of metal structures, *Trans. ASCE, J. Structural Div.*, **106**, 1980, 2425—2442; S. U. Pillai, **107**, 1981, 2299—2301; D. R. Sherman, **107**, 2301—2302; C. E. Massonnet and R. J. Maquoi, **107**, 1885—1889; R. Walckuk, **107**, 1889—1890.

[A. 3] G. H. Bryan, On the stability of a plane plate under thrusts in its own plane with applications to the "buckling" of the side of ship, *Proc. London Math. Soc.*, **22**, 1891, pp. 54—67.

[A. 4] G. H. Handelmann and W. Prager Plastic buckling of rectangular plates under edge thrusts, NASA Tech. Note-1530, 1948.

[A. 5] P. P. Bijlaard, Theory and tests on the plastic stability of plates and shells, *J. Aero. Sci.*, **16**, 1949, pp. 529—541.

[A. 6] E. Z. Stowell, A unified theory of plastic buckling of columns and plates, NASA Tech. Note-1556, 1948.

[A. 7] B. Budiansky and J. W. Hutchinson, Buckling: progress and challenge, Trends in Solid Mechanics, edited by J. F. Besseling and Van der Heijden, Delft University Press, 1979.

[A. 8] B. Budiansky, Theory of buckling and post-buckling behavior of elastic structures, Advances in Applied Mechanics, edited by C.S.

Yih, **14**, 1974.

[A. 9] A. Chajes, Post-buckling behavior, *J. Struct. Eng.*, **109**, 1983, pp. 2450—2462.

[A.10] R. Hill, Bifurcation and uniqueness in nonlinear mechanics of continua, Problems Continum Mech., Society for Industrial and Appl. Math., 1961.

[A.11] R. Hill, A general theory of uniqueness and stability in elastic-plastic solids, *J. Mech. Phys. Solids*, **6**, 1958, pp. 239—249.

[A.12] H. Petryk, A stability postulate for quasi-static processes of plastic deformation, *Arch. Mech.*, **35**, 1983, pp. 753—756.

[A.13] H. Petryk, On the onset of instability in elastic-plastic solids, Plasticity Today: modelling, methods and applications, edited by A. Sawczuk and G. Bianchi, Elsevier Appl. Sci. Pub. LTD, 1985.

[A.14] V. Tvergaard, On bifurcation and stability under elastic-plastic deformation, Plasticity Today: modelling, methods and applications, edited by A. Sawczuk and G. Bianchi, Elsevier Appl. Sci. Pub. LTD, 1985.

[A.15] S. B. Batdorf, Theories of plastic buckling, *J. Aero. Sci.*,**16**, 1949, pp. 405—408.

[A.16] M. J. Sewell, A survey of plastic buckling, Stability, edited by H. Leipholz, Univ. Waterloo Press, 1972.

[A.17] R. N. Dubey, Uniqueness criteria for elastic-plastic solids, *Trans. ASME*, **4**, 1976/77, pp. 181—188.

[A.18] R. N. Dubey, On bifurcation in elastic-plastic solids, *Nucl. Engng. Des.*, **49**, 1978, pp. 217—222.

[A.19] D. Bushnell, Plastic buckling of various shells, *Trans. ASME, J. Pres. Ves. Tech.*, **104**, 1982, pp. 51—72.

[A.20] R. N. Dubey and S. T. Ariaratnam, Bifurcation in elastic-plastic solids in plane stress, *Q. Appl. Mech.*, **27**, 1969, pp. 381—390.

[A.21] 浜田実等，丹轮板の面内わじり座屈，日本机械学会论文集，**51**，1985，pp. 1928—1934.

[A.22] H. A. El-Ghazaly and A. N. Sherbourne, Deformation theory for elastic-plastic buckling analysis of plates under nonproportional planar loading, *Computers & Structures*, **22**, 1986, pp. 131—149.

[A.23] D. Bushnell, Bifurcation buckling of shells of revolution including large deflection, plasticity and creep, *Int. J. Solids Structures*, **10**, 1974.

[A.24] 周承倜，薄壳弹塑性稳定性理论，国防工业出版社，1979.

[A.25] J. L. Dawe and R. L. Grondin, Inelastic buckling of steel plates, *ASCE, J. Struct. Engng.*, **111**, 1985, pp. 95—107.

[A.26] W. C. Fok, Evaluation of experimental data of plate buckling, *ASCE, J. Eng. Mech.*, **110**, 1984, pp. 577—588.

[A.27] R. A. Pride and G. J. Heimerl, Plastic buckling of simply supported compressed plates, NACA, TN 1817, 1949.

[A.28] F. Nishino, et al, Experimental investigation of the buckling of plates with residual stresses, Test Methods Comp. Mem., ASTM STP 419, ASTM, 1967, pp. 12—30.
[A.29] D. Bushnell and G. D. Galletly, Comparison of test and theory for nonsymmetric elastic-plastic buckling of shells of revolution, *Int. J. Solids Struct.*, **10**, 1974, pp. 1271—1286.
[A.30] E. H. Backer, Experimental investigation of sandwich cylinders and cones subjected to axial compression, *AIAA J.*, **6**, 1968, pp. 1769—1770.
[A.31] C. D. Babcock Jr., Experiments in shell buckling, Thin-Shell Structures, edited by Y. C. Fung and E. E. Sechler, Prentice-Hall, 1974.
[A.32] G. Gerard and H. Becker, Part I: Buckling of flat plates, NACA TN 3781, 1957; Part IV: Strength of thin-wing construction, NACA TND 162, 1959.
[A.33] P. S. Buleon, The Stability of Flat Plates, Chatto & Windus, London, 1970.
[A.34] F. Bleich, Buckling Strength of Metal Structures, McGraw-Hill, 1952 (中译本：金属结构的屈曲强度，科学出版社，1965).
[A.35] J. W. Hutchinson and W. T. Koiter, Postbuckling theory, *Appl. Mech. Rev.*, **23**, 1970, pp. 1353—1366.
[A.36] G. Herrmann, Stability of equilibrium of elastic systems subjected to nonconservative forces, *Appl. Mech. Rev.*, **20**, 1967, pp. 103—108.
[A.37] W. T. Koiter, Current trends in the theory of buckling, Buckling of Structures, edited by B. Budiansky, Springer-Verlag, 1976.
[A.38] J. F. Besseling, Postbuckling and nonlinear analysis by the finite element method as a supplement to a linear analysis, *Z. Ang. Math. Mech.*, **55**, 1975, pp. 3—16.
[A.39] V. Tvergaard, Buckling behavior of plate and shell structures, Proc. 14th Int. Congr., Theoretical and Appl. Meeh., edited by W. T. Koiter, North-Holland, 1977.
[A.40] A. W. Leissa, Advances and trends in plate buckling research, AD-A 123458/4, 1982.
[A.41] 中国科学院力学研究所固体力学教研室板壳组，加筋圆柱曲板与圆柱壳，科学出版社，1983.
[A.42] J. A. König and G. Maier, 弹塑性结构的稳定性分析：进度评论，应用力学，1，1983.
[A.43] И, Ю. Бабич 和 A. H. Гузь, 用复合材料制造的杆、板、壳的三维稳定性(综述)，应用力学，4，1984.
[A.44] C. D. Babcock, Shell stability, *J. Appl. Mech., Trans. ASME*, **50**, 1983, pp. 935—940.
[A.45] G. W. Hunt, Hidden (a)symmetries of elastic and plastic bifurcation, *Appl. Mech. Rev.*, **39**, 1986, pp. 1165—1186.

[A.46] J. G. Simitses, Buckling and postbuckling of imperfect cylindrical shells, *Appl. Mech. Rev.*, **39**, 1986, 1517—1524.
[A.47] R. A. Pride and G. J. Heimerl, Plastic buckling of simply supported compressed plates, NACA TN 1817, 1949.
[A.48] W. Prager, Recent developments in mathematical theory of plasticity, 7th Int. Congr. Appl. Mech., London, 1948, pp. 5—11.
[A.49] G. Gerard, Compressive and torsional buckling of thin wall cylinders in yield region, *NACA* TN 3728, 1956.
[A.50] C. E. Pearson, Bifurcation criteria and plastic buckling of plates and columns, *J. Aeron. Sci.*, **17**, 1950, pp. 417—424.
[A.51] F. R. Shanley, Inelastic column theory, *J. Aeron. Sci.*, 14, 1947, pp. 261—268.
[A.52] P.P. Bijlaard, Theory of plastic buckling of plates and application to simply supported plates subjected to bending or eccentric compression in their plane, *Tram. ASME, J. Appl. Mech.*,**23**,1956, pp. 27—34.
[A.53] 沈立、韩铭宝,圆柱壳受轴向压缩塑性稳定性的实验研究,固体力学学报,1,1981,85—91 页.
[A.54] H.A. El-Ghazaly, et al, Flow and deformation theories for plate plastic buckling——an engineering approach, *Solid Mechanics Arch.*, **10**, 1985, pp. 257—287.
[A.55] S. C. Shrivastava, Inelastic buckling of plates including shear effects, *Int. J. Solids Struct.*, **15**, 1979, pp. 567—575.
[A.56] S. C. Batterman. Plastic buckling of axially compressed cylindrical shells, *AIAA J.* **3**, 1965, pp. 316—325.
[A.57] M.Kuranishi, The buckling stress of thin cylindrical shell under axial compressive load, *J. Soc. Appl. Mech. Japan*, **3**, 1950, pp. 139—144.
[A.58] F. R. Shanley, On the inelastic buckling of plates, Proc. Symp. Plast. nella, Sci. delle Constr. Tenut. Villa Mona., 1956.
[A.59] M. Feigen, Inelastic behavior under combined tension and torsion, Procs. 2nd US Nat. Congr. Appl. Mech., 1954.
[A.60] R. N. Dubey, Bifurcation in elastic-plastic plates, Solid Mechanics, Div., Univ. Waterloo, 1979.
[A.61] R. N. Dubey and N. C. Lind, Reassessment of the incremental elastic-plastic constitutive relation, *Mech. Res. Comm.*, **3**, 1976, pp. 411—415.
[A.62] R. N. Dubey, Experimental Constrains and its kinematical consequence, *Mech. Res. Comm.* **9**, 1982, pp. 47—50.
[A.63] R. N. Dubey and M. J. Pindera, Effect of rotation of principal axes on effective shear modulus in elastic-plastic solids, *J. Structural Mech.*, 5, 1977, pp. 77—85.
[A.64] S. B. Batdorf and B. Budiansky, A mathematical theory of plasticity based on the concept of slip, NACA TN 1871, 1949.

[A.65] J. L. Sanders, Plastic stress-strain relation based on linear loading function, Proc. 2nd US Nat. Congr. Appl. Mech., edited by F. M. Naghdi, et al, 1955.

[A.66] M. J. Sewell, A general theory of elastic and inelastic failure ——I, *J. Mech. Phys. Solids*, **11**, 1963, pp. 377—393.

[A.67] M. J. Sewell, A general theory of elastic and inelastic failure ——II, *J. Mech. Phys. Solids*, **12**, 1964, pp. 279—297.

[A.68] M. J. Sewell, A yield-surface corner lowers the buckling stress of an elastic-plastic plate under compression, *J. Mech. Phys. Solids*, **21**, 1973, pp. 19—45.

[A.69] J. Christofferson and J. W. Hutchinson, A class of phenomenological corner theories of plasticity, *J. Mech. Phys. Solids*, **27**, 1979, pp. 465—487.

[A.70] M. G. Lay, Flange local buckling in wide-flange shapes, *ASCE, J. Struct. Div.*, **91**, 1965, pp. 95—116.

[A.71] J. L. Dawe and G. L. Kulak, Beams and beam-columns, Struct. Eng., Rept. 95, Univ. Alberta, Canada, 1981.

[A.72] H. A. El-Ghazaly, et al, The power method in finite element analysis of plastic bifurcation plate problems, Solid Mech. Archive, Univ. Waterloo, 1983.

[A.73] J. W. Hutchinson, On the post buckling behavior of imperfection-sensitive structures in plastic range, *Tran. ASME, J. Appl. Mech.*, **39**, 1972, pp. 155—162.

[A.74] С. А. Амбарцумян, Об усройчивостп неупвугих пластинок с учетом деформации поперочных сдвигов, ПММ, Т. 27, 1963, сс. 753—757.

[A.75] E. T. Onat and D. C. Drucker, Inelastic instability and incremental theories of plasticity, *J. Aero. Sci.*, **20**, 1953, pp. 181—186.

[A.76] J. W. Hutchinson, Imperfection sensitivity in the plastic range, *J. Mech. Phys. Solids*, **21**, 1973, pp. 163—190.

[A.77] J. W. Hutchinson and B. Budiansky, Analytical and numerical study of the effects of initial imperfections on the inelastic buckling of a cruciform of column, Proc. IUTAM, Symp. Buckling Struct., Harvard Univ., 1974, pp. 98—105.

[A.78] S. Gellin, Effect of an axisymmetric imperfection on the plastic buckling of an axially compressed cylindrical shell, *Trans ASME, J. Appl. Mech.*, **46**, 1979, pp. 125—131.

[A.79] R. L. Roche and B. Autrusson, Experimental tests on buckling of torispherical heads and methods of plastic bifurcation analysis, *Trans. ASME, J. Pres Ves. Tech.*, **108**, 1986, pp. 138—145.

结　　语

从各个工程领域中提出的塑性弯曲问题是多种多样、丰富复杂的；本书仅选择了一些最基本、最典型的问题来叙述塑性弯曲的理论和应用，其要旨在于阐明塑性弯曲过程的力学机理，并为解决这类问题提供比较系统的理论工具，即：如何建立塑性弯曲问题的力学分析模型，以及如何选择适当的解析方法或数值方法去求解它们．

还有很多有关的问题未能在本书涉及，也还有很多问题有待于进一步研究．我们认为，特别是以下几个方面值得今后的研究注意：

（1）正如在引言中已经指出的，塑性弯曲通常是材料非线性与几何非线性耦合在一起的强非线性问题；现有的理论方法尚需不断地完善和发展．现在人们还没有很好的方法来分析弯曲过程中材料的三维塑性流动，例如求解§2.7中提到的梁的弹塑性反挠曲率还是理论上的难题．对于与板壳弯曲相关联的塑性屈曲和塑性后屈曲问题，所谓“佯谬”（见本书附录）还未真正解决，还需要发展新的理论概念和方法．

（2）在板料成形领域，本书主要讨论“结构性”的问题，即工件的受力和变形分析．对于大量存在的“工艺性”的问题，我们涉及很少．例如为了获得最佳的成形效果，工程师们需要考虑材料的各向异性和热处理状态，需要采取某些提高可成形性的工艺措施，如采用一定的模具圆角、采用凸筋和压边、改善润滑、分解为多次成形等等．目前，这些工艺性问题大多只能依靠经验或试验来解决；事实上，对其中相当一部分有可能遵循本书的思路作深入细致的力学分析，这将有助于工艺方案的选择和工艺参数的优化．

（3）在板料成形和结构弯曲大变形中，可能发生各种各样的失效，如破裂、皱曲、厚度严重变薄、截面严重畸变等，这里面包括多种多样的分叉、失稳以及材料的损伤、断裂过程。因此，利用非线性科学和材料科学的成果，利用宏观与微观相结合的方法，深入探讨与塑性弯曲相关的各种失效机理，是一个值得探索的方向。

（4）由于工程实际问题在几何构形、加载方式、工艺条件等方面的复杂性，简单的力学模型通常只能得到定性的结果。为了得到定量结果以指导实践，大力发展数值方法和计算程序是一项急迫的任务。本书虽已对某些类型的问题（如第五章对单向弯曲，第九章对圆板的轴对称冲压）提出了合理有效的数值方法；但对于更广泛的非轴对称的双向弯曲和冲压问题，还有待于发展有效的数值方法和成套的计算软件。这些软件不但应能对弯曲和冲压进行数值仿真，而且应具有预报回弹、皱曲和失效的广泛功能。对于工艺条件复杂的问题，还应考虑把力学分析与专家系统结合起来的CAD/CAM。在这种组合系统中，系列的实验研究以及对实验数据的精心总结仍将起相当重要的作用。

可以预期，今后一二十年内塑性弯曲理论及其应用仍将是一个活跃的研究领域。

名词索引

(以下按汉语拼音排列)

A

B

C

D

F

G

H

J

L

M

N

P

Z